普通高等院校省级规划教材

Python 数据挖掘

主　编　周湘辉

副主编　王佩君　周　全　王　昕

编　委　任　永　许劭晟　孔凡超　黄旭东

中国科学技术大学出版社

内 容 简 介

数据挖掘是一门技术，本书正是基于易懂、易学的Python软件来实现数据挖掘目标的. 全书共12章，介绍了Python的基础知识，数据挖掘技术的基础知识，数据挖掘的方法、技术，使用Python进行数据挖掘技术的应用. 本书最大特色是基于大量实例并应用Python编程来介绍数据挖掘，使读者易于理解和掌握相关知识点.

本书适合Python学习者、学习数据挖掘课程的本科生和研究生、数学建模学习者、数据处理与科学计算等相关研究人员参考阅读.

图书在版编目（CIP）数据

Python数据挖掘/周湘辉主编. —合肥：中国科学技术大学出版社，2024.1
ISBN 978-7-312-05836-3

Ⅰ. P…　Ⅱ. 周…　Ⅲ. 软件工具—程序设计　Ⅳ. TP311.561

中国国家版本馆CIP数据核字(2023)第250900号

Python数据挖掘
PYTHON SHUJU WAJUE

出版　中国科学技术大学出版社
安徽省合肥市金寨路96号，230026
http://press.ustc.edu.cn
https://zgkxjsdxcbs.tmall.com
印刷　安徽国文彩印有限公司
发行　中国科学技术大学出版社
开本　787 mm×1092 mm　1/16
印张　25
字数　608千
版次　2024年1月第1版
印次　2024年1月第1次印刷
定价　80.00元

前　　言

在大数据和信息流时代,数据已经成为塑造世界的重要力量之一.通过从海量数据中提取有价值的信息,我们可以洞察其趋势,辨别其真伪.数据挖掘就是一种从大量数据中提取和发掘有用信息的一种技术,它可以帮助人们发现隐藏在数据中的模式和趋势,从而做出更明智的决策,甚至改变我们的生活.Python作为一门强大的编程语言,不仅在软件开发领域有着广泛应用,还在数据挖掘领域展现了出色的表现.从笔者多年从事数据挖掘授课的过程来看,只讲数据挖掘方法和技术,学生会难以消化和理解相应知识点,也不能灵活运用所学知识点和相关技术.目前市面上已有较多Python编程软件与数据挖掘的书籍,但对初学者来说,总是“不接地气”.因此,笔者从Python基础与大量实例出发,逐步引导学生学习Python基础,再进入科学计算、数据可视化、数据挖掘方法及其数学建模应用,让学生能够在实际应用中灵活运用所学知识与技术.

数据挖掘涉及多个学科,包括统计学、计算机科学、机器学习和人工智能等.本书以实例为主要方式讲解相关知识点,旨在帮助学生快速掌握Python进行数据分析与挖掘技术.全书共有12章,其中第1～4章介绍Python的基础知识,主要包括Python软件的简介、安装及其应用开发平台的安装和相关使用、Python语法介绍、流程控制、自定义函数的使用和文件的读写等知识,这将为后续的学习奠定坚实的基础.第5～7章介绍数据挖掘技术的基础知识,主要包括Python的常用科学计算库的使用、数据可视化处理和相关绘图技巧等、基于Python的数据操作整理与数据的特征分析等.至此,读者的Python运用能力将得到较大的提升.第8～11章介绍数据挖掘的核心方法、技术等,主要包括数据指标降维和模型降维方法、数据挖掘中的关联度和关联规则及其方法、数据挖掘中的聚类、分类和数据预测方法、时间序列数据处理方法与建模分析等.至此,读者的Python运用能力和数据处理与挖掘能力将会得到质的飞跃.第12章介绍基于Python软件进行数学建模的应用,主要基于长三角地区新能源汽车发展与双碳关系的数学建模分析.读者学完第12章后,可能有一种对Python的跃跃欲试、小试牛刀、大干一场数学建模的感觉.

学生可以先学习该书的Python基础部分,这样对后面的学习和Python运用能力将会有很大的提升.如果已有Python学习经历,那么可以从本书的第4章开始学习.特别对于科研计算等人员来说,需要掌握第5章的内容;而对于数据处理与应用等的人员来说,需要掌握第7章至第11章的内容.对学习数学建模的读者来说,需要掌握第6章至第12章的内容.只要读者秉持着“代码虐我三百遍,我视代码如初恋”的态度,那么驾驭Python开启数据挖掘的宝藏属于你.

该书不仅是一本适合课堂教学的教材,更是一本适合自学的实用指南.无论是学生、研究人员还是工程师,通过阅读本书,都将掌握Python编程和数据挖掘的核心知识,为在数据驱动的世界中探索和创新打下坚实的基础.读者在学习的过程中,将会接触到丰富的实例和案例,因为本书侧重于方法和技术的应用,而不是以理论介绍为主.我们相信,通过动手实践,读者将能够更深入地体会Python的强大和数据处理与挖掘的魅力.希望读者能够通过本书的学习,掌握Python在数据挖掘领域的应用技能,从而在日后的工作和研究中能够游刃有余.数据世界隐藏的奥秘正等待着您的探索,让我们一同开启这段关于Python与数据挖掘的学习之旅吧!

本书的主要案例是笔者在长期的教学过程中积累的素材,也有部分内容来自参考文献和网络资源,在此向相关作者表示感谢.本书的第5章由王佩君编撰,第7章由周全编撰,第8章由王昕编撰,第11章由任永与许劭晟编撰,第12章由孔凡超与黄旭东编撰,其余由周湘辉编撰.本书的顺利出版,得到了安徽省属公办普通本科高校领军骨干人才项目和安徽省高等学校省级质量工程项目(2022lSXX075)的支持,在此表示感谢,同时还要感谢安徽师范大学数学与统计学院领导们的大力支持和帮助,以及研究生周紫祥、乔琦、潘爱霞、马路明同学在资料整理、数据收集等方面给予的帮助.

由于编者的知识面和水平有限,书中难免存在一些表述欠妥当和对某些实际问题的理解存在偏差,敬请读者在使用过程中批评指正和提出宝贵意见.

编　者

2023年7月

目　录

第1章 Python语言简介、安装与使用

1.1 Python简介

Python是一种高级编程语言,在1991年由荷兰程序员Guido van Rossum在荷兰国家数学和计算机科学研究所设计出来.Python具有简单易学、语法简洁、可读性强等特点,被广泛应用于数据科学、人工智能、Web开发等领域.

Python支持多种编程范式,包括面向对象编程、函数式编程和过程式编程等.它还拥有丰富的标准库和第三方库,可以方便地进行各种任务,如数据处理、网络通信、图形界面设计等.

Python的解释器是跨平台的,可以在Windows、Mac OS X、Linux等操作系统上运行.此外,Python还有许多流行的框架和工具,如django(用于Web开发)、numpy(用于数值计算)、pandas(用于数据处理)等,这些工具可以帮助开发者更高效地完成各种任务.Python是一种功能强大、易于学习的编程语言,被广泛应用于各种领域.

自从1991年第一个Python解释器诞生到现在,其版本从1.0升级到了目前的3.11.1. Python语言是一种解释型、面向对象、动态数据类型的高级程序设计语言.

Python是数据分析师的首选数据分析语言,也是智能硬件的首选语言.

Python之所以被绝大多数用户青睐,主要原因有三:其一是舍弃了如Java的{}等繁琐的符号、MATLAB以end结束的规整格式等;其二是具有简洁的编程风格,以开发效率著称,致力于以最短的代码完成同一个任务;其三是具有较为完善的函数库,可以完成你想做的大多事情.另一方面,Python是一门编程语言,它能够完成很多如MATLAB、R语言等不能做的事情,比如网页开发、游戏开发、编写爬虫来采集数据等.Python还具有良好的兼容性,它允许绝大多数的平台编写脚本或开发相应的程序并可以跨平台运行.

Python语言的优点如下:

1. 简洁易读

Python语法简洁、代码易读易懂,开发者能够更快速地编写和理解代码.其代码优雅、实现简单、目标明确.这让用户或者说数据分析者摆脱了程序本身语法规则的束缚,这样使得用户具有更快而便捷的入口进行数据分析.例如,输出同一个结果,Python语言就一行代码:

```
print ("Hello Python")
```

C语言代码：

```
main(){
  print("Hello Python");
  }
```

2. 跨平台性

Python可以在多个操作系统上运行，包括Windows、Mac OS X和Linux等，使得开发者能够轻松地在不同平台上开发和部署应用程序.

3. 大量的第三方库和模块

Python拥有丰富的第三方库和模块，可以帮助开发者快速实现各种功能，如数据分析、机器学习和网络编程等.Python对全世界用户均免费使用，其代码开源.特别地，Python具有良好的扩展性.应用Python开发的代码可以通过封装作为第三方模块供他人使用.Python的第三方模块，覆盖了不同学科使用者的需求，如Web开发、科学计算、数据接口、图形系统等众多领域.如科学计算的numpy和scipy库等，数据分析的pandas库等，数据可视化的matplotlib和seaborn库等.Python不仅有上述给出的标准库，还覆盖了网络通信、图形系统、文件处理、数据库接口等大量标准库.而Python的使用者，人们常常戏称为"调包侠"，就是因为这些库里的相应函数包给用户提供了极大的方便，人们的工作效率得到了很大的提升.

4. 强大的社区支持

Python拥有庞大的开发者社区，开发者可以通过社区获取各种资源、解决问题和分享经验，使得开发过程更加高效和便捷.

5. 面向对象编程

面向对象编程(object oriented programming，简称OOP)是一种编程范式，它将程序中的数据和操作数据的方法组织在一起，形成对象.面向对象编程是一种将数据和操作数据的方法组织在一起的编程范式，Python是一种支持面向对象编程的高级编程语言.通过定义类和创建对象，可以实现代码的重用、可维护和可扩展.在Python中，一切皆为对象.对象是类的实例，类是对象的模板.通过定义类，可以创建多个对象，每个对象都有自己的属性和方法.属性是对象的特征，方法是对象的行为.面向对象编程的核心概念包括封装、继承和多态.封装是将数据和操作数据的方法封装在一起，通过访问控制来保护数据的安全性.继承是通过创建一个新的类来继承已有类的属性和方法，从而实现代码的重用和扩展.多态是指同一个方法可以根据不同的对象调用出不同的行为.在Python中，定义一个类使用关键字class.类中的方法使用def关键字定义，第一个参数通常是self，表示对象本身.通过实例化类，可以创建对象，并调用对象的方法和访问对象的属性.

6. 可扩展性

Python可以与其他语言(如C和C++)进行集成，可以使用C语言编写的扩展模块，提高程序的性能和功能.

7. 广泛的应用领域

Python在各个领域都有广泛的应用.Python是一种高级编程语言，具有简单易学、可读性强和功能强大的特点.它被广泛应用于各个领域，包括但不限于以下几个方面：

(1) 网络开发

Python可以用于开发Web应用程序、网络爬虫、API接口等.它有许多流行的Web框架,如django和flask,可以帮助开发人员快速构建高效的网站和Web应用.

(2) 数据科学和人工智能

Python在数据科学和机器学习领域非常流行.它有许多强大的库和工具,如numpy、pandas和scikit-learn,可以用于数据处理、分析和建模.此外,Python还有深度学习库tensorflow和pytorch,用于构建和训练神经网络.

(3) 科学计算和工程

Python在科学计算和工程领域也得到了广泛应用.它有许多科学计算库,如scipy和matplotlib,可以用于数值计算、优化、绘图等.Python还可以与其他编程语言(如C和Fortran)进行集成,以提高性能.

(4) 自动化和脚本编写

Python是一种脚本语言,可以用于自动化任务和脚本编写.它可以帮助简化重复性的任务,提高工作效率.例如可以使用Python编写脚本来自动处理文件、发送电子邮件、定时任务等.

(5) 游戏开发

Python也可以用于游戏开发.它有一些游戏开发库,如Pygame,可以用于创建2D游戏.此外,Python还可以与其他游戏引擎(如Unity)进行集成,用于开发更复杂的游戏.

Python语言的缺点如下:

(1) Python的全局解释器锁(global interpreter lock,GIL)限制了多线程并行执行的效果,导致在CPU密集型任务中无法充分利用多核处理器.

(2) Python的代码执行过程中,由于动态类型的特性,可能会出现一些难以发现的错误,例如变量类型错误和属性错误等.

(3) Python的包管理工具(pip)在处理依赖关系时可能会出现冲突或版本不兼容的问题,导致项目的构建和部署变得复杂.

(4) Python的语法相对灵活,这使得代码的可读性和维护性可能较差,尤其是对于初学者来说.

(5) Python的标准库虽然功能强大,但有时候可能缺乏一些特定领域的功能模块,需要依赖第三方库来实现.这可能增加了项目的依赖性和维护成本.

Python特征及其解释器:Python是一门界面友好,易学的编程语言.Python源代码文件就是普通的文本文件,只要是能编辑文本文件的编辑器都可以用来编写Python程序,如记事本、Notepad和Word等.当编写Python代码时得到的是一个包含Python代码的文本,且是以.py为扩展名的文本文件.要运行代码,就需要用Python解释器去执行该文件.Python解释器是一种用于执行Python代码的软件工具.它可以将Python代码转换为机器可执行的指令,并在计算机上运行这些指令.Python解释器可以解释和执行Python程序,包括脚本文件和交互式命令行输入.它还提供了调试和测试Python代码的功能.Python解释器有多个版本,包括CPython、JPython和IronPython等,每个版本都有其特定的特性和用途.Python解释器是Python编程语言的核心组件,它使得开发人员能够轻松地编写、运行和调试Python代码.运行Python文件就是启动Python解释器CPython.这个解释器是用C语言开发的,所以叫CPython,它是使用最广的Python解释器.

Python程序文本的特征:

Python程序有如下包含关系:程序由模块构成→模块包含语句→语句包含表达式→表达式建立并处理对象.Python语法实质上是由语句和表达式组成的.表达式处理对象并嵌套在语句中.语句编程实现程序操作中更大的逻辑关系.此外,语句还是对象生成的地方,有些语句会生成新的对象类型(函数和类等).语句总是存在于模块中,而模块本身则又是由语句来管理的.

逻辑行是Python程序的单个语句.Python认定每个物理行对应一个逻辑行.Python希望每行都只使用一个语句,这样使得代码更加易读.如果想要在一个物理行中使用多于一个逻辑行,那么需要使用分号(;)来特别标明这种用法.分号表示一个逻辑行语句的结束.

在Python程序中是以缩进(indent)来区分程序功能块的,缩进的长度不受限制,但就一个功能块来讲,最好保持一致的缩进量.可以使用空格和Tab键等,但是最好保持一致.如果一行中有多条语句,语句间要以分号来分隔.Python程序文本的行首空白是重要的,它称为缩进.在逻辑行首的空白(空格和制表符)用来决定逻辑行的缩进层次,从而用来决定语句的分组.例如:

```
for i in range(len(K_shuirenzhi)):
    if K_shuirenzhi[i]==1:
        K_shuirenzhi_1.append(K_shuirenzhi[i])
    else:
        K_shuirenzhi_0.append(K_shuirenzhi[i])
    if K_shuirenzhi[i]==1 and L_shuiChengDu[i]==1:
        KL_1.append(L_shuiChengDu[i])
    if K_shuirenzhi[i]==1 and L_shuiChengDu[i]==2:
        KL_2.append(L_shuiChengDu[i])
```

上述功能块for是第一层级循环,而if,else,if,if则是第二层级,隶属于for循环,K_shuirenzhi_1.append(K_shuirenzhi[i]),K_shuirenzhi_0.append(K_shuirenzhi[i]),KL_1.append(L_shuiChengDu[i]),KL_2.append(L_shuiChengDu[i])就是并列第三层级,它们分别隶属于if,else,if,if.

可以注意到,同一层级的代码语句必须有相同的缩进.每一组这样的语句称为一个块.错误的缩进会引发程序不能正常运行.

Python程序的注释:如果对程序做出一些说明或者不运行,则需要将其注释.Python的注释方式有两种:其一是注释一行则在该行之首输入#;其二是注释多行,则在第一行之首输入三引号''',且必须在结束行之末输入''',这两处的三引号需要成对出现,否则程序报错.也可以选中需要注释的多行按下组合键Ctrl与/键(Ctrl+/),则被选中的每一行前都加了一个#,如果要取消,则也是选中需要取消注释的行,按下组合键Ctrl与/键.

1.2　Python的安装及其使用

用户在自己的电脑上使用Python,需要如下步骤:

(1) 下载Python软件.可以用浏览器访问官网:https://www.python.org/,打开网址后选择点击Download按钮,选择下载最新版本的Python.

以Windows系统电脑为例,可选择版本如图1.1所示。

python.org/downloads/windows/

- Python 3.11.1 - Dec. 6, 2022

  Note that Python 3.11.1 *cannot* be used on Windows 7 or earlier.

  - Download Windows embeddable package (32-bit)
  - Download Windows embeddable package (64-bit)
  - Download Windows embeddable package (ARM64)
  - Download Windows installer (32-bit)
  - Download Windows installer (64-bit)
  - Download Windows installer (ARM64)
- Python 3.10.9 - Dec. 6, 2022

  Note that Python 3.10.9 *cannot* be used on Windows 7 or earlier.

图1.1

我们可以选择3.11.1版本,点击Windows installer(64-bit)选项,下载保存到本地的一个文件夹里即可.

(2) Python的安装.以下以安装Python-3.9.2-amd64为例讲解其核心步骤:

步骤1:双击Python-3.9.2-amd64.exe文件开始安装。

步骤2:勾选Install launcher for all users (recommended)与Add Python 3.9 to PATH这两项,然后再点击Customize installation进入到下一步,如图1.2所示。

步骤3:进入Optional Features后,勾选所有选项后,再点击Next,如图1.3所示。

步骤4:点击Browse进行自定义安装路径,也可以直接点击Install进行安装,如图1.4所示。

步骤5:点击Close,安装完成,如图1.5所示。

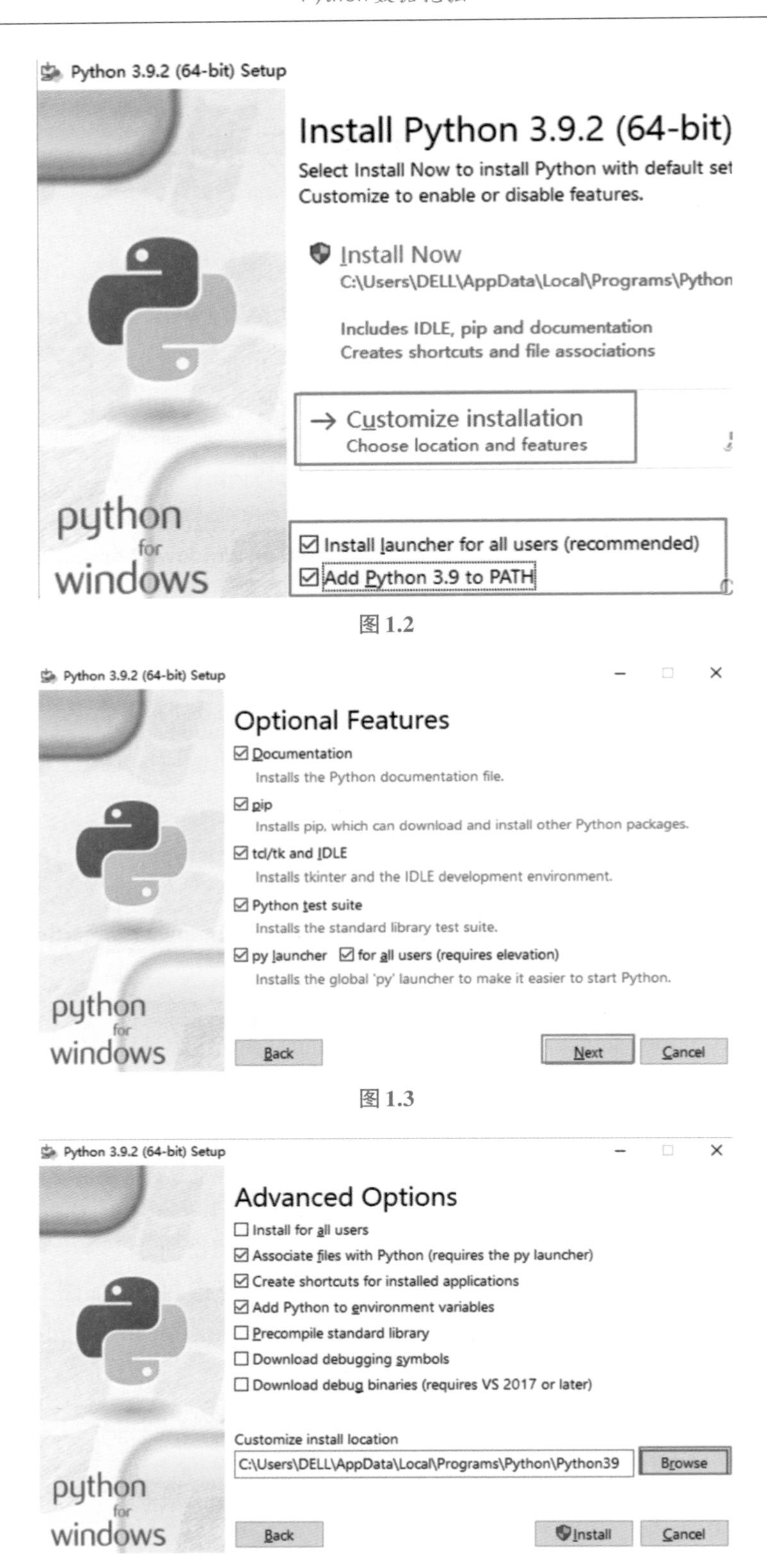
Python 3.9.2 (64-bit) Setup
Install Python 3.9.2 (64-bit)
Select Install Now to install Python with default set
Customize to enable or disable features.
Install Now
C:\Users\DELL\AppData\Local\Programs\Python
Includes IDLE, pip and documentation
Creates shortcuts and file associations
Customize installation
Choose location and features
Install launcher for all users (recommended)
Add Python 3.9 to PATH
python for windows
Python 3.9.2 (64-bit) Setup
Optional Features
Documentation
Installs the Python documentation file.
pip
Installs pip, which can download and install other Python packages.
tcl/tk and IDLE
Installs tkinter and the IDLE development environment.
Python test suite
Installs the standard library test suite.
py launcher
for all users (requires elevation)
Installs the global 'py' launcher to make it easier to start Python.
Back
Next
Cancel
python for windows
Python 3.9.2 (64-bit) Setup
Advanced Options
Install for all users
Associate files with Python (requires the py launcher)
Create shortcuts for installed applications
Add Python to environment variables
Precompile standard library
Download debugging symbols
Download debug binaries (requires VS 2017 or later)
Customize install location
C:\Users\DELL\AppData\Local\Programs\Python\Python39
Browse
Back
Install
Cancel
python for windows

图 1.2

图 1.3

图 1.4

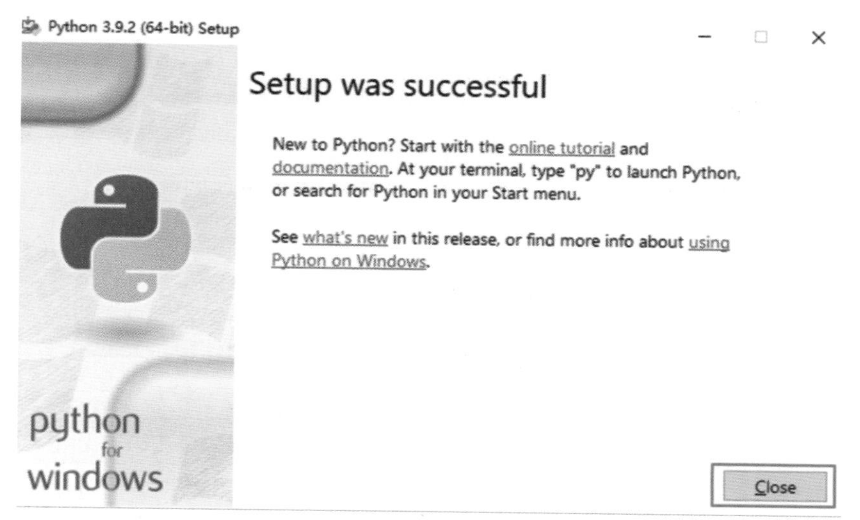

图 1.5

验证Python是否安装成功，可按Win+R键，输入cmd，进入Dos，输入Python，回车，可以输入print(‘你好中国’)，如见到如图1.6的结果，说明Python安装成功.

```
管理员: C:\Windows\system32\cmd.exe - python
Microsoft Windows [版本 10.0.19042.508]
(c) 2020 Microsoft Corporation. 保留所有权利。

C:\Users\Administrator>python
Python 3.6.1 (v3.6.1:69c0db5, Mar 21 2017, 18:41:36) [MSC v.1900 64 bit (AMD64)] on win32
Type "help", "copyright", "credits" or "license" for more information.
>>> print('你好中国')
你好中国
>>>
```

图 1.6

自此，在Windows系统下安装的Python软件就完成了.但是如果直接使用Python就很不方便，Python的开发或者使用平台还是较多的，本书推荐使用Python的应用平台PyCharm软件.

该软件的下载官网为https://www.jetbrains.com/pycharm/，推荐大家使用社区版Community下载(社区版Community是对个人免费的，初学者或者一般用户均可选择社区版，当然也有专业版，即Professional收费版).

下载并安装PyCharm软件，此安装过程中，需要注意如图1.7所示的界面，请勾选图1.7所示选项，方便以后使用该软件.

接下来的安装点击“默认”即可.安装完PyCharm后，还需完成如图1.8所示的一些设置.点击安装好的PyCharm，选择第一个默认界面Darcula，点击下一项.

接着我们会看到如图1.9所示的界面，对于首次打开的PyCharm软件，我们选择第一个选项“Create New Project”。

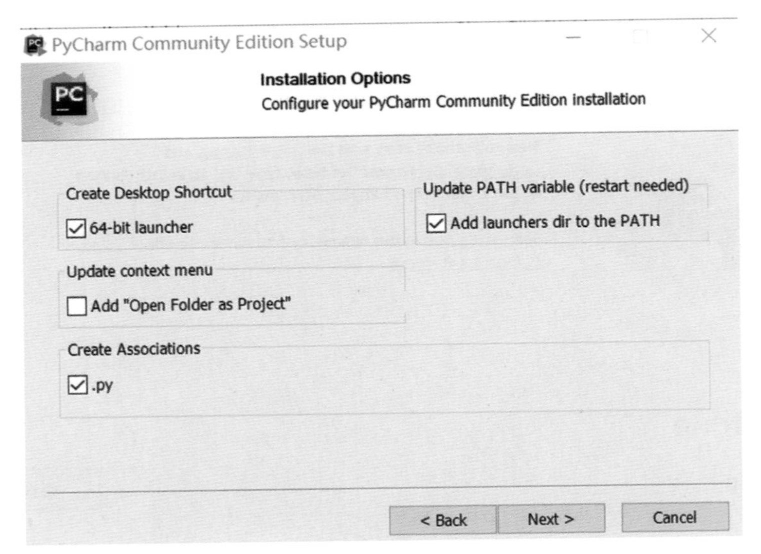
PyCharm Community Edition Setup
Installation Options
Configure your PyCharm Community Edition installation
Create Desktop Shortcut
64-bit launcher
Update PATH variable (restart needed)
Add launchers dir to the PATH
Update context menu
Add "Open Folder as Project"
Create Associations
.py
< Back
Next >
Cancel

图 1.7

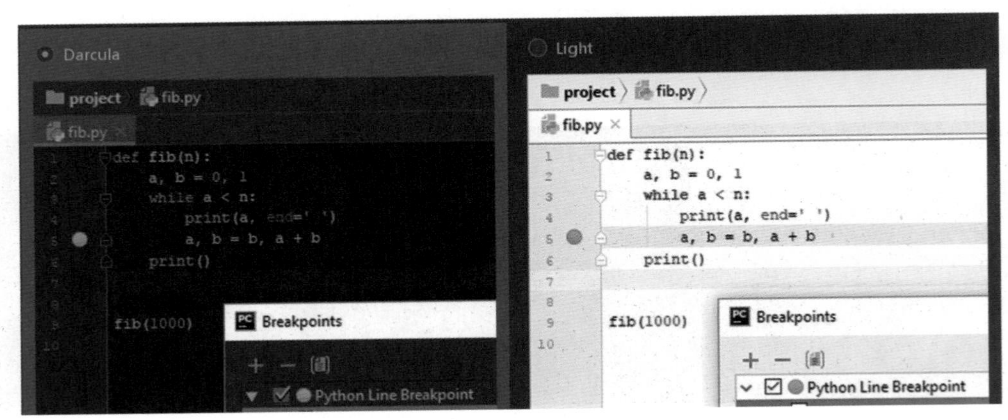
Darcula
Light
project
fib.py
def fib(n):
a, b = 0, 1
while a < n:
print(a, end=' ')
a, b = b, a + b
print()
fib(1000)
Breakpoints
Python Line Breakpoint

图 1.8

Welcome to PyCharm (Administrator)
PyCharm
Version 2020.1.2
Create New Project
Open
Get from Version Control

图 1.9

在图1.10所示的界面里，将第一个Location里的未命名的文件夹修改成自己的文件夹，如C:\Users\Administrator\PycharmProjects\ProjectZhou，在基础Python解释器里，就是在Base interpreter选项里选择Python的安装所在位置，这一步很重要.

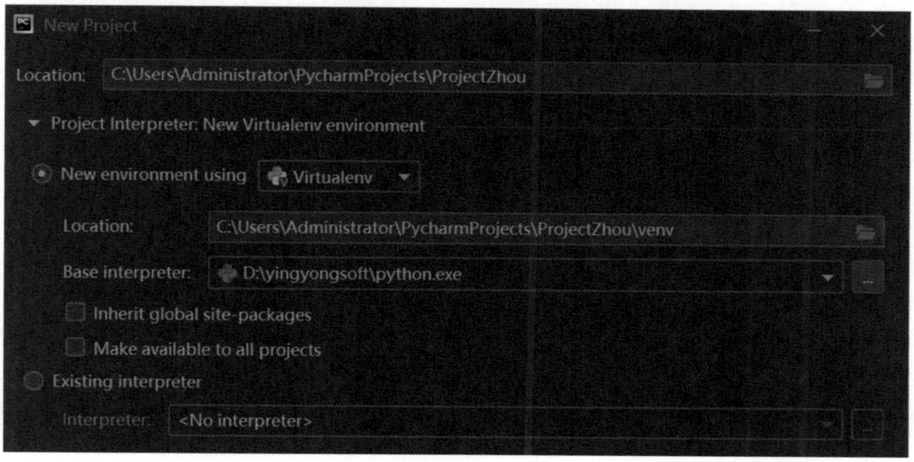

图1.10

然后配置PyCharm的项目Python解释器，点击file→settings→Project:ProjectZhou配置Python解释器，如图1.11所示。

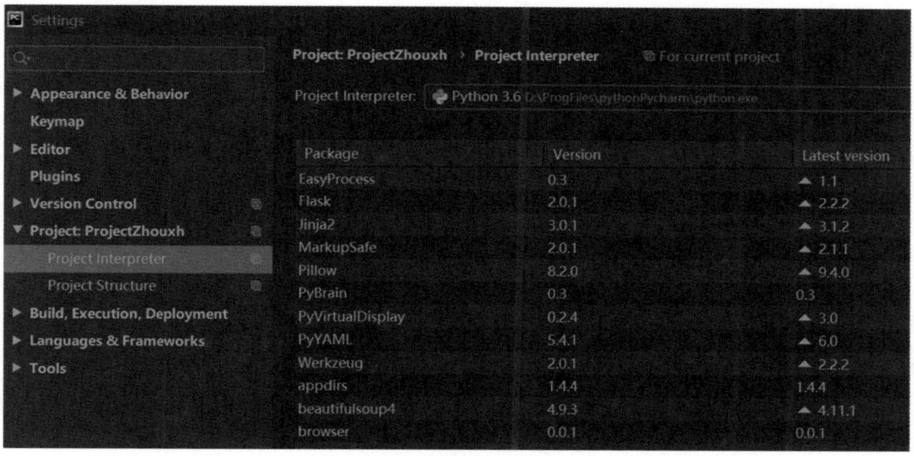

图1.11

为了实现更丰富的科学计算功能，还需要安装一些第三方的扩展库，有两种安装方法，其中一种方法就是按Win+R键，输入cmd，进入Dos，依次输入pip install numpy，pip install scipy，pip install pandas，pip install matplotlib，pip install statsmodels，pip install scikit-learn等完成第三方常用库的安装，安装完成后，pyCharm软件会自动关联所安装的库文件.

现在，可以在ProjectZhou这个项目下建立Python文件了，在ProjectZhou下点击右键，选择新建new→python file输入一个新的文件名(如study_python_1)，然后按回车键，这样就可以在这个文件里编辑Python脚本了，如图1.12所示.

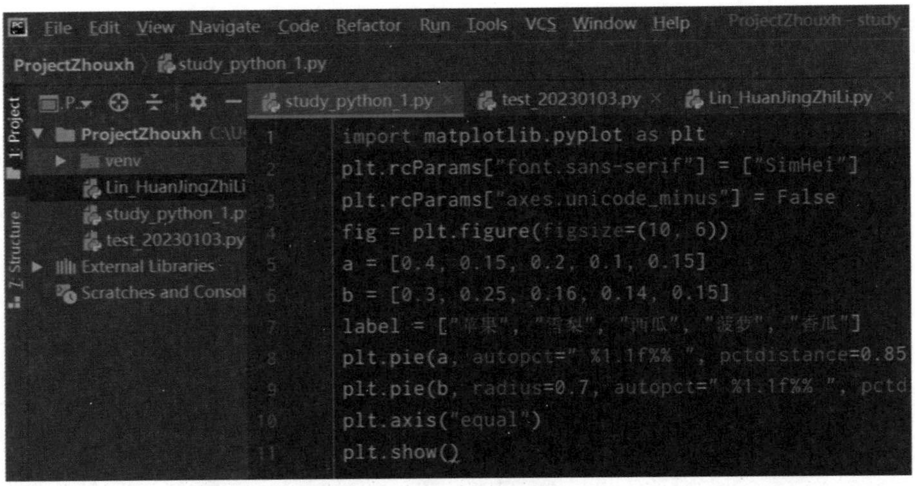

```
import matplotlib.pyplot as plt
plt.rcParams["font.sans-serif"] = ["SimHei"]
plt.rcParams["axes.unicode_minus"] = False
fig = plt.figure(figsize=(10, 6))
a = [0.4, 0.15, 0.2, 0.1, 0.15]
b = [0.3, 0.25, 0.16, 0.14, 0.15]
label = ["苹果", "雪梨", "西瓜", "菠萝", "香瓜"]
plt.pie(a, autopct=" %1.1f%% ", pctdistance=0.85
plt.pie(b, radius=0.7, autopct=" %1.1f%% ", pctd
plt.axis("equal")
plt.show()
```

图1.12

到现在为止，我们对Python、安装Python和搭建Python的使用平台已经有了基本了解.

第2章　Python基础

2.1　Python关键字及其标识符

关键字:使用Python时,需要首先认知的是Python关键字.所谓关键字就是Python软件自己使用的函数名称,我们在给变量命名时不能使用这些函数名.Python常用的关键字如import用于导入第三方库,print用于输出文本或者结果等,for和while用于程序循环等,表2.1给出了Python常用的关键字.

表2.1　Python常用关键字表

and	del	from	not	while
as	elif	global	or	with
assert	else	if	pass	yield
break	except	import	print	class
exec	in	raise	for	lambda
continue	finally	is	return	def
try				

标识符:标识符是用来标识某个变量或物的名字.在应用Python时,我们对一个文件进行命名或者对一个变量进行命名等都需要用到标识符.Python标识符名称是对大小写敏感的.例如,firstname和firstName是不同的标识符.Python在命名标识符时,需要遵循如下规则:

(1) 标识符的第一个字符须是字母表中的字母(大写如A,B,C等或小写a,b,c等)或者一个下划线 _ .

(2) 标识符名称除了首字符外,其他部分可以由字母(大写或小写)、下划线 _ 或数字0,1,2,…,9组成.

有效标识符名称可以为a,Bell,_biaoshiname,nameZhou,wang_0106,Zhang123,lin2_a1等;而如3flowers,a pretty girl以及seven-boys等均是无效标识符.特别地,我们在对文件或者一个变量进行命名时,其标识符不能使用Python软件自己使用的关键字(如import,for,pass等).

下面给出在Python中应用非常频繁的print()函数的常规用法.

(1) 打印字符串:可以直接将字符串作为参数传递给print()函数,函数会将字符串打印到控制台上,如:print("Hello,World!")输出Hello,World!

(2) 打印变量:可以将变量作为参数传递给print()函数,函数会将变量的值打印到控制台上,如:x=10;print(x)输出10.

(3) 打印多个参数:可以传递多个参数给print()函数,函数会按照参数的顺序打印它们.参数之间可以用逗号分隔.例如:print("Hello",'World!')输出Hello World!

(4) 格式化输出:可以使用格式化字符串来打印带有变量的字符串.可以使用占位符(如%s和%d等)来表示变量的位置,并使用%运算符将变量与格式化字符串结合,如:name="Alice";age=25;print("My name is %s and I am %d years old." % (name,age))输出My name is Alice and I am 25 years old.

(5) 带format格式的控制打印输出,如:name="Alice";age=25;print("My name is {0} and I am {1} years old.".format(name,age))输出为My name is Alice and I am 25 years old.其中,{0}和{1}是占位符,里面的数字也可以缺省,分别代表format方法中的第一个和第二个参数.在输出时,占位符会被对应的参数值替换.

(6) 控制打印格式:可以使用一些特殊的参数来控制打印的格式,如sep和end等.sep参数用于指定打印多个参数时的分隔符,默认为一个空格;end参数用于指定打印结束后的字符,默认为换行符.如:print("Hello","World!",sep=',',end='!')输出Hello,World!!

(7) 打印到文件:可以将print()函数的输出重定向到文件中,而不是打印到控制台上.可以通过指定file参数来实现,如:f=open("output.txt","w");print("Hello,World!",file=f);f.close().

2.2 运算符及其用法

Python有它自己独立的运算符及其相应的用法.为了方便说明和便于读者理解,表2.2对Python运算符进行了详细说明.

表2.2 Python运算符及其用法

运算符	名称	说明	举例
+	加	两个对象相加	2+7得到9;'a' + 'b' + 'c'得到'abc'
-	减	得到负数或是一个数减去另一个数	−4.6得到一个负数;40−22得到18
*	乘	两个数相乘或是返回一个被重复若干次的字符串	2 * 4得到8;'ha' * 3得到'hahaha'
**	幂	返回x的y次幂	3**4得到81(即3*3*3*3)
/	除	x除以y	5/3得到1(整数的除法得到整数结果).4.0/3或4/3.0得到1.3333333333333333
//	取整除	返回商的整数部分	5//3.0得到1.0

续表

运算符	名称	说　明	举　例
%	取模	返回除法的余数	8%3得到2;−25.5%2.25得到1.5
≪	左移	把一个数的比特向左移一定数目(每个数在内存中都表示为比特或二进制数字,即0和1)	2≪2得到8;——2按比特表示为10
≫	右移	把一个数的比特向右移一定数目	11≫1得到5;——11按比特表示为1011,向右移动1比特后得到101,即十进制的5
<	小于	返回x是否小于y.所有比较运算符返回1表示真,返回0表示假.这分别与特殊的变量True和False等价.注意这些变量名的大写.	4<3返回0(即False)而3<4返回1(即True);比较可以被任意连接:2<4<6返回True
>	大于	返回x是否大于y	7>6返回True;如果两个操作数都是数字,它们首先被转换为一个共同的类型.否则,它总是返回False
<=	小于等于	返回x是否小于等于y	x=2;y=4x<=y返回True
>=	大于等于	返回x是否大于等于y	x=5;y=4;x>=y返回True
==	等于	比较对象是否相等	x=3;y=3;x==y返回True.x='str';y='stR';x==y返回False.x='str';y='str';x==y返回True
!=	不等于	比较两个对象是否不相等	x=1;y=2;x!=y返回True
not	布尔“非”	如果x为True,返回False.如果x为False,它返回True.	x=True;not y返回False
and	布尔“与”	如果x为False,x和y返回False,否则它返回y的计算值.	x=False;y=True;x and y,由于x是False,返回False.Python不会计算y,因为它知道这个表达式的值肯定是False(因为x是False).这个现象称为短路计算
or	布尔“或”	如果x是True,它返回True,否则它返回y的计算值.	x=True;y=False;x or y返回True

2.3 变量及其赋值

变量及其赋值:Python中区分常量和变量.常量如数学库math里的圆周率就是一个不可变化的常量math.pi=3.141592653589793.变量就是用来记录程序中的信息,它的特点如下:

• 变量在第一次赋值时创建.
• 变量像对象一样不需要声明.
• 变量在表达式中使用将被替换为他们的值.
• 变量在表达式中使用以前必须已经赋值.

变量的简单赋值格式:Variable(变量名)=Value(值).如a=[1,2,3];b=(1,2,3);c=3;d='area'.

多变量赋值的格式:Variable1,Variable2,…=Value1,Value2,….

例2.1 a,b,c=1,2,3表示a=1;b=2;c=3;而b,c,d=a表示将a的值分别赋值给b,c,d,即b=a;c=a;d=a.

多变量赋值也可用于变量交换,如a,b=b,a.

多目标赋值,如a=b=Variable.

自变赋值,如+=,-=,*=等.在自变赋值中,Python仅计算一次,而普通写法需计算两次.

2.4 库的导入与常用数学库

Python在使用库时,都要导入相应库再使用.在介绍数学库之前,先介绍导入库的方法.

库的导入:导入库,在Python中有两种方式.其一是import+库名,例如import numpy.或者为了使用方便可以对库名取一个别名,如import 库名 as 别名,例如import numpy as np.其二是 from+库名 import+函数名,例 from turtle import *,表示导入turtle库中所有函数,用时直接列出函数名即可.这两种方式的主要区别如下:

1. 作用不同

(1) import:可以修改模块对象的属性,无论属性是不是可变类型.

(2) from 库名 import *:只能修改模块对象的属性是可变类型的,不可变类型不能修改.

2. 用法不同

(1) import:以import time创建一个Python类为例,调用time模块中的方法时,需要在方法前加上time.,如time.clock();而调用类中的方法时,也需要在前面加上实例名.

(2) from库名 import *:使用这种方式,则可以直接调用函数.例如from math import *,在使用math库的函数时就直接调用函数,如print(sin(2)),运行后输出结果0.9092974268256817.

3. 特点不同

(1) import:所有导入的类使用时需加上模块名的限定.

(2) from 库名 import *:所有导入的类不需要添加限定.

例2.2 以import加库名方式导入库,用turtle库画一个圆和一个六边形.

```
import turtle as t
t.circle(80)
```

```
t.circle(-100,steps=6)
t.hideturtle()
t.done()
```

运行程序得到如图2.1所示.

例2.3 以from turtle import *方式导入库,画一个圆和十边形.

```
from turtle import *
circle(100)
circle(-100,steps=10)
hideturtle()
done()
```

运行程序得到如图2.2所示.

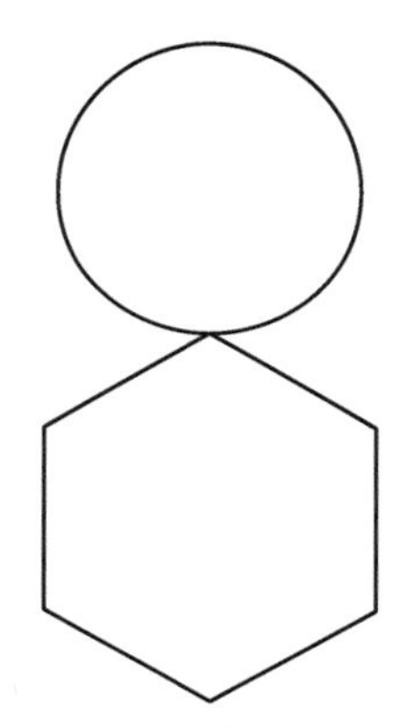

图2.1 圆与六边形

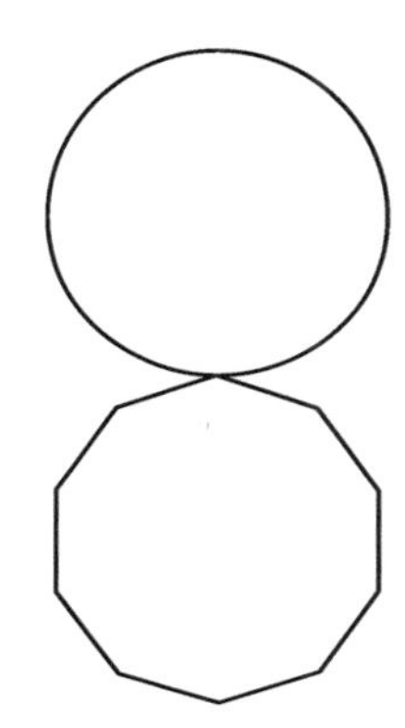

图2.2 圆与十边形

math数学库:数学库名为math,它是Python自带的函数库.还有cmath模块,它是处理复数的模块,不常用,在此不予介绍.数学库math在数据挖掘的任务中常常用到.math库的常用函数如表2.3所示.

表2.3 math库的常用函数名

cos	sin	atanh	log1p
cosh	sinh	ceil	modf
e	sqrt	copysign	pi
exp	tan	degrees	pow
isinf	tanh	fabs	radians
acos	fsum	factorial	polar
acosh	hypot	floor	rect
asin	isinf	fmod	trunc
asinh	isnan	frexp	
atan	ldexp	phase	
atan2	log	log10	

注意:Python还有一些常用函数不在math库里,如取绝对值abs(),range()和list()等属于Python内置函数,直接调用即可.在Python里带圆括号的一般都是函数,特别地,range()函数使用非常频繁,下面对其进行说明.range()函数能返回一系列连续添加的整数,能够生成一个列表对象.大多数时出现在for循环中,在for循环中可作为索引使用.

range()只有一个参数:表示0到这个参数内的所有整数,不包含参数本身,即range(n).

例2.4 range(6)用print(list(range(6)))输出结果为[0,1,2,3,4,5].

range()函数有两个参数时,即range(a,b),第一个参数a,表示左边界,第2个参数b表示右边界,含左不含右.

例2.5 range(1,8)用print(list(range(1,8)))输出结果为[1,2,3,4,5,6,7].

range()含有3个参数时,即range(n1,n2,step),第一个n1表示左边界,第二个n2表示右边界,第三个step表示步长,即两个整数之间相差的数,含左不含右.

例2.6 range(1,14,2),用print(list(range(1,14,2)))输出结果为[1,3,5,7,9,11,13].

random数学库:random库的功能提供了各种分布的伪随机数生成器.之所以称为伪随机数,是因为以一个基准(也被叫作种子,最常用的就是即时时间戳)来构造一系列数字,这些数字的特征符合人们所理解的随机数.但因为是通过算法得到的,所以一旦算法和种子都确定,那么产生的随机数序列也是确定的,所以叫伪随机数.random库的常用函数如下:

random.seed(a):设置初始化随机种子,可输出相同随机数序列;a取整数或浮点数,不设置时默认以系统当时时间为种子.

例2.7 设置种子时的随机数.

```
import random
print("设置种子")
random.seed(1)
for i in range(5):
    ret=random.randint(1,10)
    print(ret,end=" ")
```

运行上述程序的输出结果为3 10 2 5 2.如果没有设置种子时,运行时所得到的结果每次都不一样.

例2.8 不设置种子时的随机数.

```
print("没有设置种子时")
for i in range(5):
    ret=random.randint(1,10)
    print(ret,end=" ")
```

单独运行上述程序,得到的是一个不确定的结果,如7 1 5 9 3;4 1 6 6 10等.

random.random() #用于生成一个0.0到1.0的随机数.

例2.9 print(random.random())

random.uniform(a,b) # 生成一个[a,b]之间的随机小数;a,b取整数或浮点数.

例2.10 print(random.uniform(10,20))

random.randint(a,b) # 生成一个[a,b]之间随机整数.

例2.11 print(random.randint(10,20))

random.randrange(start,stop,[step]) # 生成一个[start,stop]之间以step步数的随机整数:start、stop、step取整数,step不设置时默认值为1.

例2.12 生成随机数.

print(random.randrange(1,100)) # 随机生成1～100之间的整数;

print(random.randrange(1,100,2)) # 随机生成1～100之间奇数;

print(random.randrange(2,100,2)) # 随机生成1～100之间偶数.

random.getrandbits(k) # 生成一个占内存k位以内的随机整数;k取长度的整数值.

例2.13 print(random.getrandbits(10)) # 生成一个内存占k位以内的随机数;k取长度的整数值.

random.choice(seq) # 从序列类型seq中随机返回一个元素;seq取序列类型:如字符串、列表、元组.

例2.14 print(random.choice([1,'10',3,5,7,1001]))

random.shuffle(seq) # 将序列类型中元素随机排序,返回打乱后序列,seq被改变(改变原序列),shuffle为洗牌之意;seq取序列类型:如字符串、列表、元组.

例2.15 print(random.shuffle(['a','b','c','d','e','f']))

random.sample(pop,k) # 从pop中选取k个元素,以列表类型返回(不改变原列表);pop取序列类型,k取整数:代表选取个数.

例2.16 print(random.sample(list,3))

2.5 Python的数据类型及其结构

Python主要的数据类型有数字型、字符型、列表(list)、元组(tuple)和字典.常用的数字类型有整数、浮点数以及与之相关的语法和操作,并且Python允许使用八进制、十六进制常量.关于数字类型的介绍在此不予详述.下文主要针对字符型、列表(list)、元组(tuple)、字典进行介绍.

2.5.1 字符串及其运算

1. 字符串的解释

字符串在Python里被看成是单个字符的序列,具有序列对象的特殊功能,字符串是固定的、不可变的.在字符串中使用单引号和双引号,注意要搭配.如“boy”“girl”等.字符串内部的一个反斜杠\允许把字符串放于多行,也可以使用三个“或”使字符串跨行.

例 2.17 a='12345\
67890'
print(a)输出结果为1234567890.

例 2.18 b="""123456
7890"""
print(b)输出结果为
123456
7890

+号作用于两个字符串表示连接这两个字符串.

例 2.19 c='Best'+'Regards'
print(c)输出结果为BestRegards.

对一个字符串使用*号表示重复该字符串.

例 2.20 d='welcome'*4
print(d)输出结果为welcomewelcomewelcomewelcome.

也可以用len()函数获取一个字符串的长度.如print(len(d))输出结果为28.

2. 字符串的索引与分片

索引:字符串是字符的有序集合,能够通过其位置来获得它们的元素,即通过索引提取字符.索引的用法:索引从0开始,第一个元素的索引数为0,第二个元素的索引数为1,以此类推.负数索引意味着从最后或右边反向进行计数提取元素.如最后一个索引数为-1,而倒数第二个索引数为-2等.

例 2.21 str=' congratulations'

str[0]获取第一个元素为c;str[1]获取str中的第二个元素o;str[-1]获取str中最后的元素s;str[-2]获取str中倒数第二个元素n.

字符串的单冒号分片提取:从字符串中分离提取一部分内容(子字符串),提取部分数据等操作.主要使用冒号来索引和提取部分元素.其操作规则为:字符串[i:j],它表示提取该字符串的第i+1个元素到第j个之间的所有元素.

例 2.22 str='congratulations'
print(str[1:5])输出结果为ongr.
str[1:]获取str中从第二个元素开始到末尾之间的所有元素,即ongratulations.
str[:4]获取str中从第一个元素开始到第四个元素,即获取的是cong.

str[:−1]获取str中第一个元素开始直到最后一个但不包含最后一个元素之间的元素，即获取的元素是congratulation.

str[:−2]获取str中第一个元素开始直到倒数第二个但不包含倒数第二个元素之间的元素，即获取的元素是congratulatio.

str[:]获取str中从所有元素，即congratulations.

字符串的双冒号分片提取：数据提取规则为str[I:J:K]，即获取字符串str中元素，从偏移为I直到J−1，每隔K元素索引一次.K默认为1，这就是通常在切片中从左至右提取每个元素的原因.如果K为负数则表示从右至左进行索引.

例2.23 str=′0123456789bestwishes′

str[1:10:2]提取str中从第一个元素开始，间隔一个元素提取，到第10个元素结束，即提取的数据为0,2,4,6,8.

str[::]提取的数据为13579etihs.

str[::−1]提取的数据为sehsiwtseb9876543210.

str[::−2]提取的数据为shite97531.

str[4:1:−1]提取的数据为432.

str[8::−1]提取的数据为876543210.

字符串的转化与修改：如果一个作为字符串的数字，怎么把这个字符串变为数字型呢？这就用到类型的转换函数int().例str=′1235′，注意此时str是字符型，print(type(str))输出的结果为〈class ′str′〉，而print(int(str))输出结果为1235，此结果为数字型.特别地，Python不允许字符串和数字直接相加.因为如果这样进行合并运算，其语法则会变得模棱两可.因此，Python将字符串和数字直接相加作为错误处理，程序不能正常运行.

字符串还可以进行代码转换.单个字符可以通过ord函数转换为对应的ASCII数值(整数).例如ord(′a′)转化成ASCII数值为97，ord(′b′)转化成ASCII数值为98，ord(′9′)转化成ASCII数值为57.

chr函数相反，可以将一个整数转换为对应的字符.例如chr(97)转化为字符a，chr(57)转化为字符9.

在缺省条件下，字符串对象是不可变序列.想要改变一个字符串，需要利用合并、分片这样的技术来建立并赋值给一个新的字符串.

例2.24 str=′best′

str=str+′ForYOU′

print(str)输出结果为bestForYOU.

str=str[:4]+′Wishes′+str[4:7]+str[−1]

print(str)输出结果为bestWishesForU.

字符串的格式化：在Python中使用%操作符格式化字符串.其用法方式有两种.

其一，在%操作符左侧放置一个需要进行格式化的字符串，这个字符串带有一个或多个嵌入的转换目标，都以%开头，如%d和%f等.

例2.25 number=9

print('There are %d cups on the table.'%number)

其输出结果为There are 9 cups on the table.

例2.26 price=39.85

print('The price %.2f yuan is labelled on this book. '%price)

其输出结果为The price 39.85 yuan is labelled on this book.

其二,在%操作符右侧放置一个对象(或多个,在括号内),这些对象会被插入到左侧格式化字符串的转换目标的位置上.

例2.27 print("%s %d %s %d minutes." % ('Sleep',9,'hours',30))

其输出结果为 Sleep 9 hours 30 minutes.

2.5.2 列表list用法

列表list是Python中最具灵活性的有序集合对象类型.list与字符串不同的是,列表可以包含任何种类的对象,如数字、字符串、数字与字符串的混合、自定义对象甚至其他列表均可.Python里的列表与其他高级语言的数组列表一样支持对象可修改,且可以在原处修改,即可以有指定的赋值、分析、提取、删除等操作达到相应目的.列表list的常用操作如表2.4所示.

表2.4 列表list的常用操作

操 作	解 释
Lt1=[]	建立一个空的列表
Lt2 = [0,1,2,3,4]	五个元素的数字型列表
Lt3= ['a','b','c','d','e']	五个元素的字符型列表
Lt4 = ['abc',6,7,8,['defg',10]]	混合嵌套列表
Lt5[i]	索引Lt5中第i+1个元素
Lt6[i][j]	索引的索引
Lt7[i:j]	分片提取数据
Lt2 + Lt3	将两个列表进行合并
Lt 2* 3	复制Lt2为三次

例2.28 列表数据提取实例.

Lt2 = [0,1,2,3,4]

Lt4 = ['abc',6,7,8,['defg',10]]

print(Lt2[2])输出结果为2;

print(Lt4[4])输出结果为['defg',10];

print(Lt4[4][0])输出结果为defg;

print(Lt2+Lt4)输出结果为[0,1,2,3,4,'abc',6,7,8,['defg',10]].

列表的常用函数：Python作为一种简洁而贴近人类自然语言的计算机编程语言，它对于基础的数据结构tuple，list，dict等内嵌了许多函数供用户使用和操作，以此提高用户的工作效率．常见的列表操作函数如表2.5所示．

表2.5　列表list的常用函数

方　法	解　释
append(x)	在列表尾部追加单个对象x.使用多个参数会引起异常
count(x)	返回对象x在列表中出现的次数
extend(Lt)	将列表Lt中的表项添加到列表中．返回None
index(x)	返回列表中匹配对象x的第一个列表项的索引．无匹配元素时产生异常
insert(i,x)	在索引为i的元素前插入对象x.如list.insert(0,x)在第一项前插入对象，返回None
pop(x)	删除列表中索引为x的表项，并返回该表项的值．若未指定索引，pop返回列表最后一项
sort()	对列表进行升序排列，即从小到大进行重新排列，该函数改变原来列表的顺序，返回none
reverse()	颠倒列表元素的顺序
len(Lt)	求列表Lt的长度
remove(x)	删除列表中匹配对象x的第一个元素．若匹配元素时产生异常，返回None
del	删除某个索引的元素或切片元素

例2.29　列表实例用法．

Lt1=[0,1,2,3,'a','a','a','b']

Lt2=[3,4,5,'c','d','e']

Lt1.append('good')

print(Lt1)输出结果为[0,1,2,3,'a','a','a','b','good'].

print(Lt1.index('b'))输出结果为7，也就是'b'在Lt1中的位置是第八个．

Lt1.extend(Lt2)

print(Lt1)输出结果为[0,1,2,3,'a','a','a','b','good',3,4,5,'c','d','e'].

print(Lt1.count('a'))输出结果为3.

Lt1.insert(4,'number')

print(Lt1)输出结果为[0,1,2,3,'number','a','a','a','b','good',3,4,5,'c','d','e'].

Lt3=[2,4,8,1,3,−4,−7,5.5,6.9,−9.7]

Lt3.sort()

print(Lt3)输出结果为[−9.7,−7,−4,1,2,3,4,5.5,6.9,8].

Lt3.reverse()

print(Lt3)输出结果为[8,6.9,5.5,4,3,2,1,−4,−7,−9.7].

print(len(Lt3))输出结果为10.

del Lt3[3:]

print(Lt3)输出结果为[8,6.9,5.5].

列表还有一种用法就是列表内的循环，因为涉及循环控制for的用法，我们将这个知识点放到第3章中.

2.6 tuple元组及其用法

Python是一个不断进化的计算机语言，它不断吸取其他语言的优点，也会加入其他的序列类型，元组就是一种标准序列类型.

元组的定义：Python中的元组通常使用一对小括号将所有元素包含起来，圆括号不是必需的，但是逗号是必须的，即只要将各元素用逗号隔开即可.

元组就像字符串，不可改变，不能给元组的一个独立的元素赋值（尽管可以通过联接和切片来模仿），但可以通过包含可变对象来创建元组.元组在输出时总是有括号的，以便于正确表达嵌套结构.在输入时，有或没有括号都可以，但元组在表达一个更大的表达式时一般都加括号.

元组有较多用途.例如，数据库中的员工记录，二维坐标(x,y)数据，三维坐标数据点(x,y,z)等.下面给出元组的一些用法示例.

(1) 创建一个空元组的字符值.

例2.30 Tpl_0=()

(2) 创建非空无括号元组的字符值.

例2.31 Tpl_1='中国','China',1234,12.59

print(Tpl_1) 输出结果为('中国','China',1234,12.59).

(3) 元组中的所有元素都是有编号的，即索引值，从0开始递增.

print(Tpl_1[1]) 获取元组Tpl_1中的第二个元素值，输出结果为China.

(4) 创建有括号的非空元组.

例2.32 Tpl_2=('China','中国',1234,12.59)

print(Tpl_2[2]) 获取元组Tpl_2中第三个元组值，输出结果是1234.

print(Tpl_2[-1])获取元组Tpl_2中最后一个值即12.59.

(5) 使用切片访问元组的特定范围内的元素.

例2.33 print(Tpl_2[1:3]) 输出结果为 ('中国',1234).

(6) 如果将两个元组连接起来，则得到了一个新的大元组.

例2.34 Tpl_3=Tpl_2,Tpl_1

print(Tpl_3) 输出结果为(('China','中国',1234,12.59),('中国','China',1234,12.59)).

Tpl_3_1=Tpl_2+Tpl_1

print(Tpl_3_1) 输出结果为 ('China','中国',1234,12.59,'中国','China',1234,12.59).

(7) 利用元组定义一个字符串.

例2.35 Tpl_4=('You are a brave man.')

print(Tpl_4) 输出结果为 You are a brave man.

(8) 如果给出的是一个列表,则可以用tuple() 函数将其转化为元组.

例 2.36 lst=[1,2,4.7,'hello','good']

print(tuple(lst)) 输出结果为 (1,2,4.7,'hello','good').

(9) 用range()函数生成一列有序数组,再用tuple()函数转化为元组.

例 2.37 rg=range(1,8)

print(tuple(rg)) 输出结果为 (1,2,3,4,5,6,7).

(10) 用len()函数获取元组元素个数.

例 2.38 print(len(lst)) 结果为5.

(11) 从存储内容上看,元组可以存储整数、实数、字符串、列表、元组等任何类型的数据,并且在同一个元组中,元素的类型可以不同.

例 2.39 Tpl_5=('www.baidu.com',6,[10,'one'],("January",3.9))

print(Tpl_5) 输出结果为 ('www.baidu.com',6,[10,'one'],('January',3.9)).

(12) 用in来查询一个数据是否在元组之中,在元组中返回True,否则为False.

例 2.40 print(6 in Tpl_5) 输出结果为True.

(13) Python中的迭代器是一个可以迭代的对象,它每次访问一个数据并返回一个对象或一个元素.Python中的列表、元组、字符串等都是可迭代的.Python迭代器对象必须实现两个特殊的方法,即iter()和next(),统称为迭代器协议.若获取了一个迭代器,那么该对象被称为iterable.

例 2.41 若确定好一个元组迭代数据后,即Tpl_7=iter(Tpl_5).

连续使用print()函数三次,则有

print(next(Tpl_7)) 输出结果为www.baidu.com;

print(next(Tpl_7)) 输出结果为6;

print(next(Tpl_7)) 输出结果为 [10,'one'].

2.7 字典及其用法

Python提供了字典,可以保存具有映射关系的数据,所以字典相当于保存了两组数据.其中一组数据是关键值数据,被称为key,里面的数据是不能重复的,如果有重复的,后面的值会默认覆盖前面的值.另一组数据可通过key来访问,被称为value,value是允许重复的.Python字典区别于其他的数据类型(如list,tuple和set),其里面存放的数据都是有映射关系的数据,即字典中key和value是一一对应的关系.每一组key-value对之间用逗号分开,key的值用一对单引号或者双引号,key之后用冒号,value的值也用一对单引号或者双引号.

理解字典最佳方式是把它看作无序的对集合,在同一个字典之内关键字key必须是不相同的,而值value可以相同.

字典的声明是使用一对花括号或者大括号,即{}.

(1) 一个空字典的声明.

例2.42 dict_1={}

print(type(dict1)) 输出结果为〈class 'dict'〉.

(2) 有关键字key 和值 value的实例.

例2.43 dict_2={'张三':'六(1)班','李四':'三(3)班','王五':'七(5)班'}

在使用dict() 函数创建字典时,可以传入多个元组或列表参数作为 key-value 对,每个元组或列表将被当成一个 key-value 对,这些元组或者列表都只能包含两个元素.

(1) 利用列表和元组创建包含3组key-value对的字典.

例2.44 水果=[('香蕉',10.68),('橘子',9.59),('西瓜',47.23)]

dict_3=dict(水果)

print(dict_3)输出结果为{'香蕉':10.68,'橘子':9.59,'西瓜':47.23}.

(2) 利用列表创建包含3组key-value对的字典.

例2.45 科目成绩=[['语文',98],['数学',100],['英语',96]]

dict_4=dict(科目成绩)

print(dict_4)输出结果为{'语文':98,'数学':100,'英语':96}.

字典的操作是使用增加、删除、修改、查找来进行的.在此,先介绍字典元素的获取.字典中不存在索引,获取数据有两种方式.

其一是字典名[key]的方式获取.例如,print(dict_2['李四']) 输出结果为:三(3)班.

其二是字典名.get(key,defaultvalue)的方式获取.例如,print(dict_2.get('李四')) 输出结果为:三(3)班.

(1) 在字典中添加数据,其方法为:字典名[key]=新值.

该方法对字典会产生两种影响,一种是添加一个键值对,一种是修改里面的一个键值对的值.

例2.46 dict_2['周六']='四(2)班',这样就将新数据添加到字典dict_2里了.

print(dict_2) 输出结果为

{'张三':'六(1)班','李四':'三(3)班','王五':'七(5)班','周六':'四(2)班'}

(2) 在字典中修改数据.对字典中存在的key-value对赋值,新赋的value就会覆盖原有的 value,这样就改变字典中的key-value对了.

例2.47 dict_2['李四']='二(1)班',则将dict_2里的第二条数据进行了修改.

print(dict_2) 输出结果为

{'张三':'六(1)班','李四':'二(1)班','王五':'七(5)班','周六':'四(2)班'}

(3) 判断字典是否包含指定的key,则可以使用in 或 not in运算符.需要指出的是,对于字典而言,in或not in运算符都是基于key来判断的.

例2.48 print('李四' in dict_2)输出结果为True;

print('李四' not in dict_2)输出结果为False;

print('李五' not in dict_2)输出结果为True.

(4) 删除字典中的key-value对,可使用del函数.

例2.49　del dict_2['李四']

del dict_2['周六']

print(dict_2)输出结果为{'张三':'六(1)班','王五':'七(5)班'}.

第3章 Python流程控制

3.1 Python流程控制简介

我们在做一件事情的时候,总是有一定的流程.例如,我们炒一盘蔬菜,首先需要将蔬菜洗干净,切成想要的大小尺寸,打开灶火,放入适当食用油,将蔬菜倒入锅里,适当翻炒后,放入食用盐等调味品,烹饪熟了后再装盘.数据挖掘中,我们完成一个任务,总是需要按照一定的流程来编写程序,得到什么样的结果大概率都是依赖于实施任务者的思想和方法,不同的思想和方法有不同的编程代码,它们的运行效率各有不同.因此,学好Python的流程控制,用应用程序的方法解决相关问题或得到一个结果是相当重要的.

流程控制就是控制代码的执行流程,直至完成一个完整代码的使命.Python的流程控制和其他程序语言一样,分为三种:顺序结构、分支结构、循环结构.只要程序编写无误,那么Python总是会忠实地按照它们应有的方式去执行.

所谓顺序结构就是程序按照从上往下的顺序依次执行每一行可运行的代码;分支结构就是程序按照不同的条件运行不同的流程来执行程序,在Python中一般用关键字if;循环结构就是程序按照设计者的要求,在一定的条件下让相应代码重复进行,直到不满足条件为止,在Python中一般用关键字for和while.

流程控制中,主要用到的关键字有if、for、while、break和continue.必须知道和注意的三点如下:

(1) 每一个条件均会转成逻辑值——布尔值,从而决定子代码是否被执行;

(2) 在Python中,每一个流程控制均使用缩进来代表代码的从属关系(一个、两个、三个、四个空格等均可以);

(3) 同属于某个流程的多行子代码,必须保持相同的缩进量.

本章按照布尔值(bool)、if、for、while、break和continue以及它们的综合应用来介绍.学好这一章对数据挖掘任务的实现将会起到重要的奠基作用.

3.2 布 尔 值

其实，在Python程序的运行中，任何一行代码在被执行之前均会判断该行代码的真伪．如果结果为真，则执行它；如果为假，则执行下一行代码或下一段代码．在Python中，判断真假的布尔值只有两个，一个为真值的True，一个为假值的False．

在Python中两个等号"=="是判断两个值、变量之间是否相等的操作符，<、<=、>、>=等返回的结果要么是True，要么是False．如果返回的是True，程序就执行相应代码段，如果是False，那么该行或代码段的执行就结束了．

例3.1 布尔值的实例．

print(2==5) 的输出结果为False；

print(2<5) 的输出结果为True；

print(2<=5) 的输出结果为True；

print(2>5) 的输出结果为False；

print(2>=5) 的输出结果为False；

keCheng=['数学','语文','英语','生物','地理']；

print('体育' in keCheng) 的输出结果为False #in为Python关键字；

print('语文' in keCheng) 的输出结果为True．

一般地，Python把任意的空数据结构视为假．真和假（True或False）的结果是Python中每个对象的固有属性，因为每个对象不是真就是假．下面给出一些布尔值的特殊情形．

(1) 对象如果非空，则为True；

(2) 数字零、空对象以及特殊对象None都被认作是False；

(3) 比较和相等测试会返回True或False；

(4) 特别地，布尔值and和or运算符会返回True或False的操作对象；

(5) if在作条件选择时，其返回的结果不是True就是False．

我们要注意：Python会由左向右执行操作对象，然后返回第一个为真的操作对象，并且会在找到的第一个真值操作数的地方停止，这通常称为短路运算．

例3.2 布尔值的选择．

print(2 or 5) 的输出结果为2；

print(0 or 5) 的输出结果为5；

print([] or 'wonderful') 的输出结果为wonderful．

注意，所有类型的数据都可以转换成布尔值，所用函数是bool()，转换时所有的零值和空值会转换成False，其他的都转换成True．

例3.3 bool()函数的测试．

print(bool(None),bool(0),bool(0.0),bool([]),bool(()),bool({}),bool(''))

其输出结果为False False False False False False False．

```
print(bool(12),bool(-35),bool('helpyourself'))
```

其输出结果为True True True.

3.3 if条件选择

对于条件选择,在Python里没有switch、case关键字语句,而是用if关键字,它是Python中作条件选择的必要工具,同时也是逻辑控制的必选语句.if的使用方法如下:

```
if〈条件表达式〉:
    〈需要输出的表达式〉
```

我们对if的用法做出一些说明:

(1) if是条件选择的关键字,它的用法具有固定格式.

(2) 条件表达式可以是任何有结果的表达式,如已经赋值过的变量、一个具体数据、具有运算结果的表达式等.

(3) 条件表达式的后面必须输入冒号(必须是英文输入法状态下的冒号).

(4) 〈需要输出的表达式〉需要与if保持至少一个缩进字符的结构形式(如果统一缩进格式可以按tab键).

(5) if语句可以是复合的,它可以包含其他语句.

(6) 可以使用多个if实现对字典进行索引运算或搜索列表等操作.

下面给出使用if的一些例子.

3.3.1 if单分支结构实例

例3.4 if的单分支实例1.

```
print('请输入你的数学期末成绩')
score=int(input('输入一个0-100的整数:'))
if score==100:
   print('今年带你去海南游玩!')
```

如果输入的数小于100,运行程序则不会显示任何结果;如果输入的数是100,执行程序则会得到"今年带你去海南游玩!".

注 input()函数输出的是字符型数据,因此需要用int()函数将其转化为数值型数据才能进行运算.

if条件语句可以是任何有结果的表达式.

例3.5 if的单分支实例2.

```
环数=10
if 环数>=9:
   print('今天射击,你的运气真好!')
```

```
num=int(input('请输入一个正整数:'))
if num % 2==0:
    print('你输入的是偶数')
```

如果输入的正整数是28,执行程序会得到“你输入的是偶数”.

注　上述程序中%是用作数的求余运算,结果是得到余数,该方法应用较为广泛,请读者牢记.

3.3.2　if双分支结构

if的双分支结构用法如下:

```
if〈执行条件〉:
    〈表达式代码1〉#条件成立时执行的代码
else:
    〈表达式代码2〉#条件不成立时执行的代码
```

例3.6　if的双分支实例1.

```
score=int(input('请输入你的高数期末成绩:'))
if score>=60:
    print('你的成绩是%d分,恭喜你及格了!'%score) #%为格式化输出
else:
    print('你的成绩是%d分,没及格,还要加油哦!'%score)
```

如果输入的成绩是89,执行程序得到“你的成绩是89分,恭喜你及格了!”;如果输入的成绩是58,则运行程序得到“你的成绩是58分,没及格,还要加油哦!”.

注　上述%d与%score的用法是格式化输出方法,如%s表示格式化输出字符型(string)数据,%f表示格式化输出浮点型(float)型数据.

例3.7　if的双分支实例2.

```
str='python'
if not str:
    print('str是空字符串')
else:
    print('str是非空字符串')
```

例3.8　if的双分支实例3.

```
year=int(input('请输入一个年份:'))
if (year % 4==0 and year % 100 !=0) or year % 400==0:
    print('你输入的%d年是闰年.'%year)
else:
    print('你输入的%d年是平年.'%year)
```

如果输入的是2020年,则会打印输出“你输入的2020年是闰年.”;如果输入的是2023年,则会打印输出“你输入的2023年是平年.”

3.3.3 if多分支结构

if多分支结构是根据不同条件执行不同的表达式,即根据不同条件做不同的事情.if的这种用法如下:

```
if〈条件表达式1〉:
    〈任务代码段1〉
if〈条件表达式2〉:
    〈任务代码段2〉
if〈条件表达式3〉:
    〈任务代码段3〉
……
```

例3.9 if的条件控制实例.

```
str=input('Input yes or no:')
if str=='yes':
    import turtle as t
    t.fillcolor('red')
    t.begin_fill()
    t.circle(-100,steps=6)
    t.end_fill()
    t.done()
if str=='no':
print('Say goodbye!')
```

运行上述程序输入yes得到如图3.1所示.

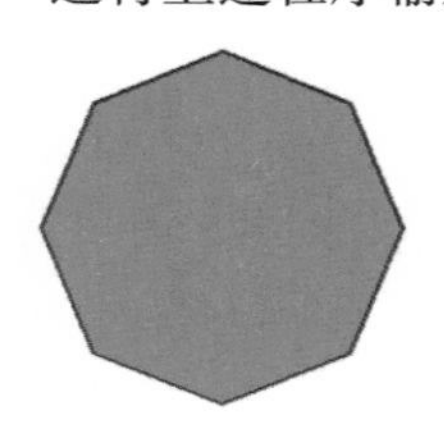

图3.1 八边形填充图

注 circle()函数的第一个参数为负数则是画多边形,第二个参数是设置多边形的边数;若circle()函数只有一个参数且为正数,如circle(50)则表示作一个半径为50个像素的圆,而circle(50,270)则表示画一个半径为50,角度为270°的圆弧,circle(50,180)则表示画一个半径为50的半圆;用done()则表示画图结束并将画图结果呈现在屏幕上.

例3.10 if的多分支实例1.

```
score=int(input('请输入你的高数期末成绩:'))
if 90 <=score <=100:
  print('你的高数成绩为优秀')
elif 80 <=score <=89:
  print('你的高数成绩为良好')
elif 70 <=score <=79:
  print('你的高数成绩为一般')
```

```
elif 60 <=score <=69:
    print('你的高数成绩为及格')
else:
    print('你的高数成绩不及格,要重修')
```

如果输入95,运行程序得到"你的高数成绩为优秀";如果输入58,运行程序得到"你的高数成绩为及格".

例3.11　if的条件选择与交叉控制实例.

```
d=input('请输入你的数学期末成绩:')
n=int(d)  #将d转化为数值型变量
if n>100:
    print('请输入一个小于或等于100的整数')
    d=int(input('Please input your score:')) # 输入字符串
if 95<=n<=100: #条件选择,若为真,则执行它的子代码
    print('带你去黄山旅游! ')
elif 90<=n<95:
    print('本周末在本地游玩.')
else: #当上述if条件不成立时,则执行下面的代码
print('待在家里把作业写好.')
```

运行程序,输入96,得到"带你去黄山旅游!".输入不同的整数得到不同的执行结果.

其实,if的条件选择功能,可以实现字典方法的切换功能.

例3.12　字典方法.

字典方法查询orange的单价方法如下:

```
price='orange'
data_price={'apple':7.58,'banana':3.89,'orange':8.58,'watermelon':3.50}
print(data_price[price])
```

执行上述程序,得到orange单价是8.58.实现上述这一功能也可以使用if条件选择功能.

例3.13　if的条件选择实现字典方法实例.

```
fruit_data=['apple','banana','orange','watermelon']
fruit=input('请输入fruit_data里的水果名称查询其单价:')
if fruit=='apple':
    print('%s 的单价为元7.58元'%fruit)    #%s表示字符串格式化输出
elif fruit=='banana':
    print ('%s 的单价为3.89元'%fruit)
elif fruit=='orange':'
    print ('%s 的单价为8.58元'%fruit)
elif fruit=='watermelon':
    print ('%s 的单价为3.50元'%fruit)
else:
    print('没有查到该水果的单价')
```

执行上述程序，输入banana，得到“banana的单价为3.89元”. 如果输入fruit_data里的其他水果名称就会得到该水果的单价信息.

3.3.4 if的嵌套使用

条件选择控制if关键字还可以有多重嵌套使用，不仅是if的嵌套，还可以是for和while等循环以及条件选择等控制.

例3.14 if的嵌套使用实例.

```
num=28
if num % 2==0:
    print('num=28是偶数')
    if num % 4==0:
        print('num=28是4的倍数')
else:
    print('该数是一个奇数')
```

运行该程序得到如下输出结果：

```
num=28是偶数
num=28是4的倍数
```

3.4 for循环控制

每一个编程语言都有循环迭代关键字，在Python中循环迭代的关键字有两个，一个是for，另一个是while. 本小节主要介绍for循环控制的使用. for循环的用法如下：

```
for 〈循环的变量目标〉 in 〈循环的取值或范围〉:
    〈循环迭代目标表达式〉
```

循环首行是for关键字，它一般和in搭配一起使用，注意在〈循环的取值或范围〉的后面需要输入英文状态下的冒号. 运行for循环时，会逐个将序列对象中的元素赋值给目标，然后为每个元素执行循环主体. 循环主体〈循环迭代目标表达式〉一般使用赋值目标来引用序列中当前元素.

for语句可用于字符串、列表、元组、其他内置可迭代对象，以及用户通过类创建的新对象.

for循环主要有两种用法：

(1) 循环次数的控制；

(2) 遍历的使用.

3.4.1 for循环次数的控制

循环次数的控制体现在〈循环迭代目标表达式〉被循环执行的次数，而这个次数主要由〈循环的取值或范围〉决定．这个次数一般主要由range()函数生成．range()函数在第2章已经介绍过了，在此不予赘述．下面我们给出for循环次数的实例．

例3.15 循环4次，依次输出循环变量的值．

```
for i in range(1,5):
    print('第%d次输出%d'%(i,i)) #同时格式化输出两个变量
```

运行上述程序得到如下输出结果：

第1次输出1；

第2次输出2；

第3次输出3；

第4次输出4．

注 程序中的%(i,i)是格式化输出两个%d．

例3.16 用for语句计算6+66+666+6666+66666+666666+6666666+66666666的值．

```
s=6
a='6'
b='6'
for i in range(7):
    a=a+b
    s=s+int(a)
print(s)
```

或者用如下计算方法：

```
s=6
d=6
for i in range(1,8,1):
    d=d+6*10**i
    s=s+d
print(s)
```

运行上述程序之一均可以得到其值是74074068．

纵观上述两种方法，启示我们：解决一个问题可以从多角度尝试或不同思想去解决问题，这样也为数据挖掘提供了更多灵活的解决方案．

例3.17 用for循环作彩色多维空间图．

```
import turtle as t
colors=['red','yellow','green','blue']
t.speed(60)
```

```
for i in range(100): #循环100次
    t.pencolor(colors[i%4])
    t.forward(3*i)
    t.left(91)
t.hideturtle()
t.done()
```

运行上述程序得到图3.2.

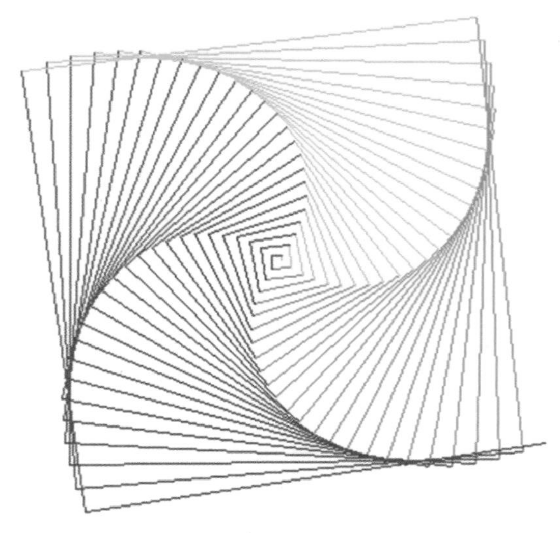

图3.2 彩色思维空间图

注 pencolor()函数是选取画笔的颜色.i%4表示i除以4后分别取余数0,1,2,3,这样画笔就获取了列表colors里的red,yellow,green,blue.注意colors[i]表示获取列表colors里的第i+1个元素.

例3.18 for循环100次生成螺旋线.

```
import turtle as t
yourName=input('Please input your first name:')
colors=['red','yellow','green','blue']
t.speed(30) #设定画笔速度
for i in range(100): #循环100次
    t.pencolor(colors[i%4])
    t.penup()
    t.forward(4*i)
    t.pendown()
    t.write(yourName,font=('Arial',int((i+4)/4),'bold')) #用write()函数写字
    t.left(92) #画笔向左偏移92度
t.done()
```

运行上述程序并输入Zhou，按下Enter键就得到了图3.3.

图3.3 Zhou的螺旋线

例3.19 两重for循环的多彩圆圈图.

```
from turtle import *
speed(500)
clrs=["Red","Orange","Yellow","Green",'Blue',"Grey"]
hideturtle()
for j in range(72):
    c=20
    d=50
    for i in range(12):
        pencolor(clrs[i%len(clrs)])
        circle(c)
        left(90)
        penup()
        forward(d)
        right(90)
        pendown()
        c=c * 0.8
        d=d * 0.8
        circle(c)
    penup()
    goto(0,0)
    forward(5)
```

```
    right(5)
    pendown()
done()
```

运行上述程序得到图3.4.

图3.4　多彩圆圈图

3.4.2　for循环遍历的使用

遍历的方法for循环,在Python中是一个通用的表达式迭代器,它可以遍历任何有序的序列对象内的元素,这个元素可以是一个字符、一串字符、一个数字、一组数字、一个列表、一个元组或者字典,迭代器会忠实地依次将每一个元素放到目标表达式里进行运算.下面给出for循环的一些遍历用法,依照由简到难的例子展开讲解.

例3.20　for循环遍历的简单例子1.

```
for x in ['Failure','is','the','mother','of','success.']:
    print(x,end=' ')
```

运行上述程序,得到Failure is the mother of success.

例3.21　for循环遍历的简单例子2.

```
sum=0
for s in [1,2,3,4,5]:
    sum=sum+s
print(sum)
```

运行上述程序得到的输出结果为15.

例3.22 for循环与条件选择if的嵌套使用.目标是使得其中的偶数乘以2而奇数不变,这样获得一个新的列表数据.

```
list_data=[100,101,103,75,80,105,56,65,107,120,35,45,55,70]
data_new=[]
for n in list_data:
  if not n%2:
    data_new.append(n*2)
  else:
    data_new.append(n)
print(data_new)
```

运行上述程序,得到的输出结果是[200,101,103,75,160,105,112,65,107,240,35,45,55,140].

注 首先,数字0在Python中的布尔值为False,其他数字为True.如果n%2结果为0,就是整除,那么其布尔值为False,再加一个关键字not后其布尔值就变成True. not n%2相当于n%2==0的用法.

list是使用Python中非常常用的数据结构,无论是作为最终数据的保存结果,还是中间数据结果的临时存储,都能提供很方便的功能.可以让循环在列表内完成数据的生成,也就是使用for循环来构造list的方法.该方法使得程序简洁、美观、易读.

例3.23 列表中的for循环遍历.

```
lst1=[x ** 2 for x in range(6)]
print(lst1)
```

运行程序输出结果为[0,1,4,9,16,25].

为了说明列表中的for循环的优点,还给出一个将列表中的每一个元素减去该列表所有元素的均值,其方法如下.

例3.24 列表中的数据循环遍历.

```
lst2=[2,4,6,8,10]
mean_lst2=sum(lst2)/len(lst2)
lst3=[i-mean_lst2 for i in lst2]
print(lst3)
```

运行上述程序输出结果为[−4.0,−2.0,0.0,2.0,4.0].

例3.25 应用for循环从1至9遍历输出九九乘法表.

```
i=1;j=1
for i in range(1,10):
  for j in range(1,10):
    if j<=i:
      print(j,'x',i,'=',j*i,end='')
  print()
```

运行上述程序,输出如下九九乘法表:

```
1×1=1
1×2=2 2×2=4
1×3=3 2×3=6 3×3=9
1×4=4 2×4=8 3×4=12 4×4=16
1×5=5 2×5=10 3×5=15 4×5=20 5×5=25
1×6=6 2×6=12 3×6=18 4×6=24 5×6=30 6×6=36
1×7=7 2×7=14 3×7=21 4×7=28 5×7=35 6×7=42 7×7=49
1×8=8 2×8=16 3×8=24 4×8=32 5×8=40 6×8=48 7×8=56 8×8=64
1×9=9 2×9=18 3×9=27 4×9=36 5×9=45 6×9=54 7×9=63 8×9=72 9×9=81
```

上述例子也可以有如下的for循环结构,其程序如下:

```
for i in range(1,10):
    for j in range(1,i+1):
        print('{}x{}={}\t'.format(j,i,i*j),end='')
print()
```

运行上述程序得到的输出结果和上一个程序得到的输出结果一样.

注 上述程序中的'{}x{}={}\t'.format(j,i,i*j)是应用了制表格式化输出方法,format()是格式化函数.end=''是print()函数中的可选参数,表示空一个字符连续输出,即不换行输出.而\t表示制表输出.

3.4.3 for循环的多变量同步

在解决某些问题时,需要同时同步遍历几个数据集,这时就需要使用for循环的多变量同步规则,使用时需要用到一个zip()函数,其用法如下:

```
for x1,x2,x3,… in zip(data1,data2,data3,…):
    循环代码体
```

例3.26 for循环的三个变量同步输出.

```
data1=['张小三','张小四','张小五','张小六','张小七']
data2=['97分','89分','98分','76分','65分']
data3=['A等','B等','A等','C等','D等']
for x,y,z in zip(data1,data2,data3):
    print(x,y,z)
```

运行程序,其输出结果如下:

```
张小三 97分 A等
张小四 89分 B等
张小五 98分 A等
张小六 76分 C等
张小七 65分 D等
```

3.5　while循环控制

while循环语句用于循环执行程序，即在某条件下，循环执行某段程序，以处理需要重复处理的相同任务，执行语句可以是单个语句或语句块.判断条件可以是任何表达式，任何非零或非空(null)的值均为True.当判断条件为False时，循环结束.while循环控制既有与for循环迭代有相同之处，也有不同的地方.下面给出while循环控制的一般格式.

```
while〈循环条件〉:
    〈循环迭代目标表达式〉
```

while循环的条件较为灵活，只要条件为True，那么循环就会继续；循环条件后面是英文输入状态下的冒号，〈循环迭代目标表达式〉需要比while起头的行要缩进，按一个Tab键即可.下面我们依照从简到难的例子来讲解.

例3.27　while的一个简单实例，循环输出.

```
i=1
j=9
while i<j:
    print('while的第%d次迭代i的值是%d'%(i,i))
    i=i+1
```

运行上述程序得到的输出结果如下:

```
while的第1次迭代i的值是1
while的第2次迭代i的值是2
while的第3次迭代i的值是3
while的第4次迭代i的值是4
while的第5次迭代i的值是5
while的第6次迭代i的值是6
while的第7次迭代i的值是7
while的第8次迭代i的值是8
```

例3.28　用while控制输出九九乘法表:

```
i=1
while i < 10:
    j=1
    while j <=i:
        k=i*j
        print('%d x %d= %d' % (j,i,k),end='\t')
        j+=1 #等价于j=j+1
    print() # 换行
```

```
    i=i+1
```

运行上述程序，得到和例3.25一样的输出结果.

例3.29 while的循环条件为True的实例：

```
num=5
condition=True
print('欢迎来到猜数字游戏！')
while condition:
    guess=int(input('请输入一个0至9的一个整数:'))
    if guess==num:
        print('恭喜你猜对了！')
        condition=False
    elif guess < num:
        print('嗷,你猜的数小了一点,再来一次吧！')
    else:
        print('你猜的数,大了一点,再来一次吧！')
else:
    print('猜数字游戏结束了！')
```

运行程序，如果输入3，得到结果为“嗷，你猜的数小了一点，再来一次吧！”；如果输入8，得到输出结果为“你猜的数，大了一点，再来一次吧！”，只要你输入的数字不是5，那么程序会一直运行下去，直到你输入设定的5，得到的输出结果为“恭喜你猜对了！”，这时程序也结束了.

通过这个程序对比for循环，while循环可以用条件True让程序一直运行下去，但是for循环没有这样的用法.

3.6 break与continue的控制

在一个循环程序中，常常会遇到满足或者不满足某个条件时就需要终止程序的运行或者跳出某个目标子程序等.在Python语言中用break和continue两个关键字来中断整个循环或跳出本次循环进入下一个循环等.在这一部分，我们分两个部分来介绍它们.

3.6.1 break语句的迭代中断

在一个程序中，break语句是用来终止一个循环语句的关键字.在程序中，break语句的条件为True，哪怕循环条件不是False或序列还没有被完全迭代，break命令也会让循环语句终止.

例3.30 break循环终止的简单实例.

```
while True:
    string=input('请随便输入一些英文单词或者汉语词汇等:')
    if string=='quit':
        break
    print('你输入的内容:%s,其字符串长度是%d'%(string,len(string)))
print ('循环结束了！')
```

运行上述程序，如果输入“Good morning”得到的输出结果是“你输入的内容：Good morning”，其字符串长度是12；如果输入“中国安徽”得到的输出结果是“你输入的内容：中国安徽”，其字符串长度是4；只要输入的内容不是quit，那么程序就不会结束，只有当输入quit，循环的程序才被终止.

注意，for循环体后可以跟随一个else语句.这种情况下，如果使用break语句跳出循环体，不会执行else中包含的代码.

例3.31 for循环的else例子.

```
address="https://teacher.higher.smartedu.cn;/h/subject/winter2023/"
for 字母 in address:
    if 字母==';':
        break
    print(字母,end="")
else:
    print("执行 else 语句中的代码块")
print("\n执行循环体外的代码")
```

运行上述程序，得到的输出结果是：

```
https://teacher.higher.smartedu.cn
执行循环体外的代码
```

注 上述for循环的变量用的是字母，循环体中如果变量是分号则终止循环，并且不换行输出循环过的目标值；程序的最后一行的print()函数中\n表示换行输出命令.

3.6.2 continue语句的迭代跳出

continue语句被用来告诉Python跳过当前循环块中的剩余语句，然后继续进行下一轮循环.

例3.32 给出一个杂类的列表，应用continue语句将不属于水果的品名剔除，并进行各自分类.

```
杂类=['香蕉','橙子','樱桃','西瓜','钢笔','五彩笔','苹果','梨子'].
fruit=[]
文具=[]
for x in 杂类:
    if x=='钢笔'or x=='五彩笔':
```

```
        文具.append(x)
        continue
    else：
        fruit.append(x)
print('分类后的水果是:',fruit)
print('分类后的文具是:',文具)
```

运行上述程序，输出结果如下：

分类后的水果是：['香蕉','橙子','樱桃','西瓜','苹果','梨子'].

分类后的文具是：['钢笔','五彩笔'].

例3.33 continue循环跳出的简单实例.

```
while True：
    string=input('请随便输入一些英文单词或者汉语词汇等：')
    if string=='quit'：
        break
    print('你输入的内容是%s，其字符串长度是%d'%(string,len(string)))
    if len(string) < 4：
        print('请输入至少四个字符的内容')
        continue
print ('循环结束了！')
```

运行上述程序，输入Python，得到的输出结果如下：

你输入的内容是Python，其字符串长度是6

请随便输入一些英文单词或者汉语词汇等.只有当输入的内容为quit时，程序循环才终止.

3.7 循环迭代的综合应用

3.7.1 循环迭代与数学问题

例3.34 任意输入五个整数，请把这五个数从小到大放入一个列表中.

```
data=[]
for i in range(1,6)：
    x=int(input("请输入第%d个数字："%i))
    data.append(x)
data.sort()
print(data)
```

运行上述程序，依次输入4，6，23，-9，37得到的输出结果如下：

请输入第1个数字:4
请输入第2个数字:6
请输入第3个数字:23
请输入第4个数字:－9
请输入第5个数字:37
排序后的输出结果是[－9,4,6,23,37].

例3.35　找出用1,3,4,5,7这五个数组成一个两位数乘三位数,使其得到它们的乘积,找出这个乘积中最大的那个数.

方法1:

```
data=[1,3,4,5,7]
num=[]
for a in data:
  for b in data:
    if b==a:
      continue
    for c in data:
      if c==b or c==a:
        continue
      for d in data:
        if d==c or d==b or d==a:
          continue
        for e in data:
          if e==d or e==c or e==b or e==a:
            continue
          else:
            num.append((a*10+b)*(c*100+d*10+e))
print('最大的数是',max(num))
```

运行上述程序得到的输出结果如下:

最大的数是39493

方法2:

```
data=[1,3,4,5,7]
import itertools as it
pailie=it.permutations(data)
nums=[]
for i in pailie:
  d=(i[0]*10+i[1])*(i[2]*100+i[3]*10+i[4])
  nums.append(d)
print('The maximum number is',max(nums))
```

运行上述程序,同样得到了如下输出结果:

The maximum number is 39493.

注 上述程序中permutations()函数是itertools库里的排列组合中的一个排列函数,例如,数字1,2,3排列成一个三位数,那么就是[(1,2,3),(1,3,2),(2,1,3),(2,3,1),(3,1,2),(3,2,1)].上述程序思想就是找出1,3,4,5,7的所有排列,再找出所有排列的对应两位数乘三位数的结果,再找出其最大的那个数.

例3.36 现有数字:1,2,3,4,5,6,7,能组成多少个互不相同且无重复数字的三位数?各是多少?

```
data=[]
for i in range(1,8):
    for j in range(1,8):
        for k in range(1,8):
            if (i !=j) and (i !=k) and (j !=k):
                print('%d,%d和%d组成的三位数是'%(i,j,k),i*100+j*10+k)
                data.append(i*100+j*10+k)
print("组成的总数是",data)
print("组成数的个数是",len(data))
```

运行上述程序得到的输出结果如下:

组成的总数是[123,124,125,126,127,…,756,761,762,763,764,765]

组成数的个数是210

例3.37 所谓“水仙花数”是指一个三位数,其各位数字立方和等于该数本身.例如:153是一个“水仙花数”,因为153等于1的三次方加5的三次方加3的三次方.找出所有这样的“水仙花数”.

方法1:

```
for n in range(100,1000):
    i=n//100
    j=n//10%10
    k=n%10
    if n==i**3+j**3+k**3:
        print('%d**3+%d**3+%d**3=%d'%(i,j,k,i**3+j**3+k**3))
```

运行上述程序得到的输出结果如下:

1**3+5**3+3**3=153

3**3+7**3+0**3=370

3**3+7**3+1**3=371

4**3+0**3+7**3=407

方法2:

```
for x in range(10):
    for y in range(10):
```

```
    for z in range(10):
        if x*100+y*10+z==x**3+y**3+z**3:
            if len(str(x*100+y*10+z))==3:
                print('%d**3+%d**3+%d**3=%d'%(x,y,z,x*100+y*10+z))
```

运行上述程序得到的输出结果和方法一相同.

注 i=n//100表示n除以100获得其整数部分的值赋值给i.k=n%10表示n除以10获得其余数的值赋值给k.

3.7.2 循环中的加密与解密设计

一般地,加密方法有对称加密算法和非对称加密算法,其解密是其逆过程.其实,加密过程就是将明文通过加密算法变成密文.明文就是发送人、接受人和任何访问消息的人都能理解的信息;而密文就是明文消息经过某种编码后,得到密文消息,加密就是通过某种算法将明文变成密文的一种方法.本小节基于Python语言应用对称加密算法给出两个加密与解密的实例.

例3.38 将一组信息(明文),即一串字母通过两个Python字典dict()函数进行映射(加密方法)变成加密信息(密文),逆过程得到解密信息.

```
letters='ABCDEFGHIJKLMNOPQRSTUVWXYZ'# 字母表
encryption_code='LFWOAYUISVKMNXPBDCRJTQEGHZ'# 加密对应表
enc=dict(zip(letters,encryption_code))
dec=dict(zip(encryption_code,letters))
str="NI GUO DE HAI HAO MA"
encr="".join([enc.get(ch,ch) for ch in str])
decr="".join([dec.get(ch,ch) for ch in encr])
print('加密之后的密文:',encr)
print('解密之后的明文:',decr)
```

运行上述程序得到如下输出结果:

加密之后的密文:XS UTP OA ILS ILP NL

解密之后的明文:NI GUO DE HAI HAO MA

注 上述程序中的letters通过enc的加密算法映射到密文encryption_code上.加密算法就是应用zip()函数将letters和encryption_code组合到一起,然后经过字典函数dict()建立一个一一映射的关系,我们通过print(enc)输出它们的这种映射关系是{'A':'L','B':'F','C':'W','D':'O','E':'A','F':'Y','G':'U','H':'I','I':'S','J':'V','K':'K','L':'M','M':'N','N':'X','O':'P','P':'B','Q':'D','R':'C','S':'R','T':'J','U':'T','V':'Q','W':'E','X':'G','Y':'H','Z':'Z'}.然后通过encr的执行,就是通过列表内的for循环遍历得到加密后的密文,其中join()函数是将每次遍历的明文转化为密文输出.解密是其逆过程,在此不予赘述.

例3.39 基于ASCII码(表3.1)的加密程序设计.

```
message=input('输入需要加密的信息:')
```

```
message=message.upper()
output=""
for letter in message:
    if letter.isupper():
        value=ord(letter)+15
        letter=chr(value)
        if not letter.isupper():
            value-=26
            letter=chr(value)
    output+=letter
print("加密后的密文:",output)
```

运行程序输入Action is not far from success.得到的输出结果:

加密后的密文:PRIXDC XH CDI UPG UGDB HJRRTHH

注 upper()函数将message转化为大写字符;

letter.isupper()用于判断变量letter是不是大写,返回True或者False;

ord()函数将letter变为ASCII索引数值后再加上15;

chr()函数将value转化为字符串;

value-=26 相当于value=value-26;

output+=letter相当于output=output+letter.

表3.1 ASCII码值表(部分)

码值	字符	码值	字符	码值	字符	码值	字符	码值	字符
48	0	63	?	78	N	93	]	108	l
49	1	64	@	79	O	94	^	109	m
50	2	65	A	80	P	95	_	110	n
51	3	66	B	81	Q	96	‘	111	o
52	4	67	C	82	R	97	a	112	p
53	5	68	D	83	S	98	b	113	q
54	6	69	E	84	T	99	c	114	r
55	7	70	F	85	U	100	d	115	s
56	8	71	G	86	V	101	e	116	t
57	9	72	H	87	W	102	f	117	u
58	:	73	I	88	X	103	g	118	v
59	;	74	J	89	Y	104	h	119	w
60	<	75	K	90	Z	105	i	120	x
61	=	76	L	91	[	106	j	121	y
62	>	77	M	92	\	107	k	122	z

例3.40　例3.39的循环迭代解密程序设计.

```
decryption=output.lower()
inputs=''
for letter2 in decryption:
  if letter2.islower():
     value2=ord(letter2)-15
     letter2=chr(value2)
     if not letter2.islower():
        value2+=26
        letter2=chr(value2)
  inputs=inputs+letter2
print('解密后的信息为',inputs)
```

运行程序得到输出结果如下：

解密后的信息为Action is not far from success

3.7.3　循环中的随机控制

例3.41　循环中随机控制的魅力图.

```
import random
import turtle as t
t.speed(50)
t.bgcolor('black')
colors=['red','yellow','blue','green','orange','purple','gray','white']
for n in range(50):
   t.pencolor(random.choice(colors))
   size=random.randint(10,40)
   x=random.randrange(-t.window_width()//2,t.window_width()//2)
   y=random.randrange(-t.window_height()//2,t.window_height()//2)
   t.penup()
   t.setpos(x,y)
   t.pendown()
   for m in range(size):
      t.forward(2*m)
      t.left(91)
t.done()
```

运行程序得到图3.5.

图3.5 循环中的随机控制时空图

例3.42 病毒式的螺旋五彩圆曲线.

```
import turtle as t
t.penup()
sides=int(t.numinput('螺旋线条数','输入您想画的螺旋线的条数?(2-6)',4,2,6))
colors=['red','yellow','blue','green','purple']
t.speed(300)
for m in range(50):
    t.forward(m*4)
    position=t.position()
    heading=t.heading()
    for n in range(int(m/2)):
        t.pendown()
        t.pencolor(colors[n%sides])
        t.circle(2*n)
        t.right(360/sides-2)
        t.penup()
    t.setx(position[0])
    t.sety(position[1])
    t.setheading(heading)
    t.left(360/sides+2)
```

```
    t.hideturtle()
t.done()
```

运行上述程序，弹出一个对话框(图3.6)，默认为4，按下Enter键，得到图3.7.

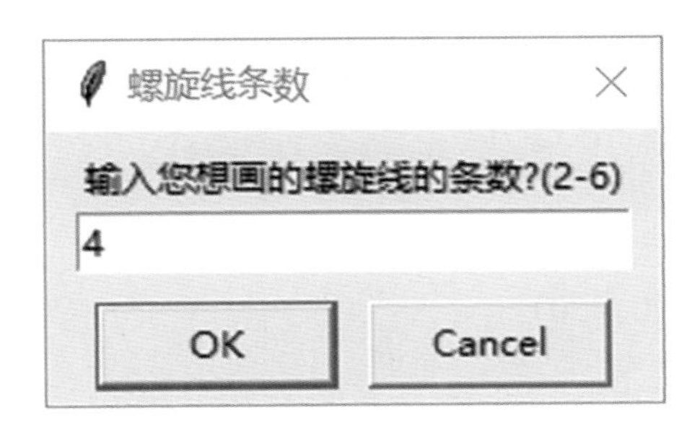

图3.6　询问对话框

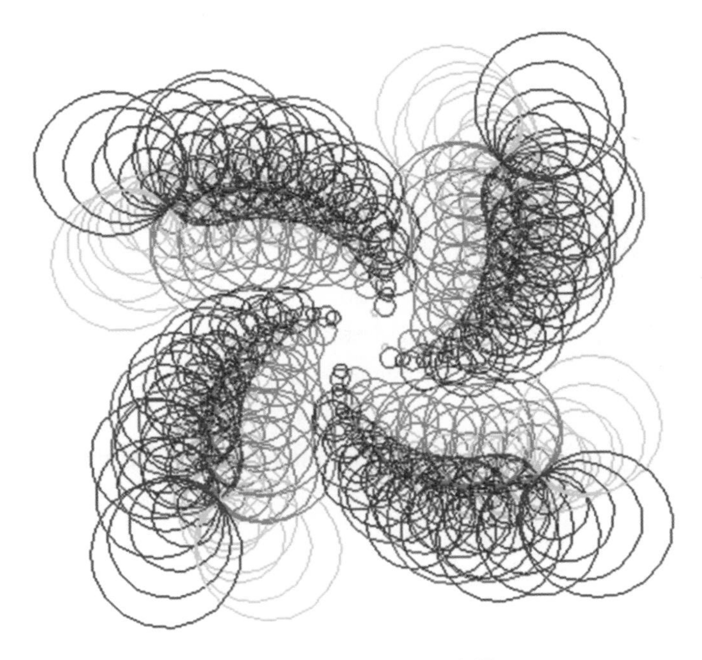

图3.7　病毒式螺旋五彩圆

3.7.4　循环中的游戏小程序

例3.43　随机游走的笑脸游戏.

```
import pygame
import random
pygame.init()
screen=pygame.display.set_mode([600,600])
keep_going=True
```

```
pic=pygame.image.load('E:\……\笑脸.png')
LACK=(255,255,255)
timer=pygame.time.Clock()
while keep_going:
    for event in pygame.event.get():
        if event.type==pygame.QUIT:
            keep_going=False
    picx=random.randint(0,600)
    picy=random.randint(0,600)
    screen.fill(LACK)
    screen.blit(pic,(picx,picy))
    pygame.display.update()
    timer.tick(1)
pygame.quit()
```

运行程序得到图3.8.

图3.8 游戏中的笑脸捕捉

注 pygame.init()表示游戏初始化;

pygame.display.set_mode([600,600])设置游戏的窗口大小;

LACK=(255,255,255)设置游戏显示背景为白色的数值,可以设置其他颜色;

time=pygame.time.Clock()的功能是让时间暂停一小会;

picx=random.randint(0,600)随机获取0到600里的一个整数;

screen.blit(pic,(picx,picy))表示图片定位显示;

timer.tick(1)控制图片移动快慢的函数,使得定时器每秒滴答60次,从而使得图片能移动60帧;

pygame.quit()游戏退出命令.

3.7.5 流程控制中的综合应用

例3.44 "我爱你"流星雨——while与for循环的综合应用.

```
import random
import pygame
from sys import exit
panelWidth=600
panelHigh=500
FONT_PX=40
```

```
pygame.init()
winSur=pygame.display.set_mode((panelWidth,panelHigh),32)
font=pygame.font.SysFont("SimHei",35)
bg_suface=pygame.Surface((panelWidth,panelHigh),
                        flags=pygame.SRCALPHA)
pygame.Surface.convert(bg_suface)
bg_suface.fill(pygame.Color(0,0,0,20))
winSur.fill((0,0,0))
#中文版
letter=['我','爱','你','我','爱你','我爱你','我非常爱你','我爱你','我爱','我','爱','你','
    我爱你','爱','我','爱你','我','我爱','爱你','你']
#letter=['a','b','c','d','e','f','g','h','i','j','k','l','m','n','o','p','q','r','s','t','u','v','w','x',
    'y','z']#字母版
texts=[font.render(str(letter[i]),True,(0,255,0)) for i in range(20)]
column=int(panelWidth/ FONT_PX)
drops=[0 for i in range(column)]
while True:
  for event in pygame.event.get():
    if event.type==pygame.QUIT:
      exit()
    elif event.type==pygame.KEYDOWN:
      chang=pygame.key.get_pressed()
      if (chang[32]):
        exit()
  # 将暂停一段给定的毫秒数
  pygame.time.delay(30)
  # 重新编辑图像第二个参数是坐上角坐标
  winSur.blit(bg_suface,(0,0))
  for i in range(len(drops)):
    text=random.choice(texts)
    # 重新编辑每个坐标点的图像
    winSur.blit(text,(i * FONT_PX,drops[i] * FONT_PX))
    drops[i]+=1
    if drops[i] * 10 > panelHigh or random.random() > 0.95:
      drops[i]=0
  pygame.display.flip()
```

运行程序得到图3.9.

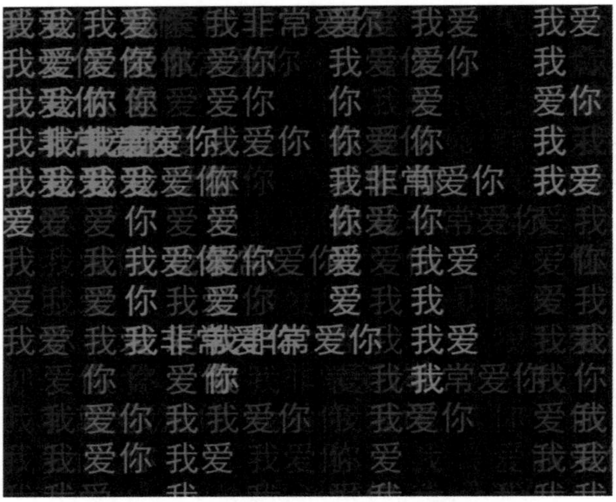

图3.9 “我爱你”流星雨动态截图

第4章　自定义函数与文件读写操作

4.1　自定义函数

在解决一个较为复杂问题时，编辑的代码一般会较长，修改或读起来可能会有点费劲. 我们可以对代码进行流程的分解操作，于是自定义函数就派上用场了. 自定义函数可以省去重复代码冗余，特别地，使用自定义函数可以让程序代码最大化地得到重用，应用起来简洁明了. 自定义函数的功能：① 函数其实相当于封装，其目的是重复使用代码，从而减少整个程序的冗余代码；② 使得整个代码更加美观、可读、易懂.

本节主要介绍无参数函数的定义、一个参数函数的定义、多个参数函数的定义、局部、全局变量及其转化以及自定义函数的综合运用等.

4.1.1　无参数函数的定义

完成一个目标或功能，有一段程序代码会重复使用，且函数不带参数或变量，这时的自定义函数就称为无参数的自定义函数，其定义方法如下：

```
def 函数名( )：
   函数代码体
   return 输出目标表达式
```

注　① 函数名就是标识符，其命名需要与变量命名规则相同，应用时就用到函数名；② 函数代码体语句块必须缩进，一般4个空格；③ 自定义的函数若没有return语句，程序会隐式地返回一个None值；④ 无参数函数定义中的英文输入法状态下的括号里是空的，其形式是一种符号标识符.

例4.1　定义一个函数，其功能是输入一个多边形的边数，并且将每一个边长不同的多边形填充为预设颜色. 这样定义函数的好处是，可以灵活地重复使用代码，如画多边形边长数为3，则运行程序就可以输入3，如果想画一个边数为5的多边形，那么就输入5，这样代码可以重复使用无限次.

```
def duobianxing()：
   choice=int(input('请输入多边形的边数：'))
```

```
    import turtle as t
    t.speed(30)
    colors=['red','yellow','blue','green','orange','purple','gold']
    for i in range(15):
        t.fillcolor(colors[i%len(colors)])
        t.begin_fill()
        t.circle(-8*i,steps=choice)
        t.end_fill()
        t.left(60)
    t.done()
duobianxing()  #调用函数
```

执行程序两次,第1次输入3,第2次输入5,得到的结果如图4.1所示.

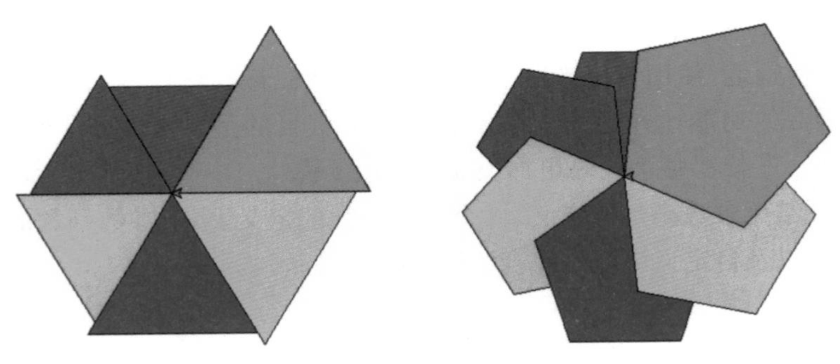

图4.1 边数分别为3与5的彩色多边形

注 函数定义,只是声明了一个函数,它不能被执行,需要调用执行;调用的方式,就是函数名后加上小括号(英文输入法状态下的圆括号),上例中即是duobianxing(),运行即可得到其功能,使用起来非常方便.

4.1.2 带一个参数的函数定义

这种自定义函数的参数只有一个时,和无参数定义类似,其方法如下:

```
def 函数名(x):
    函数代码体
    return 输出目标表达式
```

注 在圆括号内只填写上一个参数的,称之为带一个参数的自定义函数;调用时写的参数是实际传入的参数,简称实参调用自定义函数.

例4.2 自定义一个求圆面积的函数.

```
def area_circle(r):
    import math
```

```
    s=math.pi*r**2
    return s
print('半径为%f的圆面积是%f'%(4,area_circle(4))) #调用函数
```

运行程序得到的输出结果如下：

半径为4.000000的圆面积是50.265482

4.1.3 带多个参数的函数定义

如果在完成一个功能块时，需要多个变量，这时就需要用到多个参数的函数．带多参数的自定义函数，其参数列表一般顺序是：普通参数、缺省参数、可变位置参数、keyword-only参数(可带缺省值)、可变关键字参数．多参数的自定义函数方法如下：

```
def 函数名(x1,x2,x3,… ):
    函数代码体
    return 返回结果的表达式
```

注　① 按照书写习惯定义函数参数，代码应该易读易懂；② 注意参数的顺序，最常用的先定义，即定义最常用参数为普通参数，可不提供缺省值，必须由用户提供；③ 将必须使用名称的变量使用参数，其定义为keyword-only参数并且必须使用关键字传参；④ 如果自定义函数中有较多参数且无法逐一定义，那么就用可变参数．

例4.3　给出自定义求梯形面积的函数．根据目标要求，需要梯形的三个变量，那么在定义函数时就需要三个参数．

```
def area_tixing(x,y,z):
    return (x+y)*z/2
```

或者如下定义：

```
def area_tixing(x,y,z):
    s=(x+y)*z/2
return s
print("梯形的面积是:",area_tixing(1,2,3)) #调用函数
```

运行程序得到的输出结果如下：

梯形的面积是4.5

注　函数中的关键字传参可以不考虑传参的顺序，但是参数个数需要一致．如area_tixing(1,2,3)与area_tixing(z=3,x=1,y=2))以及area_tixing(x=1,y=2,z=3)都是等价的．注意到，函数的传参形式是多样的．可以用位置和关键字一同传参．如area_tixing(1,y=2,z=3)与area_tixing(1,2,3)等价，该用法称之为关键与位置传参组合使用．

例4.4　自定义函数绘制二叉树图形．

```
from turtle import *
from random import *
```

```
from math import *
def tree(n,l):
    pd()
    t=cos(radians(heading()+45)) / 8+0.25
    pencolor(t,t,t)
    pensize(n / 4)
    forward(l)
    if n > 0:
        b=random() * 15+10
        c=random() * 15+10
        d=l * (random() * 0.35+0.6)
        right(b)
        tree(n-1,d)
        left(b+c)
        tree(n-1,d)
        right(c)
    else:
        right(90)
        n=cos(radians(heading() - 45)) / 4+0.5
        pencolor(n,n,n)
        circle(2)
        left(90)
    pu()
    backward(l)
bgcolor('floralwhite')
ht()
speed(0)
tracer(0,0)
left(90)
pu()
backward(300)
tree(12,100)
done()
```

运行程序得到图4.2所示.

注 上述程序中利用了递归二叉树思想,即画笔到末端了就画圆圈.

图4.2　二叉树图

下面给出多参数函数的一些使用方法.

1. 默认参数的用法

输入的参数可以是在函数定义时设定好的赋值,也就是默认值.在调用该函数时,可以不输入该参数,函数内部会直接调用默认参数值.

例4.5　在函数中预定义参数值z=2.718.

```
def polynomial( x,y,z=2.718):
  s=2*x+y**2+y*z+5
  return s
print(polynomial( x=1,y=2))
```

注　函数中的默认参数的默认值可以修改.需要注意的是,默认参数必须放到参数列表的末位.例如调用该自定义函数,并输入修改的z参数为6,即print(polynomial(1,2,z=6)),其输出结果为23.

2. 不定长参数的用法

在解决某些问题时会遇到参数的个数不确定的情况,这时定义函数,如果用到前面的几类方法就会遇到麻烦.因此,解决这个问题,可以采用不定长参数的定义方法.

例4.6　定义一个不定长参数的函数,要求依次输出第一个参数的后面参数次方的结果,其函数如下:

```
def multiArguments(x,*multiArgs):
    for i in multiArgs:
        print('%d的%d次方是%d'%(x,i,x**i))
    return
multiArguments(2,1,2)
```

运行程序输出结果如下:

```
2的1次方是2
```

2的2次方是4

如果*multiArgs处选择输入4个参数,则有输出结果如下:

2的1次方是2

2的2次方是4

2的3次方是8

2的4次方是16

注 函数括号里的*multiArgs,其中主要的是*不能省掉,可以写成其他形式,但*号要带上,如果*号没写,则程序不能正常运行,会给出类型报错信息:

TypeError:multiArguments() takes 2 positional arguments but 5 were given.

3. 导入自定义函数的方法

如果已经定义好了一个函数,想要在其他时候或者其他程序里使用它,那么就要将定义好的函数存放到电脑的某一个盘里或某一个文件夹里,并且以“函数名.py”的格式保存,其保存路径有两种,一是保存到Python解释器相同的路径中,以函数multiArguments为例,其用法如下:

```
from multiArguments import *
multiArguments(2,3,5,8,12)
```

另一种方法是直接保存到某个盘的文件夹里.

例4.7 将multiArguments()函数保存到'D:/yingyongsoft',并调用该函数.

```
import sys
sys.path.append(r'D:/yingyongsoft')
from multiArguments import *
multiArguments(2,3,5,8,12)
```

运行程序得到的输出结果如下:

2的3次方是8

2的5次方是32

2的8次方是256

2的12次方是4096

注 自定义的函数,其导入方式用from函数名(不带括号)import *,如果采用import函数名(不带括号)的方式则会出现异常,报错信息如下:

TypeError:'module' object is not callable.

4.1.4 自定义函数中self参数调用类的实例对象

类(class)是面向对象编程中的一个重要概念,用于描述具有相似属性和行为的对象的集合.类是对象的模板,它定义了对象的属性和方法.类是面向对象编程的基础,它提供了一种组织和封装代码的方式,使得代码更加模块化和可复用.通过类的继承和多态性,可以实现代码的重用和扩展.类由属性和方法组成.属性是类的特征,描述了对象的状态;方法是类的行为,描述了对象的操作.类可以看作是一个蓝图或者模具,通过实例化(创建对象)来使用.实例化一个类会生成一个具体的对象,该对象拥有类定义的属性和方法.类的定义通常包括类名、属性和方法.类名是类的标识符,用于创建对象.属性是类的特征,可以是变量或者常量.方法是类的行为,可以是函数或者过程.

在Python中,self是一个特殊的参数,用于表示对象本身.它在定义类的方法时必须作为第一个参数出现,但在调用方法时不需要显式地传递.self参数的作用是将方法与对象关联起来.当调用一个对象的方法时,Python会自动将该对象作为self参数传递给方法.这样,方法就可以访问对象的属性和其他方法.通过使用self参数,我们可以在类的方法中访问和修改对象的属性、调用其他方法和创建新的属性.self参数的名称可以是任意的,但约定俗成的做法是使用self.需要注意的是,self参数只在定义类的方法时使用,而不是在定义普通函数时使用.在类的方法中,self参数是必需的,但在调用方法时不需要显式地传递.

例4.8　定义一个名为Person的类,它有两个属性:name和age.在类的初始化方法__init__中,使用self参数来访问和设置实例对象的属性.在introduce方法中,使用self参数来访问实例对象的属性,并打印出相关信息.

```
class Person:#class是类的声明,Person是类名
    # __init__表示类的初始化方法
    def __init__(self,name,age):#self是自定义函数的特殊参数
        self.name=name #通过self调用变量name
        self.age=age #通过self调用变量age
    def introduce(self):
        print(f"我叫{self.name}来自新疆,我今年{self.age}岁了.")
person_1=Person("买买提",22) #调用类名并将参数传给自定义函数中的两个变量
person_1.introduce()#调用类中的函数introduce()
```

运行程序得到如下输出结果:

我叫买买提来自新疆,我今年22岁了.

4.1.5　局部、全局变量及其转化

1. 局部变量

局部变量是指有固定的变量作用域,只有在相应的作用域内才能调用该变量.例如函数内的局部变量的作用域仅限于该函数内来使用.

例4.9　建立一个新的函数求其平均值,函数名为meanValue().

```
def meanValue():
    length=5
    sum_x=0
    d_x=[1,2,3,4,5]
    for i in d_x:
        sum_x=sum_x+i
```

```
    return sum_x/length
print(meanValue())
```

运行程序输出结果为3.0.

注 上述定义的函数中length=5是局部变量，它只作用于该函数内部.在关键字def定义函数的范围内，新定义或赋值的变量都是局部变量，在该函数之外引用该函数内命名的变量时均会报错.

```
def echo(x):
    x="Hello"+x
    print(x)
echo('world')
```

上述程序中x是局部变量，如果把程序写成如下形式：

```
def echo(x):
    x="Hello"+x
echo('world')
print (x)
```

运行程序就出现报错信息为NameError:name 'x' is not defined.这是由函数外部使用了函数内部的局部变量导致的.

2. 全局变量

全局变量是相对局部变量而言的，其作用范围是全局的，即在初始定义赋值后，无论是函数、类、lambda函数内都可以引用全局变量.特别地，在关键词def，class和lambda之外定义的变量，均作为全局变量.如果在例4.9的meanValue()函数内定义的length变量移至关键词def之外，那么局部变量就变为全局变量了.

例4.10 在例4.8的基础上将函数meanValue()内部的变量length=5移动到外部，这个变量就变成全局变量了.

```
length=5
def meanValue():
    sum_x=0
    d_x=[1,2,3,4,5]
    for i in d_x:
        sum_x=sum_x+i
    return sum_x/length
print(meanValue())
```

运行程序输出结果为3.0.

3. 局部与全局变量的转化

在定义函数时，有时在函数内定义的局部变量在该函数外需要被引用，如前面例4.9的meanValue()函数中定义的"length"就是局部变量.如果在这种状态下，在该变量前加一个关键词"global"就可以将其定义为全局变量.

例4.11 global关键字的应用.

```
def meanValue():
    global length
    length=5
    sum_x=0
    d_x=[1,2,3,4,5]
    for i in d_x:
        sum_x=sum_x+i
    return sum_x/length
print(meanValue())
```

运行程序输出结果为3.0.

注 在函数内部,如果想要将一个局部变量变为全局变量,只需声明该变量是全局变量就可以了,也就是关键字global的作用.

4.1.6 自定义函数的综合运用

例4.12 用random与turtle库编写函数,其功能是点击鼠标生成对称图形.

```
import random
import turtle
t=turtle.Pen()
t.speed(0)
t.hideturtle()
turtle.bgcolor('white')
colors=['red','yellow','blue','green','purple','grey']
def drawFigure_1(x,y):
    t.pencolor(random.choice(colors))
    size=random.randint(10,40)
    drawFigure_2(x,y,size)
    drawFigure_2(-x,y,size)
    drawFigure_2(-x,-y,size)
    drawFigure_2(x,-y,size)
def drawFigure_2(x,y,size):
    t.penup()
    t.setpos(x,y)
    t.pendown()
    for m in range(size):
        t.forward(2*m)
        t.left(91)
```

```
turtle.onscreenclick(drawFigure_1)
turtle.done()
```

运行程序得到图4.3所示.

注 上述例子定义了两个函数,drawFigure_1(x,y)的功能是随机选择画笔颜色,指定作图屏幕尺寸以及确定对称作图具体位置;drawFigure_2(x,y,size)的主要功能是用不同半径循环作图.

图4.3 定义函数:点击鼠标生成的对称交叠图

例4.13 自定义函数生成彩色雪花场景.

```
from turtle import *
from random import *
def drawSnow():
    hideturtle()
    pensize(3)
    for i in range(100):
        r,g,b=random(),random(),random()
        pencolor(r,g,b)
        penup()
        setx(randint(-350,350))
        sety(randint(1,270))
        pendown()
        dens=randint(8,12)
        snowsize=randint(10,14)
        for j in range(dens):
```

```
            forward(snowsize)
            backward(snowsize)
            right(360/dens)
def drawGround():
    hideturtle()
    for i in range(400):
        pensize(randint(5,10))
        x=randint(-400,350)
        y=randint(-280,-1)
        r,g,b=-y/280,-y/280,-y/280
        pencolor(r,g,b)
        penup()
        goto(x,y)
        pendown()
        forward(randint(40,100))
setup(800,600,200,200)
tracer(False)
bgcolor('black')
drawSnow()
drawGround()
done()
```

运行程序得到图4.4.

图4.4　自定义函数彩色雪花

例 4.14 自定义计算器函数.

```
import tkinter
from functools import partial
def get_input(entry,argu):
    input_data=entry.get()
    if (input_data[-1:]=='+') and (argu=='+'):
        return
    if (input_data[-2:]=='+-') and (argu=='-'):
        return
    if (input_data[-2:]=='--') and (argu in ['-','+']):
        return
    if (input_data[-2:]=='**') and (argu in ['*','/']):
        return
    entry.insert("end",argu)
def backspace(entry):
    input_len=len(entry.get())
    entry.delete(input_len - 1)
def clear(entry):
    entry.delete(0,"end")
def calc(entry):
    input_data=entry.get()
    if not input_data:
        return
    clear(entry)
    #异常捕获,
    try:
        output_data=str(eval(input_data))
    except Exception:
        entry.insert("end","Calculation error")
    else:
        if len(output_data) > 20:
            entry.insert("end","Value overflow")
        else:
            entry.insert("end",output_data)
if __name__=='__main__':
    root=tkinter.Tk()
    root.title("Calculator")
    root.resizable(0,0)
```

```
button_bg='orange'
math_sign_bg='DarkTurquoise'
cal_output_bg='YellowGreen'
button_active_bg='gray'
entry=tkinter.Entry(root,justify="right",font=1)
entry.grid(row=0,column=0,columnspan=4,padx=10,pady=10)
def place_button(text,func,func_params,bg=button_bg,**place_params):
    my_button=partial(tkinter.Button,root,bg=button_bg,padx=10,pady=3,active-
    background=button_active_bg)
    button=my_button(text=text,bg=bg,command=lambda:func(*func_params))
    button.grid(**place_params)
#文本输入类按钮
place_button('7',get_input,(entry,'7'),row=1,column=0,ipadx=5,pady=5)
place_button('8',get_input,(entry,'8'),row=1,column=1,ipadx=5,pady=5)
place_button('9',get_input,(entry,'9'),row=1,column=2,ipadx=5,pady=5)
place_button('4',get_input,(entry,'4'),row=2,column=0,ipadx=5,pady=5)
place_button('5',get_input,(entry,'5'),row=2,column=1,ipadx=5,pady=5)
place_button('6',get_input,(entry,'6'),row=2,column=2,ipadx=5,pady=5)
place_button('1',get_input,(entry,'1'),row=3,column=0,ipadx=5,pady=5)
place_button('2',get_input,(entry,'2'),row=3,column=1,ipadx=5,pady=5)
place_button('3',get_input,(entry,'3'),row=3,column=2,ipadx=5,pady=5)
place_button('0',get_input,(entry,'0'),row=4,column=0,padx=8,pady=5,
        columnspan=2,sticky=tkinter.E+tkinter.W+tkinter.N+tkinter.S)
place_button ('.', get_input, (entry, '.') , row=4, column=2, ipadx=7, padx=5,
pady=5)
place_button ('+', get_input, (entry, '+') , bg=math_sign_bg, row=1, column=3,
ipadx=5,pady=5)
place_button('-',get_input,(entry,'-'),bg=math_sign_bg,row=2,column=3,ipadx=
5,pady=5)
place_button('*', get_input, (entry,'*'), bg=math_sign_bg, row=3, column=3, ipadx
=5,pady=5)
place_button('/', get_input, (entry,'/'), bg=math_sign_bg, row=4, column=3, ipadx
=5,pady=5)
place_button ('<-', backspace, (entry, ) , row=5, column=0, ipadx=5, padx=5,
pady=5)
place_button('C',clear,(entry,),row=5,column=1,pady=5,ipadx=5)
place_button ('=', calc, (entry, ) , bg=cal_output_bg, row=5, column=2, ipadx=5,
padx=5 , pady=5 , columnspan=2 , sticky=tkinter. E+tkinter. W+tkinter. N+
```

```
    tkinter.S)
root.mainloop()
```

运行程序得到计算器界面，如图4.5所示.

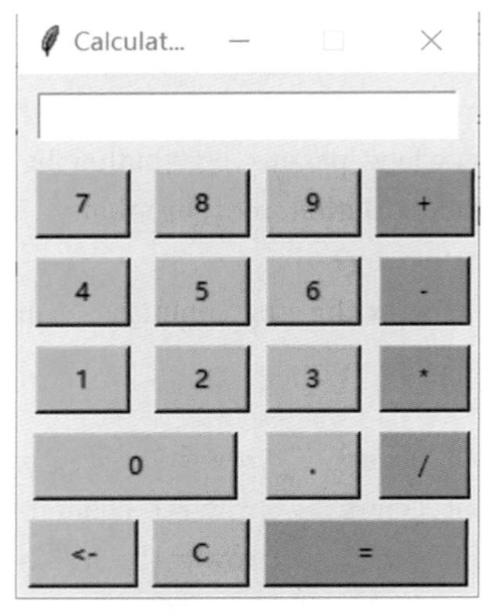

图4.5 计算器界面图

注 get_input(entry, argu)按钮输入调用；entry.get()从窗口展示中获取输入的内容；def backspace(entry)退格(撤销输入)；def calc(entry)用于做计算.

4.2 数据文件操作

这一节里，主要介绍数据文件的读写，主要包括txt文件的读取与写入操作、以xls与xlsx为扩展名的Excel文件的读取与写入操作、csv类型的数据文件的读取与写入操作等.

4.2.1 txt文件的读写操作

对于数据的存储，有的时候是用记事本文记录下来的，而这样的文件一般以txt为扩展名.读取这类文件需要用open()函数.其用法如下：

f=open('路径+文件名.txt',mode='r')

- 文件的访问有两种方式：一种是相对路径，就是文件存放路径与Python解释器默认路径相同，这时只需要用文件名.txt形式就可以了；另一种是绝对路径方式，就是给出文件的具体位置，如E:\studyPython\hello.txt，注意路径需要用英文输入法状态下的引号括起来.
- mode参数中的r指读出，w指写入；
- 打开之后将返回一个文件对象(file object)，后续对文件内数据的操作都是基于这个文件对象的方法来实现的；

• 对文件数据的读取是用的read()方法，read()方法将返回文件中的所有内容.

例4.15　读取D盘上文件名为test1.txt的文件：

```
f=open('D:test1.txt',mode='r')
```

用print(f)输出后的结果并不是显示文件内容，而是返回为一个对象，即

```
<_io.TextIOWrapper name='D:test1.txt' mode='r' encoding='cp936'>
```

如果我们使用下面的方式就可以得到文件内容：

```
content=f.read()
print(content)
f.close() #关闭文件
```

运行后输出如下文件内容：

We like python very much

社会学定量方法及其应用.

例4.16　写入txt文件格式的数据：

```
f=open('D:writeGeci.txt','w')
f.write('我们都是好孩子，最善良的孩子.')
f.close()
```

运行程序，就会将“我们都是好孩子，最善良的孩子.”写入到文件名为writeGeci.txt的文件里了.

注　如果D盘上有writeGeci.txt的文件，那么Python将直接将“我们都是好孩子，最善良的孩子.”写入到该文件；如果没有该文件，则Python会创建该文件后再将该内容写入这个文件. f.close()是关闭该文件，以免占用内存.

4.2.2　Excel文件的读写操作

在数据操作或处理过程中，用到最多的文件格式还是Excel文件类型，老版本的Excel文件扩展名是xls，新版本文件扩展名是xlsx. 运用Python来读写这些文件时，可能会遇到读写错误提示，出现该错误提示主要是访问的以xlsx为扩展名的文件导致的，这时需要将读取Excel文件的工具xlrd更改为低一点版本. 写文件可安装xlwt，或者应用pandas库的DataFrame()和to_excel()函数. 读写Excel文件可用pandas的read_excel()方法，可通过文件路径直接读取. 如果在一个Excel文件中有多个表sheet，那么对Excel文件的读取实际上是读取指定文件并同时指定sheet下的数据. 可以一次读取一个表sheet，也可以一次读取多个表sheet，但是同时读取多个表sheet时会对后续操作带来不便，因此，建议一次只读取一个表sheet的数据.

如果只读取一个表sheet时，那么返回的是DataFrame类型（二维数据结构类型），它是一种表格数据类型，能清楚地展示数据与表格结构.

读取Excel表格数据的用法如下：

(1) 不指定Excel表格的sheet参数，则默认读取的是第一个表sheet.

```
import pandas as pd
```

```
dt=pd.read_excel("data_table.xlsx")
```

(2) 指定Excel中的表sheet名称方法.

```
import pandas as pd
dt=pd.read_excel("data_table.xlsx",sheet_name="table1")
```

(3) 指定Excel表sheet的索引号来读取.

```
import pandas as pd
dt=pd.read_excel("data_table.xlsx",sheet_name=0) #sheet索引号从0开始
```

(4) 不读取整个Excel表,而只读取指定的一列数据方法.

```
import pandas as pd
data = pd.read_excel(保有量.xlsx, usecols=['新能源汽车保有量'])
```

注 如果某一个Excel表格已经被office软件打开,那么用Python访问时会报错,因此Python需要在该文件没有被office软件占用时进行读写操作.其中,read_excel()函数里的usecols参数功能就是只读取Excel指定列数据,而不读取整个数据,这样可以节约电脑内存空间。

例4.17 读取D盘上文件名为studyData.xlsx的文件:

```
import pandas as pd
input='D:/studyData.xlsx'
data=pd.read_excel(input,index_col='企业代号')
print(data)
```

运行程序可以得到如下输出结果:

企业代号	发票号码	开票日期	销方代号	金额	税额	价税合计	发票状态
E1	3390939	2022/7/18	A00297	−943.4	−56.6	−1000	有效发票
E1	3390940	2022/7/18	A00297	−4780.24	−286.81	−5067.05	有效发票
E1	3390941	2022/7/18	A00297	943.4	56.6	10	有效发票
E1	3390942	2022/7/18	A00297	4780.24	286.81	5067.05	有效发票
E1	9902669	2022/8/7	A05061	326.21	9.79	336	有效发票
E1	40826107	2022/8/8	A05991	170.94	29.06	200	有效发票
E1	4420531	2022/8/9	A03142	37735.85	2264.15	40000	有效发票
E1	4420532	2022/8/9	A03142	4716.98	283.02	5000	有效发票

……

注 上述读取文件的函数pd.read_excel(input,index_col='企业代号'),参数index_col='企业代号'表示读取文件以'企业代号'为索引序列;也可以不用该参数,即直接用pd.read_excel(input),此时索引序列则是默认的0,1,2,3等.

我们也可以选取一些数据作一些运算后,将相应数据存储到一个Excel表格里去,如果选取了多列数据需要存储,则需用到pandas库里的DataFrame(),list()和zip()函数,我们用一个例子来说明它们的用法.

例4.18 Excel表格数据存储.在上一个例子的数据基础上,选取data数据中的'发票号

码''销方代号''金额''税额'和data['金额']+data['税额'],并且相应数据的列名取为'发票号码''销方代号''金额''税额'和'发票额度',把这些数据存储到D盘,文件名为choiceTiket1.xlsx,并且表单名为'发票单1',其代码如下:

```
choice_data1=pd.DataFrame(list(zip(data['发票号码'],data['销方代号'],data['金额'],data['税额'],data['金额']+data['税额'])),columns=['发票号码','销方代号','金额','税额','发票额度'])
choice_data1.to_excel('D:/ choiceTiket1.xlsx ',sheet_name='发票单1')
```

运行上述程序在D盘可得到相应的choiceTiket1.xlsx文件.直接打开该文件可得到如下输出结果:

发票号码	销方代号	金额	税额	发票额度
3390939	A00297	−943.4	−56.6	−1000
3390940	A00297	−4780.24	−286.81	−5067.05
3390941	A00297	943.4	56.6	1000
3390942	A00297	4780.24	286.81	5067.05
9902669	A05061	326.21	9.79	336
40826107	A05991	170.94	29.06	200
4420531	A03142	37735.85	2264.15	40000
4420532	A03142	4716.98	283.02	5000
15040454	A02994	46153.85	7846.15	54000

……

注 DataFrame对象的结构分有表头和无表头两种方式,默认情形下是有表头的,即将第一行元素自动设置为表头标签,其余内容为数据.当在read_excel()方法中加上header=None参数时就为不加表头的方式了,即从第一行起,全部内容为数据.读取到的Excel数据均返回DataFrame表格类型.对有表头的方式,读取时将自动地将第一行元素置为表头向量名称,同时为除表头外的各行内容加入行索引(从0开始)、各列内容加入列索引(从0开始).关于有无表头的方式,读者可以实验一下就明白了.

4.2.3 Excel数据的提取与切片

1. 用values方式获取数据

其一般方法如下:

(1) dt.values,获取全部数据,返回类型为ndarray(二维);

(2) dt.index.values,获取行索引向量,返回类型为ndarray(一维);

(3) dt.columns.values,获取列索引向量(对有表头的方式,是表头标签向量),返回类型为ndarray(一维).

例4.19 values获取数据实例.

```
import pandas as pd
```

input='D:/studyData.xlsx'

data=pd.read_excel(input,index_col='企业代号')

(1) 获取全部数据

print(data.values)

得到如下输出结果:

[[3390939 Timestamp('2022—07—18 00:00:00') 'A00297' —943.4 —56.6 —1000.0 '有效发票']
[3390940 Timestamp('2022—07—18 00:00:00') 'A00297' —4780.24 —286.81 —5067.05 '有效发票']
[3390941 Timestamp('2022—07—18 00:00:00') 'A00297' 943.4 56.6 1000.0 '有效发票']
[3390942 Timestamp('2022—07—18 00:00:00') 'A00297' 4780.24 286.81 5067.05 '有效发票']
[9902669 Timestamp('2022—08—07 00:00:00') 'A05061' 326.21 9.79 336.0 '有效发票']
……]

(2) 获取行索引向量

print(data.index.values)

运行结果如下:

['E1' 'E1' 'E1' 'E1' 'E1' 'E1' 'E1' 'E1' 'E1' 'E1' 'E1' 'E1' 'E1' 'E1' 'E1' 'E1' 'E1' 'E1' 'E1' 'E1' 'E1' 'E2' 'E2' 'E2' 'E2' 'E2' 'E2' 'E2' 'E2' 'E2' 'E2' 'E2' 'E2' 'E2' 'E2' 'E2' 'E2' 'E3' 'E3' 'E3' 'E3' 'E3' 'E3' 'E3' 'E3' 'E3' 'E3' 'E3' 'E3' 'E3' 'E3' 'E3']

(3) 获取列索引向量

print(data.columns.values)

运行结果如下:

['发票号码' '开票日期' '销方代号' '金额' '税额' '价税合计' '发票状态']

2. values获取指定数据的方法

(1) 获取表格里的某个值方法:dt.values[i ,j],获取第i行第j列的值,返回类型依内容而定.

print(data.values[3,4])

执行结果为286.81.

(2) 获取表格里的某一行数据方法:dt.values[i],获取第i行数据,返回类型为ndarray(一维).

print(data.values[3])

执行结果为[3390942 Timestamp('2017—07—18 00:00:00') 'A00297' 4780.24 286.81 5067.05 '有效发票'].

(3) 获取表格里的多行数据方法:dt.values[[x ,y ,z]],获取第x,y,z行数据,返回类型为ndarray(二维).

print(data.values[[2,3,4]])

运行结果如下：

[[3390941 Timestamp('2022—07—18 00:00:00') 'A00297' 943.4 56.6 1000.0
  '有效发票']
 [3390942 Timestamp('2022—07—18 00:00:00') 'A00297' 4780.24 286.81
  5067.05 '有效发票']
 [9902669 Timestamp('2022—08—07 00:00:00') 'A05061' 326.21 9.79 336.0
  '有效发票']]

(4) 获取某一列：dt.values[:,j]，获取第j列数据，返回类型为ndarray(一维).

print(data.values[:,2])

运行结果如下：

['A00297' 'A00297' 'A00297' 'A00297' 'A05061' 'A05991' 'A03142' 'A03142'
 'A02994' 'A05991' 'A00314' 'A03346' 'A01714' 'A01714' 'A01714' 'A01714'
  ……
 'A07616' 'A13128' 'A00012' 'A02343' 'A08828' 'A09052' 'A02920' 'A03927'
 'A08129' 'A13222' 'A01283' 'A01283']

(5) 获取多列：dt.values[:,[j1,j2,j3]]，获取第j1，j2，j3列数据，返回类型为ndarray(二维).

print(data.values[:,[2,3,6]])

运行结果如下：

[['A00297' −943.4 '有效发票']
 ['A00297' −4780.24 '有效发票']
  ……
 ['A01283' 2949.23 '有效发票']
 ['A01283' 15582.07 '有效发票']]

(6) 获取切片：dt.values[i1:i2 ,j1:j2]，返回行号[i1,i2)、列号[j1,j2)左闭右开区间内的数据，返回类型为ndarray(二维).

print(data.values[2:4,4:7])

运行结果如下：

[[56.6 1000.0 '有效发票']
 [286.81 5067.05 '有效发票']]

3. 用loc和iloc方式提取数据方法

使用loc和iloc方法是通过索引定位的方式获取数据的，用法为loc[x,y]和iloc[x,y]. 其中x表示对行的索引，y表示对列的索引，y可缺省 . x，y可为列表或i1:i2(切片)的形式，表示多行或多列 . 这两个方法的区别是：loc将参数当作标签处理，iloc将参数当作索引号处理 . 在有表头的方式中，当列索引使用str标签时，只可用loc，当列索引使用索引号时，只可用iloc. 在无表头的方式中，索引向量也是标签向量，loc和iloc均可使用 . 在切片中，loc是闭区间，iloc是半开区间 .

例4.20　loc和iloc提取数据方法示例 .

import pandas as pd

input='D:/studyData.xlsx'

data=pd.read_excel(input,index_col='企业代号')

(1) 获取全部数据用法:dt.loc[:,:].values 或 dt.iloc[:,:].values,返回类型为 ndarray(二维).

print(data.loc[:,:].values)

运行结果如下:

[[3390939 Timestamp('2022-07-18 00:00:00') 'A00297' -943.4 -56.6 -1000.0
 '有效发票']
 ……
 [3424502 Timestamp('2018-01-17 00:00:00') 'A01283' 15582.07 934.92
 16516.99 '有效发票']]

(2) 获取某个值的用法.无表头时的用法:dt.loc[i,j] 或 dt.iloc[i,j],第i行第j列的值,返回类型依内容而定.有表头时的用法:dt.loc[i,"序号"],第i行'序号'列的值.或 dt.iloc[i,j],第i行第j列的值.

print(data.iloc[4,5])

运行结果为 336.0.

(3) 获取某一行数据的用法.dt.loc[i].values 或 dt.iloc[i].values,获取第i行数据,返回类型为 ndarray(一维).

print(data.iloc[2].values)

运行结果如下:

[3390941 Timestamp('2022-07-18 00:00:00') 'A00297' 943.4 56.6 1000.0
 '有效发票']

(4) 获取多行数据的用法.dt.loc[[i1,i2,i3]].values,或 dt.iloc[[i1,i2,i3]].values,第 i1,i2,i3 行数据,返回类型为 ndarray(二维).

print(data.iloc[[2,3,4]].values)

运行结果如下:

[[3390941 Timestamp('2022-07-18 00:00:00') 'A00297' 943.4 56.6 1000.0
 '有效发票']
 [3390942 Timestamp('2022-07-18 00:00:00') 'A00297' 4780.24 286.81
 5067.05 '有效发票']
 [9902669 Timestamp('2022-08-07 00:00:00') 'A05061' 326.21 9.79 336.0
 '有效发票']]

(5) 获取某一列数据的用法.无表头 dt.loc[:,j].values 或 dt.iloc[:,j].values,第j列数据,返回类型为 ndarray(一维).有表头 dt.loc[:,"列名"].values,返回该列数据,返回类型为 ndarray(一维).或 dt.iloc[:,j].values,第j列数据,返回类型为 ndarray(一维).

print(data.loc[:,['发票号码']].values)

运行结果如下:

```
[[ 3390939]
 [ 3390940]
 ……
 [ 3424501]
 [ 3424502]]
```

(6) 获取多列数据的用法.无表头时用法:dt.loc[:,[j1 ,j2]].values或dt.iloc[:,[j1 ,j2]].values,第j1,j2列数据,返回类型为ndarray(二维).有表头时用法:dt.loc[:,["列名","列名"]].values,返回为指定两列的数据,返回类型为ndarray(二维);dt.iloc[:,[j1 ,j2]].values,第j1,j2列数据,返回类型为ndarray(二维).

```
print(data.loc[:,['发票号码','发票状态']].values)
```

运行结果如下:

```
[[3390939 '有效发票']
 [3390940 '有效发票']
 ……
 [3424501 '有效发票']
 [3424502 '有效发票']]
```

(7) 获取切片数据.无表头时用法:dt.loc[i1:i2,j1:j2].values,返回行号[i1,i2]、列号[j1,j2]闭区间内的数据,返回类型为ndarray(二维);dt.iloc[i1:i2,j1:j2].values,返回行号[i1,i2)、列号[j1,j2)左闭右开区间内的数据,返回类型为ndarray(二维).有表头时的用法:dt.iloc[i1:i2,j1:j2].values,返回行号[i1,i2)、列号[j1,j2)左闭右开区间内的数据,返回类型为ndarray(二维).

```
print(data.iloc[1:3,2:4].values)
```

运行结果如下:

```
[['A00297' -4780.24]
 ['A00297' 943.4]]
```

4.2.4 csv格式文件的读写操作

在数据处理与分析过程中,有些数据类型是csv为扩展名给出的.这种类型数据的读取和写入与Excel的xlsx或xls为扩展名的文件读写既有相同的地方也有不同的地方.csv格式文件一般情况下有两种方式的读写方法,下面一一介绍它们.

1. 基于csv库进行创建csv文件

例4.21 基于csv库的写入函数writer()创建文件.以'工号''姓名'和'籍贯','联系方式'来创建一个数表.其代码如下:

```
import csv
headers=['工号','姓名','籍贯','联系方式']
rows=[('2022001','李小红','湖北','13911112222'),
      ('2022002','李小花','安徽','18922223333'),
```

```
    ('2022003','李小军','江苏','13533334444'),
    ('2022003','李小成','上海','18366667777')]
with open('E:\……\datacsv.csv','w',encoding='utf8',newline='') as fileCSV :
  writer=csv.writer(fileCSV)
  writer.writerow(headers)
  writer.writerows(rows)
```

注 在执行上述代码前,需要在相应盘里创建一个扩展名为csv的文件,创建方法:打开Excel软件创建一个xlsx为扩展名的电子表格,然后点击"文件"选择"另存为",在"保存类型"属性里选择"csv UTF-8(逗号分隔)",然后保存即创建了一个csv格式文件了.注意,csv格式文件用Excel软件打开时,如果有中文字时可能会出现乱码,但是用Python打开能正常显示.上述代码中的open()函数中的第一个参数,给出以下说明:

w:以写方式打开;

w+:以读写模式打开;

r:以读模式打开;

r+:以读写模式打开;

a:以追加模式打开;

a+:以追加的读写模式打开.

如果在上述参数的后面加一个b,则表示以二进制方式读与写操作,如

rb:以二进制读模式打开;

rb+:以二进制读写模式打开;

wb:以二进制写模式打开;

wb+:以二进制读写模式打开.

例4.22 基于字典方法和csv库里的DictWriter()函数创建csv文件.

```
import csv
headers=['工号','姓名','籍贯','联系方式']
rows=[{'工号':'2022001','姓名':'李小红','籍贯':'湖北','联系方式':'13911112222'},
    {'工号':'2022002','姓名':'李小花','籍贯':'安徽','联系方式':'18922223333'},
    {'工号':'2022003','姓名':'李小军','籍贯':'江苏','联系方式':'13533334444'},
    {'工号':'2022003','姓名':'李小成','籍贯':'上海','联系方式':'18366667777'}]
with open('E:\……\datacsv.csv','w',encoding='utf8',newline='') as fileCSV :
  writer=csv.DictWriter(fileCSV,headers)
  writer.writeheader()
  writer.writerows(rows)
```

运行上述代码得到和上例一样的结果.

2. 基于csv库中的函数reader()来读取csv文件

例4.23 应用csv库的reader()读取文件:

```
import csv
with open('E:\……\datacsv.csv',encoding='utf-8-sig') as fl:
```

```
for row in csv.reader(fl,skipinitialspace=True):
    print(row)
```

执行代码,得到如下输出结果:

['工号','姓名','籍贯','联系方式']
['2022001','李小红','湖北','13911112222']
['2022002','李小花','安徽','18922223333']
['2022003','李小军','江苏','13533334444']
['2022003','李小成','上海','18366667777']

3. 基于pandas库中的read_csv()函数读取csv文件

应用read_csv()函数读取文件之前需要导入pandas库,即import pandas as pd,应用该函数有以下三种方式:

(1) data_csv=pd.read_csv('文件名.csv');

(2) data_csv=pd.read_csv('文件名.csv',header=None,index_col=None);

(3) data_csv=pd.read_csv('文件名.csv',header=0,index_col=0).

注　read_csv()函数中的参数header表示文件中的列名,没有则默认为0;index_col用作行索引的列名.

例4.24　应用pandas库中的read_csv()函数读取CSV文件的三种形式.

```
import pandas as pd
dcsv=pd.read_csv('E:\……\datacsv.csv')
print(dcsv)
```

运行得到的输出结果如表4.1所示.

表4.1　read_csv()读取文件不带参数

	工号	姓名	籍贯	联系方式
0	2022001	李小红	湖北	13911112222
1	2022002	李小花	安徽	18922223333
2	2022003	李小军	江苏	13533334444
3	2022003	李小成	上海	18366667777

如果read_csv()的参数改为如下形式:

```
dcsv=pd.read_csv('E:\……\datacsv.csv',header=None,index_col=None)
```

则输出结果如表4.2所示.

表4.2　read_csv()的参数为header=None,index_col=None

	0	1	2	3
	工号	姓名	籍贯	联系方式
0	2022001	李小红	湖北	13911112222
1	2022002	李小花	安徽	18922223333
2	2022003	李小军	江苏	13533334444
3	2022003	李小成	上海	18366667777

如果read_csv()的参数改为如下形式:

dcsv=pd.read_csv('E:\……\datacsv.csv',header=0,index_col=0)

则结果如表4.3所示.

表4.3 read_csv()的参数为header=0,index_col=0

工号	姓名	籍贯	联系方式
2022001	李小红	湖北	13911112222
2022002	李小花	安徽	18922223333
2022003	李小军	江苏	13533334444
2022003	李小成	上海	18366667777

例4.25 将csv文件转化为矩阵形式:

```
import pandas as pd
import numpy as np
csv_matrix=pd.read_csv('E:\……\datacsv.csv')
csv_matrix=np.array(csv_matrix)
print(csv_matrix)
print('获取矩阵的维数:',csv_matrix.shape)
print('获取矩阵的第一行第一列的元素:',csv_matrix[0][0])
```

运行上述程序得到如下输出结果:

```
[[2022001 '李小红' '湖北' 13911112222]
 [2022002 '李小花' '安徽' 18922223333]
 [2022003 '李小军' '江苏' 13533334444]
 [2022003 '李小成' '上海' 18366667777]]
获取矩阵的维数:(4,4)
获取矩阵的第一行第一列的元素:2022001
```

4.3 程序的异常及其处理

这一节里,主要介绍程序在运行时,常会遇到的一些错误,例如子代码的缩进问题或者数据类型不匹配等.有些异常,我们在编辑代码时,很难发现,只有当程序被执行的时候才发现有错误.如果这些错误不处理,那么程序就不能正常运行.因此出现了异常,我们有必要处理这些错误.

4.3.1 常见语法错误

程序代码在编译时的错误,如果不符合Python语言规则的代码会停止执行并返回错误信息,这类错误称之为语法错误(syntax errors).下面给出一些常见的语法错误.

1. 缩进错误

代码块存在子代码块,其首行缩进存在不当,那么运行程序就会报错.

例4.26　用turtle库画圆,要求每画一个圆后,笔的方向向左偏转30度.

```
import turtle as t
for i in range(12):
    t.circle(70)
    t.left(30)
t.done()
```

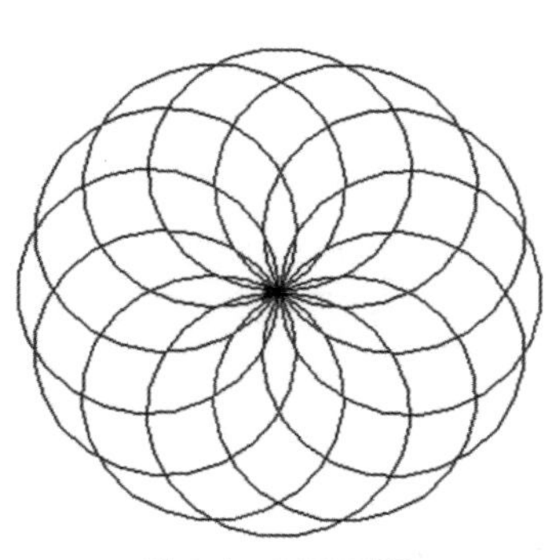

图4.6　十二环图

运行程序得到图4.6所示.

如果上述程序变为如下形式:

```
import turtle as t
for i in range(12):
    t.circle(70)
      t.left(30)
t.done()
```

运行程序,出现报错信息为IndentationError:unexpected indent.

2. 关键词拼写错误

有时候在编辑程序的时候,把Python代码中的关键字写错了,程序就会报出错误信息.

例4.27　应用continue语句将不属于水果的品名剔除,并进行各自分类.其正常程序如下:

```
杂类=['香蕉','橙子','樱桃','西瓜','钢笔','五彩笔','苹果','梨子']
fruit=[]
文具=[]
for x in 杂类:
  if x=='钢笔'or x=='五彩笔':
      文具.append(x)
      continue
  else :
      fruit.append(x)
print('分类后的水果是:',fruit)
print('分类后的文具是:',文具)
```

如果将continue关键字写成为contine将出现报错信息如下:

NameError:name 'contine' is not defined.

3. 缺少起始符号或结尾符号(括号、引号等)

例4.28　打印输出函数括号与引号报错的实例:

(1) 缺少括号的错误:

```
print('代码虐我千百遍,我视代码如初恋!'
```

则会报错如下：

SyntaxError：unexpected EOF while parsing.

(2) 中文输入法状态下的括号错误：

print('代码虐我千百遍，我视代码如初恋！')

则会报错如下：

SyntaxError：invalid character in identifier.

(3) 缺少引号的错误：

print('代码虐我千百遍，我视代码如初恋！)

报错信息如下：

SyntaxError：EOL while scanning string literal.

(4) 中文输入法状态下的引号错误：

print("代码虐我千百遍，我视代码如初恋！")

报错信息如下：

SyntaxError：invalid character in identifier.

4.3.2 异常及其处理

首先，我们给出异常的概念．所谓异常，就是Python程序在运行过程中不能正常执行代码所出现的一个事件．该事件会在程序执行过程中发生，直接影响目标的正常执行．另外，异常是Python对象，表示一个错误．一般情况下，在Python无法正常处理程序时就会发生一个异常．通常情况下，异常由以下问题引起：

(1) 试图将某个值转换为不恰当的数据类型；

(2) 调用不属于某个对象的方法或者属性；

(3) 在定义函数之前就引用该函数．

当Python脚本发生异常时，我们需要捕获处理它，否则程序会终止执行．相对于语法错误而言，异常(exceptions)一般难以发现．因为它只在代码运行时才会出现和被发现，例如，类型错误、索引错误、数值错误、属性错误等．我们如果发现了程序的异常，那么就可以修改它，使得程序能正常运行，并获得正常的结果．

例4.29 几种典型的异常实例：

(1) 除零错误，就是除数为0．有时对于一列数据在做量纲化处理时，所有数据除以它们的均值，但恰好这个均值为0，这样就导致了除零错误．例如：

print(8/0)

报错信息：ZeroDivisionError.

(2) 路径错误，就是所指路径没有这个文件，或者文件名相同，但扩展名不同等，这样均会报错．如D盘中没有dataMean.txt这样的文件，那么运行时就会报错．例如：

f=open('D:dataMean.txt')

报错信息：FileNotFoundError.

(3) 键值错误，在字典序列里，查询信息时不存在的键值信息导致的错误．例如：

```
student={'names':'peter','age':21}
print(student['name'])
```

报错信息:KeyError:'name'.

(4) 索引错误,就是一个列表、字符串、元组等在检索元素时,没有该信息或者超过了序列号等导致的错误.例如:

```
杂类=['香蕉','橙子','樱桃','西瓜','钢笔','五彩笔','苹果','梨子']
print(杂类['皮鞋'])
```

报错信息:TypeError:list indices must be integers or slices,not str.

```
print(杂类[9])
```

报错信息:IndexError:list index out of range.

```
str='abcdefghijk'
print(str[14])
```

报错信息:IndexError:string index out of range.

```
print(str.index('m'))
```

报错信息:ValueError:substring not found.

(5) 类型错误,就是数字型和字符型之间的错误.例如我们给出字符型数据num,而比较对象是数值型数据,这样就导致了类型错误:

```
num=['2','4','-5','25','-16','9','-8']
lag_num=[]
for x in num:
  if x>0:
    lag_num.append(x)
```

报错信息:TypeError:'>' not supported between instances of 'str' and 'int'.

(6) 属性错误,就是方法或者属性不适用该对象.例如,函数append(),在列表对象中有该函数,但是在元组里就没有该函数对象.有时候就会将其他类型的函数用到另外类型数据上去,因此就会发生错误使用的情况,导致程序运行报错的信息:

```
fruits=("苹果","雪梨","西瓜","菠萝","香瓜")
fruits.append("香蕉")
```

报错信息:AttributeError:'tuple' object has no attribute 'append'.

(7) 名称错误,就是在使用变量时,使用的变量没有事先定义,导致了未定义变量而导致的报错信息.例如:

```
x=199
y=189
print(x+y+z)
```

报错信息:NameError:name 'z' is not defined.

(8) 语法错误,就是在使用一些运算符或者函数等,错误使用其用法而导致的报错信息.

① 例如,想要在一个列表中,找出那些既大于零,又要是偶数的元素,将其存到另外一

个列表中.由于错误使用=的用法,因此导致了错误.

```
data_list=[2,-4,5,7,8,-9,10,13,12,14,-15,16,-17,18,19,-20,21]
data_double=[]
for x in data_list:
  if x>0 and x%2=0:
    data_double.append(x)
print(data_double)
```

报错信息:SyntaxError:invalid syntax.

如果将x%2=0改为x%2==0那么就能正常运行程序,其输出结果如下:

[2,8,10,12,14,16,18].

② 错误使用函数的语法规则而导致的错误.例如,想要输出x+y的值:

```
x=2;y=4
print("x+y="x+y)
```

报错信息:SyntaxError:invalid syntax.

其正确表达为print("x+y=",x+y).

注 一般在进行编辑Python代码或者使用运算符等执行程序时,常常会出现程序异常的情况.我们在此只是列举了一些异常的情况,较难列出所有异常的情形.因此,代码编辑者需要学会查看程序运行报错的信息,发现异常并找出问题,从而修正代码,使得程序能够被正常执行.

第5章　常用库及其科学计算

在这一章里，主要介绍一些数据挖掘中常常用到的库，如numpy库、sympy库和scipy库等.在介绍这些库用法的同时，还给出一些科学计算问题，如数值计算(求极限、求导数、求积分、解方程等)，也介绍线性与非线性规划问题求解、给定目标函数在有约束和无约束条件下的优化问题求解等.

5.1　numpy库及其应用

numpy是Python的一种开源数值计算扩展库.numpy是在1995年诞生的，它是在numeric计算库的基础上建立起来的.然而，真正促使numpy库的发行是Python的scipy库.因为scipy库中没有类似于numeric中对基础数据对象处理的功能.因此，scipy库的开发者结合scipy库中的一部分功能与numeric的设计思想，在2005年发行了numpy库.它提供了两种基本的对象：其一是储存单一数据类型的多维数组，全称为n-dimensional array object，简写为ndarray；其二是提供了一种能够对数组进行处理的函数，全称是universal function object，简称为ufunc.numpy库包含很多功能，列举部分如下：

(1) 对数组进行函数运算.

(2) 创建n维数组(矩阵).

(3) 数值积分.

(4) 随机数产生.

(5) 线性代数运算.

(6) 傅里叶变换.

5.1.1　numpy中ndarray的创建

numpy库的核心是数组对象，即ndarray，它类似于R软件中的向量或矩阵，numpy库中的所有函数都是围绕数组ndarray展开的.

numpy库中ndarray数组的创建实例.

例5.1　ndarray对象的创建.

```
import numpy as np
d1=np.array([1,-2,3.5,4.08])
```

```
d2=np.array(['book','科学','pencil',"实验楼"])
d3=np.array([[1,2,3,4],[5,6,7,8]])
print(d1)
print(d2)
print(d3)
```

运行代码得到如下结果：

```
[ 1.   -2.    3.5   4.08]
['book' '科学' 'pencil' '实验楼']
[[1 2 3 4]
 [5 6 7 8]]
```

注 numpy中的ndarray数组对象对维数没有限制.

例5.2 快速生成ndarray对象的一些常用函数实例.

```
import numpy as np
d4=np.arange(10)
d5=np.arange(0,1,0.2)
d6=np.linspace(1,10,5)
d7=np.linspace(1,5,10,endpoint=False)
d8=np.logspace(1,2,5)
print(d4);print(d5);print(d6);print(d7);print(d8)
```

运行程序得到如下结果：

```
[0 1 2 3 4 5 6 7 8 9]
[0.  0.2 0.4 0.6 0.8]
[1. 3.25 5.5 7.75 10.]
[1. 1.4 1.8 2.2 2.6 3. 3.4 3.8 4.2 4.6]
[10. 17.7827941  31.6227766   56.23413252 100.]
```

例5.3 应用numpy创建一些特殊矩阵.

```
import numpy as np
matrix1=np.empty((2,4),np.int)
matrix2=np.zeros(5,np.int)
matrix3=np.zeros((3,5),np.int)
matrix4=np.full(3,np.pi)
print('matrix1=',matrix1);print('matrix2=',matrix2)
print('matrix3=',matrix3);print('matrix4=',matrix4)
```

运行程序得到如下结果：

```
matrix1=[[552749216       373 552743440       373]
[552749856       373 552750576       373]]
matrix2=[0 0 0 0 0]
matrix3=[[0 0 0 0 0]
```

```
 [0 0 0 0 0]
 [0 0 0 0 0]]
matrix4=[3.14159265 3.14159265 3.14159265]
```

例5.4　自定义函数产生ndarray数组.

```
import numpy as np
def func(i):
  return i % 5
print(np.fromfunction(func,(20,)))
```

运行程序得到如下结果:

```
[0. 1. 2. 3. 4. 0. 1. 2. 3. 4. 0. 1. 2. 3. 4. 0. 1. 2. 3. 4.]
```

注　fromfunction函数第一个参数接收计算函数,第二个参数接收数组形状.

5.1.2　numpy库中ndarray数组属性

numpy库中的ndarray数组元素具有相同的元素类型.常用的有int(整型),float(浮点型)和complex(复数型).

例5.5　ndarray数组数据类型.

```
import numpy as np
dt1=np.array([1,-2,-3,4],dtype=int)
dt2=np.array([1,-2,-3,4],dtype=float)
print("dt1的类型是",dt1.dtype)
print("dt2的类型是",dt2.dtype)
```

运行程序得到如下结果:

```
dt1的类型是int32
dt2的类型是float64
```

例5.6　ndarray的shape属性及其重新塑型.

```
import numpy as np
dt3=np.array([[1,2,3,4],[5,5,6,6],[7,8,9,9]])
dt4=np.array([1,2,3,4,5,6,7,8,9])
print("dt3数组的形状是%d行%d列"%dt3.shape)
print('dt4数组重新塑型为3行3列的矩阵是\n',dt4.reshape(3,3))
```

运行程序得到如下结果:

```
dt3数组的形状是3行4列.
dt4数组重新塑型为3行3列的矩阵是
[[1 2 3]
 [4 5 6]
 [7 8 9]]
```

5.1.3 numpy库中ndarray数组的切片提取

数组ndarray的切片与列表list是一样的方法,在此简单阐述.

例5.7 数组ndarray的切片与修改.

```
import numpy as np
dt5=np.array([1,2,3,"Python",5,6,[7,8,'process']])
print('dt5中的第4个元素是',dt5[3])
print('dt5中从第4个到第6个元素是',dt5[3:6])
print('dt5中从第1个到第4个元素是',dt5[:4])
print('dt5中除去最后一个元素是',dt5[:-1])
dt5[3]='MATLAB'
print('dt5修改后的元素是:',dt5)
```

运行程序得到如下结果:

```
dt5中的第4个元素是Python
dt5中从第4个到第6个元素是['Python' 5 6]
dt5中从第1个到第4个元素是[1 2 3 'Python']
dt5中除去最后一个元素是[1 2 3 'Python' 5 6]
dt5修改后的元素是[1 2 3 'MATLAB' 5 6 list([7,8,'process'])]
```

例5.8 多维数组ndarray的生成与切片.

```
import numpy as np
dd1=np.arange(1,9)
dd2=np.arange(0,80,10).reshape(-1,1)
dd3=np.arange(1,9)+np.arange(0,80,10).reshape(-1,1)
print('dd1的数据形状是',dd1)
print('dd2的数据形状是\n',dd2)
print('dd3的数据形状是\n',dd3)
print('dd3[1,3:6]的切片是',dd3[1,3:6])
print('dd3[3:,3:]的切片是\n',dd3[3:,3:])
print('dd3[3::3,::3]的切片是\n',dd3[3::3,::3])
```

运行程序得到如下结果:

```
dd1的数据形状是 [1 2 3 4 5 6 7 8]
dd2的数据形状是
[[ 0]
 [10]
 [20]
 [30]
 [40]
```

```
 [50]
 [60]
 [70]]
dd3的数据形状是
 [[ 1  2  3  4  5  6  7  8]
 [11 12 13 14 15 16 17 18]
 [21 22 23 24 25 26 27 28]
 [31 32 33 34 35 36 37 38]
 [41 42 43 44 45 46 47 48]
 [51 52 53 54 55 56 57 58]
 [61 62 63 64 65 66 67 68]
 [71 72 73 74 75 76 77 78]]
dd3[1,3:6]的切片是 [14 15 16]
dd3[3:,3:]的切片是
 [[34 35 36 37 38]
 [44 45 46 47 48]
 [54 55 56 57 58]
 [64 65 66 67 68]
 [74 75 76 77 78]]
dd3[3::3,::3]的切片是
 [[31 34 37]
 [61 64 67]]
```

注　可以用整数元组、列表、整数数组、布尔数组等对多维数组进行切片操作. 列举一个例子如下:

print('用元组的方式对dd3进行切片是',dd3[(0,1,2,3,4),(1,2,3,4,5)]).

其输出结果是“用元组的方式对dd3进行切片是[2 13 24 35 46]”.

5.1.4　numpy库中的结构数组

例5.9　numpy中与Excel相同结构形式的数组构建方法.

```
import numpy as np
person_Information=np.dtype({
  'names':['name','year','weight'],
  'formats':['S30','i','f']})
const=np.array([("Xiaohua",35,67.7),("Xiaodong",25,63.9)],
    dtype=person_Information)
print(const)
```

运行程序得到如下结果:

[(b'Xiaohua',35,67.7) (b'Xiaodong',25,63.9)]

注 上述结果的形式如表5.1所示.

表5.1 numpy的结构数组形式

	name	year	weight
0	Xiaohua	35	67.7
1	Xiaodong	25	63.9

5.2 numpy库中的ufunc函数

ufunc是universal function的简称,它是一种能对数组每个元素进行运算的函数.numpy的许多ufunc函数都是用C语言编写的,所以它们的运算速度非常快.下面分别介绍ufunc的四则运算、比较运算、布尔运算与自定义ufunc函数.

5.2.1 ufunc函数的四则运算

ufunc函数的四则运算主要包括加、减、乘、除,值得指出来的是直接运算也是一样的.

例5.10 ufunc函数的加、减、乘、除和幂方运算,以及它们的直接运算.

```
import numpy as np
uf1=np.arange(1,5)
uf2=np.arange(2,6)
add_uf=np.add(uf1,uf2)
subtract_uf=np.subtract(uf1,uf2)
multiply_uf=np.multiply(uf1,uf2)
divide_uf=np.divide(uf1,uf2)
power_uf=np.power(uf1,uf2)
print("uf1的值是",uf1)
print("uf2的值是",uf2)
print("uf1与uf2的加法是",add_uf)
print("uf1与uf2的减法是",subtract_uf)
print("uf1与uf2的乘法是",multiply_uf)
print("uf1与uf2的除法是",divide_uf)
print("uf1与uf2的幂运算是",power_uf)
```

运行程序得到如下结果:

```
uf1的值是 [1 2 3 4]
uf2的值是 [2 3 4 5]
```

uf1与uf2的加法是[3 5 7 9]
uf1与uf2的减法是[−1 −1 −1 −1]
uf1与uf2的乘法是[2 6 12 20]
uf1与uf2的除法是[0.5 0.66666667 0.75 0.8]
uf1与uf2的幂运算是[1 8 81 1024]

注　上述例子的运算,也可以不用函数来运算,而是直接运算,例如:

```
print("uf1与uf2的除法直接运算是",uf1/uf2)
print("uf1与uf2的幂方直接运算是",uf1**uf2)
```

运行结果如下:

```
uf1与uf2的除法直接运算是[0.5 0.66666667 0.75 0.8]
uf1与uf2的幂方直接运算是[1 8 81 1024]
```

5.2.2 比较运算与布尔运算

比较运算的常用符号,主要是==、>、>=、<、<=,运用这些符号对两个数组进行比较时会返回一个布尔数组,每一个元素都是对应元素的比较结果.

例5.11　比较运算实例.

```
import numpy as np
print('<的比较结果是',np.array([1,2,3,4,5]) < np.array([5,3,3,2,1]))
print('<=的比较结果是',np.array([1,2,3,4,5]) <=np.array([5,3,3,2,1]))
print('==的比较结果是',np.array([1,2,3,4,5])==np.array([5,3,3,2,1]))
print('>的比较结果是',np.array([1,2,3,4,5]) > np.array([5,3,3,2,1]))
print('>=的比较结果是',np.array([1,2,3,4,5]) >=np.array([5,3,3,2,1]))
```

运行程序得到如下结果:

```
<的比较结果是[ True True False False False]
<=的比较结果是[ True True True False False]
==的比较结果是[False False True False False]
>的比较结果是[False False False True True]
>=的比较结果是[False False True True True]
```

布尔运算在numpy中对应的ufunc函数,见表5.2.

表5.2　布尔运算表

表达式	ufunc函数
y=x1==x2	equal(x1,x2[,y])
y=x1!=x2	not_equal(x1,x2[,y])
y=x1<x2	less(x1,x2[,y])
y=x1<=x2	not_equak(x1,x2[,y])
y=x1>x2	greater(x1,x2[,y])
y=x1>=x2	gerater_equal(x1,x2[,y])

例 5.12 ufunc函数比较运算实例.

```
import numpy as np
data_b1=np.array([1,2,3,4,5])
data_b2=np.array([5,3,3,2,1])
print('equal的比较结果是',np.equal(data_b1,data_b2))
print('not_equal的比较结果是',np.not_equal(data_b1,data_b2))
print('less的比较结果是',np.less(data_b1,data_b2))
print('less_equal的比较结果是',np.less_equal(data_b1,data_b2))
print('greater的比较结果是',np.greater(data_b1,data_b2))
print('greater_equal的比较结果是',np.greater_equal(data_b1,data_b2))
```

运行程序得到如下结果:

```
equal的比较结果是 [False False True False False]
not_equal的比较结果是 [ True True False True True]
less的比较结果是 [ True True False False False]
less_equal的比较结果是 [ True True True False False]
greater的比较结果是 [False False False True True]
greater_equal的比较结果是 [False False True True True]
```

5.3 numpy中的函数库

上一节中介绍了ufunc()函数,其实numpy还提供了大量对于数组运算的函数,这些函数库主要包括随机数函数、求和函数、平均值函数、方差函数、最值大小函数、排序函数、统计函数、操作多维数组函数、多项式函数等.下面我们分五类来介绍它们.

5.3.1 随机数函数

numpy库中产生随机数的模块在random里面,它包含了较多的随机数生成方法.如rand(),randint(),randn()和choice()等,具体参看表5.3 numpy中的随机数函数表.

表5.3 numpy中的随机数函数

函数名	功能	函数名	功能
rand	0到1之间的随机数	normal	正态分布的随机数
randint	制定范围内的随机整数	uniform	均匀分布
randn	标准正态的随机数	poisson	泊松分布
choice	随机抽取样本	shuffle	随机打乱顺序

例 5.13 随机数实例.

```
import numpy as np
from numpy import random as rd
np.set_printoptions(precision=2)
rd1=rd.rand(3,4)
rd2=rd.poisson(3.0,(4,5))
rd3=rd.normal(3,4,5)
rd4=rd.uniform(6,20,4)
print('rand(3,4)的随机数是\n',rd1)
print('poisson(3.0,(4,5))的随机数是\n',rd2)
print('normal(3,4,5)的随机数是\n',rd3)
print('uniform(6,20,4)的随机数是\n',rd4)
```

运行程序得到如下结果:

```
rand(3,4)的随机数是
[[0.26 0.07 0.78 0.21]
[0.68 0.57 0.73 0.91]
[0.65 0.08 0.3 0.28]]
poisson(3.0,(4,5))的随机数是
[[3 3 2 8 4]
[1 4 3 2 3]
[2 3 1 4 1]
[3 1 3 3 3]]
normal(3,4,5)的随机数是
[ 4.12  -0.51  10.96  0.86  8.56]
uniform(6,20,4)的随机数是
[14.44  18.23  17.77  6.12]
```

注 set_printoptions(precision=2) 是设置显示小数点后两位数;rand(3,4)表示生成3行4列的0到1之间的随机数;poisson(3.0,(4,5))表示生成4行5列,参数为3的泊松分布;normal(3,4,5)第一个参数表示正态分布的均值,第二个参数表示正态分布的标准差,默认为1,第三个参数表示生成随机数的数量;uniform(6,20,4)第一个参数表示随机数的最小值,第二个参数表示随机数的最大值,第三个参数是表示生成的随机数个数.

例 5.14 根据指定大小产生满足标准正态分布的随机数组区间概率值(均值为0,标准差为1).

```
import numpy as np
size=50000
x=np.random.randn(50000)
y1=(np.sum(x<1)-np.sum(x<-1)) / size
y2=(np.sum(x<2)-np.sum(x<-2)) / size
```

```
y3=(np.sum(x<3)-np.sum(x<-3)) / size
print('随机数介于-1到1之间的随机数总和的概率:',y1)
print('随机数介于-2到2之间的随机数总和的概率:',y2)
print('随机数介于-3到3之间的随机数总和的概率:',y3)
```

运行程序得到如下结果:

```
随机数介于-1到1之间的随机数总和的概率:0.67864
随机数介于-2到2之间的随机数总和的概率:0.95498
随机数介于-3到3之间的随机数总和的概率:0.99742
```

5.3.2 求和、均值、方差等函数

numpy库中有对列表、数组等求和、求平均值、求数据方差等常用函数.常用函数参见表5.4.

表5.4 numpy中的常用函数

函数名	功能
sum	求和
average	加权平均数
var	方差
mean	期望
std	标准差
product	连乘积

例5.15 矩阵求和函数示例.

```
import numpy as np
np.random.seed(42)
data_random=np.random.randint(1,10,size=(3,5))
sum_data=np.sum(data_random)
sum_data_1=np.sum(data_random,axis=1)
sum_data_0=np.sum(data_random,axis=0)
print('data_random的数据:\n',data_random)
print('sum_data的整体求和是',sum_data)
print('sum_data_1的行求和是',sum_data_1)
print('sum_data_0的列求和是',sum_data_0)
```

运行程序得到如下结果:

```
data_random的数据:
[[7 4 8 5 7]
[3 7 8 5 4]
[8 8 3 6 5]]
```

sum_data的整体求和是88
sum_data_1的行求和是[31 27 30]
sum_data_0的列求和是[18 19 19 16 16]

5.3.3 numpy中的大小与排序函数

numpy在数据求最大值、最小值、极差、分位数、中位数、数组排序、数组排序下标等方面常用的函数参见表5.5.

表5.5 numpy常用函数

函数名	功能	函数名	功能
min	最小值	max	最大值
ptp	极差	argmin	最小值的下标
mininum	二元最小值	maxinum	二元最大值
sort	数组排序	argsort	数组排序下标
percentile	分位数	median	中位数

例5.16 numpy中排序函数示例.

```
import numpy as np
ar1=np.array([1,9,5,7])
ar2=np.array([2,8,4,6])
ar1_max=ar1[None,:]
ar2_max=ar2[:,None]
ar3=np.maximum(ar1_max,ar2_max )
print('ar1变为行矩阵结果是\n',ar1_max)
print('ar2变为列矩阵结果是\n',ar2_max)
print('将矩阵ar1_max与ar2_max进行广播计算排序后的结果是\n',ar3)
ar4=[[2,9,5,7],
[8,9,8,8],
[4,9,5,7],
[6,9,6,7]]
print('ar4矩阵进行升序排列的结果是:\n',np.sort(ar4))
```

运行程序得到如下结果：

```
ar1变为行矩阵结果是
[[1 9 5 7]]
ar2变为列矩阵结果是
[[2]
[8]
[4]
[6]]
```

将矩阵ar1_max与ar2_max进行广播计算排序后的结果是
[[2 9 5 7]
[8 9 8 8]
[4 9 5 7]
[6 9 6 7]]
ar4矩阵进行升序排列的结果是
[[2 5 7 9]
[8 8 8 9]
[4 5 7 9]
[6 6 7 9]]

5.3.4 numpy中常用统计函数

numpy中的常用统计函数可以对整个数组或者沿着数组轴方向进行统计计算,常用的统计函数有求最大值和最小值,求和与平均值,计算百分位数、中位数、标准差和方差等.

1. 最大值和最小值函数

在numpy中,求数组最大值的函数是amax()和nanmax(),求数组最小值的函数是amin()和nanmin(),其中,amax()和amin()函数用于返回一个数组的最大值和最小值,或者是沿轴返回数组的最大值和最小值;nanmax()函数和nanmin()函数用于返回忽略任何NaN的数组的最大值和最小值或者是沿轴返回忽略任何NaN的数组的最大值和最小值.

例5.17 数组最大值和最小值示例.

```
import numpy as np
npar=np.array([[0,5,7,6],[1,4,2,8],[3,21,4,6]])
max1=np.amax(npar)
max2=np.amax(npar,axis=0)
max3=np.amax(npar,axis=1)
max4=np.max(npar,axis=1)
print('数组原形结构:\n',npar)
print('求整个数组的最大值:',max1)
print('求数组垂直方向的最大值:',max2)
print('求数组水平方向的最大值:',max3)
print('求数组每一行的最大值:',max4)
np_arr=np.arange(7,dtype=float)
print('arr数组的float型数据:',np_arr)
np_arr[4]=np.nan
np_amin=np.amin(np_arr)
print('用amin函数输出nan结果:',np_amin)
np_nanmin=np.nanmin(np_arr)
print('nanmin()的输出结果:',np_nanmin)
```

运行程序得到如下结果:
数组原形结构:
[[0 5 7 6]
[1 4 2 8]
[3 21 4 6]]
求整个数组的最大值:21
求数组垂直方向的最大值:[3 21 7 8]
求数组水平方向的最大值:[7 8 21]
求数组每一行的最大值:[7 8 21]
arr数组的float型数据:[0. 1. 2. 3. 4. 5. 6.]
用amin函数输出nan结果:nan
nanmin()的输出结果:0.0

2. 求百分位数与中位数

例 5.18 百分位数与中位数示例.

```
import numpy as np
dar=np.arange(1,13).reshape((4,3))
x1=np.percentile(dar,50)
x2=np.percentile(dar,50,axis=0)
x3=np.percentile(dar,60 ,axis=1)
x4=np.median(dar)
x5=np.median(dar,axis=0)
x6=np.median(dar,axis=1)
print('示例数组:\n',dar)
print('求整个数组的百分位数:',x1)
print('按列求数组的百分位数:',x2)
print('按行求数组的百分位数:',x3)
print('求整个数组的中位数:',x4)
print('按列求数组的中位数:',x5)
print('按行求数组的中位数:',x6)
```

运行程序得到如下结果:
示例数组:
[[1 2 3]
[4 5 6]
[7 8 9]
[10 11 12]]
求整个数组的百分位数:6.5
按列求数组的百分位数:[5.5 6.5 7.5]
按行求数组的百分位数:[2.2 5.2 8.2 11.2]

求整个数组的中位数:6.5
按列求数组的中位数:[5.5 6.5 7.5]
按行求数组的中位数:[2. 5. 8. 11.]

3. 数组求和、加权求和、平均值与加权平均值方法

例5.19 数组加权求和与加权平均数示例.

```
import numpy as np
data_array=np.arange(1,13).reshape((4,3))
sum_total=np.sum(data_array)
column_total=np.sum(data_array,axis=0)
row_total=np.sum(data_array,axis=1)
average_total=np.average(data_array)
average_column=np.average(data_array,axis=1)
ave_col_weight=np.average(data_array,axis=1,weights=[0.1,0.3,0.6])
average_row=np.average(data_array,axis=0)
ave_row_w=np.average(data_array,axis=0,weights=[0.2,0.2,0.1,0.5])
print('4行3列的数组:\n',data_array)
print('数组行列总和:',sum_total)
print('数组列求和结果:',column_total)
print('数组行求和结果:',row_total)
print('数组整体的平均值:',average_total)
print('数组列平均数:',average_column)
print('数组列加权平均数:',ave_col_weight)
print('数组行平均数:',average_row)
print('数组行加权平均数:',ave_row_w)
```

运行程序得到如下结果:

```
4行3列的数组:
[[ 1  2  3]
 [ 4  5  6]
 [ 7  8  9]
 [10 11 12]]
数组行列总和:78
数组列求和结果:[22 26 30]
数组行求和结果:[ 6 15 24 33]
数组整体的平均值:6.5
数组列平均数:[ 2.  5.  8. 11.]
数组列加权平均数:[ 2.5  5.5  8.5 11.5]
数组行平均数:[5.5 6.5 7.5]
数组行加权平均数:[6.7 7.7 8.7]
```

注　对数组(或矩阵)的行或者列求加权平均数时,其参数weights的权重数总和应该是1.

4. 算术平均值、标准差与方差求法

例5.20　数组(矩阵)算术平均值、标准差与方差示例.

```
import numpy as np
np.set_printoptions(precision=4)
data_array=np.arange(1,13).reshape((4,3))
mean_value=np.mean(data_array)
column_mean=np.mean(data_array,axis=0)
row_mean=np.mean(data_array,axis=1)
std_value=np.std(data_array)
row_std=np.std(data_array,axis=1)
column_std=np.std(data_array,axis=0)
var_value=np.var(data_array)
row_var=np.var(data_array,axis=1)
column_var=np.var(data_array,axis=0)
print('4行3列数组:\n',data_array)
print('算术平均值(总和除以总个数):',mean_value)
print('数组的列算术平均值:',column_mean)
print('数组的行算术平均值:',row_mean)
print('数组的整体标准差:',round(std_value,4))
print('数组的行标准差:',row_std)
print('数组的列标准差:',column_std)
print('数组的整体方差:',round(var_value,4))
print('数组的行方差:',row_var)
print('数组的列方差:',column_var)
```

运行程序得到如下结果:

```
4行3列数组:
 [[ 1  2  3]
 [ 4  5  6]
 [ 7  8  9]
 [10 11 12]]
算术平均值(总和除以总个数):6.5
数组的列算术平均值:[5.5 6.5 7.5]
数组的行算术平均值:[ 2.  5.  8.  11.]
数组的整体标准差:3.4521
数组的行标准差:[0.8165 0.8165 0.8165 0.8165]
数组的列标准差:[3.3541 3.3541 3.3541]
```

数组的整体方差:11.9167
数组的行方差:[0.6667 0.6667 0.6667 0.6667]
数组的列方差:[11.25 11.25 11.25]

注 np.set_printoptions(precision=4)是设置显示小数点后的精度为4位数,round()函数是设置小数点后只保留4位小数;算术平均值函数mean()是数组或矩阵的总和除以总个数,且没有加权平均值方法,而average()可以有加权平均值算法.

5.3.5 numpy函数对多维数组的操作

numpy库中的相关函数,如vstack(),hstack(),column_stack()和split()等可以对多维数组进行操作,如横向连接、纵向连接、数组分段等.下面我们以示例的方式对这些函数进行讲解.

例5.21 数组的横向、纵向连接示例.

```
import numpy as np
x1=np.array([[1,2,3],[4,4,4],[5,6,7]])
x2=np.array([[10,20,30],[40,40,40],[50,60,70]])
v_x1x2=np.vstack((x1,x2))
h_x1x2=np.hstack((x1,x2))
col_stack=np.hstack((x1,x1,x2))
print('两个数组的垂直连接:\n',v_x1x2)
print('两个数组的水平连接:\n',h_x1x2)
print('多个数组的水平连接:\n',col_stack)
```

运行程序得到如下结果:

```
两个数组的垂直连接:
[[ 1  2  3]
 [ 4  4  4]
 [ 5  6  7]
 [10 20 30]
 [40 40 40]
 [50 60 70]]
两个数组的水平连接:
[[ 1  2  3 10 20 30]
 [ 4  4  4 40 40 40]
 [ 5  6  7 50 60 70]]
多个数组的水平连接:
[[ 1  2  3  1  2  3 10 20 30]
 [ 4  4  4  4  4  4 40 40 40]
 [ 5  6  7  5  6  7 50 60 70]]
```

下面的两个示例主要讲解函数split()在对数据处理上的用法.

split(ary,indices_or_sections,axis=0)

其中,ary为被分割的数组;indices_or_sections:如果是一个整数,就用该数平均切分,如果是一个数组,为沿轴切分的位置(左开右闭);axis:设置沿着指定方向进行切分,默认为0,横向切分,即水平方向.指定为1时,进行纵向切分,即竖直方向.

例5.22 对一维数组的分割操作示例.

```
import numpy as np
data_0=np.arange(12)
data_1=np.split(data_0,3)
data_2=np.split(data_0,[3,5])
data_3=np.split(data_0,[4,6,8])
print('原数组data_0:\n',data_0)
print('将数组data_0分为大小相等的三个子数组:\n',data_1)
print('将数组data_0在一维数组中表明的位置[3,5]分割:\n',data_2)
print('将数组data_0在一维数组中表明的位置[4,6]分割:\n',data_3)
```

运行程序得到如下结果:

```
原数组data_1:
[0 1 2 3 4 5 6 7 8 9 10 11]
将数组分为大小相等的三个子数组:
[array([0,1,2,3]),array([4,5,6,7]),array([ 8, 9,10,11])]
将数组在一维数组中表明的位置[3,5]分割:
[array([0,1,2]),array([3,4]),array([ 5, 6, 7, 8, 9,10,11])]
将数组在一维数组中表明的位置[4,6]分割:
[array([0,1,2,3]),array([4,5]),array([6,7]),array([ 8, 9,10,11])]
```

例5.23 对多维数组的分割操作示例.

```
import numpy as np
data_m=np.arange(16).reshape(4,4)
data_b=np.split(data_m,2)
data_c=np.split(data_m,2,1)
data_d=np.hsplit(data_m,2)
data_e=np.hsplit(data_m,4)
print('4行4列的数组data_m:\n',data_m)
print('默认分割data_m2:\n',data_b)
print('沿垂直方向分割data_m:\n',data_c)
print('沿水平方向分成2列分割data_m:\n',data_d)
print('沿水平方向分成4列分割data_m:\n',data_e)
```

运行程序得到如下结果:

```
4行4列的数组data_m:
```

```
[[ 0  1  2  3]
 [ 4  5  6  7]
 [ 8  9 10 11]
 [12 13 14 15]]
默认分割data_m2：
[array([[0,1,2,3],
        [4,5,6,7]]),
 array([[ 8, 9,10,11],
        [12,13,14,15]])]
沿垂直方向分割data_m：
[array([[ 0, 1],
         [ 4, 5],
         [ 8, 9],
         [12,13]]),
array([[ 2, 3],
        [ 6, 7],
        [10,11],
        [14,15]])]
沿水平方向分成2列分割data_m：
[array([[ 0, 1],
         [ 4, 5],
         [ 8, 9],
         [12,13]]),
array([[ 2, 3],
        [ 6, 7],
        [10,11],
        [14,15]])]
沿水平方向分成4列分割data_m：
[array([[ 0],
         [ 4],
         [ 8],
         [12]]),
array([[ 1],
        [ 5],
        [ 9],
        [13]])
array([[ 2],
        [ 6],
```

```
        [10],
        [14]]),
 array([[ 3],
        [ 7],
        [11],
        [15]])]
```

5.4　sympy库及其应用

sympy是一个数学符号库(sym代表了symbol符号),它包括积分、微分、微分方程等各种数学运算方法,为Python提供了强大的数学运算支持.当然,符号计算体系(代数)还可以做多项式合并、展开、求极限、求和、多重求和等工作,如果能熟练运用,会为工作和计算效率带来极大提升.

在实际进行数学运算的时候,有两种运算模式.一种是数值运算,一种是符号运算(代数).值得注意的是,平时使用计算机进行数值运算,尤其是如除、开平方等运算时,往往只能得到其近似值(一般通过扩大精度来缩小误差),最终总会有一定的误差,如果使用符号运算模式,则可以完全避免这种问题.符号运算可极大地避免在需要大量运算过程中造成的累积性误差问题.在这一节,我们来介绍sympy库的相关用法.

5.4.1　sympy库中的一些运算函数

1. 求表达式的极限

例5.24　分别求函数 $\lim\limits_{x\to 0}\dfrac{\sin x}{x}$, $\lim\limits_{x\to 0}(1+x)^{\frac{1}{x}}$ 与 $\lim\limits_{x\to\infty}\left(1+\dfrac{1}{x}\right)^{x}$ 的极限.

```
import sympy
x=sympy.Symbol('x')
f1=sympy.sin(x)/x
f2=(1+x)**(1/x)
f3=(1+1/x)**x
lim1=sympy.limit(f1,x,0)
lim2=sympy.limit(f2,x,0)
lim3=sympy.limit(f3,x,sympy.oo)
print('三个极限的结果分别是',lim1,lim2,lim3)
```

运行程序得到如下结果:

```
三个极限的结果分别是1 E E
```

注　极限函数limit(f,x,v)中,三个参数分别表示:函数、变量、趋向值.sympy.oo表示变量趋于无穷大.

2. 求函数的导数

例 5.25 求函数$f_1 = 2x^4 + 3\arctan x + 9$, $f_2 = \sin(x^2)$的导数.

```
import sympy
x=sympy.Symbol('x')
f1=2*x**4+3*sympy.atan(x)+9
f_1=sympy.diff(f1,x)
f2=sympy.sin(x**2)
f_2=sympy.diff(f2,x)
print('函数f_1的导数:',f_1)
print('函数f_2的导数:',f_2)
```

运行程序得到如下结果:

```
函数f_1的导数:8*x**3+3/(x**2+1)
函数f_2的导数:2*x*cos(x**2)
```

3. 求函数的微分

例 5.26 求函数$f = x^3 + \cos(2x)$的微分.

```
from sympy import *
x=Symbol('x')
f=x**3+cos(2*x)
dx=diff(f,x)
print('函数的微分结果:',dx)
```

运行程序得到如下结果:

```
函数的微分结果:3*x**2-2*sin(2*x)
```

例 5.27 求多元函数$f = 5x^4 + 3\cos(x + y) + 2y$的偏导数.

```
import sympy
x=sympy.Symbol('x')
y=sympy.Symbol('y')
f=5*x**4+3*sympy.cos(x+y)+2*y
f_x=sympy.diff(f,x)
f_y=sympy.diff(f,y)
print('对x的偏导数:f_x=',f_x)
print('对y的偏导数:f_y=',f_y)
```

运行程序得到如下结果:

```
对x的偏导数:f_x=20*x**3-3*sin(x+y)
对y的偏导数:f_y=2-3*sin(x+y)
```

4. 求不定积分的值

例 5.28 求不定积分$\int (e^x + 2x)dx$的原函数.

```
from sympy import *
x=Symbol('x')
f=(E**x+2*x)
f_0=integrate(f,x)
print('该不定积分的结果是',f_0)
```

运行程序得到如下结果：

该不定积分的结果是x**2+exp(x)

5. 求定积分的值

例5.29　计算定积分$\int_1^2(x^2+5x)\mathrm{d}x$的值.

```
from sympy import *
x=symbols('x')
print('该定积分的计算结果是',integrate(x**2+5*x,(x,1,2)))
```

运行程序得到如下结果：

该定积分的计算结果是59/6

注　函数integrate()的用法规则如下：

integrate(被积函数,(积分变量,下限,上限)).

例5.30　计算二重积分$\int_0^3\mathrm{d}y\int_0^y 2x\mathrm{d}x$的值.

```
import sympy
x,y=sympy.symbols('x y')
f1=2*x
f2=sympy.integrate(f1,(x,0,y))
result=sympy.integrate(f2,(y,0,3))
print('该二重积分的计算结果是',result)
```

运行程序得到如下结果：

该二重积分的计算结果是9

6. 计算函数的值

给定函数的表达式与变量的取值,计算该函数的值,其函数的语法规则为evalf(subs={x1:值1,x2:值2,x3,值3,…}).

例5.31　当$x=5$时,求一元函数$f(x)=5^x+4x$的值.

```
from sympy import *
x=Symbol('x')
fx=5**x+4*x
y=fx.evalf(subs={x:5})
print('函数的结果是%f'%y)
```

运行程序得到如下结果：

函数的结果是3145.000000

例 5.32 当 $x=3$，$y=4$，求多元函数 $f(x)=x^2+y^3$ 的值.

```
import sympy as sm
x=sm.Symbol('x')
y=sm.Symbol('y')
fx=x**2+y**3
result=fx.evalf(subs={x:3,y:4})
print('该二元函数的计算结果是',result)
```

运行程序得到如下结果:

该二元函数的计算结果是73.0000000000000

注 函数求值是基于函数evalf()将变量的取值传给函数来完成的.

7. 累积求和

例 5.33 当 $n=100$ 时，计算数列求和式 $2*(1+2+3+\cdots+n)+1^1+2^2+3^2+\cdots+n^2$ 的值.

```
import sympy
n=sympy.Symbol('n')
f=2*n+n**2
s=sympy.summation(f,(n,1,100))
print('累积求和的结果是',s)
```

运行程序得到如下结果:

累积求和的结果是348450

注 函数summation(f,(n,1,100))中，第1个参数是函数表达式，第2个参数是变量的符号，第3个是变量的起始值，第4个是变量的终值.

8. 矩阵的乘法

例 5.34 矩阵乘法示例.

```
from sympy import *
x1,x2,x3=symbols('x1 x2 x3')
a11,a12,a13,a21,a22,a23=symbols('a11 a12 a13 a21 a22 a23')
m=Matrix([[x1,x2,x3]])
n=Matrix([[a11,a12,a13],[a12,a22,a23],[a21,a22,a23]])
v=Matrix([[x1],[x2],[x3]])
mn=m*n
nv=n*v
print('m乘以n得到的矩阵:\n',mn)
print('m乘以v得到的矩阵:\n',nv)
```

运行程序得到如下结果:

m乘以n得到的矩阵:

Matrix（[[a11*x1+a12*x2+a21*x3，a12*x1+a22*x2+a22*x3，a13*x1+a23*x2+a23*x3]]）

m乘以v得到的矩阵：

Matrix（[[a11*x1+a12*x2+a13*x3]，[a12*x1+a22*x2+a23*x3]，[a21*x1+a22*x2+a23*x3]]）

5.4.2　求约束条件下的函数最值

例5.35　用拉格朗日乘数法求带约束的目标函数最小值.

$$f(x)=60-10x_1-4x_2+x_1^2+x_2^2-x_1x_2$$
$$\text{s.t.}\quad g(x)=x_1+x_2-8=0$$

```
from sympy import *
x1=symbols("x1");
x2=symbols("x2")
gamma=symbols("gamma")
Lagrange=60-10*x1-4*x2+x1**2+x2**2-x1*x2-gamma*(x1+x2-8)
difyL_x1=diff(Lagrange,x1)
difyL_x2=diff(Lagrange,x2)
difyL_gamma=diff(Lagrange,gamma)
ans=solve([difyL_x1,difyL_x2,difyL_gamma],[x1,x2,gamma])
print('函数取最值时的变量及参变量的取值如下:\n',ans)
```

运行程序得到如下结果：

```
函数取最值时的变量及参变量的取值如下：
{x1:5,x2:3,gamma:-3}
```

注　gamma为拉格朗日乘子;Lagrange为构造的拉格朗日函数;difyL_x1,difyL_x2与difyL_gamma分别是拉格朗日函数对变量的导数.

5.4.3　sympy库求几类方程的解

1. 含有一个变量的方程求解

例5.36　求一元二次方程$x^2-7x+10=0$的根.

```
from sympy import *
x=Symbol('x')
fx=x**2-7*x+10
print('该一元二次方程的根为x1=%d,x2=%d'%tuple(solve(fx,x)))
```

运行程序得到如下结果：

```
该一元二次方程的根为x1=2,x2=5
```

注 上述输出函数print()也可以简单表达为

```
print('该一元二次方程的根为',solve(fx,x))
```

2. 含有多个变量方程的求解

例 5.37 求解二元一次方程$\begin{cases}x+2y-6=0\\4x-y+8=0\end{cases}$的根.

```
from sympy import *
x=Symbol('x')
y=Symbol('y')
f1=x+2*y-6
f2=4*x-y+8
s=solve([f1,f2],[x,y])
print('该二元一次方程的解为',s)
```

运行程序得到如下结果:

```
该二元一次方程的解为{x:-10/9,y:32/9}
```

注 如果方程个数比变量的个数少,则返回的是关系表达式,也就是无穷多解的情况.

3. 求解微分方程

例 5.38 求一阶微分方程$y'-2xy-y=0$的解.

```
from sympy import *
y=Function('y')
x=Symbol('x')
f=diff(y(x),x)-2*x*y(x)-y(x)
print('该微分方程的解是',dsolve(f,0))
```

运行程序得到如下结果:

```
该微分方程的解是Eq(y(x),C1*exp(x*(x+1)))
```

例 5.39 求二阶微分方程$y''-3xy=0$的解.

```
from sympy import *
f=Function('f')
x=Symbol('x')
eq=Eq(f(x).diff(x,2)-3*x*f(x),0)
print('该二阶微分方程的解是\n',dsolve(eq,f(x)))
```

运行程序得到如下结果:

```
该二阶微分方程的解是
Eq(f(x),C1*airyai(3**(1/3)*x)+C2*airybi(3**(1/3)*x))
```

5.5　scipy库的科学计算及其应用

scipy库是为科学计算而编写的一组程序包.它是一个用于数学、科学、工程领域的常用软件包.其实scipy是基于numpy的一个科学计算库,一些高阶抽象和物理模型需要使用该库.因此,在这一节里我们来介绍该库.论其功能来讲,scipy可以快速实现相关的数据处理,如线性代数、最优化、积分、插值、拟合、特殊函数、信号处理、图像处理、微分方程求解以及快速傅里叶变换等.表5.6给出了一些常用的模块函数名称和相关功能.

表5.6　scipy库的常用模块函数

模　块	功　能
scipy.stats	统计、分布、假设与检验
scipy.cluster	矢量量化/K均值聚类
scipy.constants	物理和数学常数
scipy.fftpacke	傅里叶变换
scipy.integrate	积分程序
scipy.interpolate	插值
scipy.io	数据输入输出
scipy.linalg	线性代数程序
scipy.ndimage	n维图像包
escipy.odr	正交距离回归
scipy.optimize	优化
scipy.signal	信号处理
scipy.sparse	稀疏矩阵
scipy.spatial	空间数据结构和算法
scipy.special	特殊数学函数

5.5.1　scipy库的统计分布与检验stats包

stats包中提供了较多的具有统计分布等的函数,如正态分布(norm)、均匀分布(uniform)、泊松分布 poisson、几何分布(geom)、贝塔分布(beta)、伯努利分布(bernoulli)以及产生离散分布的函数等.

1. 一些具有统计分布特征的随机数的生成

例5.40　产生30个服从期望为0,方差为1的正态分布随机数.

```
import scipy.stats as stats
data_normal=stats.norm.rvs(size=30,loc=0,scale=1)
```

```
print('生成30个标准正态分布的随机数如下:\n',data_normal)
```

运行程序得到如下结果:

```
生成30个服从标准正态分布的随机数如下:
[ 1.11676217 -0.55412808 -0.62821515 -0.91432825 0.36178839 1.31248472
-0.36474602 -1.22276218 2.04673887 -0.41845307 -0.88605814 -1.93638432
0.06576814 1.25835409 -0.27745639 0.59750495 0.03875683 -0.29682434
-0.75330581 -0.25686206 1.75287819 -1.03813351 -0.68948969 -0.62495058
-0.08831535 -0.03804356 0.61123591 -0.44949247 0.84042882 0.42855726]
```

注 stats.norm.rvs(size=30,loc=0,scale=1)中,第一个参数是规模数,第二个参数是期望,第三个参数是数据方差.

例5.41 生成参数为0.8,规模为70的poisson分布数列.

```
import scipy.stats as stats
p=stats.poisson.rvs(0.8,loc=2.5,size=70)
print('参数为0.8的泊松分布随机数:\n',p)
```

运行程序得到如下结果:

```
参数为0.8的泊松分布随机数:
[2 3 3 3 2 2 4 2 4 4 2 2 3 2 2 3 3 3 2 2 2 3 2 2 4 4 3 2 2 2 2 5 3 3 2 2 3
 3 4 3 3 3 2 2 4 3 3 2 2 3 2 2 2 3 2 3 3 2 4 5 2 3 4 2 3 2 2 4 2 2]
```

例5.42 产生20个在[0,1]均匀分布的随机数.

```
import scipy.stats as stats
import numpy as np
np.set_printoptions(4)
u=stats.uniform.rvs(size=50)
print('生成规模数为50的均匀分布数列:\n',u)
```

运行程序得到如下结果:

```
生成规模数为50的均匀分布数列:
[0.1542 0.6383 0.2743 0.5101 0.416 0.9884 0.9437 0.4204 0.1795 0.0102
 0.5388 0.1879 0.0122 0.6958 0.6065 0.1117 0.4563 0.291 0.0028 0.709
 0.4692 0.1027 0.4049 0.924  0.8649 0.4494 0.8448 0.7923 0.72   0.1173
 0.4529 0.9858 0.442  0.6282 0.1448 0.756  0.4564 0.0303 0.2396 0.3662
 0.5241 0.7472 0.1973 0.1979 0.2419 0.7713 0.6127 0.0046 0.8881 0.5101]
```

例5.43 生成50个服从参数a=3,b=4的贝塔分布随机数.

```
import scipy.stats as stats
import numpy as np
np.set_printoptions(4)
beta_data=stats.beta.rvs(size=50,a=3,b=5)
print('生成规模数为50的beta分布随机数:\n',beta_data)
```

运行程序得到如下结果:

生成规模数为50的beta分布随机数：
[0.4929 0.1583 0.1694 0.3528 0.2434 0.3717 0.3992 0.1482 0.3068 0.2176
0.7253 0.2763 0.2789 0.5224 0.5685 0.1023 0.6527 0.2179 0.7523 0.3339
0.4263 0.201 0.4908 0.4965 0.6604 0.3355 0.2722 0.4239 0.3827 0.3522
0.2653 0.4669 0.1831 0.3032 0.5745 0.3634 0.5162 0.7235 0.4489 0.556
0.3666 0.196 0.168 0.5898 0.611 0.5609 0.3459 0.2832 0.1503 0.4235]

2. 一些统计分布实例

• 二项分布：在概率统计学中，二项分布是n个独立试验中成功/失败次数的离散概率分布，其中每次试验的成功概率为p. 这样的单次成功/失败试验又称为伯努利试验. 二项分布公式如下：

$$P\{X=k\}=\binom{n}{k}p^k(1-p)^{n-k}$$

二项分布可以用于一次实验只有两种结果的概率问题. 其中，n表示做了n重伯努利实验，p表示成功的概率.

例5.44 某石油勘探公司在某一区域进行了10($n=10$)口井的石油勘探工作. 根据经验判断，每一口井能发掘有石油的概率是0.09($p=0.09$)，请求出最终所有的勘探井没能发掘石油的概率？用数据仿真的方法来计算.

```
from scipy import stats
import numpy as np;
n=10
size=1000
p=0.09
x=np.random.binomial(n,p,size)
s=stats.binom.pmf(10,n,p)
print('所有勘探井未能发掘石油的概率:',np.sum(x==0)/size)
print('每一次发掘石油成功的概率:',s)
```

运行程序得到如下结果：

```
所有勘探井未能发掘石油的概率:0.392
每一次发掘石油成功的概率:3.486784400999994e-11
```

注 上述程序中$n=10$表示做某件事情的次数；$p=0.09$表示做某件事情成功的概率.

• 泊松分布：泊松分布主要用于估计某个时间段某时间发生的概率. 泊松分布公式如下：

$$P\{X=k\}=\frac{\lambda^k}{k!}e^{-\lambda},\quad k=0,1,\cdots$$

公式中k表示事件发生的次数，公式求的是事件发生k次的概率.

例5.45 假定美团外卖平台在某区域内接受预定外卖单，平均每小时接到36次订单，那么10分钟内恰好接到5次订单的概率是多少？

```
import numpy as np;
from scipy import stats
```

```
np.random.seed(2023)
lamb=36 / 5
size=10000
num_p=np.random.poisson(lamb,size)
num_dist=stats.poisson.pmf(5,lamb)
print('10分钟内恰好接到5次订单的概率:',np.sum(num_p==5) / size)
print('求对应分布的概率:',np.around(num_dist,4))
```

运行程序得到如下结果:

```
10分钟内恰好接到5次订单的概率:0.1217
求对应分布的概率:0.1204
```

注　numpy.random.poisson(lamb,size)表示对一个泊松分布进行采样,size表示采样的次数,lamb表示一个单位内发生事件的平均值,函数的返回值表示一个单位时间内事件发生的次数.程序中lamb=36 / 5表示的是平均值,即平均每十分钟接到5次订单.

例5.46　正态分布的随机数的生成与检验其正态性.

```
import numpy as np
import scipy.stats as stats
normDist=stats.norm(loc=2.5,scale=0.5)
z=normDist.rvs(size=500)
mean=np.mean(z)
med=np.median(z)
dev=np.std(z)
statVal,pVal=stats.kstest(z,'norm',(mean,dev))
print('期　望=',mean,'\n中　值=',med,'\n标准差=',dev)
print('p值=',pVal,'\n统计值=',statVal)
```

运行程序得到如下结果:

```
期望=2.473593356054328
中值=2.4770491477156877
标准差=0.5288382222052171
p值=0.9550753324347236
统计值=0.022616474456179203
```

注　函数stats.kstest(z,'norm',(mean,dev))是用于检测实验数据z是不是正态分布.根据上述的p值,接受假设,即z数据是服从正态分布的.

5.5.2　optimize的最优化方法

应用Python的相关库求解函数的最优值时,主要用到的函数就是scipy库里的optimize()函数.

1. 一元函数的无条件最值

例5.47　求$f(x)=x^2-4x+8$的最小值及其自变量的取值.

```
from scipy.optimize import fmin
def f(x):
    f=x**2-4*x+8
    return f
print ('返回迭代信息与函数取最小值时的自变量的值:',fmin(f,0))
print ('函数的最优值',f(fmin(f,5)[0]))
```

运行程序得到如下结果:

```
Optimization terminated successfully.
         Current function value:4.000000
         Iterations:27
         Function evaluations:54
返回迭代信息与函数取最小值时的自变量的值:[2.]
函数的最优值:4.0
```

注　返回结果Current function value表示当目标函数取得最小值时函数的最小值;Iterations表示当函数取得最小值时的迭代次数;Function evaluations表示功能评估值.注意,当求解时给定的初始值不同时,那么返回的结果有所变化,如将fmin(f,0)改为fmin(f,5)时,运行程序后得到的结果如下:

```
Optimization terminated successfully.
         Current function value:4.000000
         Iterations:18
         Function evaluations:36
返回迭代信息与函数取最小值时的自变量的值是:[2.]
```

2. 全局寻优

在应用optimize函数时,可选参数如果选为fmin_bfgs()则为全局寻优,即optimize.fmin_bfgs(函数,自变量初始值).

例5.48　求函数$y=x^4+25\sin(x)$的全局最优值.

```
from scipy import optimize
import numpy as np
def f(x):
    f=x**4+25 * np.sin(x)
    return f
ans=optimize.fmin_bfgs(f,0)
print('函数取全局最优值时,x=',round(ans[0],4))
print('函数的最优值f=',round(f(ans[0]),4))
```

运行程序得到如下结果:

```
Optimization terminated successfully.
        Current function value:-21.283268
        Iterations:5
        Function evaluations:14
        Gradient evaluations:7
函数取全局最优值时,x=-1.2517
函数的最优值f=-21.2833
```

注 由于系统给出的自变量与函数的值以列表形式给出,并且列表中只有一个元素,因此,ans[0]与f(ans[0])取出第一个元素就是上例给出的结果x=-1.2517,f=-21.2833.

3. 全局寻优方法二

例 5.49 求函数$y=x^2+20\sin(2x)$的全局最优值.

```
from scipy import optimize
import numpy as np
def f(x):
    fx=x**2+20 * np.sin(2*x)
    return fx
ans=optimize.fminbound(f,-200,200)
print('函数取最优值时,x=',round(ans,4))
print('函数的最优值=',round(f(ans),4))
```

运行程序得到如下结果:

```
函数取最优值时,x=-0.7662
函数的最优值=-19.3982
```

4. 多元函数网格寻优

例 5.50 求函数$y=\frac{1}{2}x^2+\sin(3x)+\sin(2y)+\frac{1}{2}y^2$的最优值.

```
import numpy as np
import scipy.optimize as opt
def f(p):
    x,y=p
    ans=(np.sin(3*x)+0.5*x**2)+np.sin(2*y)+0.5*y**2
    return ans
ranges=(slice(-20,20,0.1),slice(-20,20,0.1))
result=opt.brute(f,ranges)
print('函数取最优值时,x=%f,y=%f'%(tuple(result)))
print('函数的最优值 f=',f(result))
```

运行程序得到如下结果:

```
函数取最优值时,x=-0.471016,y=-0.626171
函数的最优值f=-1.630330917199352
```

注　上例中，应用到了optimize中的brute()函数，其中，取值变量x和y都在[−20,20]区间内取值，且采用步长0.1进行网格搜索求最优解.

5.5.3　方程与微分动力方程求解

本小节里主要以scipy库中的optimize.fsolve()与integrate.odeint()函数来介绍非线性高次方程的数值解、非线性方程组的数值解与微分动力方程的数值解.

例5.51　求解非线性方程$x^4+15\sin(x)=0$的数值解.

```
from scipy import optimize
import numpy as np
def f(x):
    return x**4+15 * np.sin(x)
sol=optimize.fsolve(f,-4)
print('该方程的数值解是x=',sol[0])
print('当方程取其根时的函数值是',f(sol)[0])
```

运行程序得到如下结果：

```
该方程的数值解是x=-1.9349095254269852
当方程取其根时的函数值是0.0
```

例5.52　求解非线性方程组$\begin{cases}2x_1+5x_2=0\\2x_1^2-5\cos(x_2+x_3)=0\\x_1x_3-4=0\end{cases}$的解.

```
from scipy.optimize import fsolve
from math import *
def f(x):
    x1,x2,x3=x
    fx=[2*x1+5*x2,2*x1**2-5*cos(x2+x3),x1*x3-4]
    return fx
solution=fsolve(f,[0,0,0])
print('该方程的数值解是\n x1=%f,x2=%f,x3=%f'%(tuple(solution)))
print('当方程取其根时的函数值是\n',f(solution))
```

运行程序得到如下结果：

```
该方程的数值解是
x1=0.000000,x2=-0.000000,x3=47654016.650618
当方程取其根时的函数值是
[1.4671008809254684e-08,1.7858532344082398,-1.5958147993261078]
```

注　通过运行程序可知，上述非线性方程组没有精确解.

scipy中提供了求解一些动力方程的函数odeint().微分方程组的求解是一个参数非常复杂的函数，其调用格式可以缩写为odeint(func,y0,t).其中，func是微分方程组的函数，y0

是一个元组,记录每个变量的初值,t则是一个时间序列.使用oedint函数时需注意,微分方程必须化为标准形式,即$\mathrm{d}y/\mathrm{d}t=f(y,t)$.

例5.53 洛仑兹动力学方程可描述如下:

$$\begin{cases}\dfrac{\mathrm{d}x}{\mathrm{d}t}=\sigma(y-x)\\ \dfrac{\mathrm{d}y}{\mathrm{d}t}=x(\rho-z)-y, \quad \text{其中}\sigma,\rho,\beta\text{为三个给定的常数}\\ \dfrac{\mathrm{d}z}{\mathrm{d}t}=xy-\beta z\end{cases}$$

该方程定义了三维空间中各个坐标点上的速度矢量.在给定三个变量的初始值下,求其相应数值解.

```
def lorenz(w,t):
    r=9.0
    p=25.0
    b=7.0
    x,y,z=w
    equation=np.array([r*(y+x),x*(p+z)+y,x*y+b*z])
    return equation
import numpy as np
from scipy.integrate import odeint
t=np.arange(0,10,0.5)
solution=odeint(lorenz,(0.0,1.00,0.0),t)
print('三个动力点的数值解分别是\n',solution)
```

运行程序得到如下结果:

```
三个动力点的数值解分别是
[[ 0.          1.          0.        ]
 [18.46578795 10.77655474 37.71387916]
 [16.01710901 10.78487649 32.14973582]
 [13.42748154  9.40454043 26.978103  ]
 [12.21400883 10.38942628 23.76628949]
 [12.16142631 11.94422025 22.74269354]
 [12.56488237 13.00401348 23.03800137]
 [12.91817463 13.33835392 23.66938015]
 [13.05844157 13.23160759 24.06672763]
 [13.04800385 13.03977366 24.15707309]
 [12.99461953 12.9322134  24.09549025]
 [12.95816687 12.91409898 24.02052618]
 [12.94818828 12.93537045 23.9843262 ]
```

```
[12.95256007 12.95727518 23.9815078 ]
[12.95910475 12.96683095 23.99119983]
[12.96260184 12.96687409 23.99941093]
[12.96309741 12.96379017 24.00242409]
[12.96233067 12.96145903 24.0020135 ]
[12.96159239 12.96071241 24.00072165]
[12.96128842 12.96091218 23.99988621]]
```

注 x,y,z为点的坐标.从某个坐标开始沿着速度矢量进行积分,就可以计算出无质量点在此空间中的运动轨迹.给出的数值解,我们将在第6章用其方法作出相应数据图.

5.5.4 拟合与聚类

例5.54 给定的$y=ax+b$函数上的一系列采样点,并在这些采样点上增加一些噪声,然后利用scipy optimize包中提供的curve_fit方法,求解系数a和b.

```
from scipy import optimize
import matplotlib.pyplot as plt
import numpy as np
plt.rcParams["font.sans-serif"]=["SimHei"]
plt.rcParams["axes.unicode_minus"]=False
def f(x,a,b):
    return a*x+b
x=np.linspace(-10,10,50)
y=f(x,2,1)
ynew=y+4*np.random.normal(size=x.size) # 产生带噪声的数据点
popt,pcov=optimize.curve_fit(f,x,ynew)
print('参数a与b的拟合值分别是',popt)
plt.plot(x,y,color='r',label='原始曲线')
plt.plot(x,popt[0]*x+popt[1],color='b',label='拟合曲线')
plt.legend(loc='upper left')
plt.scatter(x,ynew)
plt.show()
```

运行程序得到如下结果:

```
参数a与b的拟合值分别是[1.98977632 1.96590893]
拟合参数的方差信息:
[[ 1.06370347e-02 -4.97789117e-10]
 [-4.97789117e-10  3.69039979e-01]]
```

运行的数据图如图5.1所示.

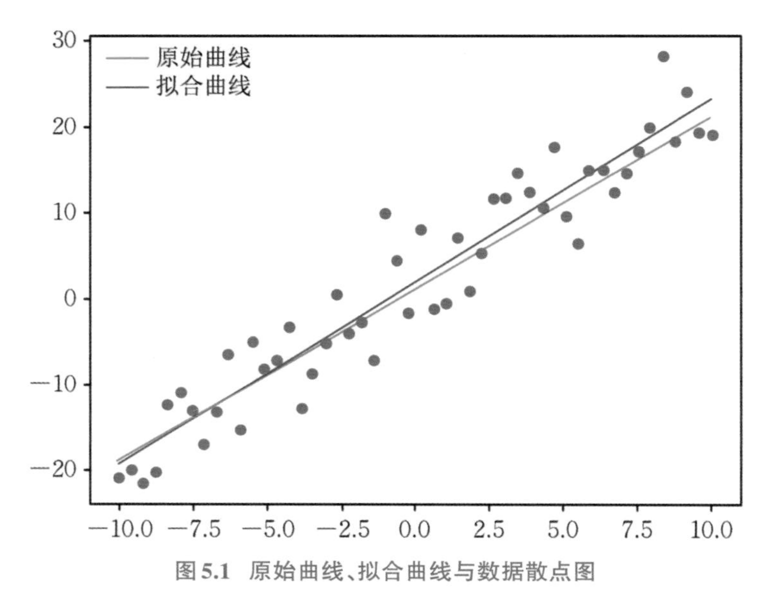

图5.1 原始曲线、拟合曲线与数据散点图

注 程序中ynew=y+3*np.random.normal(size=x.size)表示新产生带噪声的数据点；popt是列表，包含每个参数的拟合值，此例求得的a=1.98977632与b=1.96590893；pcov列表的对角元素是每个参数的方差，它可以评判拟合的质量，方差越小，拟合越可靠．plt.rcParams["font.sans-serif"]=["SimHei"]使得作图中能正常显示中文，而plt.rcParams["axes.unicode_minus"]=False使得能正常显示负号．

例5.55 scipy中的cluster系统聚类方法．

```
import numpy as np
from scipy.cluster import vq
import matplotlib.pyplot as plt
class1=np.random.randn(30,2)+10
class2=np.random.randn(40,2)-10
class3=np.random.randn(50,2)
data=np.vstack([class1,class2,class3])
centroid,var=vq.kmeans(data,3)
key,distance=vq.vq(data,centroid)
vqclass1=data[key==0]
vqclass2=data[key==1]
vqclass3=data[key==2]
print('第一聚类横轴点数据:\n',vqclass1[:,0])
print('第一聚类纵轴点数据:\n',vqclass1[:,1])
plt.scatter(vqclass1[:,0],vqclass1[:,1],marker='o',color="r",label='class1')
plt.scatter(vqclass2[:,0],vqclass2[:,1],marker='1',color="g" ,label='class2')
plt.scatter(vqclass3[:,0],vqclass3[:,1],marker='2',color="b",label='class3')
```

```
plt.legend(loc='upper left')
plt.show()
```

运行程序得到如下结果：

第1聚类横轴点数据：

[−9.76493315 −11.20654572 −10.67968754 −11.45644497 −7.91805907
−10.1435982 −10.54070754 −10.66955733 −11.29081845 −10.42049301
−8.28971214 −9.38590961 −11.48051838 −9.99863409 −10.59003971
−9.41428795 −10.59511484 −10.96715888 −10.0674667 −10.08317034
−9.7353743 −9.97320255 −8.4209328 −11.2324997 −10.14504103
−9.73769626 −9.28898812 −10.45385369 −11.61054792 −9.85922964
−11.34760047 −10.32125217 −9.0775725 −8.95339173 −9.87138592
−11.24851803 −10.52225522 −8.57276795 −10.39232962 −11.4994763]

第1聚类纵轴点数据：

[−11.20801098 −9.21617105 −8.29497162 −9.37237096 −9.42149354
−10.26293763 −10.53584797 −8.87090159 −12.62615865 −7.86925469
−8.29607133 −9.03188896 −8.58725567 −9.10671477 −8.72393224
−10.50118666 −9.58448802 −10.15041924 −9.51091805 −9.50818935
−9.25463626 −9.69784317 −10.59474168 −10.19963235 −10.52475877
−9.28420908 −8.76872456 −11.59747463 −9.56601255 −10.18332684
−10.23648329 −7.44387224 −9.91872701 −10.68454533 −9.59587339
−9.69338478 −7.97427771 −8.79674097 −9.92206949 −12.16464326]

运行的数据图参看图5.2.

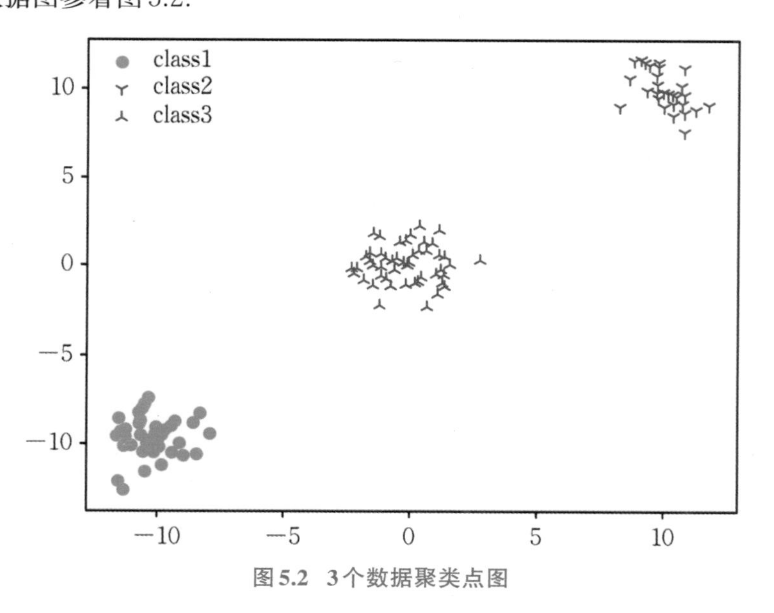

图5.2 3个数据聚类点图

注 class1产生第1个正态分布类，基础抬高10；class2产生第2个正态分布类，基础降低

10;class3 产生第 3 个正态分布类;vstack()将数据叠合到一起,形成一个矩阵;vq.kmeans(data,3)用k均值聚类法聚类,指定按3个类别聚类,获取类中心和方差;vq.vq(data,centroid)根据聚类中心,将不同的样本分类.

5.5.5 规划问题求解

scipy库可以求解线性规划问题、非线性规划问题.规划问题不同于直接求最大、最小值问题,规划问题一般都带有不等式约束和等式约束的.以线性规划问题为例,其一般形式如下:

min fx=C′*X

s.t. A_ub*X <=B_ub 不等式约束

A_eq*X=B_eq 等式约束

lb <=X <=ub 取值范围

上述式子中:

fx 是目标函数,目标是求最小值;

X 是决策变量,向量;

C 是目标函数的参数向量;

A_ub 是不等式约束的参数矩阵,B_ub 是不等式约束的参数向量;

A_eq 是等式约束的参数矩阵,B_eq 是等式约束的参数向量;

lb,ub 是参数向量,(lb,ub) 是 X 的取值范围.

例 5.56 求如下线性规划问题:

$$\max\ f(x)=2x_1+3x_2-5x_3$$

$$\text{s.t.}\begin{cases}x_1+x_2+x_3=7\\2x_1-5x_2+x_3\geqslant 10\\x_1+3x_2+x_3\leqslant 12\\x_1,x_2,x_3\geqslant 0\end{cases}$$

```
import numpy as np
from scipy.optimize import linprog
c=np.array([-2,-3,5])
A_ub=np.array([[-2,5,-1],[1,3,1]])
B_ub=np.array([-10,12])
A_eq=np.array([[1,1,1]])
B_eq=np.array([7])
x1=(0,7)
x2=(0,7)
x3=(0,7)
res=linprog(c,A_ub,B_ub,A_eq,B_eq,bounds=(x1,x2,x3))
print('该线性规划问题的解为\n',res)
```

运行程序得到如下结果：

该线性规划问题的解为

```
    con:array([1.19830181e-08])
    fun:-14.571428542312171
message:'Optimization terminated successfully.'
    nit:5
  slack:array([-3.70230993e-08, 3.85714287e+00])
 status:0
success:True
      x:array([6.42857141e+00,5.71428573e-01,9.82192085e-10])
```

注 规划问题的目标函数都是求最小值,如果求最大值则在参数前加上负号.不等式约束都要转化为小于等于的形式.上例中的x1,x2与x3给出的是其取值范围.

第6章　数据可视化与作图

数据挖掘中,有时候只用数据或数据表格的形式给出数据的大小并不直观明了.有时候描述了较多数据间的某种关系,还不如用一张图来的直白和快捷.例如,在描述两组数据的相似性时,如果只用数据的大小关系来描述,既繁琐又描述得费劲,读者也看得费时.因此,将有些数据转化为图的形式来呈现就显得很有必要了.这一章将较为系统地介绍图的生成原理、作法,图的读取与保存,Excel表格数据作图,微分方程系统解的动力学仿真图等.从空间维度上来说,将介绍二维平面图与三维空间图;从效果上来说,更多介绍的是静态图的作法,同时也介绍一些动态图的作法.

这一章,主要介绍图像的读取与保存、二维图的制作与保存、三维图的制作与保存以及微分动力方程的数值仿真图等.

6.1　图像的读取与保存

在做图像分析与处理时常常涉及图像的读取和图像格式转化等操作.下面将介绍两种图像读取与保存方式.

6.1.1　用matplotlib读取图像与保存

Python作图的工具有较多,其主要工具是matplotlib库里的函数包、用于制作有吸引力且信息丰富的统计图形等.数据挖掘中用的最多的还是matplotlib,其次是统计分析库里的一些统计分析图包.还有一类是Python自带的turtle库作图.关于matplotlib,我们做些简单说明:它是Python的一个可视化模块,具有强大的数据可视化工具,其功能是方便制图,包括线条图、饼图、柱状图以及相关的专业图形.matplotlib作图的输出格式非常丰富,主要包括jpg、png、eps、pdf、svg、bmp、gif等.matplotlib作图时可以定制各种属性,包括图像大小、线宽、色彩和样式、每英寸点数、子图、网格属性、坐标轴、文字和文字属性等.

例6.1　matplotlib读取图像与显示图像.

```
import matplotlib.pyplot as plt
image=plt.imread("D:figure.png")
plt.rcParams["font.sans-serif"]=["SimHei"]
plt.rcParams["axes.unicode_minus"]=False
```

```
im=plt.imshow(image)
plt.show()
```

运行程序得到如图6.1所示.

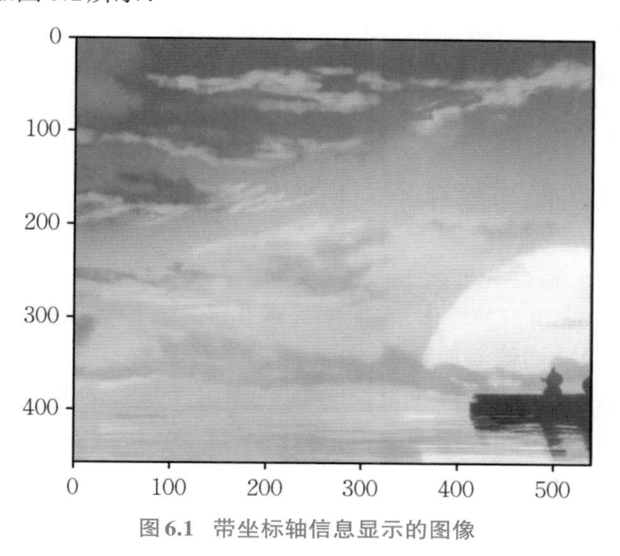

图6.1 带坐标轴信息显示的图像

注 利用matplotlib.Pyplot中的imread()函数读取图像;其中命令行plt.rcParams["axes.unicode_minus"]=False是控制图像坐标轴的数字能正常显示;imshow()用于显示图像;而想要将图像显示到屏幕上,则要加上show()函数;如果想要把图像上的坐标轴信息隐藏,那么就要在show()函数之前加上语句plt.axis('off'),如果加上plt.axis('off'),那么运行程序就可得到如图6.2所示的效果.

图6.2 不带坐标轴信息的图像显示

例6.2 matplotlib图像的保存及其格式转化.

```
import matplotlib.pyplot as plt
image=plt.imread("D:figure.png")
plt.rcParams["axes.unicode_minus"]=False
```

```
plt.axis('off')
plt.imsave("D:figure_jpg.jpg",image)
plt.imsave("D:figure_jpg.eps",image)
plt.imsave("D:figure_jpg.pdf",image)
```

注 运行程序后就将原png格式图像分别转化为jpg、eps与pdf格式图片文件了,并同时保存到D盘上.

6.1.2 PIL库读取图像与保存不同格式图像

在使用PIL库之前,需要先安装该库(安装方法在第1章已经介绍,在此不予赘述).PIL库支持图像的显示、存储和相关操作,它能够处理几乎所有图片格式文件,可以完成对图像的剪裁、缩放、叠加以及向图像添加线条、文字和图像等操作.

在使用PIL库时,主要还是利用image包,它是PIL最重要的类,其实image代表一张图片.通过image打开图像文件时,图像的栅格数据不会被直接解码或者加载,程序只是读取了图像文件头部的元数据信息,这部分信息标志了图像的格式、颜色、大小等.因此,利用PIL库进行图像的读取十分迅速,它与图像的存储和压缩方式无关.

image类有四个处理图片的常用属性,说明如下:

(1) image.format,其功能是标识图像格式或来源,若图像不是从文件读取,则其值为None;

(2) image.mode,其功能是控制图像的色彩模式,RGB为真彩色图像、L为灰度图像、CMYK为出版图像;

(3) image.size,其功能是展示图像密度与高度,其单位是像素(px),返回值是一个二元tuple元组;

(4) image.palette,存储着调色板属性,返回一个imagepalette类型.

读取图像文件的是open()函数;而保存图像则是调用save()函数,其用法格式如下:

image.save(路径.filename,format)

save()方法有两个参数:文件名filename和图像格式format.如果调用时不指定保存格式,那么PIL将自动根据文件名filename后缀存储图像;若指定保存文件的格式,则按照格式存储.一般采用open()和save()方法实现图像的存储与格式转换.

例6.3 PIL库读取图像与保存不同格式的图像文件.

```
from PIL import Image
img=Image.open('E:shucai.png')
print(img.format,img.size,img.mode)
img.show()
img.save('E:shucai.bmp')
img.save('E:shucai.gif')
img.save('E:shucai.eps')
```

运行程序得到如下结果:

png (942,635) RGB

蔬菜的图像文件就呈现在屏幕上,即图6.3.

注　如果打开图像保存的E盘,可看到E盘中多出了三个不同格式的蔬菜图像,分别以bmp、gif与eps为扩展名并且保存的文件大小不同的图像文件如下:

shucai	2022/9/12 9:41	PNG 文件	863 KB
shucai	2023/3/7 9:31	BMP 文件	1,754 KB
shucai	2023/3/7 9:31	GIF 文件	298 KB
shucai	2023/3/7 9:31	EPS 文档	3,551 KB

图6.3　PIL库读取的蔬菜图像

6.2　二维图像的制作

本节主要利用matplotlib和pylab库等制图,包括曲线图、散点图、柱图、面积图、饼图、条形图、子母图、热力图、云词图、三维曲面图、中国地图和动画图等.从图像呈现方式来看,可分为一张图、两张子图和多张子图等.

6.2.1　制图数据的快速产生

首先读者需要知道的是,如果作二维图,那么可以分为x轴方向和y轴方向,这两个方向的数据交合点就是制图的一个像素点,无穷多个这样的像素点,用光滑的曲线连接起来就得到了一张二维图.因此,制图首先需要的是两个轴方向上的数据,并且其数据是一一对称的,也就是数据量要相等,要不然就不能正常生成一个图.

matplotlib库制图一般结合numpy库来快速生成目标数据点.用到的主要数据采样函数是numpy.arange()与numpy.linspace().

arange()函数使用时其参数有三种形式.以下以示例说明.

例6.4 arange()函数数据点的快速生成.

```
import numpy as np
data1=np.arange(10)
data2=np.arange(1,13)
data3=np.arange(0,8.6)
data4=np.arange(0,10,0.1)
print('arange(10)生成0到9的数组如下:\n',data1)
print('arange(1,13)生成1到12的数组如下:\n',data2)
print('arange(0,8.6)生成0到8步长为1的float类型数组如下:\n',data3)
print('arange(0,10,0.1)生成0到9.9步长为0.1的float类型数组如下:\n',data4)
print('data1的数据结构类型如下:\n',type(data1))
```

运行程序得到如下结果:

```
arange(10)生成0到9的数组如下:
[0 1 2 3 4 5 6 7 8 9]
arange(1,13)生成1到12的数组如下:
[ 1 2 3 4 5 6 7 8 9 10 11 12]
arange(0,8.6)生成0到8步长为1的float类型数组如下:
[0. 1. 2. 3. 4. 5. 6. 7. 8.]
arange(0,10,0.1)生成0到9.9步长为0.1的float类型数组如下:
[0. 0.1 0.2 0.3 0.4 0.5 0.6 0.7 0.8 0.9 1. 1.1 1.2 1.3 1.4 1.5 1.6 1.7
 1.8 1.9 2. 2.1 2.2 2.3 2.4 2.5 2.6 2.7 2.8 2.9 3. 3.1 3.2 3.3 3.4 3.5
 3.6 3.7 3.8 3.9 4. 4.1 4.2 4.3 4.4 4.5 4.6 4.7 4.8 4.9 5. 5.1 5.2 5.3
 5.4 5.5 5.6 5.7 5.8 5.9 6. 6.1 6.2 6.3 6.4 6.5 6.6 6.7 6.8 6.9 7. 7.1
 7.2 7.3 7.4 7.5 7.6 7.7 7.8 7.9 8. 8.1 8.2 8.3 8.4 8.5 8.6 8.7 8.8 8.9
 9. 9.1 9.2 9.3 9.4 9.5 9.6 9.7 9.8 9.9]
data1的数据结构类型如下:
<class 'numpy.ndarray'>
```

注 arange()函数,如果不指定步长,那么默认步长为1.

例6.5 linspace()函数数据点的快速生成.

```
import numpy as np
d1=np.linspace(1,50)
d2=np.linspace(1,30)
d3=np.linspace(1,10,20)
d4=np.linspace(1,10,20,endpoint=False)
print('linspace(1,50)生成起点为1,终点为50,共50个数据点的数组如下:\n',d1)
print('linspace(1,30)生成起点为1,终点为30,共50个数据点的数组如下:\n',np.around
(d2,4))
print('linspace(1,10,20)生成起点为1,终点为10,共20个数据点的数组如下:\n',d3)
```

print('linspace(1,10,20,endpoint=False)生成起点为1,不包括终点10的数据点如下:\n',d4)

运行程序得到如下结果:

```
linspace(1,50)生成起点为1,终点为50,共50个数据点的数组如下:
[1. 2. 3. 4. 5. 6. 7. 8. 9. 10. 11. 12. 13. 14. 15. 16. 17. 18.
 19. 20. 21. 22. 23. 24. 25. 26. 27. 28. 29. 30. 31. 32. 33. 34. 35. 36.
 37. 38. 39. 40. 41. 42. 43. 44. 45. 46. 47. 48. 49. 50.]
linspace(1,30)生成起点为1,终点为30,共50个数据点的数组如下:
[1.  1.5918 2.1837 2.7755 3.3673 3.9592 4.551  5.1429 5.7347
 6.3265 6.9184 7.5102 8.102  8.6939 9.2857 9.8776 10.4694 11.0612
 11.6531 12.2449 12.8367 13.4286 14.0204 14.6122 15.2041 15.7959 16.3878
 16.9796 17.5714 18.1633 18.7551 19.3469 19.9388 20.5306 21.1224 21.7143
 22.3061 22.898  23.4898 24.0816 24.6735 25.2653 25.8571 26.449  27.0408
 27.6327 28.2245 28.8163 29.4082 30. ]
linspace(1,10,20)生成起点为1,终点为10,共20个数据点的数组如下:
[1.  1.47368421 1.94736842 2.42105263 2.89473684 3.36842105
 3.84210526 4.31578947 4.78947368 5.26315789 5.73684211 6.21052632
 6.68421053 7.15789474 7.63157895 8.10526316 8.57894737 9.05263158
 9.52631579 10. ]
linspace(1,10,20,endpoint=False)生成起点为1,不包括终点10的数据点如下:
[1.  1.45 1.9  2.35 2.8  3.25 3.7  4.15 4.6  5.05 5.5  5.95 6.4  6.85
 7.3  7.75 8.2  8.65 9.1  9.55]
```

6.2.2 点、线、点线图的绘制

作图时,在导入matplotlib库后,一般需要加入控制中文显示和坐标轴数字和负号正常显示的命令,其代码如下:

```
import matplotlib.pyplot as plt
plt.rcParams['font.family']='sans-serif' #控制中文显示
plt.rcParams['font.sans-serif']=[u'SimHei']#控制负号显示等
```

注　在导入函数库时可以使用import matplotlib.pyplot as plt或者from pylab import *,这两者的区别是,前者是应用plt调用plot()函数,即plt.plot(),而后者是直接使用plot()函数.

例6.6　点图的绘制.

```
import matplotlib.pyplot as plt
plt.plot( [3,2],[5,4],'sg',[2,3],[6,6],'*r',[3,8],[7,5],'ob',markersize=20,
      markeredgewidth=1,markeredgecolor="grey")
plt.show()
```

运行程序结果如图6.4所示.

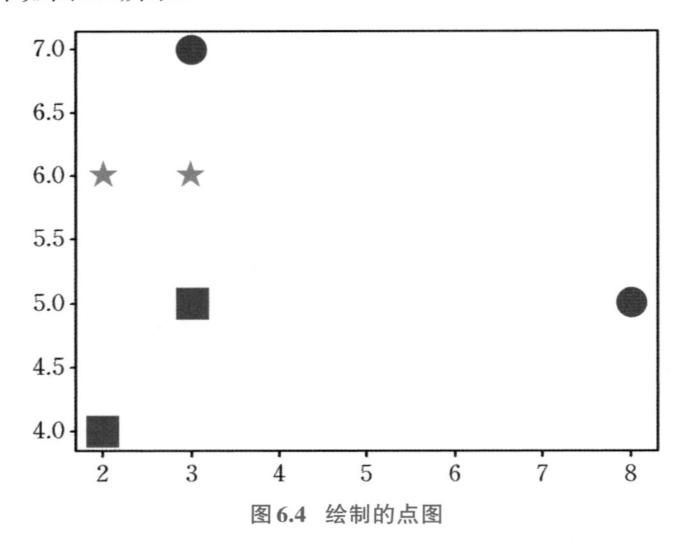

图6.4　绘制的点图

注　'sg'表示绘制方形且颜色为绿色;'*r'表示绘制星形图且颜色为红色;'ob'表示绘制圆形且颜色为蓝色;markersize设置图点的大小;markeredgewidth设置图的边缘宽度;markeredgecolor设置图的边缘填充颜色.

例6.7　线图的绘制.

```
import matplotlib.pyplot as plt
plt.plot( [1,2],[3,4],'--b',[1,2],[5,6],'-.r',label='curve_fit values',linewidth=1)
plt.show()
```

运行程序结果如图6.5所示.

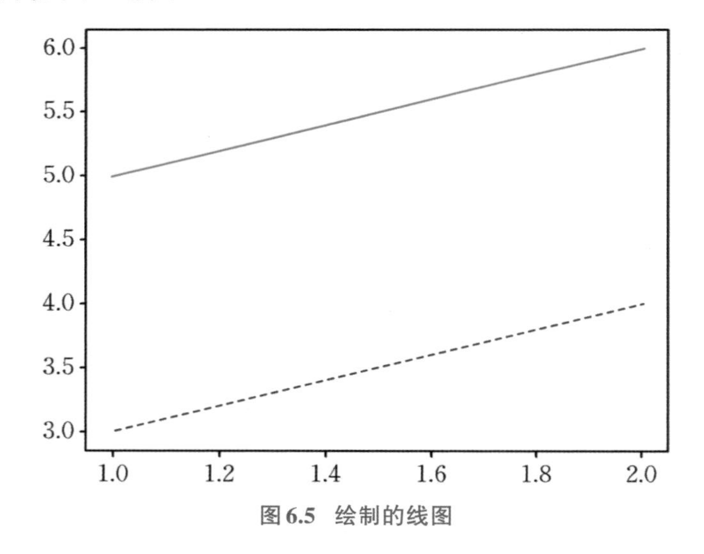

图6.5　绘制的线图

例6.8　点线图的绘制.

```
import matplotlib.pyplot as plt
plt.plot([1,3],[2,5],'ob:')
plt.show()
```

运行程序结果如图6.6所示.

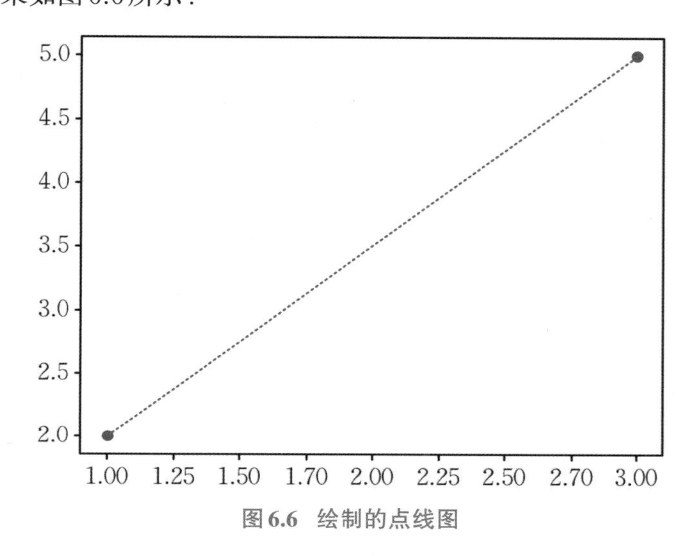

图6.6　绘制的点线图

6.2.3　曲线图的绘制与属性设置

例6.9　简单曲线图的绘制.

```
import matplotlib.pyplot as plt
import numpy as np
x=np.arange(-2*np.pi,2*np.pi,0.1)
y=np.cos(x)
plt.plot(x,y,'b')
plt.show()
```

运行程序结果如图6.7所示.

注　上例中,x为产生的数据点,y为x对应的数据点,plt.plot()用来绘制曲线.其中,'b'为设置曲线为蓝色,也可以用'blue'的形式.颜色的简表见表6.1.

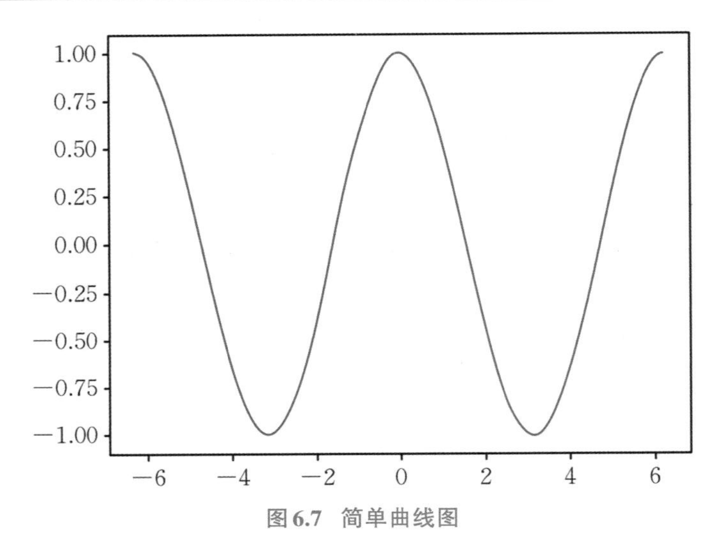

图 6.7 简单曲线图

表 6.1 绘图曲线颜色缩写简表

缩写	颜色
'b'	blue
'g'	green
'r'	red
'c'	cyan
'm'	magenta
'y'	yellow
'k'	black
'w'	white

例 6.10 曲线的线型、线宽、图例与背景网格的设置.

```
import matplotlib.pyplot as plt
import numpy as np
x=np.arange(-2*np.pi,2*np.pi,0.1)
y1=np.cos(x)
y2=np.sin(x)
plt.plot(x,y1,'b',linewidth=1,linestyle='-.',label='cosx')
plt.plot(x,y2,'g',linewidth=6,linestyle='dotted',label='sinx')
plt.legend(loc='center right')
plt.grid(True)
plt.show()
```

运行程序结果如图 6.8 所示.

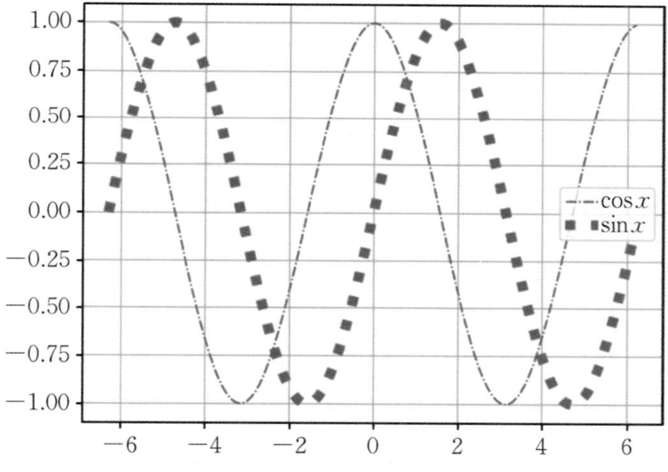

图6.8 具有网格背景和图的示例曲线

注 plot(x,y1,'b',linewidth=2,linestyle='-.',label='cosx')中的参数linestyle='-.'是设置线型的,而label='cosx'必须与plt.legend(loc='upper right')配套使用,其中'upper right'表示示例图显示在右上角,'upper left'表示示例图在左上角、'lower left'表示示例图在左下角、'lower right'表示示例图在右下角,还有'center right'表示右居中以及'center left'表示左居中等设置;plt.grid(True)表示背景网格显示,默认或者plt.grid(False)网格布显示;plt.show()表示将图呈现到屏幕上.

例6.11 坐标轴、图标识的设置示例.

```
import matplotlib.pyplot as plt
import numpy as np
plt.rcParams["font.sans-serif"]=["SimHei"]
plt.rcParams["axes.unicode_minus"]=False
x=np.arange(-10,10,0.1)
y=np.tan(x)+np.sign(x)
plt.xlim(-15,15)
plt.ylim(-30,30)
plt.xlabel("自变量x的取值")
plt.ylabel("函数的值y")
plt.title("y=tan(x)+sign(x)图像")
plt.plot(x,y)
plt.show()
```

运行程序结果如图6.9所示.

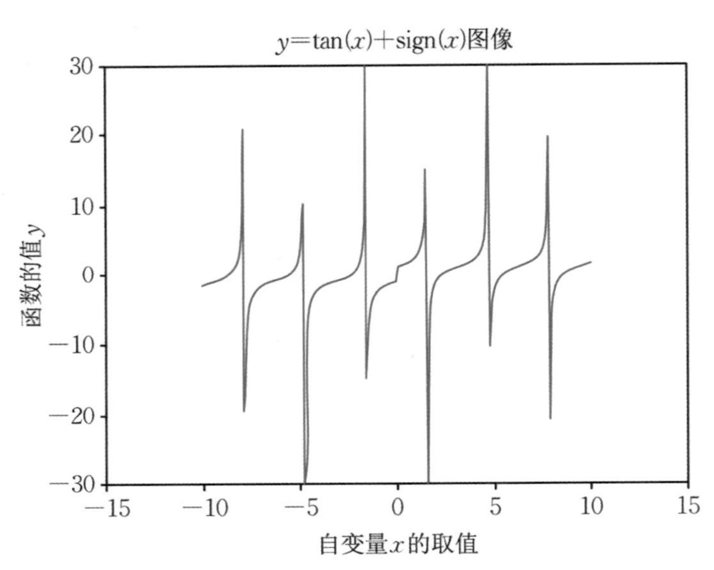

图6.9 坐标轴设置后的示例曲线

注 plt.xlim(−15,15)为设定横坐标范围;plt.ylim(−30,30)为设定纵坐标范围;plt.xlabel("自变量x的取值")为设置横轴标识;plt.ylabel("函数的值y")为设置纵轴标识;plt.title("y=tan(x)+sign(x)图像")为设定图形的标题;特别地,如果将上述程序中的x与y轴范围改为plt.xlim(−10,10)与plt.ylim(−10,10),那么图像所呈现出的效果就有较大差别,如图6.10所示.

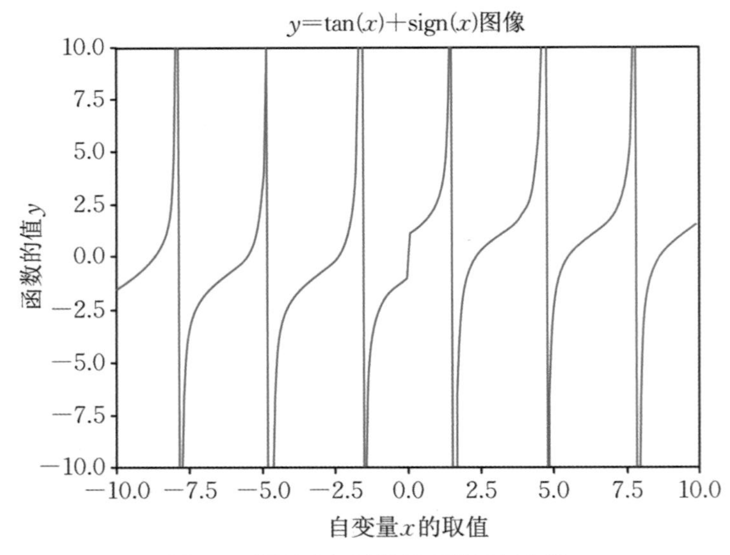

图6.10 调整坐标轴设置后的示例曲线

例6.12 作图尺寸、分辨率、坐标轴的刻度值设置示例.

```
from pylab import *
figure(figsize=(6,4),dpi=120)
```

```
x=linspace(-2*pi,2*pi,100,endpoint=True)
plot(x,2*cos(x),color="g",linewidth=1.5,linestyle="-.")
ax=gca()
ax.spines['right'].set_color('none')
ax.spines['top'].set_color('none')
ax.spines['bottom'].set_position(('data',0))
ax.spines['left'].set_position(('data',0))
yticks([-2,-0.5,0,2,4])
show()
```

运行程序结果如图6.11所示.

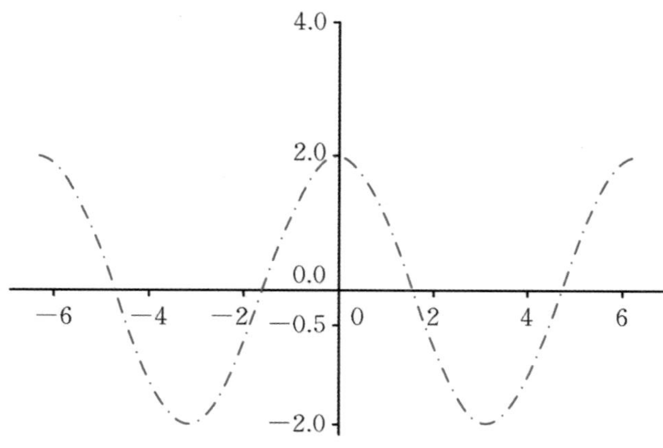

图6.11 设置y坐标轴刻度示例曲线

注 figure(figsize=(6,4),dpi=120)设置图的尺寸与图的分辨率;ax=gca()设置坐标系;yticks([-2,-0.5,0,2,4])设置轴的刻度记号,如果设置x轴,则用xticks()函数.

例6.13 作图写字与箭头标注.

```
import matplotlib.pyplot as plt
import numpy as np
plt.rcParams['font.sans-serif']=['SimHei']
plt.rcParams['axes.unicode_minus']=False
t=np.arange(0.0,5.0,0.01)
s=np.cos(3 * np.pi * t)
plt.plot(t,s,lw=3)
plt.annotate('局部最大值',xy=(1.35,1.0),xytext=(1,1.5),
arrowprops=dict(facecolor='red',shrink=0.05))
plt.annotate('局部最小值',xy=(3,-0.9),xytext=(2.7,-1.8),
arrowprops=dict(facecolor='green',shrink=0.15))
plt.title('图中标注文字与箭头')
plt.ylim(-2,2)
```

```
plt.ylabel('函数值y')
plt.xlabel('自变量x')
plt.show()
```

运行程序结果如图6.12所示.

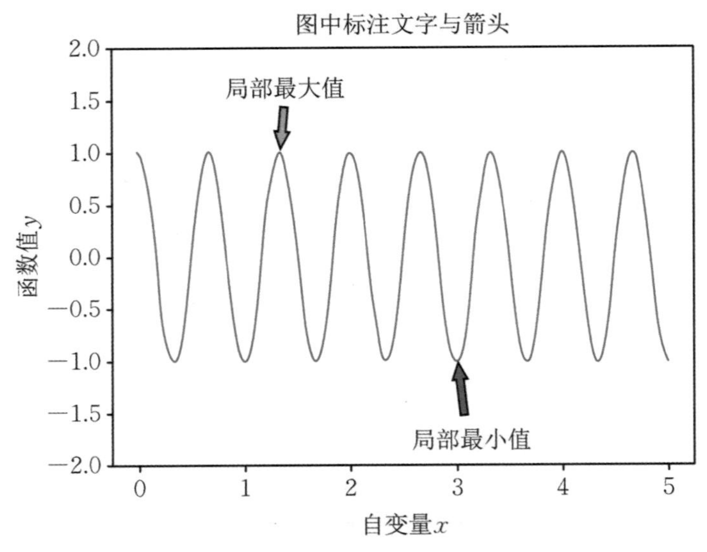

图6.12　图中标注文字与箭头图

注　上例中函数annotate('局部最大值',xy=(1.35,1.0),xytext=(1,1.5),arrowprops=dict(facecolor='red',shrink=0.05))中的第一个参数表示需要在图中标注的文字;xy=(1.35,1.0)表示箭头指向的坐标位置;xytext=(1,1.5)表示文本的坐标位置;facecolor='red'表示箭头颜色;shrink=0.05表示箭头收缩0.05倍,就是控制箭头长短的参数.

例6.14　基于背景的心形曲线图.

```
from pylab import *
style.use('seaborn')
x=linspace(-2,2,1500,endpoint=True)
z=0.8*sqrt(3.4-x**2)*sin(1100*pi*x)+abs(x)**(2/3)
plot(x,z,color="r",linewidth=1.5,linestyle="-")
show()
```

运行程序结果如图6.13所示.

例6.15　阶梯图的绘制.

```
import matplotlib.pyplot as plt
import numpy as np
x=np.linspace(1,14,10)
y=np.sin(x)
plt.step(x,y,color="#8dd3c7",where="pre",lw=1.5)
plt.xlim(0,15)
```

```
plt.xticks(np.arange(1,15,1))
plt.ylim(-1.5,1.5)
plt.title('step figure')
plt.xlabel('x axis')
plt.ylabel('y axis')
plt.show()
```

运行程序结果如图6.14所示.

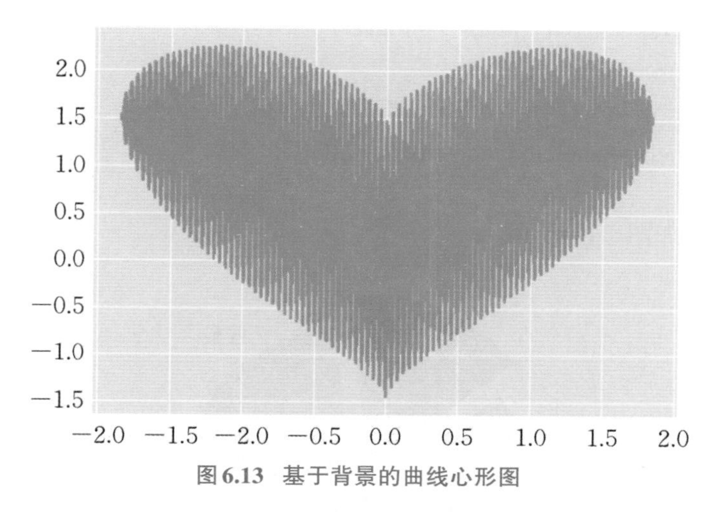

图6.13　基于背景的曲线心形图

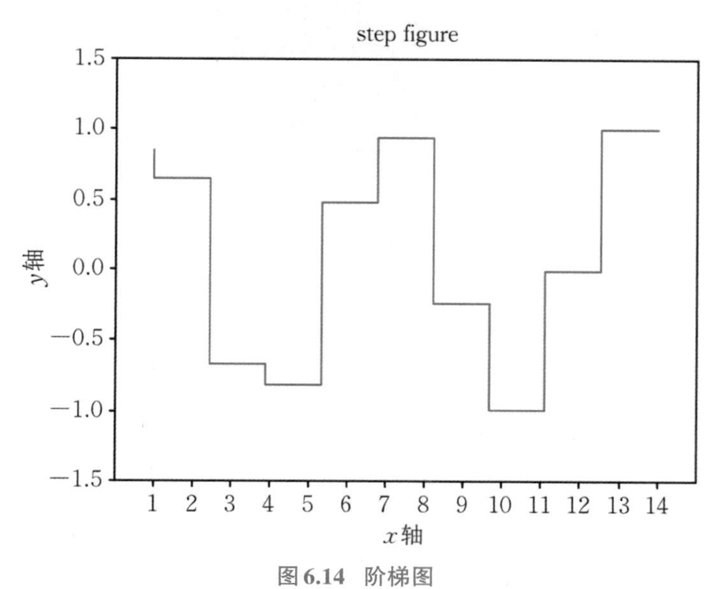

图6.14　阶梯图

注　阶梯图的绘制函数为step(x,y,color="#8dd3c7",where="pre",lw=1.5),其中color="#8dd3c7"表示颜色的指定,也可以用其他形式,如color="red";lw=1.5表示指定的线宽.

6.2.4 饼图的绘制

例6.16 饼图的绘制及其属性设置.

```
import numpy as np
import matplotlib.pyplot as plt
plt.rcParams["font.sans-serif"]=["SimHei"]
plt.rcParams["axes.unicode_minus"]=False
data=np.random.randint(1,13,6)
label=["苹果","雪梨","西瓜","菠萝","香瓜",'香蕉']
plt.pie(data,labels=label,explode=[0,0,0.2,0,0,0])
plt.show()
```

运行程序结果如图6.15所示.

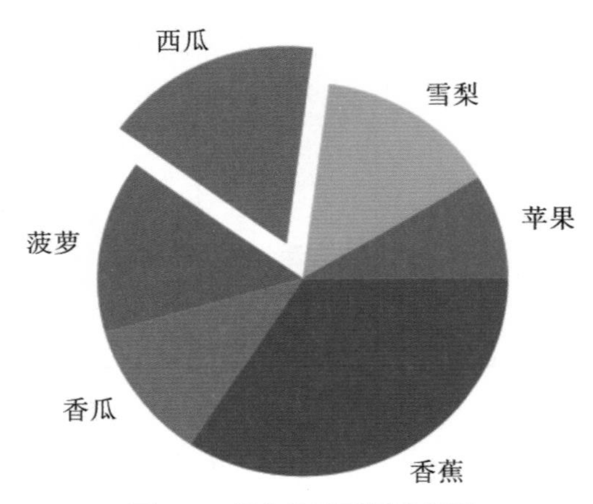

图6.15　部分拖出强调的饼图

注　plt.pie(data,labels=label,explode=[0,0,0.2,0,0,0])中的第二个参数labels是设置饼图元素名称的;explode中的第三个数字0.2表示两个意思,其一是第三个元素对应的饼图被拖出,其二是被拖出的比例为0.2.

例6.17 叠加的饼图及标注比例数.

```
import matplotlib.pyplot as plt
plt.rcParams["font.sans-serif"]=["SimHei"]
plt.rcParams["axes.unicode_minus"]=False
fig=plt.figure(figsize=(10,6))
a1=[0.35,0.15,0.2,0.15,0.15]
a2=[0.4,0.25,0.12,0.08,0.15]
label=["部门1","部门2","部门3","部门4","部门5"]
plt.pie(a1,autopct=" %1.1f%% ",pctdistance=0.84,labels=label)
plt.pie(a2,radius=0.58,autopct=" %1.1f%% ",pctdistance=0.7,)
```

```
plt.axis("equal")
plt.show()
```

运行程序结果如图6.16所示.

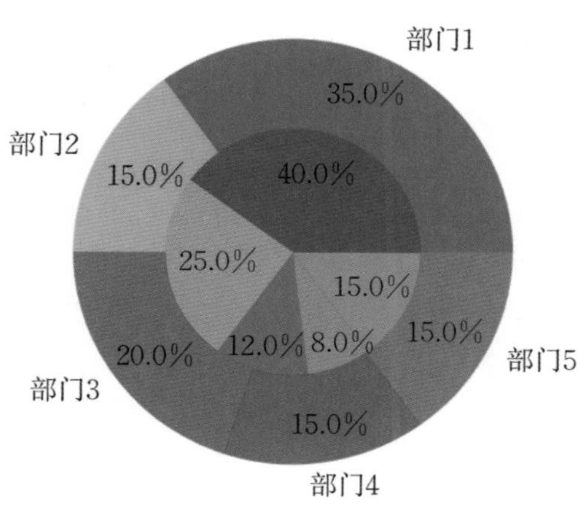

图6.16　叠加的饼图

注　plt.pie(a1, autopct=" %1.1f%% ", pctdistance=0.84, labels=label)中的参数autopct=" %1.1f%% "表示自动获取饼图所有元素所占的比例数并显示在图中;pctdistance=0.84表示两个饼图边缘的距离差.

例6.18　主副子饼图的应用示例.

```
import numpy as np
import matplotlib as mpl
from matplotlib import cm
import matplotlib.pyplot as plt
from matplotlib.patches import ConnectionPatch
mpl.rcParams['font.sans-serif']='SimHei'
mpl.rcParams['axes.unicode_minus']=False
fig=plt.figure(figsize=(6,4),facecolor='yellow')#'cornsilk'
ax1=fig.add_subplot(121)
ax2=fig.add_subplot(122)
fig.subplots_adjust(wspace=0)
labels=['广东','浙江','江苏','上海','湖北','安徽']
size=[1002,930,877,756,563,680]
explode=(0,0,0,0,0,0.1)
ax1.pie(size,autopct='%1.1f%%',startangle=30,labels=labels,
    colors=cm.Greens(range(10,300,50)),explode=explode)
labels2=['合肥市','芜湖市','滁州市','阜阳市']
size2=[202,179,146,123]
width=0.2
```

```
ax2.pie(size2,autopct='%1.1f%%',startangle=90,labels=labels2,
    colors=cm.Reds(range(10,300,50)),radius=0.5,shadow=False)
theta1,theta2=ax1.patches[-1].theta1,ax1.patches[-1].theta2
center,r=ax1.patches[-1].center,ax1.patches[-1].r
x=r * np.cos(np.pi / 180 * theta2)+center[0]
y=np.sin(np.pi / 180 * theta2)+center[1]
con1=ConnectionPatch(xyA=(0,0.5),xyB=(x,y),
  coordsA=ax2.transData,coordsB=ax1.transData,axesA=ax2,axesB=ax1)
x1=r * np.cos(np.pi / 180 * theta1)+center[0]
y1=np.sin(np.pi / 180 * theta1)+center[1]
con2=ConnectionPatch(xyA=(-0.1,-0.49),xyB=(x1,y1),coordsA='data',
          coordsB='data',axesA=ax2,axesB=ax1)
for con in [con1,con2]:
  con.set_color('gray')
  ax2.add_artist(con)
  con.set_linewidth(1)
plt.show()
```

运行程序结果如图6.17所示.

注 上例函数pie(size,autopct='%1.1f%%',startangle=30,labels=labels,colors=cm.Greens(range(10,300,50)),explode=explode)中参数size是数据,autopct是字符格式,startangle是楔形块开始角度,labels为标注的文字,colors为颜色底板,explode是子块的分裂距离;theta1,theta2为得到饼图边缘的数据;x,y为画出上边缘的连线;ConnectionPatch为画出两个饼图的间连线;x1,y1为画出下边缘的连线;循环语句for con in [con1,con2]是添加连接线.

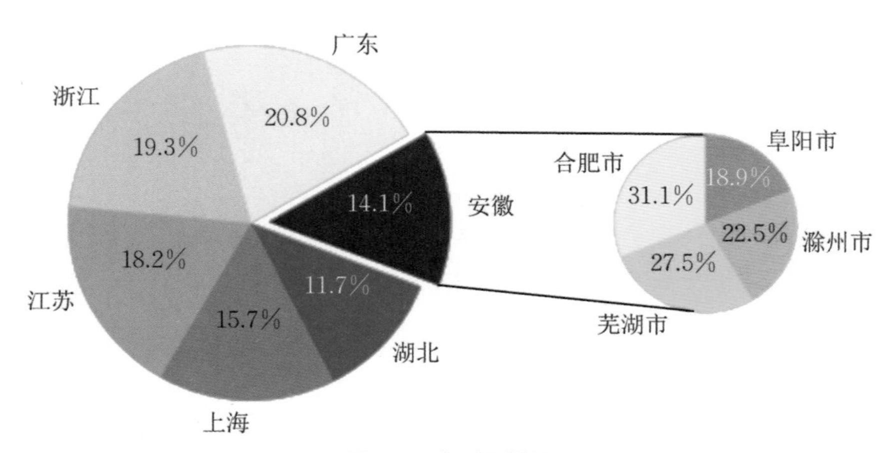

图6.17 主副子饼图

例6.19 生成总产值南丁格尔玫瑰图.现有Excel数据如表6.2所示,将其数据绘制成玫瑰图.

表6.2　产业总值表

产业名称	总值(万元)
农业	17339
林业	108
木业	739
采矿业	279
服务业	664
纺织业	498
渔业	197
牧业	99
机械制造	38744
石油开采	9531
运输业	3482
造船业	169
医药业	2350
建筑业	7897
通信产品	984

```
import pandas as pd
from pyecharts.charts import Pie
from pyecharts import options as opts
df=pd.read_excel(r"E:\……\roseFigureData.xlsx")
df=df.sort_values("总值")
v=df['产业名称'].values.tolist()
d=df['总值'].values.tolist()
color_series=['#C9DA36','#9ECB3C','#FAE927','#6DBC49','#CF7B25',
            '#37B44E','#3DBA78','#209AC9','#1E91CA','#2D3D8E',
            '#2C6BA0','#2B55A1', '#44388E','#6A368B','#A63F98',
            '#7D3990', '#C31C88','#D52178','#D5225B','#D44C2D',
            '#D02C2A', '#F57A34','#FA8F2F','#D99D21','#14ADCF',
            '#CF7B25','#CF7B25','#E9E416']
pie1=Pie(init_opts=opts.InitOpts(width='1350px',height='750px'))
pie1.set_colors(color_series)
pie1.add(
"222",[list(z) for z in zip(v,d)],
       radius=["15%","100%"],
       center=["50%","60%"],
       rosetype="area"
```

```
    )
pie1.set_global_opts(
title_opts=opts.TitleOpts(title='玫瑰图示例'),
            legend_opts=opts.LegendOpts(is_show=False),
            toolbox_opts=opts.ToolboxOpts())
pie1.set_series_opts(label_opts=opts.LabelOpts(is_show=True,
  position="inside",font_size=12,formatter="{b}:{c}亿元",
font_style="italic",font_weight="bold",
 font_family="Microsoft YaHei"),
   )
pie1.render("生成总产值南丁格尔玫瑰图.html")
```

运行程序结果如图6.18所示.

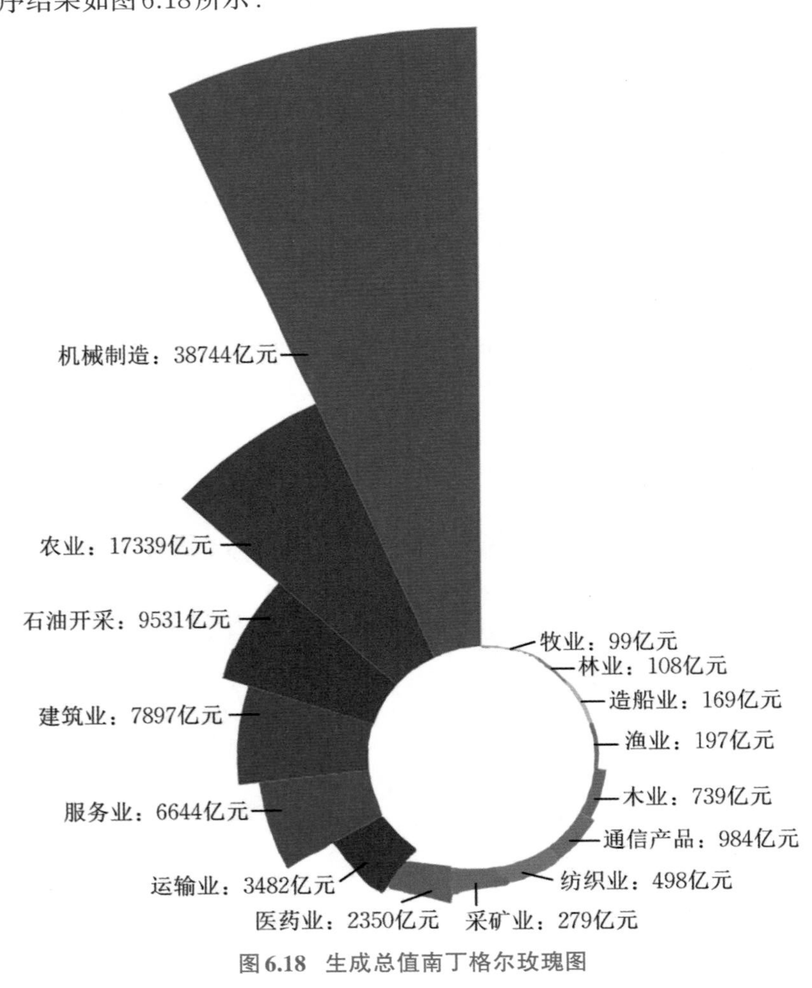

图6.18 生成总值南丁格尔玫瑰图

注 上例中的pie1对象是实例化pie类;color_series是设置的颜色库;pie1.add()为添加数据函数,其功能是设置饼图的半径,是否展示成南丁格尔图等;pie1.set_global_opts()是设置全局配置项;pie1.set_series_opts()是设置系列配置项;pie1.render()生成html文档.运行程序后在Python文件夹的左侧里可看到一个“生成总产值南丁格尔玫瑰图.html”的文件,用电脑上安装的浏览器打开可看到南丁格尔玫瑰图.

6.2.5　散点图的绘制

例6.20　简单散点图的绘制.

```
from pylab import *
import numpy as np
n=100
x=np.random.normal(0,1,n)
y=np.random.normal(0,1,n)
scatter(x,y,edgecolors='yellow')
show()
```

运行程序结果如图6.19所示.

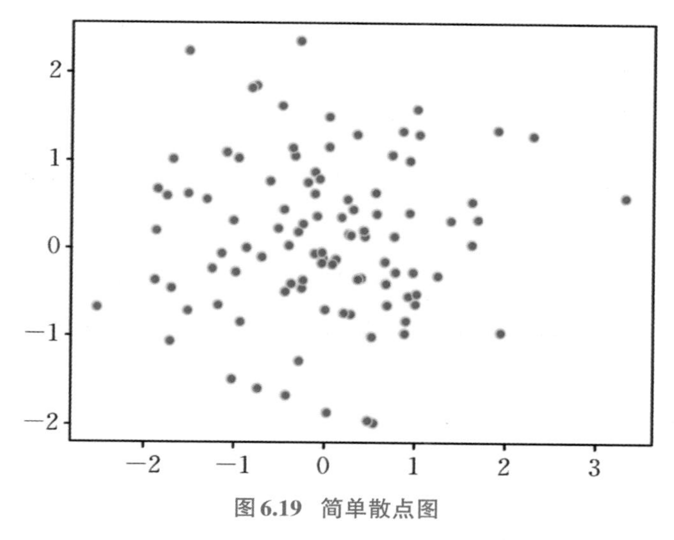

图6.19　简单散点图

注　上述绘制的简单散点图也可以用plot()函数,其代码如下:

```
from pylab import *
import numpy as np
x=np.random.normal(0,1,100)
y=np.random.normal(0,1,100)
plot(x,y,'o',color='r')
show()
```

例6.21　多参数设置的散点图.

```
import matplotlib.pyplot as plt
```

```
import numpy as np
from matplotlib import colors  #导入颜色盘
n=60
x=np.random.rand(n)
y=np.random.rand(n)
q=np.random.rand(n)
w=np.random.rand(n)
changecolor=colors.Normalize(vmin=0.5,vmax=0.8)
plt.scatter(x,y,590*q,w,'o',alpha=0.6,cmap='rainbow',norm=changecolor)
plt.colorbar() #表示显示颜色条
plt.show()
```

运行程序结果如图6.20所示.

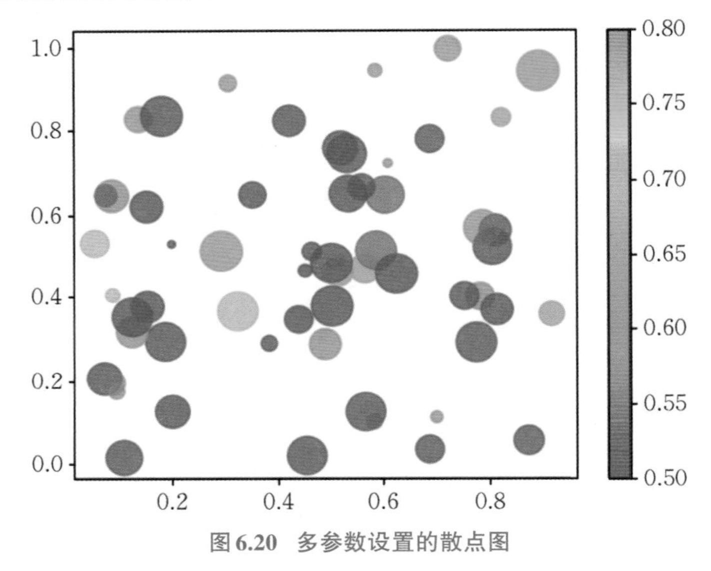

图6.20 多参数设置的散点图

注 plt.scatter(x,y,590*q,w,'o',alpha=0.6,cmap='rainbow',norm=changecolor)中的参数x,y表示绘图数据与绘图位置,590*q为绘图大小;'o'表示绘图形状为圆形;alpha=0.6表示绘图的透明度设置为0.6;cmap='rainbow'设置颜色风格,还有许多风格如Accent,Accent_r,spring等;norm=changecolor设置具体颜色参数.

6.2.6 柱状图的绘制

例6.22 柱状图的综合运用.

```
import numpy as np
import matplotlib.pyplot as plt
import matplotlib as mpl
mpl.rcParams['font.family']='sans-serif'
```

```
mpl.rcParams['font.sans-serif']=[u'SimHei']
plt.title('某市某区税收(单位:亿元)')
data=[5,3,9,6,3,6,6,7,1,8]
x=np.arange(len(data))
plt.bar(x,data,alpha=0.5,color='b',width=0.7)
for i in range(len(data)):
   plt.text(i,data[i]+0.2,'%s'%data[i],va='center')
year=['2014年','2015年','2016年','2017年','2018年','2019年','2020年','2021年',
'2022年','2023年']
plt.xticks([i for i in range(10)],year,rotation=70)
plt.text(8.1,8.6,'增速最快年',weight='bold',color="r")
plt.ylabel('税收')
plt.ylim(0,12)
plt.show()
```

运行程序结果如图6.21所示.

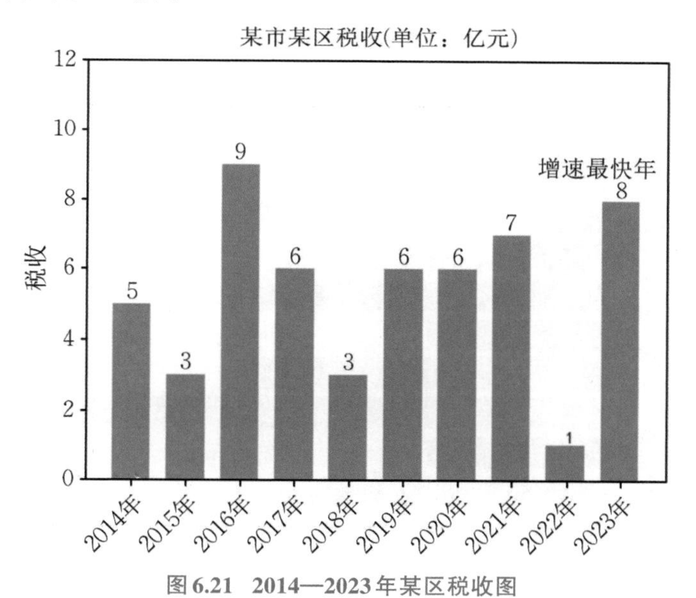

图6.21　2014—2023年某区税收图

注　上例中函数plt.text(i,data[i]+0.2,'%s'%data[i],va='center')的前两个参数是设置标注文字的位置,一个是横坐标,另一个是纵坐标,'%s'%data[i]表示标注的文字内容,va='center'为居中;plt.xticks([i for i in range(10)],year,rotation=70)的功能是标注x轴刻度值,其中,rotation=70表示标注的内容偏转70度.

例6.23　柱状图的横向放置应用.

```
import numpy as np
import matplotlib.pyplot as plt
import matplotlib as mpl
```

```
mpl.rcParams['font.family']='sans-serif'
mpl.rcParams['font.sans-serif']=[u'SimHei']
plt.title('某市某区税收(单位:亿元)')
data=[5,3,9,6,3,6,6,7,1,8]
x=np.arange(len(data))
plt.barh(x,data,alpha=0.5,color='b')
for i in range(len(data)):
    plt.text(data[i]+0.2,i,'%s'%data[i],va='center')
year=['2014年','2015年','2016年','2017年','2018年','2019年','2020年','2021年',
'2022年','2023年']
plt.yticks([i for i in range(10)],year,rotation=30)
plt.text(8.4,8.8,'增速最快年',weight='bold',color="r")
plt.xlabel('税收')
plt.xlim(0,10)
plt.show()
```

运行程序结果如图6.22所示.

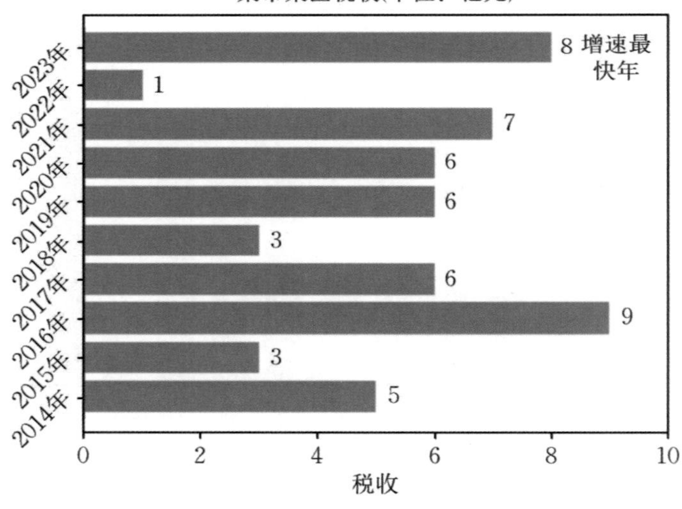

图6.22 柱状图的横向放置

例6.24 分组的柱状图示例.

```
import pandas as pd
import numpy as np
import matplotlib.pylab as plt
data=np.random.rand(10,5)
df=pd.DataFrame(data,columns=['A1','A2','A3','A4','A5'])
plt.xlabel('x axis')
```

```
plt.ylabel('y axis')
df.plot.bar()
plt.show()
```

运行程序结果如图6.23所示.

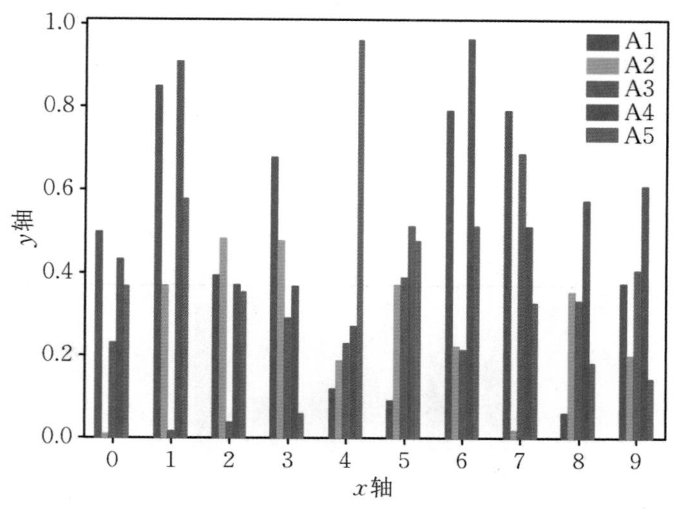

图6.23 分组的柱状图

注 上例中df.plot.bar()也可以使用df.plot(kind="bar"),作用相同.

例6.25 堆叠的柱状图示例.

```
import pandas as pd
import numpy as np
import matplotlib.pylab as plt
df=pd.DataFrame(np.random.rand(10,5),columns=['A1','A2','A3','A4','A5'])
df.plot(kind="bar",stacked=True)
plt.xlabel('x axis')
plt.ylabel('y axis')
plt.text(0.7,1.4,'35%')
plt.show()
```

运行程序结果如图6.24所示.

注 上例程序中df.plot(kind="bar",stacked=True)的用法,也可以使用df.plot.bar(stacked="True"),作用相同.

例6.26 多参数设置的箱型图.

```
import numpy as np
import matplotlib.pyplot as plt
data=np.random.normal((3,10,4),(1.65,1.20,1.5),(80,3))
plt.figsize=((8,6))
plt.rcParams['font.family']='SimHei'
```

```
plt.rcParams['axes.unicode_minus']=False
plt.subplot(121)
plt.title('设置均线样式')
fig=plt.boxplot(data,showmeans=True,labels=['data1','data2','data3'])
plt.subplot(122)
plt.title('设置箱体颜色')
fig=plt.boxplot(data,labels=['data1','data2','data3'],patch_artist=True,
    boxprops={'facecolor':'red','linewidth':0.7,'edgecolor':'cyan'})
plt.show()
```

运行程序结果如图6.25所示.

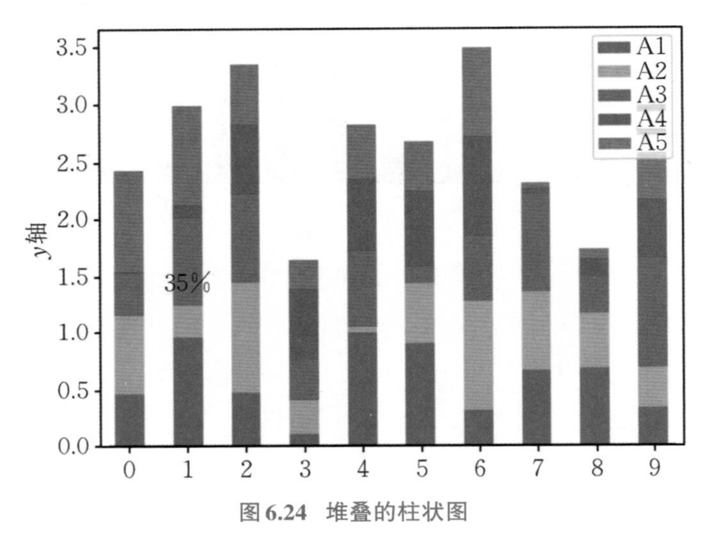

图6.24 堆叠的柱状图

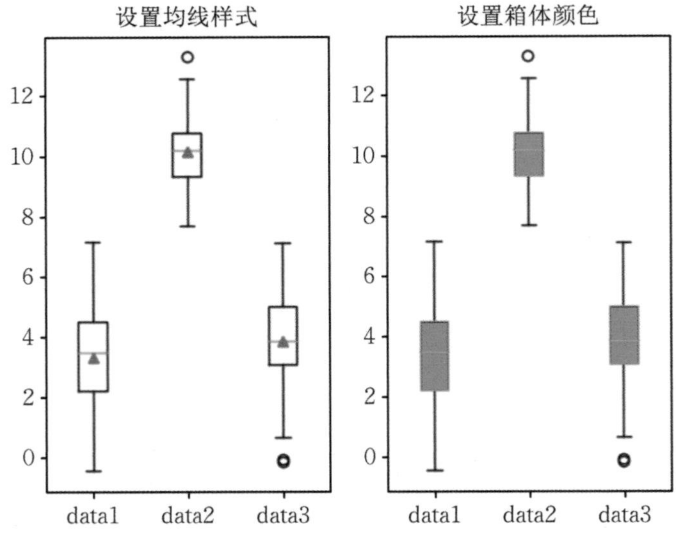

设置均线样式 设置箱体颜色

data1 data2 data3 data1 data2 data3

图6.25 多参数设置的箱型图

6.2.7 作图填充绘制方法

例6.27 面积图的作图填充示例.

```
import matplotlib.pyplot as plt
plt.rcParams["font.sans-serif"]=["SimHei"]
plt.rcParams["axes.unicode_minus"]=False
plt.title("面积图示例",loc="center")
x=range(1,16)
y=[2,6,6,4,9,5,10,2,6,3,1,7,8,4,6]
plt.fill_between( x,y,color="yellow",alpha=0.4)
plt.plot(x,y,color="skyblue")
plt.xlabel("自变量x的值")
plt.ylabel("函数y的取值")
plt.show()
```

运行程序结果如图6.26所示.

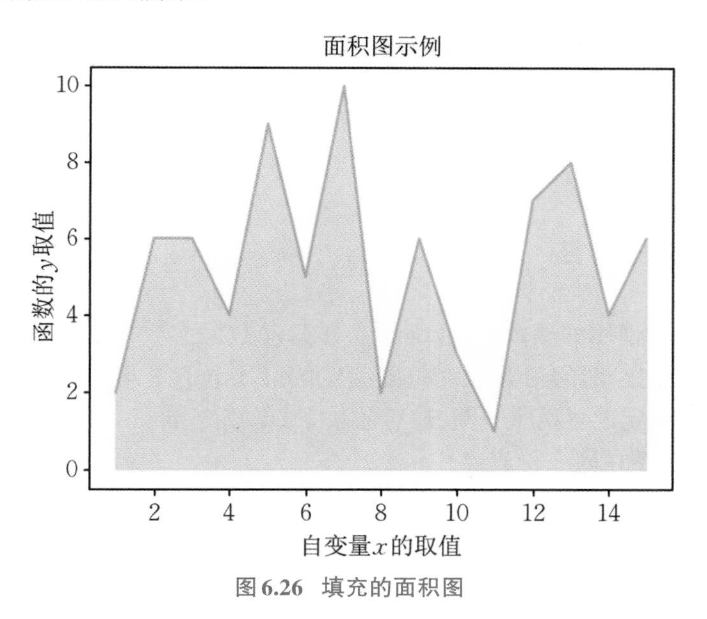

图6.26 填充的面积图

注 上例 plt.fill_between(x,y,color="yellow",alpha=0.4)中,x与y是作图的数据,color="yellow"为填充颜色,alpha=0.4为作图的透明度,即颜色深浅度.

例6.28 作图填充示例.

```
import numpy as np
import matplotlib.pyplot as plt
x=np.arange(-60,60,0.1)
y1=2*x*np.cos(x/4)
```

```
y2=4*x*np.sin(x/4)
plt.plot(x,y1,'gold')
plt.plot(x,y2,'red')
plt.fill_between(x,y1,y2)
plt.show()
```

运行程序结果如图6.27所示.

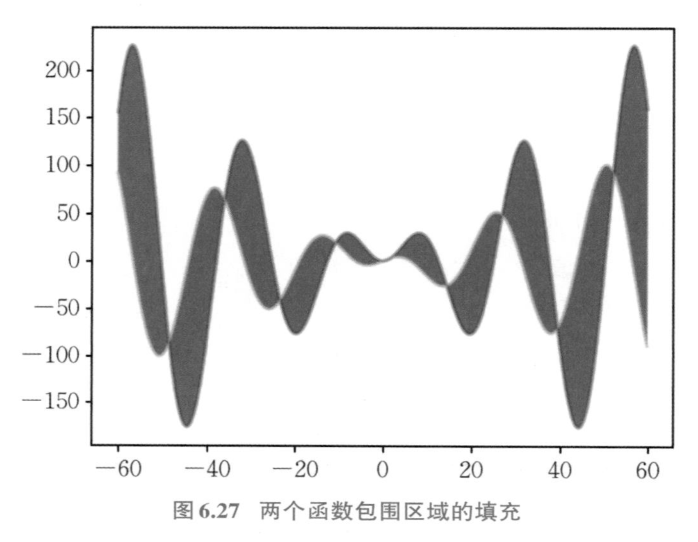

图6.27 两个函数包围区域的填充

注 plt.fill_between(x,y1,y2)的功能是填充两个函数交叉区域.

6.2.8 子窗口制图方法

子窗口绘图常常使用的函数是subplot(参数1,参数2,参数3),其中,参数1是指定绘图的行数,参数2是指定绘图的列数,参数3是指定的第几个子图.例如subplot(1,2,1)表示指定图形中有一行中指定放置两个子图,最后的数字1是指令maplotlib,这是第一个子图.

例6.29 两个子图在同一行放置.

```
import numpy as np
import matplotlib.pyplot as plt
plt.rcParams['font.family']='SimHei'
plt.rcParams['axes.unicode_minus']=False
x=np.linspace(0,5,10)
y=x ** 2
plt.subplot(1,2,1)
plt.plot(x,y,'r--')
plt.title('红色虚线')
plt.subplot(1,2,2)
```

```
plt.plot(y,x,'g*-')
plt.title('红色星形实线')
plt.show()
```

运行程序结果如图6.28所示.

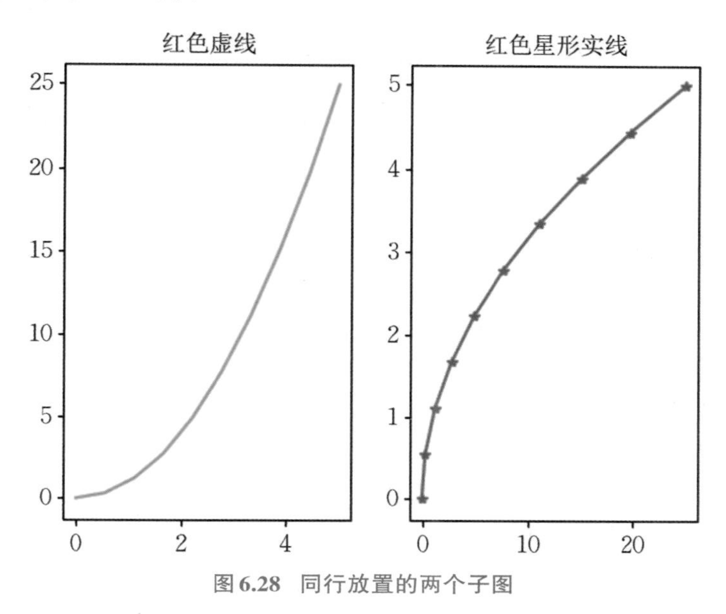

图6.28 同行放置的两个子图

例6.30 三张图片的放置方法.

```
import numpy as np
import matplotlib.pyplot as plt
x=np.linspace(0,5,100)
x1=np.linspace(-2*np.pi,2*np.pi,100)
y=x ** 2
y2=np.sin(x)
plt.subplot(2,2,(1,2))
plt.plot(x1,y2,'b')
plt.subplot(2,2,3)
plt.plot(x,y,'r-')
plt.subplot(2,2,4)
plt.plot(y,x,'g*-')
plt.show()
```

运行程序结果如图6.29所示.

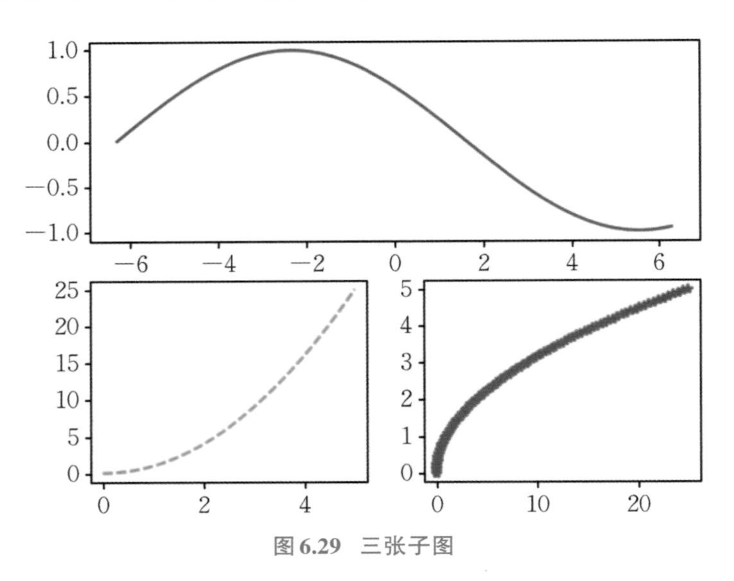

图 6.29 三张子图

例 6.31 不同作图框架下的多子图作法.

```
import pandas as pd;from pylab import *
plt.rcParams["font.sans-serif"]=["SimHei"]
plt.rcParams["axes.unicode_minus"]=False
from statsmodels.graphics.tsaplots import plot_acf
path='E:\……\售票数据.xlsx'
data=pd.read_excel(path,index_col=0)
diff_data=np.diff(data['售票数量'])#对原始数据进行一阶差分
fig2,axs2=plt.subplots(3,1,figsize=(7,5))
axs2[0].plot(diff_data)#对一阶差分后的数据作出趋势图
labels=['1','4','8','12','16','20','24','28','32','36']
axs2[0].set_title('差分后的数据趋势图')
axs2[0].grid(True)
plot_acf(diff_data,lags=30,ax=axs2[1])#画自相关图
axs2[1].set_title('差分后的自相关图')
axs2[1].set_ylabel('差分后的数据')
years=[2015,2017,2019,2021,2023,2025]
revenue=[100,120,150,180,200,220]
expenses=[80,90,100,110,120,130]
axs2[2].stackplot(years,revenue,expenses,labels=['收入','消费'])
axs2[2].legend(loc='upper left')
axs2[2].set_title('收入 vs 消费')
axs2[2].set_xlabel('年份')
axs2[2].set_ylabel('数额')
```

```
subplots_adjust(hspace=0.5)#设置两个子图的距离
show()
```

运行程序结果图6.30所示.

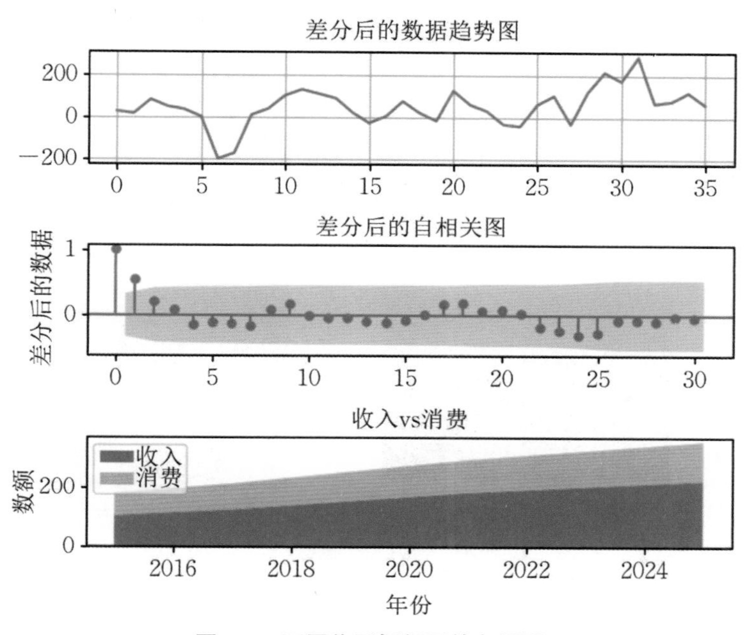

图6.30　不同作图框架下的多子图

注　第一个子图用matplotlib中的函数plot作图,而第二个子图用statsmodels库中plot_acf函数作图,第三个子图用stackplot来作面积图,并且三个图的x轴刻度都不一样.

例6.32　四张图片的放置.

```
import numpy as np
import matplotlib.pyplot as plt
x=np.linspace(0,5,10)
y=x ** 2
plt.subplot(2,2,1)
plt.plot(x,y,'r—')
plt.subplot(2,2,2)
plt.plot(y,x,'g*—')
plt.subplot(2,2,3)
image1=plt.imread('E:figures\wildflowers.tif')
plt.imshow(image1)
plt.axis('off')
plt.subplot(2,2,4)
image2=plt.imread('E:figures\pepper.bmp')
plt.imshow(image2)
```

```
plt.axis('off')
plt.show()
```

运行程序结果如图6.31所示.

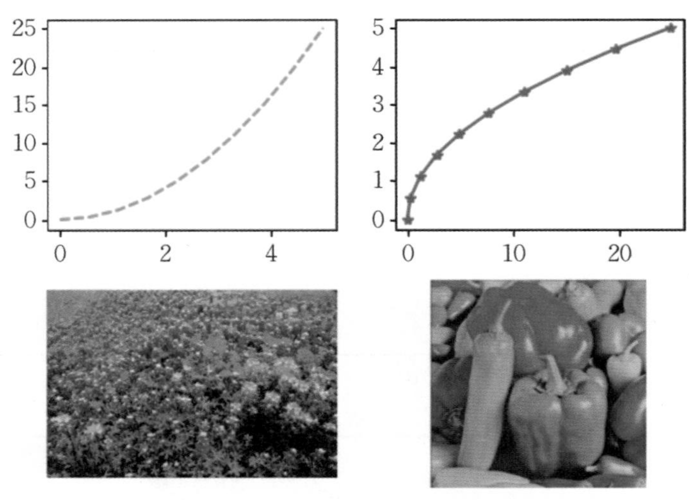

图6.31 两种风格的四张子图示例

例6.33 利用函数绘制热力图.

```
from pylab import *
f1=subplot(121)
x,y=np.meshgrid(np.linspace(-4,4,4),np.linspace(-4,4,4))
data1=x*y*sin(x)/0.2
imshow(data1,cmap='jet')
f2=subplot(122)
x1,y1=np.meshgrid(np.linspace(-4,4,500),np.linspace(-4,4,500))
data2=x1*y1*sin(x1)+x1**2+y1/0.5
imshow(data2,cmap='jet')
show()
```

运行程序结果如图6.32所示.

注 上述程序中x,y=np.meshgrid(np.linspace(-4,4,4),np.linspace(-4,4,4)),其目的是得到一个二维的数组.data1就是在基于二维数组来绘制的曲面投影热力图,其中imshow(data1,cmap='jet')的参数cmap是设置图像的显示效果.

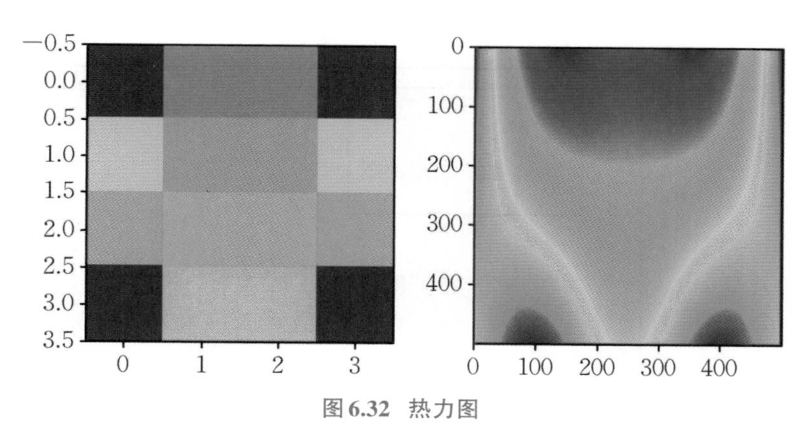

图 6.32 热力图

例 6.34 母图与放大的子图——子母图绘制.

```
from pylab import *
import numpy as np
rcParams['font.sans-serif']=['SimHei']
rcParams['axes.unicode_minus']=False
x=np.arange(1,401)
y=np.tan(x)
randoms=np.random.randint(0,400,300)
for i in randoms:
   y[i]+=np.random.rand()-0.5
fig,ax=plt.subplots(1,1)
plt.title('子母图')
ax.plot(x,y,color='red',label='仿真迹')
plt.xlabel('x 轴数据')
plt.ylabel('y 轴数据')
ax.legend(loc='lower center')
axins=ax.inset_axes((0.1,0.65,0.4,0.3))
axins.plot(x[:40],y[:40],color='red')
fig.text(0.32,0.68,'放大的局部图')
plt.annotate('',xy=(55,70),xytext=(20,8),
arrowprops=dict(facecolor='#87CEEB',shrink=0.03))
show()
```

运行程序结果如图 6.33 所示.

注 本例中加入随机扰动生成y轴的随机波动数据;ax.inset_axes((0.1,0.65,0.4,0.3))中的第一个和第二个参数是插入轴的左下角坐标位置,后两个数字表示绘制的子图的宽度和高度;annotate()函数中 xy=(55,70)表示箭头指向坐标的位置数据,xytext=(20,8)表示文本放置的坐标位置数据.

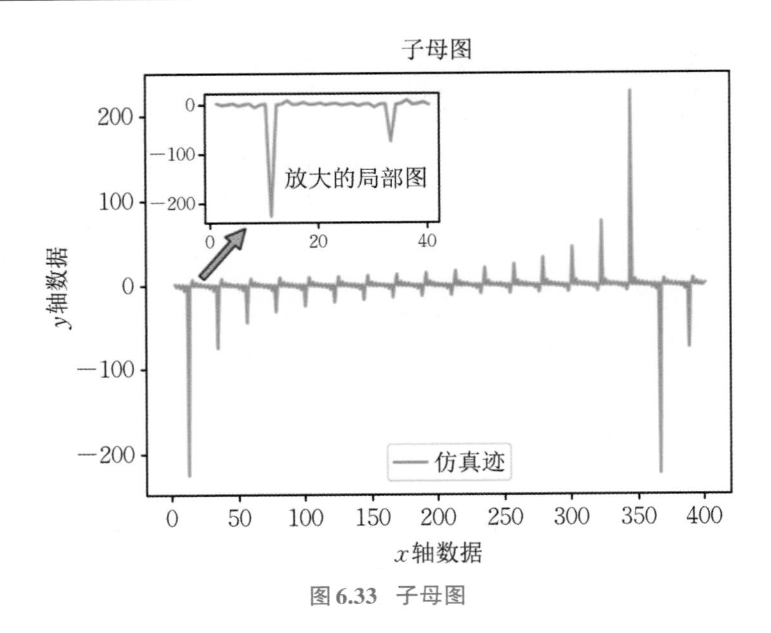

图6.33 子母图

6.3 三维图的绘制

6.3.1 三维曲线图的绘制

三维曲线图的绘制一般利用matplotlib与mpl_toolkits.mplot3d库等.在使用matplotlib时,主要是基于figure函数生成实例对象后,设置其制图模式为3d,其典型语句如import matplotlib.pyplot as plt, fig=plt.figure(), ax=fig.add_subplot(111, projection='3d');利用Axes3D函数绘制三维图像的主要方式是导入from mpl_toolkits.mplot3d import Axes3D.下面,我们以实际例子的方式来介绍它们.

例6.35 绘制参数方程确定的三维曲线图,方程如下:

$$\begin{cases} x = t\sin(t) \\ y = t\cos(t) \\ z = 2t \end{cases}$$

```
from mpl_toolkits.mplot3d import Axes3D
import matplotlib.pyplot as plt;import numpy as np
fig=plt.figure()
ax=Axes3D(fig)
t=np.linspace(1,20,100)
x=t*np.sin(t)
```

```
y=t*np.cos(t)
z=t*2
ax.plot(x,y,z)
ax.set_xlabel('t*sin(t)')
ax.set_ylabel('t*cos(t)')
ax.set_zlabel('2*t')
plt.show()
```

运行程序结果如图6.34所示.

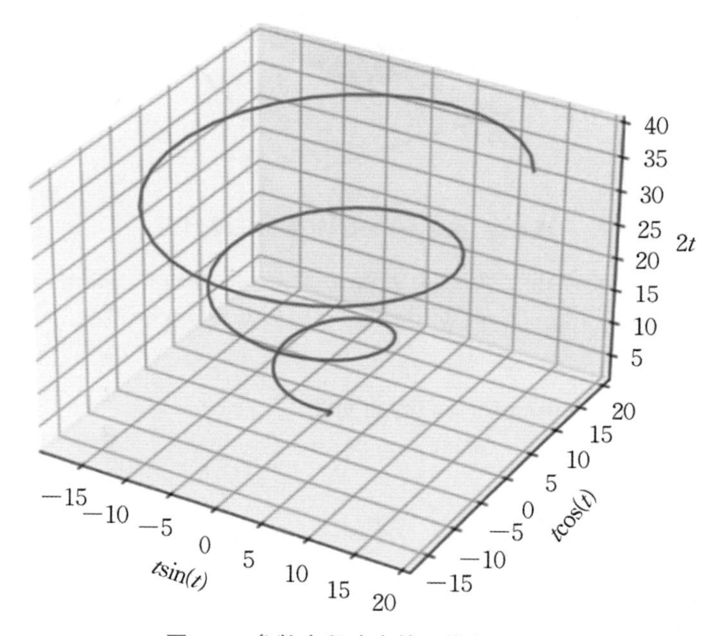

图6.34　参数方程确定的三维曲线图

6.3.2　三维曲面图的绘制

例6.36　plot_trisurf()函数绘制三维图例.

```
import matplotlib.pyplot as plt
fig=plt.figure()
ax=fig.add_subplot(111,projection='3d')
X=[0,1,2,1.5]
Y=[0,4,4,1]
Z=[0,2,0,0]
ax.plot_trisurf(X,Y,Z);plt.show()
```

运行程序结果如图6.35所示.

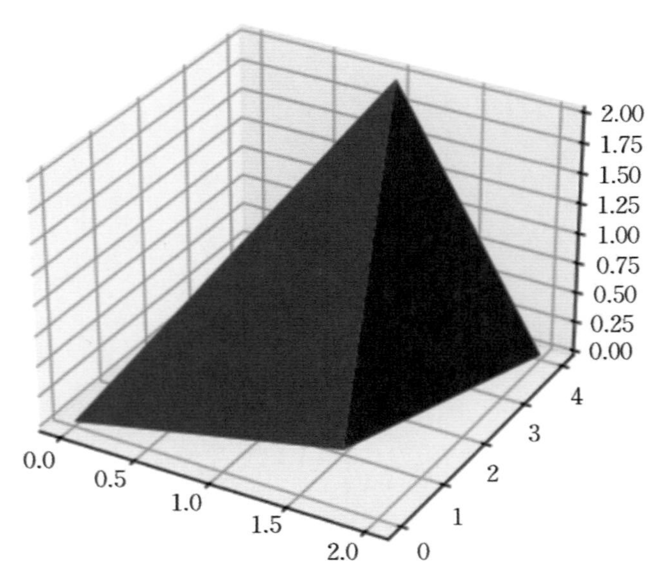

图6.35 plot_trisurf( )绘制的三维例图

注 plot_trisurf( )函数以小三角形构成曲面单元，使用的x，y是等长的1D array数据；fig.add_subplot(111，projection='3d')表示绘制三维图设置，其中第二个参数表示绘制三维图像.

例6.37 绘制二元函数$z=\sin(-xy)$的曲面图.

```
from pylab import *
n_angles=56
n_radii=20
radii=linspace(0.15,1.0,n_radii)
angles=linspace(0,2*pi,n_angles,endpoint=False)
angles=repeat(angles[...,newaxis],n_radii,axis=1)
x=append(0,(radii * cos(angles)).flatten())
y=append(0,(radii * sin(angles)).flatten())
z=sin(-x * y)
fig=figure()
ax=gca(projection='3d')
ax.plot_trisurf(x,y,z,cmap='jet',linewidth=0.2)
ax.set_xlabel('sss')
show()
```

运行程序结果如图6.36所示.

注 pylab库中包含numpy与matplotlib库.上例中x与y是将angles转置，每个元素转化成一个列表；append(0，(radii * cos(angles)).flatten())中的参数flatten是将矩阵的行之间首尾相接连接成一个一维矩阵.

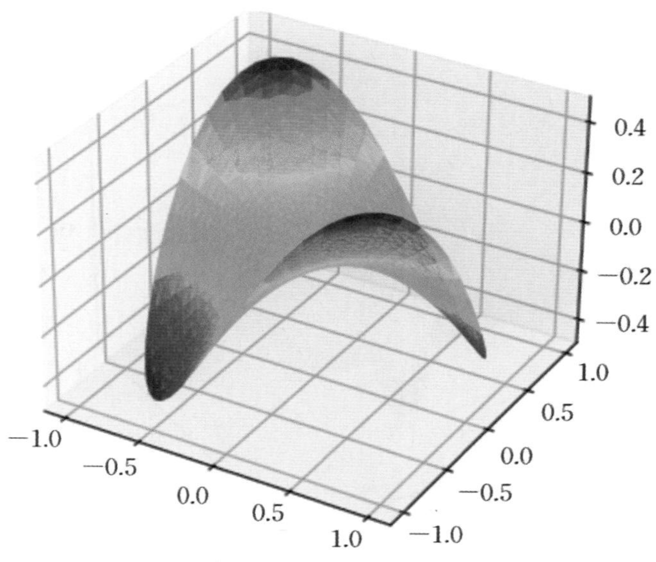

图 6.36 二元函数 $z=\sin(-xy)$ 的曲面图

例 6.38 已知二元函数 $z=\left(1-\frac{x}{3}+x^3+y^7\right)e^{-x^2-y^2}$，绘制其3D曲面图.

```
from pylab import *
rcParams["font.sans-serif"]=["SimHei"]
rcParams["axes.unicode_minus"]=False
n=1000
x,y=meshgrid(linspace(-4,4,n),linspace(-4,4,n))
z=(1-x/3+x**3+y**7)*exp(-x**2-y**2)
ax=gca(projection='3d')
ax.set_xlabel('x轴')
ax.set_ylabel('y轴')
ax.set_zlabel('函数值z')
ax.plot_surface(x,y,z,rstride=10,cstride=10,cmap='jet')
show()
```

运行程序结果如图6.37所示.

注 上例里 meshgrid(linspace(−4,4,n),linspace(−4,4,n))是栅格化数据，即两组1000个−4到4的一维数组成x和y形成1000*1000个交点的二维数组.

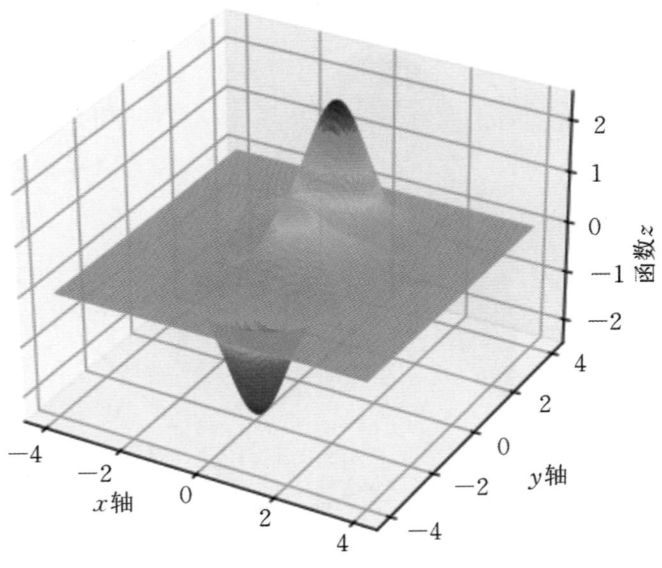

图6.37 3D曲面彩图

例6.39 Axes3D绘制三维曲面图.

```
from mpl_toolkits.mplot3d import Axes3D
from pylab import *
import numpy as np
rcParams["font.sans-serif"]=["SimHei"]
rcParams["axes.unicode_minus"]=False
n_mer,n_long=26,51
dphi=np.pi / 100000
phi=np.arange(0.0,2 * np.pi+0.5 * dphi,dphi)
mu=phi * n_mer
x=np.cos(mu) * (3+np.cos(n_long * mu / n_mer) * 0.5)
y=np.sin(mu) * (3+np.cos(n_long * mu / n_mer) * 0.5)
z=np.sin(n_long * mu / n_mer) * 0.5
fig=plt.figure()
ax=Axes3D(fig)
ax.plot(x,y,z,color='green')
plt.show()
```

运行程序结果如图6.38所示.

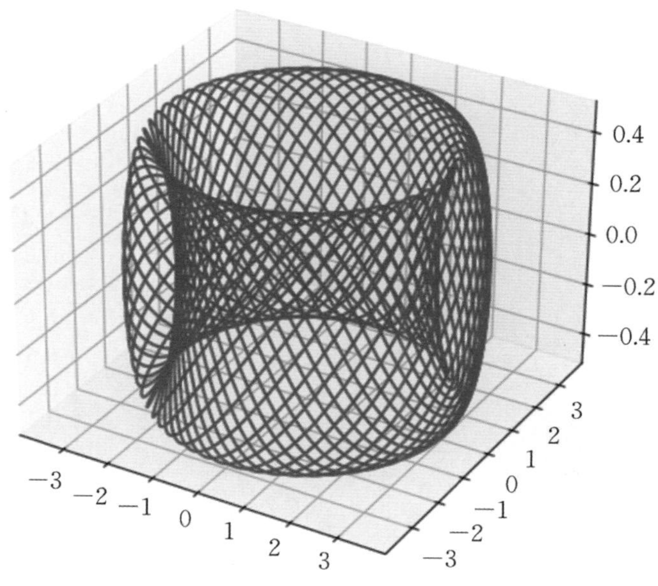

图6.38　Axes3D绘制的曲面图

6.3.3　三维散点图的绘制

例6.40　二元函数与散点图的绘制.

```
from pylab import *
import random
fig=figure()
ax=gca(projection='3d')
x_surf=arange(0,1,0.01)
y_surf=arange(0,1,0.01)
x_surf,y_surf=meshgrid(x_surf,y_surf)
z_surf=sqrt(x_surf+y_surf)
ax.plot_surface(x_surf,y_surf,z_surf,cmap=cm.hot)
n=100
seed(0)
x=[random.random() for i in range(n)]
y=[random.random() for i in range(n)]
z=[random.random() for i in range(n)]
ax.scatter(x,y,z);
ax.set_xlabel('x label')
ax.set_ylabel('y label')
ax.set_zlabel('z label')
```

```
show()
```

运行程序结果如图6.39所示.

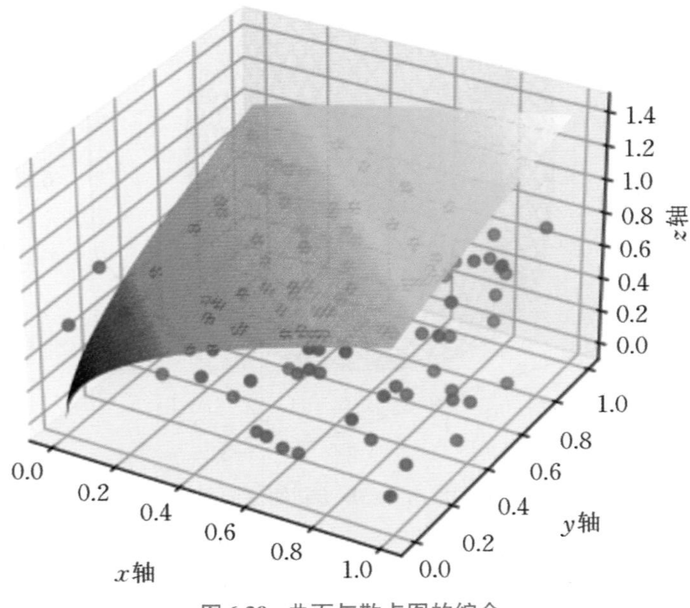

图6.39 曲面与散点图的综合

注 上例gca(projection='3d')设置进入3D图形制作模式;x_surf与y_surf为产生x与y坐标数据;seed(0)为随机种子,产生可重复的数据,使得程序每次运行结果保持相同.

6.3.4 曲面等高线的绘制

例6.41 已知二元函数$z=\left(1-\dfrac{x}{2}+x^3+y^6\right)e^{-x^2-y^2}$,绘制其曲面的等高线图.

```
from pylab import *
rcParams["font.sans-serif"]=["SimHei"]
rcParams["axes.unicode_minus"]=False
title('等高线');n=1000
x,y=meshgrid(linspace(-4,4,n),linspace(-4,4,n))
z=(1-x/2+x**3+y**6)*np.exp(-x**2-y**2)
cont=contour(x,y,z,8,colors='red',linewidths=0.8)
clabel(cont,inline_spacing=1,fmt='%.1f',fontsize=10)
contourf(x,y,z,8,cmap='jet')
show()
```

运行程序结果如图6.40所示.

注 上例对象cont绘制线型图像;函数clabel()创建标签对象,即线内宽、文字格式、文字大小;contourf()函数用于创建色带型等高线对象.

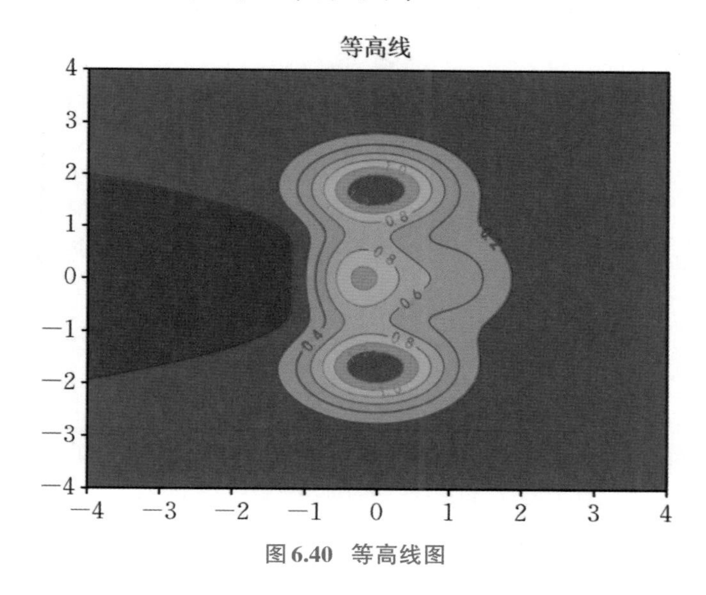

图6.40 等高线图

6.4 一些系统仿真绘图方法

6.4.1 布朗运动仿真图

例6.42 布朗运动仿真图.

```
import numpy as np
from numpy import *
import matplotlib.pyplot as plt
plt.title('Brownian Motion')
dt=0.04
t=np.arange(0,100,dt)
Bt1=np.cumsum(np.random.randn(1,len(t)))
Bt2=np.cumsum(sqrt(dt)*np.random.randn(1,len(t)))
plt.plot(Bt1,Bt2)
plt.show()
```

运行程序结果如图6.41所示.

注 上例cumsum(np.random.randn(1,len(t)))用到了一个累加函数cumsum(),用法:设d=[1,2,3,4],则经过cumsum()函数后变为[1,3,6,10].

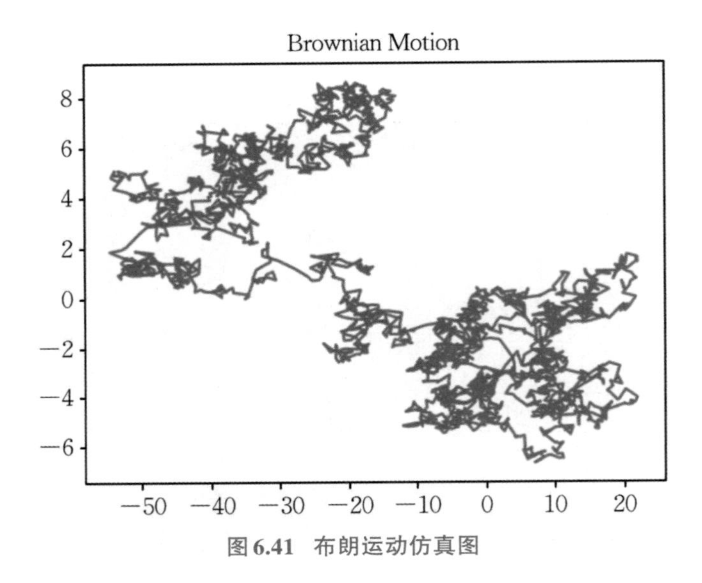

图 6.41 布朗运动仿真图

6.4.2 马尔可夫状态切换图

例 6.43 阶梯图的应用——系统状态切换图.

```
import matplotlib.pyplot as plt
import numpy as np
plt.rcParams['font.sans-serif']=['SimHei']
plt.rcParams['axes.unicode_minus']=False
plt.title('马尔可夫状态切换图')
y=[1,0,0,1,1,0,0,1,1,1,0,1,1,1,0,0,1,1,0,1]
x=np.arange(1,len(y)+1)
plt.step(x,y,color="red",lw=1.5)
plt.xlabel('自变量x')
plt.ylabel('系统状态值')
plt.xlim(0,22)
plt.xticks(np.arange(1,22,1))
plt.ylim(-0.5,1.5)
plt.show()
```

运行程序结果如图 6.42 所示.

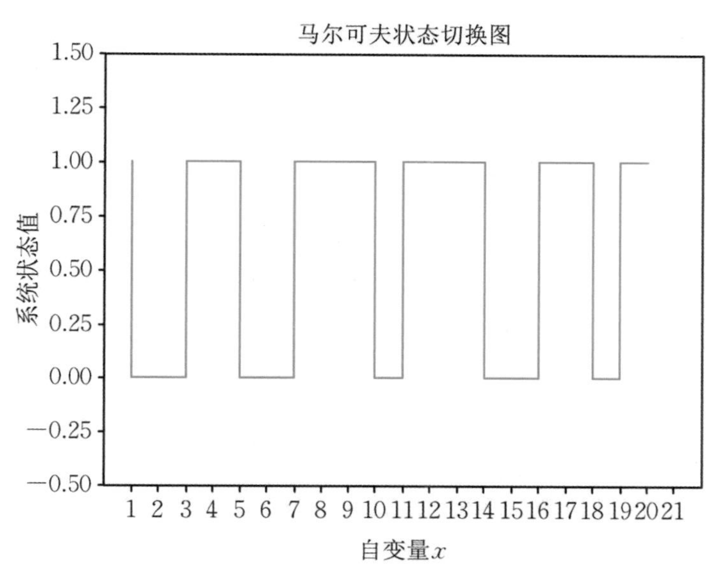

图6.42 马尔可夫状态切换图

6.4.3 云词图

例6.44 云词图的绘制.

```
import numpy as np
from PIL import Image
from wordcloud import WordCloud
import matplotlib.pyplot as plt
import jieba
Mask=np.array(Image.open('D:\figure.png'))
path_txt='D:\test2.txt'
f=open(path_txt ).read()
cut_text=" ".join(jieba.cut(f))
wc=WordCloud(font_path="C:\Windows\Fonts\simfang.ttf",
background_color= 'skyblue', width=1000, height=880, mask=Mask). generate
(cut_text)
plt.imshow(wc,interpolation="bilinear")
plt.axis("off")
plt.show()
```

运行程序结果如图6.43所示.

注 该程序需要安装PIL图处理库,即pip install pillow;导入的jieba为jieba分词库;Mask=np.array(Image.open('D:\figure.png'))是定义词频呈现时的背景,调取一张喜爱的图片作为背景,背景图片是什么形状,则在生成云词图时就会呈现相应的形状;path_txt=

'D:\test2.txt'为读取的文本文件,若想让出现的词字体最大,就需要其出现的频率次数最多即可.wc=WordCloud为设置字体,不然会出现口字乱码;plt.imshow(wc,interpolation="bilinear")为显示云词.

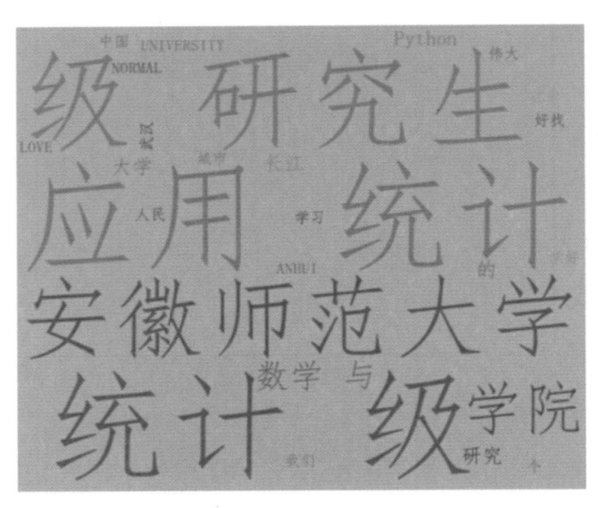

图 6.43　云词图示例

6.4.4　洛伦兹系统仿真图

例 6.45　洛伦兹方程求解与系统仿真.

洛伦兹方程(Lorenz equation)是描述空气流体运动的一个简化微分方程组.1963年,美国气象学家洛伦兹(Lorenz E. N.)将描述大气热对流的非线性偏微分方程组通过傅里叶展开,大胆地截断而导出描述垂直速度、上下温差的展开系数$x(t)$、$y(t)$、$z(t)$的三维自治动力系统.其方程如下:

$$\begin{cases}\dfrac{\mathrm{d}x}{\mathrm{d}t}=p(y-x)\\\dfrac{\mathrm{d}y}{\mathrm{d}t}=x(r-z)-y\\\dfrac{\mathrm{d}z}{\mathrm{d}t}=xy-bz\end{cases}$$

```
from scipy.integrate import odeint
import numpy as np
def lorenz(w,t,p,r,b):
    x,y,z=w
    return np.array([p * (y-x),x * (r-z) - y,x * y-b * z])
t=np.arange(0,30,0.01)
trace1=odeint(lorenz,(0.0,1.00,0.0),t,args=(10.0,28.0,3.0))
trace2=odeint(lorenz,(0.0,1.01,0.0),t,args=(10.0,28.0,3.0))
```

```
from mpl_toolkits.mplot3d import Axes3D
import matplotlib.pyplot as plt
fig=plt.figure()
ax=Axes3D(fig)
ax.plot(trace1[:,0],trace1[:,1],trace1[:,2],color='r')
ax.plot(trace2[:,0],trace2[:,1],trace2[:,2],color='g')
plt.show()
```

运行程序结果如图6.44所示.

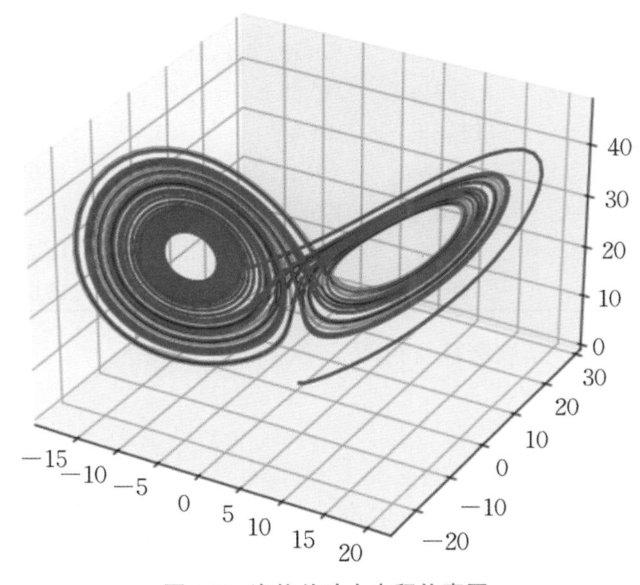

图6.44 洛伦兹动力方程仿真图

注 程序中def lorenz(w,t,p,r,b)的第一个参数是位置矢量w,参数p,r,b是分别计算dx/dt,dy/dt、dz/dt的值;x,y,z=w 直接与lorenz的计算公式对应;odeint(lorenz,(0.0,1.00,0.0),t,args=(10.0,28.0,3.0))是利用函数odeint()对方程进行求解,且使用两个不同的初始值.

6.4.5 股票行情图的绘制

现有2023年一季度的五粮液股票交易行情数据Excel表.表中包含交易日期、开盘、收盘、交易价格的最高与最低价格、交易量与涨跌幅的相关数据.下面给出部分数据如表6.3所示.

表 6.3 五粮液股票一季度交易行情表

日期	收盘	开盘	高	低	交易量	涨跌幅
2023/3/30	198.39	195.28	198.96	194.18	15.15M	0.0159
2023/3/29	195.28	194	196	191.6	15.95M	0.0144
2023/3/28	192.5	190.39	193.91	190.21	10.92M	0.011
2023/3/27	190.41	192.81	192.84	189	11.88M	−0.0135
2023/3/24	193.02	194	195.95	191.5	10.25M	−0.008
2023/3/23	194.58	190.9	195.99	190.06	13.28M	0.0147
2023/3/22	191.77	192.25	196.08	191.42	10.85M	−0.0024
2023/3/21	192.24	187.4	193.11	185.22	18.79M	0.0341
2023/3/20	185.9	190	190.59	185	15.46M	−0.0138
2023/3/17	188.5	193.85	194.24	188	15.61M	−0.0141
2023/3/16	191.2	191	194.2	189.33	12.05M	−0.0058
2023/3/15	192.32	198	199.33	192.3	12.99M	−0.0152
2023/3/14	195.28	198.7	198.72	193.7	10.28M	−0.0167
2023/3/13	198.6	195	200.28	195	12.65M	0.0172

例 6.46 五粮液股票一季度涨跌行情图.

```
import pandas as pd
from pylab import *
plt.rcParams['font.family']='SimHei'
plt.rcParams['axes.unicode_minus']=False
dE=pd.read_excel(r"E:\……\五粮液1月至3月数据.xlsx")
n=0
for i in range(len(dE)):
    n+=1
    if dE['涨跌幅'][i]>0:
        color='red'
    if dE['涨跌幅'][i]<0:
        color='green'
    kp=dE['开盘'][i]
    sp=dE['收盘'][i]
    low=dE['低'][i]
    up=dE['高'][i]
    plot([n,n],[kp,sp],color,linewidth=4)
    plot([n,n],[max(kp,sp),up],color,linewidth=1)
    plot([n,n],[min(kp,sp),low],color,linewidth=1)
grid(linestyle='--',axis='y')
```

```
title('2023年1月至3月五粮液股票交易')
xlabel('2023年1月至3月五粮液股票交易时间')
ylabel('五粮液股票交易额(单位:亿)')
dd1=[]
dd2=[]
spd=dE['收盘']
kpd=dE['开盘']
len=len(spd)
for i in range(len):
    dd1.append(spd[i]-10)
    dd2.append(kpd[i]-10)
plot(range(len),dd1,'-y',linewidth=1,label='收盘')
plot(range(len),dd2,'-c',linewidth=1,label='开盘')
legend()
xticks([10,30,50],['1月','2月','3月'])
show()
```

运行程序结果如图6.45所示.

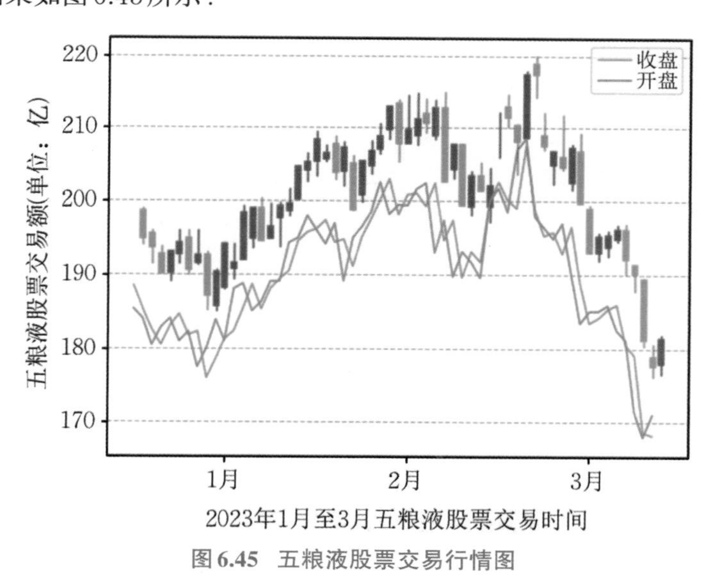

图6.45 五粮液股票交易行情图

注 上述例子plot([n,n],[kp,sp],color,linewidth=4)中,[n,n]表示x的取值范围,表示x从n点取值到n点,就是x的值保持不变;[kp,sp]表示y的取值范围.dd1.append(spd[i]-10)中将spd[i]的值减去10是为了使得纵轴的显示拉低10个单位,使得更容易观察其曲线变化规律.

6.4.6 网络与节点图

例6.47 绘制有多重边的无向图.

在绘制一些网络空间的结构图时，常常会遇到绘制无向图、有向图、有多重边的无向图以及有多重边的有向图等情况，下面以绘制一个有多重边的无向图为例介绍网络图的作法.

```
import random
import networkx as nx
import matplotlib.pyplot as plt
G=nx.MultiGraph()
G.add_node('a')
G.add_node('d')
G.add_nodes_from(['b','c'])
G.add_edge('a','db')
G.add_nodes_from([3,4,5,6,8,9,10,11,12])
G.add_edges_from([(3,5),(3,6),(6,7)])
G=nx.random_graphs.barabasi_albert_graph(100,1)
nx.draw(G,node_color=[random.random() for i in range(100)],
    edge_color='c',font_size=18,node_size=50)
plt.show()
```

运行程序结果如图6.46所示.

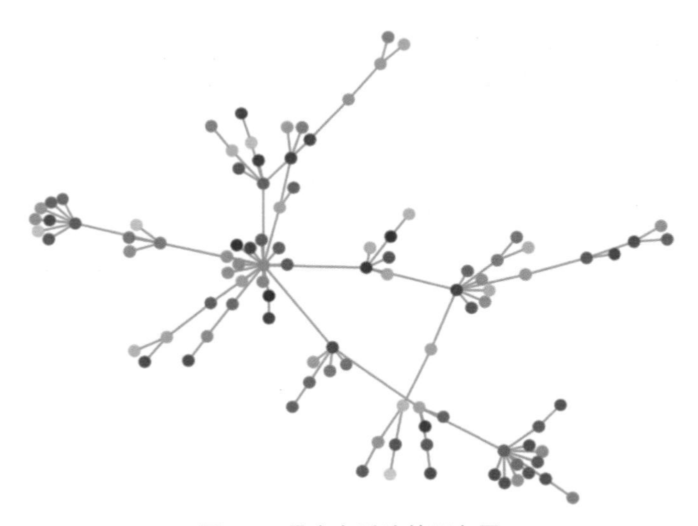

图6.46 具有多重边的无向图

注 上述程序的networkx库中的函数Graph()是创建空网络的无多重边的无向图，DiGraph()函数是绘制无多重边的有向图，MultiGraph()函数是绘制有多重边的无向图，MultiDiGraph()函数是绘制有多重边的有向图；而函数包add_nodes_from(['b','c'])是用于添加节点;add_nodes_from([3,4,5,6,8,9,10,11,12])是用于添加多个节点;add_edges_from([(3,5),(3,6),(6,7)])用于添加多条边;random_graphs.barabasi_albert_graph(100,1)用于生成一个BA网络;draw()用于绘制网络.

例6.48 社交网络示例.

```
import random
import networkx
import matplotlib.pyplot as plt
import networkx.algorithms.bipartite as bipartite
G=networkx.davis_southern_women_graph()
wn=G.graph['top']
clubs=G.graph['bottom']
PG=bipartite.projected_graph(G,wn)
WPG=bipartite.weighted_projected_graph(G,wn)
networkx.draw(G,node_color="m",
   edge_color=[random.random() for i in range(G.number_of_edges())],
   font_size=10,node_size=30,with_labels=True)
plt.show()
```

运行程序结果如图6.47所示.

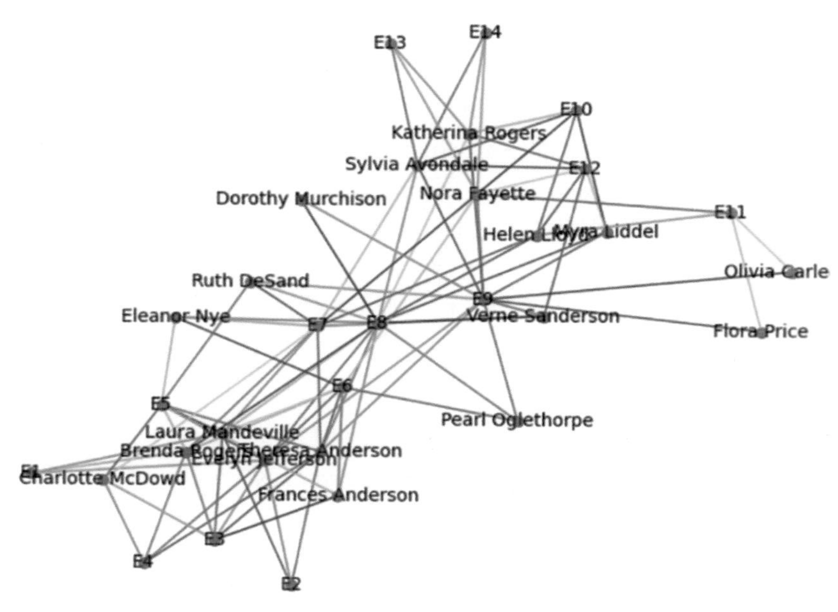

图6.47　社交网络图

注　networkx是一个用Python语言开发的图论与复杂网络建模工具,内置了常用的图与复杂网络分析算法,可以方便地进行复杂网络数据分析、仿真建模等工作.networkx以图为基本数据结构,可以由程序生成,也可以来自在线数据源,还可以从文件与数据库中读取.

networkx支持创建简单无向图、有向图和多重图(multigraph);内置许多标准的图论算法,节点可为任意数据;支持任意的边值维度,功能丰富,简单易用.利用networkx可以以标准化和非标准化的数据格式存储网络、生成多种随机网络和经典网络、分析网络结构、建立网络模型、设计新的网络算法、进行网络绘制等.

6.5　动画绘图方法例解

6.5.1　基于matplotlib的动态图

在这一小节中,主要以matplotlib和turtle库来介绍一般的动画绘制方法.应用matplotlib库来作动画图需要调用其subplots()与plot([],[],lw=1)函数包,即

```
import matplotlib.pyplot as plt
fig,ax=plt.subplots()
line=ax.plot([],[],lw=1)
```

上述两个函数包有两个功能:① 函数包fig,ax=plt.subplots()用于制作带轴的空白图、空白线;② 函数ax.plot()用于制作两个空列表的数据图.这相当于开辟一个画图用的空白面板,在面板中不断画出新的图形变化的部分,从而实现动画的效果.

创建动画时初始化函数必须返回matplotlib中画图的line对象;创建动画函数是绘制动画的关键步骤,在这个动画函数中制作图的变动,该函数返回line对象,且必须以元组的方式返回;显示动画调用animation包的FuncAnimation函数,实现动画的制作和更新.用如下语句来完成animation.FuncAnimation(fig,animate函数包,init_func=函数初始值,frames=帧数,interval=间隔毫秒数),其中interval参数以毫秒为单位调用返回line对象的动画函数animate,每调用一次,就在图中增加变化的部分来实现动画效果,frames代表时间间隔内的帧数.

例6.49　运动中的正弦函数图.

```
import matplotlib.pyplot as plt
import numpy as np
from matplotlib import animation
fig,ax=plt.subplots()
x=np.arange(0,2 * np.pi,0.01)
line,=ax.plot(x,np.sin(x))
def animate(i):
    line.set_ydata(np.sin(x+i / 100))
    return line
def init():
```

```
    line.set_ydata(np.sin(x))
    return line
ani=animation.FuncAnimation(fig=fig,func=animate,
        frames=100,init_func=init,interval=20)
plt.show()
```

运行程序结果如图6.48所示.

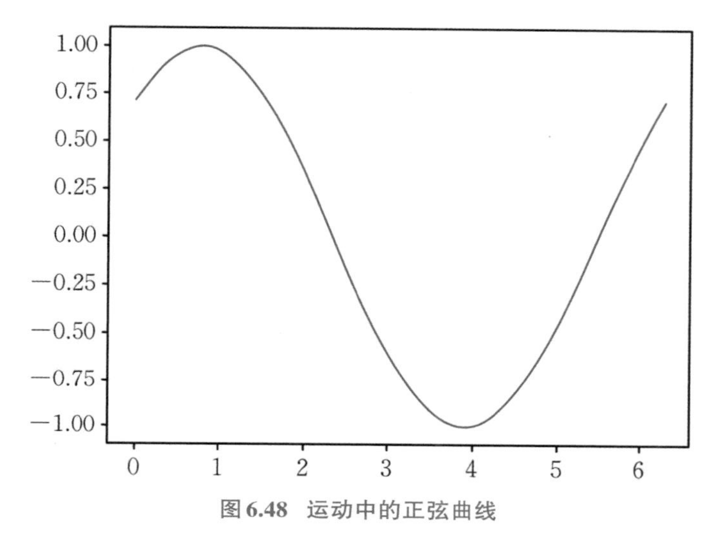

图6.48 运动中的正弦曲线

注 函数animation.FuncAnimation(fig=fig,func=animate,frames=100,init_func=init,interval=20)中的第一个参数fig是给出绘图面板,第二个参数func是给出绘图函数,第三个参数frames是给出动画出现的帧数,第四个参数init_func是给出初始值,第五个参数interval是给出动画更新的毫秒数.

例6.50 分子图的不同函数绘制动画.

```
from matplotlib import pyplot as plt
from matplotlib import animation
import numpy as np
fig=plt.figure()
ax1=fig.add_subplot(2,1,1,xlim=(0,2),ylim=(-4,4))
ax2=fig.add_subplot(2,1,2,xlim=(0,2),ylim=(-4,4))
line1,=ax1.plot([],[],lw=1)
line2,=ax2.plot([],[],lw=1)
def init():
    line1.set_data([],[])
    line2.set_data([],[])
    return line1,line2
def animate(i):
```

```
    x=np.linspace(0,2,100)
    y=np.sin(2 * np.pi * (x - 0.01 * i))
    line1.set_data(x,y)
    x2=np.linspace(0,2,100)
    y2=np.cos(2 * np.pi * (x2 - 0.01 * i))* np.sin(2 * np.pi * (x - 0.01 * i))
    line2.set_data(x2,y2)
    return line1,line2
anim1=animation.FuncAnimation(fig,animate,init_func=init,frames=50,interval=10)
plt.show()
```

运行程序结果如图6.49所示.

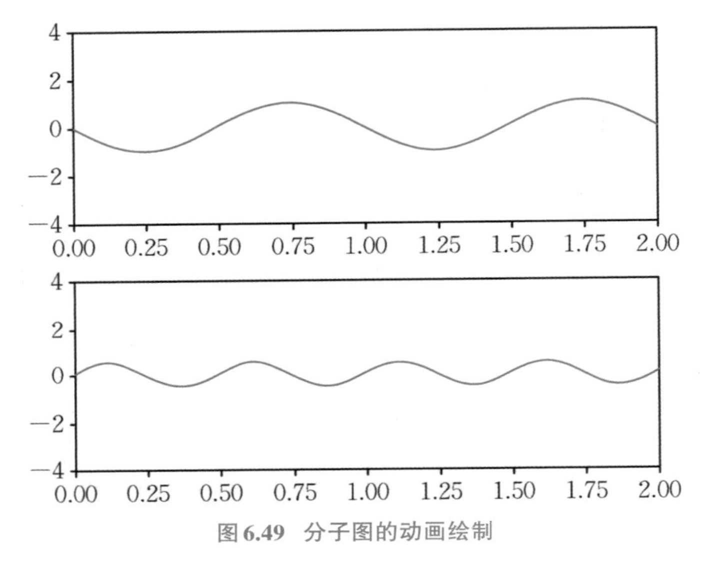

图6.49　分子图的动画绘制

注　自定义函数init()是给出动画绘制的初始值;第二个函数animate(i)的参数i随FuncAnimation的frame参数改变,其值在0～49中重复迭代变化.

6.5.2　基于turtle库的动态图

例6.51　爱心表白动画绘制.

```
import turtle
import time
def hart_arc():
    for i in range(200):
        turtle.right(1)
        turtle.forward(2)
def move_pen_position(x,y):
    turtle.hideturtle()
```

```
    turtle.up()
    turtle.goto(x,y)
    turtle.down()
    turtle.showturtle()
love=input("请输入表白话语:")
signature=input("请签署你的名字:")
date=input("请写上日期:")
if love=='':
    love='I Love You'
turtle.setup(width=800,height=500)
turtle.color('red','pink')
turtle.pensize(3)
turtle.speed(15)
move_pen_position(x=0,y=-180)
turtle.left(140)
turtle.begin_fill()
turtle.forward(224)
hart_arc()
turtle.left(120)
hart_arc()
turtle.forward(224)
turtle.end_fill()
move_pen_position(x=70,y=160)
turtle.left(185)
turtle.circle(-110,185)
turtle.forward(224)
turtle.end_fill()
move_pen_position(x=70,y=160)
turtle.left(185)
turtle.circle(-110,185)
turtle.forward(50)
move_pen_position(x=-180,y=-180)
turtle.left(180)
turtle.forward(600)
move_pen_position(0,50)
turtle.hideturtle()
turtle.color('#CD5C5C','pink')
turtle.write(love,font=('Arial',20,'bold'),align="center")
```

```
if (signature !='') & (date !=''):
    turtle.color('red','pink')
    time.sleep(10)
    move_pen_position(220,-180)
    turtle.hideturtle()
    turtle.write(signature,font=('Arial',20),align="center")
    move_pen_position(220,-220)
    turtle.hideturtle()
    turtle.write(date,font=('Arial',20),align="center")
window=turtle.Screen()
window.exitonclick()
```

运行程序结果如图6.50所示.

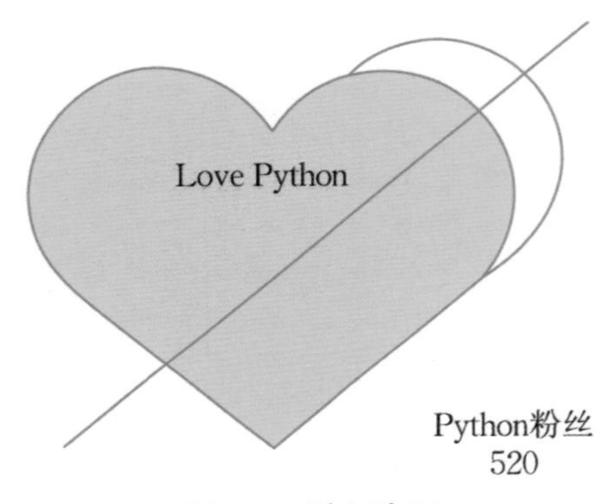

图6.50 爱心动画

注 自定义的第一个函数hart_arc()是画心形圆弧;自定义的第二个函数move_pen_position(x,y)是设置画笔的位置;turtle.right()是画笔向右偏转的函数;turtle.left()是画笔向左偏转的函数;turtle.forward()是画笔直线前进函数;turtle.begin_fill()与turtle.end_fill()是一对填充颜色函数;turtle.up()是抬起画笔函数;turtle.down()是放下画笔函数;turtle.hideturtle()是隐藏画笔函数;turtle.write()是写字与参数设置函数;hart_arc()是画圆弧函数;点击窗口关闭程序的函数是turtle.Screen().

第7章　数据操作、整理与特征分析

本章主要介绍数据挖掘中常常遇到的数据读取、保存、查询、清洗、插值、提取、切片、合并、修改、归一化以及数据的增加与删除等操作.进行数据分析时的一般步骤是:① 明确数据分析目标,即数据处理的目标和预期达到的效果.② 数据获取,即采集相关样本数据集,且确保数据的可靠与有效.③ 数据预处理,即数据筛选、缺失值数据处理、数据变量转换和改善数据质量等.④ 数据的特征分析,即获取数据的分布情况、最值、均值、方差、峰度与偏度等信息.⑤ 对数据进行挖掘建模分析,即对数据进行聚类、分类与关联等,选择相应算法构建模型进行分析.⑥ 模型评价,即通过模型检验与比较等找到一个最好的模型并应用到实际问题中.本章主要以pandas库对数据的相关操作来介绍.

7.1　pandas库简介

pandas库是Python的一个数据分析包,它最初由韦斯·麦金尼(Wes McKinney)于2008年底开发,于2009年实现开源.pandas这个名字来源于面板数据(panel data)与数据分析(data analysis)名词的组合.在经济学中,panel data是一个关于多维数据集的术语.pandas最初被应用于金融量化交易领域,现在它的应用领域更加广泛,涵盖了经济学、工学、理学、文学等学科.

pandas库是基于Python numpy库开发而来.因此,它可以与Python的其他科学计算库,如numpy,sympy和scipy等配合使用,它享有数据分析"三剑客"(numpy,matplotlib,pandas)的盛名.pandas已经成为Python数据分析的必备高级工具,它的目标是成为灵活、强大、支持任何编程语言的数据分析工具.

pandas库提供了能够快速便捷地处理结构化数据的大量函数.它兼具numpy高性能的数组计算功能以及电子表格和关系型数据库灵活的数据处理功能.对于金融行业的用户,pandas提供了大量适合于金融数据的高性能时间序列功能和相关处理工具.特别地,pandas库是一个免费的第三方Python库,是Python数据分析必不可少的工具之一,它为Python数据分析提供了两种高性能数据结构,分别是一维数组结构(series)与二维数组结构(datafFrame,它简单、高效、带有默认标签,也可自定义标签),这两种数据结构极大地增强了pandas的数据分析能力.

从宏观上来讲,Pandas库主要实现了数据分析的五个重要方面,分别是加载数据、整理数据、操作数据、构建数据模型和分析数据.从功能的细分上来说,pandas提供的主要功能如下：

(1) 能够快速从不同格式的文件中加载数据，如Excel、txt、csv、sql文件等，然后将其转换为可处理的对象.

(2) 能够方便地对dataframe类型数据进行增加、修改或者删除操作.

(3) 提供了多种处理数据集的方式，比如构建子集、切片、过滤、分组以及重新排序等.

(4) 处理不同格式的数据集，如时间序列、矩阵数据、异构数据表等.

(5) 按数据的行、列标签进行分组，并对分组后的对象执行聚合和转换操作.

(6) 能够很方便地实现数据归一化操作和缺失值处理.

从pandas库的使用上来说，其惯用的导入方式如下：from pandas import series, dataframe; import pandas as pd.

7.2 数据的读取、初探、查询与保存

数据的读取：指从数据源中获取数据的过程，可以通过文件读取、数据库查询和API调用等方式进行.

数据的初探：指对数据进行初步的探索和分析，包括数据的基本信息、数据的分布情况和数据的异常值等.

数据的查询：指根据特定的条件从数据中筛选出符合条件的数据，可以使用sql语句和Python pandas等工具进行查询.

数据的保存：指将处理后的数据保存到本地或者数据库中，以备后续使用.可以使用csv、Excel和json等格式进行保存，也可以使用数据库进行存储.

7.2.1 pandas对数据的读取与初探

pandas库可以读取Excel、txt、csv和sql等格式文件，其具体方法在第4章中已经详细介绍，这一小节里不予详述.在此，主要介绍pandas对数据的读取和基本初探方法.

例7.1 Excel数据的读取与基本统计信息的探索.

```
import pandas as pd
data=pd.read_excel('E:\……\成绩表.xlsx',index_col='序号')
print('data的原始数据如下:\n',data)
print('数据的基本统计信息如下:\n',data.describe())
print(data.info())
```

运行程序得到如下结果：

data的原始数据如下：

```
        姓名  学科  成绩   考勤分  出操
序号
1       张红  语文  67    90.0    5
2       张红  数学  80    91.0    6
3       王明  语文  56    92.0    7
4       王明  英语   0    59.0    2
5       王明  数学  90    73.0    8
6       李乐  语文  85    94.0    9
7       李乐  英语  99    98.0   18
8       李乐  数学  89    95.0   10
9       小红  语文  68    66.0   11
10      小红  数学  36    97.0   12
11      李发  语文  76    98.0    1
12      李发  英语  89    NaN    15
13      李发  数学  86    99.0   14
14      周明  语文  81    99.0   15
15      周明  数学  94    99.0   16
16      王喜  语文  98    88.0   17
17      王喜  数学  99    69.0   18
数据的基本统计信息如下：
        成绩          考勤分         出操
count   17.000000    16.000000    17.000000
mean    76.058824    87.937500    10.823529
std     25.669706    13.339009     5.434097
min     0.000000     59.000000     1.000000
25%     68.000000    84.250000     7.000000
50%     85.000000    93.000000    11.000000
75%     90.000000    98.000000    15.000000
max     99.000000    99.000000    18.000000
〈class 'pandas.core.frame.DataFrame'〉
Int64Index：17 entries，1 to 17
Data columns (total 5 columns)：
 #   Column   Non-Null Count   Dtype
---  ------   --------------   -----
 0   姓名      17 non-null      object
 1   学科      17 non-null      object
```

```
 2   成绩     17 non-null     int64
 3   考勤分   16 non-null     float64
 4   出操     17 non-null     int64
dtypes:float64(1),int64(2),object(2)
```

注　通过describe()函数,可以知道数据的数据量、每一列的平均值、每一列的标准差、每一列的最大最小值、每一列的25%、50%、75%的百分位数.info()函数可以知道数据的类型、是否空值等信息.

7.2.2　数据的查询与保存

例7.2　数据的多种查询方式示例.

```
import pandas as pd
data=pd.read_excel('E:\……\成绩表.xlsx')
data.set_index('序号',inplace=True)
print('数据的单个以值查询:',data.loc[3,'成绩'])
print('同行多列数据查询结果如下:\n',data.loc[4,['成绩','考勤分']])
print('数据的多行多列指定查询结果如下:\n',data.loc[[3,4],['成绩','考勤分']])
print('数据多行与指定列查询结果如下:\n',data.loc[3:8,['成绩','考勤分']])
print('数据的行与列区间查询结果如下:\n',data.loc[3:8,'姓名':'考勤分'])
print('数据的条件真假查询结果如下:\n',data['成绩']>=60)
print('数据条件内容查询结果如下:\n',data.loc[data['成绩']>=60])
print('数据多条件查询:\n',data.loc[(data['成绩']>=60) & (data['出操']>10),:])
```

运行程序得到如下结果:

```
数据的单个以值查询:56
同行多列数据查询结果如下:
成绩       0
考勤分    59
Name:4,dtype:object
数据的多行多列指定查询结果如下:
        成绩    考勤分
序号
3       56     92.0
4        0     59.0
数据多行与指定列查询结果如下:
        成绩    考勤分
序号
3       56     92.0
```

```
4        0        59.0
5       90      73.0
6       85      94.0
7       99      98.0
8       89      95.0
数据的行与列区间查询结果如下:
     姓名    学科    成绩    考勤分
序号
3    王明    语文    56      92.0
4    王明    英语     0      59.0
5    王明    数学    90      73.0
6    李乐    语文    85      94.0
7    李乐    英语    99      98.0
8    李乐    数学    89      95.0
数据的条件真假查询结果如下:
序号
1    True
2    True
3    False
4    False
5    True
6    True
7    True
8    True
9    True
10   False
11   True
12   True
13   True
14   True
15   True
16   True
17   True
Name:成绩,dtype:bool
数据条件内容查询结果如下:
         姓名    学科    成绩    考勤分  出操
序号
1        张红    语文    67      90.0     5
```

```
2    张红  数学  80  91.0   6
5    王明  数学  90  73.0   8
6    李乐  语文  85  94.0   9
7    李乐  英语  99  98.0  18
8    李乐  数学  89  95.0  10
9    小红  语文  68  66.0  11
11   李发  语文  76  98.0   1
12   李发  英语  89   NaN  15
13   李发  数学  86  99.0  14
14   周明  语文  81  99.0  15
15   周明  数学  94  99.0  16
16   王喜  语文  98  88.0  17
17   王喜  数学  99  69.0  18
数据多条件查询：
     姓名  学科  成绩  考勤分  出操
序号
7    李乐  英语  99  98.0  18
9    小红  语文  68  66.0  11
12   李发  英语  89   NaN  15
13   李发  数学  86  99.0  14
14   周明  语文  81  99.0  15
15   周明  数学  94  99.0  16
16   王喜  语文  98  88.0  17
17   王喜  数学  99  69.0  18
```

注 上例中loc与iloc的区别与用法参见第4章的介绍.

例7.3 指定Excel行和列的位置写数据与保存.

```
import xlwt
workbook=xlwt.Workbook()
worksheet=workbook.add_sheet('Testsheet测试')
data=[11,22,33,'缺失',0.55,66,77,88,99]
for j in range(len(data)):
    for i in range(len(data)):
        worksheet.write(i+4,j,data[i])
workbook.save('D:\Excel指定行列存储.xls')
```

运行程序后在D盘中打开该文件如下：

A	B	C	D	E	F	G	H	I
11	11	11	11	11	11	11	11	11
22	22	22	22	22	22	22	22	22
33	33	33	33	33	33	33	33	33
缺失	缺失	缺失	缺失	缺失	缺失	缺失	缺失	缺失
0.55	0.55	0.55	0.55	0.55	0.55	0.55	0.55	0.55
66	66	66	66	66	66	66	66	66
77	77	77	77	77	77	77	77	77
88	88	88	88	88	88	88	88	88
99	99	99	99	99	99	99	99	99

从对数据操作所使用的频率来说，DataFrame比Series要高一些，因此，我们先介绍DataFrame，再介绍series.

7.3 DataFrame函数及对数据的操作

pandas库中的DataFrame表示的是矩阵的数据表，它包含已排序的列集合.DataFrame数据中每一列可以是不同的值类型，如字符串、数值和布尔值等.因为DataFrame是一个二维数表，因此它既有行索引也有列索引.在DataFrame中，数据被存储为一个二维块，而不是列表、元组、字典等其他一维数组结构.默认状态下DataFrame生成的二维数表具有索引值.

7.3.1 DataFrame的常用函数及其功能

既然pandas被称为数据处理的“三剑客”之一，当然包括许多对数据进行操作的函数，如读取、提取、合并、查重、归一化等.下面我们用表格的形式列出DataFrame的一些常用函数，并对其功能做简要说明，详情参见表7.1～表7.4.

表7.1 DataFrame的常用函数表

函　数	说　明
DataFrame(dict,columns=dict.index,	构建DataFrame
index=[dict.columnnum])	数据矩阵，可传入行标和列标
DataFrame(二维ndarray)	每个序列会变成DataFrame的一列.所有序列的长度须相同
DataFrame(由数组、列表或元组组成的字典)	类似于“由数组组成的字典”
DataFrame(numpy的结构化/记录数组)	每个series会成为一列.如果没有显式制定索引，则各series的索引被合并成结果的行索引
DataFrame(由字典组成的字典)	各内层字典会成为一列.键会被合并成结果的行索引
DataFrame(字典或series的列表)	各项将会成为DataFrame的一行.索引的并集会成为DataFrame的列标
DataFrame(由列表或元组组成的列表)	类似于二维ndarray
DataFrame(DataFrame)	沿用DataFrame

续表

函　　数	说　　明
DataFrame(numpy的MaskedArray)	类似于二维ndarray,但掩码结果会变成NA/缺失值
df.reindex([x,y,…],fill_value=NaN,limit)	返回一个适应新索引的新对象,将缺失值填充为fill_value,最大填充量为limit
df.reindex([x,y,…],method=NaN)	返回适应新索引的新对象,填充方式为method
df.reindex([x,y,…],columns=[x,y,…],copy=True)	同时对行和列进行重新索引,默认复制新对象
df.drop(index,axis=0)	丢弃指定轴上的指定项

表7.2　DataFrame的排序函数表

排序函数	说　　明
df.sort_index(axis=0,ascending=True) df.sort_index(by=[a,b,…])	根据索引排序

表7.3　DataFrame的计算函数表

计算函数	说　　明
df.add(df2,fill_value=NaN,axist=1)	元素相加,对齐时找不到元素默认用fill_value
df.sub(df2,fill_value=NaN,axist=1)	元素相减,对齐时找不到元素默认用fill_value
df.div(df2,fill_value=NaN,axist=1)	元素相除,对齐时找不到元素默认用fill_value
df.mul(df2,fill_value=NaN,axist=1)	元素相乘,对齐时找不到元素默认用fill_value
df.apply(f,axis=0)	将f函数应用到由各行各列所形成的一维数组上
df.applymap(f)	将f函数应用到各个元素上
df.cumsum(axis=0,skipna=True)	累加,返回累加后的DataFrame

表7.4　DataFrame的作图函数表

作图函数	说　　明
DataFrame.plot([x,y,kind,ax,…])	绘制曲线图
DataFrame.plot.area([x,y])	绘制面积图
DataFrame.plot.bar([x,y])	绘制竖直条形图
DataFrame.plot.barh([x,y])	绘制横向条形图
DataFrame.plot.box([by])	绘制箱型图
DataFrame.plot.density([bw_method,ind])	绘制密度图
DataFrame.plot.hexbin(x,y[,C,…])	生成六边形分箱图
DataFrame.plot.hist([by,bins])	生成列的直方图
DataFrame.plot.kde([bw_method,ind])	高斯核生成核密度图
DataFrame.plot.line([x,y])	绘制线图
DataFrame.plot.pie(**kwargs)	绘制饼图
DataFrame.plot.scatter(x,y[l,s,c])	绘制散点图
DataFrame.boxplot([column,by,ax,…])	绘制箱型图

7.3.2 将数据写入Excel表格

例7.4 DataFrame对数据的操作与保存.

```
import pandas as pd
data=pd.read_excel('E:\……\类别数据.xls')
data1=data.iloc[:,0]
data2=data.iloc[:,1]
data3=data.iloc[:,3]
d=pd.DataFrame(
list(zip(data1,data2,data3,data1+data2,data1-data2,data3/2)),
  columns=['类1长','类1宽','类2宽','类1长宽和','类1长宽差','类2平分值'])
d.to_excel('E:\……\类别数据1.xls')
```

运行程序后在E盘中打开文件"类别数据1.xls"就得到如下结果:

A	B	C	D	E	F	G
	类1长	类1宽	类2宽	类1长宽和	类1长宽差	类2平分值
0	5.1	3.5	0.2	8.6	1.6	0.1
1	4.9	3	0.2	7.9	1.9	0.1
2	4.7	3.2	0.2	7.9	1.5	0.1
3	4.6	3.1	0.2	7.7	1.5	0.1
4	5	3.6	0.2	8.6	1.4	0.1
5	5.4	3.9	0.4	9.3	1.5	0.2
6	4.6	3.4	0.3	8	1.2	0.15
7	5	3.4	0.2	8.4	1.6	0.1
8	4.4	2.9	0.2	7.3	1.5	0.1
9	4.9	3.1	0.1	8	1.8	0.05
10	5.4	3.7	0.2	9.1	1.7	0.1
11	4.8	3.4	0.2	8.2	1.4	0.1
12	4.8	3	0.1	7.8	1.8	0.05
13	4.3	3	0.1	7.3	1.3	0.05

……

注 上例中应用read_excel()函数进行数据读取,其路径"E:\……\类别数据.xls"是使用绝对路径方式,如"E:\数据挖掘\类别数据.xls";应用iloc函数提取数据的第一列、第二列、第四列,然后应用DataFrame对数据进行运算操作,之后用to_excel()函数将数据写入Excel数据表.

7.3.3 DataFrame创建二维数据表

例7.5 基于字典数据创建二维数表.

```
from pandas import DataFrame
import pandas as pd
pd.set_option('display.unicode.ambiguous_as_wide',True)
```

```
pd.set_option('display.unicode.east_asian_width',True)
dd={'电费':{2020:267,2021:287,2022:352},
    '水费':{2020:151,2021:173,2022:207},
    '气费':{2020:89,2021:92,2022:108},
    '旅游费':{2020:2032,2021:780,2022:17898}}
df=DataFrame(dd)
print('二维数据为:\n',df)
```

运行程序得到如下结果:

```
二维数据为:
        电费    水费    气费    旅游费
2020    267     151      89      2032
2021    287     173      92       780
2022    352     207     108     17898
```

注 上例中的函数 pd.set_option('display.unicode.ambiguous_as_wide', True)与 pd.set_option('display.unicode.east_asian_width', True)的功能是显示二维数据时,列名与列数据能够对齐.字典结构的外部键会被解释为列索引,内部键被解释为行索引,内部字典的键被结合并排序来形成结果的索引.

例 7.6 基于列表数据创建二维数表.

```
from pandas import DataFrame
import pandas as pd
pd.set_option('display.unicode.ambiguous_as_wide',True)
pd.set_option('display.unicode.east_asian_width',True)
dd=[[267,151,89,2032],[287,173,92,780],[352,207,108,17898]]
df=DataFrame(dd,index=[2020,2021,2022],
  columns=['电费','水费','气费','旅游费'])
print('二维数据为:\n',df)
```

运行程序得到如下结果:

```
二维数据为:
        电费    水费    气费    旅游费
2020    267     151      89      2032
2021    287     173      92       780
2022    352     207     108     17898
```

例 7.7 DataFrame创建数表与列转行显示.

```
import pandas as pd
pd.set_option('display.unicode.ambiguous_as_wide',True)
pd.set_option('display.unicode.east_asian_width',True)
```

```
df=pd.DataFrame(
    {'Name':['张三','小华','李军'],
    'Math':[99,98,89],
    'English':[90,95,90],
    'Science':[95,100,97]
    })
df_melt=pd.melt(df,id_vars=['Name'],var_name='subject',
        value_name='score')
print('正常的二维列表:\n',df)
print('将列转行的结果如下:\n',df_melt)
```

运行程序得到如下结果:

```
正常的二维列表:
    Name   Math   English   Science
0   张三   99     90         95
1   小华   98     95        100
2   李军   89     90        97
将列转行的结果如下:
    Name   subject   score
0   张三   Math       99
1   小华   Math       98
2   李军   Math       89
3   张三   English    90
4   小华   English    95
5   李军   English    90
6   张三   Science    95
7   小华   Science   100
8   李军   Science    97
```

7.3.4　DataFrame数表检索与运算

通常情况下,在已有数据表时,我们需要对相关数据进行检索之后再进行一些相关操作与运算.表7.5给出了DataFrame的常用检索函数表.表中的object为二维数表,即object=DataFrame()的二维对象数表.

表7.5 DataFrame的检索函数表

object[val]	从DataFrame选择单一列或连续列.特殊情况下的便利:布尔数组(过滤行),切片(行切片),或布尔DataFrame(根据一些标准来设置值).
object.loc[val]	从DataFrame的行集选择单行
object.loc[:val]	从列集选择单列
object.loc[val1,val2]	选择行和列
reindex方法	转换一个或多个轴到新的索引
xs方法	通过标签选择单行或单列到一个series
icol,irow方法	通过整数位置,分别选择单行或单列到一个series
get_value,set_value方法	通过行和列标选择一个单值

例7.8 DataFrame的查询与条件检索实例.

```
from pandas import DataFrame
import numpy as np
df=DataFrame(np.arange(1,31).reshape((5,6)),
   index=['company1','company2','company3','company4','company5'],
   columns=['sub1','sub2','sub3','sub4','sub5','sub6'])
print('DataFrame表格原数据:\n',df)
print('表格数据的第2、4、5列是:\n',df[['sub2','sub4','sub5']])
print('表格数据的第3至5行是:\n',df[2:5])
print('表格数据的第4行是:\n',df.iloc[3])
print('表格数据的第2至4行是:\n',df.iloc[1:4])
print('表格数据的第1行、第4行,第2列、第4列、第6列是:\n',
    df.loc[['company1','company4'],['sub2','sub4','sub6']])
print('表格的前3行与第5列位置的数据是:\n',df.loc[:'company3','sub5'])
print('条件查询:以第3列大于等于15的数为标准,\n查询第3列、第4列、第5列数据
是:\n',df.loc[df['sub3']>=15,['sub3','sub4','sub5']])
```

运行程序得到如下结果:

DataFrame表格原数据:

	sub1	sub2	sub3	sub4	sub5	sub6
company1	1	2	3	4	5	6
company2	7	8	9	10	11	12
company3	13	14	15	16	17	18
company4	19	20	21	22	23	24
company5	25	26	27	28	29	30

表格数据的第2、4、5列是:

	sub2	sub4	sub5
company1	2	4	5

```
company2     8     10     11
company3    14     16     17
company4    20     22     23
company5    26     28     29
表格数据的第3至5行是:
           sub1   sub2   sub3   sub4   sub5   sub6
company3    13     14     15     16     17     18
company4    19     20     21     22     23     24
company5    25     26     27     28     29     30
表格数据的第4行是:
sub1   19
sub2   20
sub3   21
sub4   22
sub5   23
sub6   24
Name:company4,dtype:int32
表格数据的第2至4行是:
           sub1   sub2   sub3   sub4   sub5   sub6
company2     7      8      9     10     11     12
company3    13     14     15     16     17     18
company4    19     20     21     22     23     24
表格数据的第1行、第4行,第2列、第4列、第6列是:
           sub2   sub4   sub6
company1     2      4      6
company4    20     22     24
表格的前3行与第5列位置的数据是:
company1    5
company2   11
company3   17
Name:sub5,dtype:int32
条件查询:以第3列大于等于15的数为标准,查询第3列、第4列、第5列数据是:
           sub3   sub4   sub5
company3    15     16     17
company4    21     22     23
company5    27     28     29
```

例 7.9 DataFrame的加减乘除运算实例.

```
from pandas import DataFrame
import numpy as np
df=DataFrame(np.arange(1,31).reshape((5,6)),
   index=['company1','company2','company3','company4','company5'],
   columns=['sub1','sub2','sub3','sub4','sub5','sub6'])
df_add2=df+4
df_multiply2=2*df
add=df.iloc[0]+df.iloc[1]
add.index=['','','','','','']
subtract=df.iloc[3]-df.iloc[2].transpose()
subtract.index=['','','','','','']
df.loc[:,'sub3']=list([100,200,300,400,500])
df.loc[:,'sub6']=list([661,662,666,668,669])
multiply=df.apply(lambda x:3*x['sub1'] * x['sub2'],axis=1)
multiply.index=['','','','','']
divide=df.apply(lambda x:4*x['sub1'] / x['sub2'],axis=1)
divide.index=['','','','','']
print('原数表每个数都加上4的值:\n',df_add2)
print('原数表每个数都乘以2的值:\n',df_multiply2)
print('第1行加第2行的值:\n',add)
print('第4行减第3行的值:\n',subtract)
print('第1列的3倍乘以第2列行的值:\n',multiply)
print('第1列的4倍除以第2列后的值:\n',divide)
print('第3列和第6列重新赋值后的数据表:\n',df)
```

运行程序得到如下结果:

原数表每个数都加上4的值:

```
          sub1  sub2  sub3  sub4  sub5  sub6
company1     5     6     7     8     9    10
company2    11    12    13    14    15    16
company3    17    18    19    20    21    22
company4    23    24    25    26    27    28
company5    29    30    31    32    33    34
```

原数表每个数都乘以2的值:

```
          sub1  sub2  sub3  sub4  sub5  sub6
company1     2     4     6     8    10    12
company2    14    16    18    20    22    24
company3    26    28    30    32    34    36
```

```
company4    38    40    42    44    46    48
company5    50    52    54    56    58    60
```

第1行加第2行的值：

```
    8
   10
   12
   14
   16
   18
dtype:int32
```

第4行减第3行的值：

```
  6
  6
  6
  6
  6
  6
dtype:int32
```

第1列的3倍乘以第2列行的值：

```
     6
   168
   546
  1140
  1950
dtype:int64
```

第1列的4倍除以第2列后的值：

```
  2.000000
  3.500000
  3.714286
  3.800000
  3.846154
dtype:float64
```

第3列和第6列重新赋值后的数据表：

```
            sub1   sub2   sub3   sub4   sub5   sub6
company1     1      2     100     4      5     661
company2     7      8     200    10     11     662
company3    13     14     300    16     17     666
company4    19     20     400    22     23     668
company5    25     26     500    28     29     669
```

注　pandas的最重要的特性之一是在具有不同索引的对象间进行算术运算.当把对象加起来时,如果有任何索引对不相同的话,在结果中将会把各自的索引联合起来.上例中add.index=['','','','','']是为了去掉原数表中的行名;当两列数据进行乘或者除时,直接进行会报错,而要应用apply()或者map()函数.

7.3.5 DataFrame数表重新塑型与拼接

在数据处理时,常常遇到数据的行数与列数的重新调整,以及将两个相同数据结构的Excel表格或者由DataFrame生成的二维表或者不同维数的二维表进行垂直或者水平合并操作.

例7.10　应用reshape()与concat()函数进行数据塑型与拼接.

```
from pandas import DataFrame
import pandas as pd
import numpy as np
dd=np.arange(11,41)
dd1=np.arange(101,131)
df=DataFrame(dd.reshape(5,6),index=list('abcde'),columns=list('ABCDEF'))
df1=DataFrame(dd.reshape(6,5),index=list('abcdef'),columns=list('ABCJK'))
df2=DataFrame(dd1.reshape(5,6),index=list('abcde'),columns=list('ABCDEF'))
df_0_1_inner=join=pd.concat([df,df1],axis=0,join='inner')
df_0_1_outer=join=pd.concat([df,df1],axis=0,join='outer')
df_0_2_horizontal=pd.concat([df,df2],axis=1)
df_0_2_vertical=pd.concat([df,df2],axis=0)
df_vertical_1=pd.concat([df,df2],axis=0,ignore_index=True)
print('数表的内部垂直连接结果如下:\n',df_0_1_inner)
print('数表的外部垂直连接结果如下:\n',df_0_1_outer)
print('两个相同结构数表的水平拼接结果如下:\n',df_0_2_horizontal)
print('两个相同结构数表的垂直拼接结果如下:\n',df_0_2_vertical)
print('两个相同结构数表的垂直拼接及重新索引结果如下:\n',df_vertical_1)
```

运行程序得到如下结果:

```
数表的内部垂直连接结果如下:
   A  B  C
a 11 12 13
b 17 18 19
c 23 24 25
d 29 30 31
e 35 36 37
a 11 12 13
b 16 17 18
```

c	21	22	23
d	26	27	28
e	31	32	33
f	36	37	38

数表的外部垂直连接结果如下：

	A	B	C	D	E	F	J	K
a	11	12	13	14.0	15.0	16.0	NaN	NaN
b	17	18	19	20.0	21.0	22.0	NaN	NaN
c	23	24	25	26.0	27.0	28.0	NaN	NaN
d	29	30	31	32.0	33.0	34.0	NaN	NaN
e	35	36	37	38.0	39.0	40.0	NaN	NaN
a	11	12	13	NaN	NaN	NaN	14.0	15.0
b	16	17	18	NaN	NaN	NaN	19.0	20.0
c	21	22	23	NaN	NaN	NaN	24.0	25.0
d	26	27	28	NaN	NaN	NaN	29.0	30.0
e	31	32	33	NaN	NaN	NaN	34.0	35.0
f	36	37	38	NaN	NaN	NaN	39.0	40.0

两个相同结构数表的水平拼接结果如下：

	A	B	C	D	E	F	A	B	C	D	E	F
a	11	12	13	14	15	16	101	102	103	104	105	106
b	17	18	19	20	21	22	107	108	109	110	111	112
c	23	24	25	26	27	28	113	114	115	116	117	118
d	29	30	31	32	33	34	119	120	121	122	123	124
e	35	36	37	38	39	40	125	126	127	128	129	130

两个相同结构数表的垂直拼接结果如下：

	A	B	C	D	E	F
a	11	12	13	14	15	16
b	17	18	19	20	21	22
c	23	24	25	26	27	28
d	29	30	31	32	33	34
e	35	36	37	38	39	40
a	101	102	103	104	105	106
b	107	108	109	110	111	112
c	113	114	115	116	117	118
d	119	120	121	122	123	124
e	125	126	127	128	129	130

两个相同结构数表的垂直拼接及重新索引结果如下：

```
   A   B   C   D   E   F
0  11  12  13  14  15  16
1  17  18  19  20  21  22
2  23  24  25  26  27  28
3  29  30  31  32  33  34
4  35  36  37  38  39  40
5 101 102 103 104 105 106
6 107 108 109 110 111 112
7 113 114 115 116 117 118
8 119 120 121 122 123 124
9 125 126 127 128 129 130
```

注 应用concat()进行数表的拼接时,如果两个数据表的列名相同,那么所合并的数据就能正常显示,如果列名不同,则会出现NaN的空值填充.

7.4 series函数及对数据的操作

series是一维标记的数组,可以存储任意数据类型,如字符串、整型、浮点型和其他Python对象等,series的轴标一般指索引.series与numpy相同点都是一维数据结构,numpy中是array形式的数据形式,array和series中允许存储相同的数据类型以提高运算效率.

7.4.1 series中的一些常用函数

series有较为丰富的函数,给使用者带来了高效的工作效率,如显式索引与切片、隐式索引与切片、应用head()与tail()快速查看series对象的样式以及isnull()与notnull()函数快速检测缺失数据等.下面我们给出一些series的常用函数(表7.6~表7.8).

表7.6 series的创建与索引

函数	说明
series([x,y,…])Series({'a':x,'b':y,…}, index=param1)	生成一个series
series.copy()	复制一个series
series.reindex([x,y,…],fill_value=NaN)	重返回一个适应新索引的新对象,将缺失值填充为fill_value
series.reindex([x,y,…],method=NaN)	返回适应新索引的新对象,填充方式为method
series.reindex(columns=[x,y,…])	对列进行重新索引
series.drop(index)	丢弃指定项
series.map(f)	应用元素级函数

表7.7　常用排序函数表

排序函数	说　明
series.sort_index(ascending=True)	根据索引返回已排序的新对象
series.order(ascending=True)	根据值返回已排序的对象,NaN值在末尾
series.rank(method='average',ascending=True,axis=0)	为各组分配一个平均排名
df.argmax()	返回含有最大值的索引位置
df.argmin()	返回含有最小值的索引位置

表7.8　常用统计函数表

汇总统计函数	说　明
df.count()	非NaN的数量
df.describe()	一次性产生多个汇总统计
df.min()	最小值
df.min()	最大值
df.idxmax(axis=0,skipna=True)	返回含有最大值的index的series
df.idxmin(axis=0,skipna=True)	返回含有最小值的index的series
df.quantile(axis=0)	计算样本的分位数
df.sum(axis=0,skipna=True,level=NaN)	返回一个含有求和小计的series
df.mean(axis=0,skipna=True,level=NaN)	返回一个含有平均值的series
df.median(axis=0,skipna=True,level=NaN)	返回一个含有算术中位数的series
df.mad(axis=0,skipna=True,level=NaN)	返回一个根据平均值计算平均绝对离差的series
df.var(axis=0,skipna=True,level=NaN)	返回一个方差的series
df.std(axis=0,skipna=True,level=NaN)	返回一个标准差的series
df.skew(axis=0,skipna=True,level=NaN)	返回样本值的偏度(三阶距)
df.kurt(axis=0,skipna=True,level=NaN)	返回样本值的峰度(四阶距)
df.cumsum(axis=0,skipna=True,level=NaN)	返回样本的累计和
df.cummin(axis=0,skipna=True,level=NaN)	返回样本的累计最大值
df.cummax(axis=0,skipna=True,level=NaN)	返回样本的累计最小值
df.cumprod(axis=0,skipna=True,level=NaN)	返回样本的累计积
df.diff(axis=0)	返回样本的一阶差分
df.pct_change(axis=0)	返回样本的百分比数变化

7.4.2　series的应用示例

例7.11　series的一些创建方法.

```
import pandas as pd
ser1=pd.Series([1,-2,-3,4])
ser2=pd.Series([5,6,-7,0.5],['row1','row2','row3','row4'])
```

```
dicdata={'apple':500,'orange':880,'lemon':360,'banana':490}
ser3=pd.Series(dicdata)
data1=['apple','orange','lemon','watermelon']
ser4=pd.Series(dicdata,index=data1)
print('创建一个具有系统默认索引的序列数如下:\n',ser1)
print('创建一个自定义索引值的序列数如下:\n',ser2)
print('通过字典序列创建一个series序列如下:\n',ser3)
print('不对称索引的序列数:\n',ser4)
```

运行程序得到如下结果:

```
创建一个具有系统默认索引的序列数如下:
0     1
1    -2
2    -3
3     4
dtype:int64
创建一个自定义索引值的序列数如下:
row1     5.0
row2     6.0
row3    -7.0
row4     0.5
dtype:float64
通过字典序列创建一个series序列如下:
apple     500
orange    880
lemon     360
banana    490
dtype:int64
不对称索引的序列数:
apple         500.0
orange        880.0
lemon         360.0
watermelon    NaN
dtype:float64
```

注　series创建的序列数与列表、元组等创建的序列数不同,series创建的序列数带有索引值,而列表和元组等创建的序列数没有索引值.

例7.12　series的索引、指定索引、切片索引、指定条件索引、更新空值.

```
import pandas as pd
import numpy as np
```

```
sd=pd.series(np.arange(1,6),index=['李华','李红','李君','李四','李飞'])
sd1=sd.reindex(['李华','李红','李君','李四','李飞','李永'])
sd2=sd.reindex(['李华','李红','李君','李四','李飞','李永'],fill_value=8)
print('原序列数据如下:\n',sd)
print('检索 李君 数据如下:\n',sd['李君'])
print('检索三个人的数据如下:\n',sd[['李红','李四','李飞']])
print('用数字方法检索一个数据如下:\n',sd[2])
print('检索指定区间数据如下:\n',sd[2:4])
print('检索指定长度数据如下:\n',sd[:2])
print('检索条件数据如下:\n',sd[sd>3])
print('应用reindex函数更新检索数据如下:\n',sd1)
print('对NaN值进行指定赋值如下:\n',sd2)
sd3=pd.series(['red','blue','yellow'],index=[1,2,3])
sd4=sd3.reindex(range(4),method='ffill')
print('以上一个数据填充NaN值如下:\n',sd4)
```

运行程序得到如下结果:

```
原序列数据如下:
李华    1
李红    2
李君    3
李四    4
李飞    5
dtype: int32
检索 李君 数据如下:
 3
检索三个人的数据如下:
李红    2
李四    4
李飞    5
dtype:int32
用数字方法检索一个数据如下:
 3
检索指定区间数据如下:
李君    3
李四    4
dtype:int32
检索指定长度数据如下:
李华    1
```

李红　2
dtype:int32
检索条件数据如下:
李四　4
李飞　5
dtype:int32
应用reindex函数更新检索数据如下:
李华　1.0
李红　2.0
李君　3.0
李四　4.0
李飞　5.0
李永　NaN
dtype:float64
对NaN值进行指定赋值如下:
李华　1
李红　2
李君　3
李四　4
李飞　5
李永　8
dtype:int32
以上一个数据填充NaN值如下:
0　　NaN
1　　red
2　　blue
3　　yellow
dtype:object

注　为了对时间序列这样的数据排序,当重建索引的时候可能需要对值进行内插或填充.method选项可以实现这一点,使用一个如ffill的方法来填充需要内插的前面一个数,即用法函数如reindex(range(4),method='ffill'),还有进位填充的pad选项,以及后向(或进位)填充的bfill或backfill.

例7.13　series的纯量乘法、条件布尔值过滤序列值与函数计算示例.

```
import pandas as pd
import numpy as np
ser5=pd.series([2,-3,5,0.86],['row1','row2','row3','row4'])
d1=np.mean(ser5)
d2=np.average(ser5,weights=(0.2,0.2,0.3,0.3))
```

```
d3=ser5*2
d4=np.sin(ser5)
d5=np.exp(ser5)
print('对series序列数使用均值函数mean()求值如下:\n',d1)
print('对series序列数使用加权函数average()求值如下:\n',d2)
print('对series序列数使用纯量乘法如下:\n',d3)
print('通过条件值过滤序列数如下:\n',ser5[ser5>1])
print('对series序列数使用函数sin()求值如下:\n',d4)
print('对series序列数使用函数exp()求值如下:\n',d5)
```

运行程序得到如下输出结果:

```
对series序列数使用均值函数mean()求值如下:
 1.215
对series序列数使用加权函数average()求值如下:
 1.5579999999999998
对series序列数使用纯量乘法如下:
row1      4.00
row2     -6.00
row3     10.00
row4      1.72
dtype:float64
通过条件值过滤序列数如下:
row1    2.0
row3    5.0
dtype:float64
对series序列数使用函数sin()求值如下:
row1     0.909297
row2    -0.141120
row3    -0.958924
row4     0.757843
dtype:float64
对series序列数使用函数exp()求值如下:
row1      7.389056
row2      0.049787
row3    148.413159
row4      2.363161
dtype:float64
```

例7.14　series对数据的检测非空值、空值、删除、添加数据示例.

```
import pandas as pd
```

```
dicdata={'apple':500,'orange':880,'lemon':360,'banana':490}
data1=['apple','orange','lemon','watermelon']
data2=pd.series(dicdata,index=data1)
print('data2 原始数据如下:\n',data2)
print('data2 中不是空值的布尔值结果如下:\n',pd.notnull(data2))
print('data2 中是空值的数据布尔值如下:\n',pd.isnull(data2))
data3=data2.drop('watermelon')
print('删除 watermelon 之后的数据如下:\n',data3)
data4=data3.append(pd.series({'pear':555,'cherry':333}))
print('添加 pear 和 cherry 之后的数据如下:\n',data4)
```

运行程序得到如下输出结果:

```
data2 原始数据如下:
apple         500.0
orange        880.0
lemon         360.0
watermelon    NaN
dtype:float64
data2 中不是空值的布尔值结果如下:
apple         True
orange        True
lemon         True
watermelon    False
dtype:bool
data2 中是空值的数据布尔值如下:
apple         False
orange        False
lemon         False
watermelon    True
dtype:bool
删除 watermelon 之后的数据如下:
apple     500.0
orange    880.0
lemon     360.0
dtype: float64
添加 pear 和 cherry 之后的数据如下:
apple     500.0
orange    880.0
lemon     360.0
```

```
pear      555.0
cherry    333.0
dtype: float64
```

注　上例中的函数pd.notnull(data2)的用法与data2.notnull所返回的结果是不同的.pd.notnull(data2)返回的是布尔值,而data2.notnull返回的是数据内容.函数drop()删除多个值,可以使用列表形式,如data2.drop(['lemon','watermelon']).

例7.15　DataFrame和series间的操作与运算示例.

```
from pandas import DataFrame
import numpy as np
Dframe=DataFrame(np.arange(1,13).reshape((3,4)),
        columns=list('ABCD'),index=['R1','R2','R3'])
Dseries=Dframe.iloc[0]
DSa=Dframe+Dseries
DSs=Dframe-Dseries
DSm=Dframe*(2*Dseries)
DSd=Dframe/Dseries
print('Dframe的原始数据如下:\n',Dframe)
print('获取Dframe的第一行,即为一个Series序列如下:\n',Dseries)
print('Dframe与Series的和操作运算结果如下:\n',DSa)
print('Dframe与Series的差操作运算结果如下:\n',DSs)
print('Dframe与Series的乘操作运算结果如下:\n',DSm)
print('Dframe与Series的除操作运算结果如下:\n',round(DSd,1))
```

运行程序得到如下结果:

```
Dframe的原始数据如下:
    A  B  C  D
R1  1  2  3  4
R2  5  6  7  8
R3  9 10 11 12
获取Dframe的第一行,即为一个series序列如下:
A  1
B  2
C  3
D  4
Name:R1,dtype:int32
Dframe与series的和操作运算结果如下:
    A  B  C  D
R1  2  4  6  8
R2  6  8 10 12
```

```
R3  10  12  14  16
```

Dframe与series的差操作运算结果如下：

```
    A  B  C  D
R1  0  0  0  0
R2  4  4  4  4
R3  8  8  8  8
```

Dframe与series的乘操作运算结果如下：

```
     A   B   C   D
R1   2   8  18  32
R2  10  24  42  64
R3  18  40  66  96
```

Dframe与series的除操作运算结果如下：

```
      A    B    C    D
R1  1.0  1.0  1.0  1.0
R2  5.0  3.0  2.3  2.0
R3  9.0  5.0  3.7  3.0
```

注 上述中的DataFrame与series之间的操作，和差积商的运算称之为广播，即broadcasting.

7.5 数据整理的综合应用

在做数据分析过程中所获取的Excel数据表格，其数据都是原始的数据状态，一般情况下，数据存在一些缺失值、异常值等，这种情况下的原始数据不能直接使用.因此，需要对原始数据进行整理之后才能应用.本节以一个实际例子来阐述数据整理的一些方法.现有一张环境调查表，原始数据表见表7.9所示，其中第1列Sex是性别，用1表示男性，2表示女性.然而在表中竟有0，还有性别代码竟然是12的，这可能是由数据输入的误操作导致的.第2列Year表示年龄，但是有一个是4(因为调查的对象不可能是儿童)，估计是由漏掉了一个0导致的.第3列EduLev是教育水平，初中、高中、大学、硕士、博士，分别用1，2，3，4，5来表示，其中有两个缺失值.第4列是收入来源的调查分类，既有缺失值，又有一个“不便说”的字符型数据，进行数据分析需要将这些“脏”数据进行清洗.第5列是生活废弃物处理分类，共分为三类，用数字1，2，3来表示，其中既有缺失值，又有异常值13的存在.第6列是污水排向的调查，分别用数字1，2，3表示，其中既有缺失值也有异常值.第7列是空气污染认知的调查，认知用1表示，不认知用0表示，其中有缺失值.还有一行数据几乎都是缺失的情况.此外，同一个Excel表中的第二个表里还有一些数据需要合并到第一个数表中.因此，针对以上问题，在本节中将对数据表格进行整理，其方法参见例7.16所示.

表 7.9　环境调查数据表

Sex	Year	EduLev	IncSou	WasTre	SewDir	AirPol
2	20	5	4	2	1	1
2	42	3	3	1	2	1
2	47	1	2	1	2	1
1	23	2	4	1	3	
0	50		4	1	1	1
2	4	1	1		23	0
1	48	1		3	1	1
1	44	2	4	1		
1	66	3	3	2	1	1
2	21	5	不便说	1	2	1
12	38	2	2	1	2	1
1	22	3	3	13	2	0
1	58					
1	39	2	2	1	2	1
1	56	1	1	1	2	0

例 7.16 Excel数据表的清洗与整理示例.

```
import pandas as pd
import numpy as np
pd.set_option('display.unicode.ambiguous_as_wide',True)
pd.set_option('display.unicode.east_asian_width',True)
path='E:\……\环境调查数据_1.xlsx'
data11=pd.read_excel(path,sheet_name='Sheet1')
data12=pd.read_excel(path,sheet_name='Sheet2')
print('Excel文件:环境调查数据_1 的第一张表数据如下:\n',data11)
print('Excel文件:环境调查数据_1 的第二张表数据如下:\n',data12)
data1=pd.concat([data11,data12],axis=1)#两个Excel表格的水平拼接
#代码段1
data2=data1.drop(labels=12)
#代码段2
data2=data1.copy()
print('水平合并Excel两张表并删除第13行之后的数据表如下:\n',data2)
#代码段3
for i in range(len(data2['Sex'])):
    if data2['Sex'].iloc[i]!=1 and data2['Sex'].iloc[i]!=2:
        data2['Sex'].iloc[i]=1
```

```
#代码段4
for i in range(len(data2['Year'])):
    if data2['Year'][i]<=12:
        data2['Year'][i]=np.mean([data2['Year'][i-3:i-1]])
#代码段5
for i in range(len(data2['EduLev'])):
    if pd.isnull(data2['EduLev'][i]):
        data2['EduLev'][i]=max(data2['EduLev'])
#代码段6
for i in range(len(data2['IncSou'])):
    if pd.isnull(data2['IncSou'][i]):
        data2['IncSou'][i]=data2['IncSou'][i-1]
#代码段7
for i in range(len(data2['IncSou'])):
    if str(data2['IncSou'][i]).isnumeric()==False:
        data2['IncSou'][i]=np.mean([data2['IncSou'][i-4:i-1]])
#代码段8
for i in range(len(data2['WasTre'])):
    if pd.isnull(data2['WasTre'][i]):
        data2['WasTre'][i]=np.random.choice([1,2,3])
#代码段9
for i in range(len(data2['WasTre'])):
    dd=data2['WasTre'][i]
    if dd!=1 and dd!=2 and dd!=3:
        data2['WasTre'][i]=min(data2['WasTre'])
#代码段10
for i in range(len(data2['SewDir'])):
    if pd.isnull(data2['SewDir'][i]):
        data2['SewDir'][i]=max(data2['SewDir'])
#代码段11
for i in range(len(data2['SewDir'])):
    dd=data2['SewDir'][i]
    if dd!=1 and dd!=2 and dd!=3 and dd!=4:
        data2['SewDir'][i]=np.random.choice([1,2,3,4])
#代码段12
for i in range(len(data2['AirPol'])):
    if pd.isnull(data2['AirPol'][i]):
        data2['AirPol'][i]=1
```

```
#代码段13
part_col=['EduLev','WasTre','SewDir','AirPol']
data2[list(part_col)]=data2[list(part_col)].applymap(np.int64)
print('数据清洗与整理之后的数表如下:\n',data2)
#代码段14
data2.to_excel('E:\……\环境调查数据_renew.xlsx')
```

运行程序得到如下输出结果:

Excel文件:环境调查数据_1.xlsx的第一张表数据如下:

	Sex	Year	EduLev	IncSou	WasTre	SewDir	AirPol
0	2	20	5.0	4	2.0	1.0	1.0
1	2	42	3.0	3	1.0	2.0	1.0
2	2	47	1.0	2	1.0	2.0	1.0
3	1	23	2.0	4	1.0	3.0	NaN
4	0	50	NaN	4	1.0	1.0	1.0
5	2	4	1.0	1	NaN	23.0	0.0
6	1	48	1.0	NaN	3.0	1.0	1.0
7	1	44	2.0	4	1.0	NaN	NaN
8	1	66	3.0	3	2.0	1.0	1.0
9	2	21	5.0	不便说	1.0	2.0	1.0
10	12	38	2.0	2	1.0	2.0	1.0
11	1	22	3.0	3	13.0	2.0	0.0
12	1	58	NaN	NaN	NaN	NaN	NaN
13	1	39	2.0	2	1.0	2.0	1.0
14	1	56	1.0	1	1.0	2.0	0.0
15	1	53	1.0	2	1.0	2.0	1.0
16	1	20	4.0	4	1.0	3.0	1.0
17	1	21	4.0	4	1.0	1.0	1.0
18	2	22	5.0	5	1.0	1.0	1.0
19	2	22	5.0	4	1.0	4.0	1.0
20	1	21	5.0	4	1.0	1.0	1.0
21	2	20	5.0	4	1.0	2.0	1.0
22	2	20	5.0	3	1.0	2.0	1.0
23	2	21	5.0	4	1.0	1.0	1.0
24	2	22	5.0	5	1.0	4.0	1.0
25	2	21	5.0	4	1.0	1.0	1.0
26	2	51	1.0	1	3.0	1.0	1.0
27	1	60	1.0	1	1.0	1.0	1.0
28	1	40	3.0	3	3.0	1.0	1.0

```
29  1  35  2.0   2   3.0   1.0   1.0
30  2  44  2.0   2   3.0   1.0   1.0
31  1  50  2.0   1   3.0   1.0   1.0
32  1  55  2.0   1   3.0   1.0   1.0
33  2  46  2.0   2   3.0   1.0   1.0
34  2  44  1.0   2   3.0   1.0   1.0
35  1  45  1.0   2   1.0   2.0   1.0
36  2  49  1.0   2   1.0   4.0   0.0
37  2  50  1.0   2   1.0   4.0   1.0
38  1  48  2.0   2   1.0   4.0   0.0
39  2  55  1.0   2   1.0   4.0   0.0
```

Excel文件:环境调查数据_1.xlsx的第二张表数据如下:

```
   WatPol  WatPDe
0    1      2
1    1      3
2    1      5
3    1      3
4    1      5
5    1      3
6    1      3
7    1      3
8    0      2
9    1      2
10   1      3
11   1      2
12   1      3
13   1      3
14   1      2
15   1      3
16   1      4
17   1      5
18   1      5
19   1      5
20   1      1
21   1      3
22   1      1
23   1      3
24   1      5
```

25	1	4
26	1	6
27	1	5
28	1	6
29	1	6
30	1	6
31	1	4
32	1	6
33	1	4
34	1	6
35	1	4
36	1	7
37	1	4
38	1	7
39	1	7

水平合并Excel两张表并删除第13行数据之后的数据表如下：

	Sex	Year	EduLev	IncSou	WasTre	SewDir	AirPol	WatPol	WatPDe
0	2	20	5.0	4	2.0	1.0	1.0	1	2
1	2	42	3.0	3	1.0	2.0	1.0	1	3
2	2	47	1.0	2	1.0	2.0	1.0	1	5
3	1	23	2.0	4	1.0	3.0	NaN	1	3
4	0	50	NaN	4	1.0	1.0	1.0	1	5
5	2	4	1.0	1	NaN	23.0	0.0	1	3
6	1	48	1.0	NaN	3.0	1.0	1.0	1	3
7	1	44	2.0	4	1.0	NaN	NaN	1	3
8	1	66	3.0	3	2.0	1.0	1.0	0	2
9	2	21	5.0	不便说	1.0	2.0	1.0	1	2
10	12	38	2.0	2	1.0	2.0	1.0	1	3
11	1	22	3.0	3	13.0	2.0	0.0	1	2
12	1	58	NaN	NaN	NaN	NaN	NaN	1	3
13	1	39	2.0	2	1.0	2.0	1.0	1	3
14	1	56	1.0	1	1.0	2.0	0.0	1	2
15	1	53	1.0	2	1.0	2.0	1.0	1	3
16	1	20	4.0	4	1.0	3.0	1.0	1	4
17	1	21	4.0	4	1.0	1.0	1.0	1	5
18	2	22	5.0	5	1.0	1.0	1.0	1	5
19	2	22	5.0	4	1.0	4.0	1.0	1	5
20	1	21	5.0	4	1.0	1.0	1.0	1	1

21	2	20	5.0	4	1.0	2.0	1.0	1	3
22	2	20	5.0	3	1.0	2.0	1.0	1	1
23	2	21	5.0	4	1.0	1.0	1.0	1	3
24	2	22	5.0	5	1.0	4.0	1.0	1	5
25	2	21	5.0	4	1.0	1.0	1.0	1	4
26	2	51	1.0	1	3.0	1.0	1.0	1	6
27	1	60	1.0	1	1.0	1.0	1.0	1	5
28	1	40	3.0	3	3.0	1.0	1.0	1	6
29	1	35	2.0	2	3.0	1.0	1.0	1	6
30	2	44	2.0	2	3.0	1.0	1.0	1	6
31	1	50	2.0	1	3.0	1.0	1.0	1	4
32	1	55	2.0	1	3.0	1.0	1.0	1	6
33	2	46	2.0	2	3.0	1.0	1.0	1	4
34	2	44	1.0	2	3.0	1.0	1.0	1	6
35	1	45	1.0	2	1.0	2.0	1.0	1	4
36	2	49	1.0	2	1.0	4.0	0.0	1	7
37	2	50	1.0	2	1.0	4.0	1.0	1	4
38	1	48	2.0	2	1.0	4.0	0.0	1	7
39	2	55	1.0	2	1.0	4.0	0.0	1	7

数据清洗与整理之后的数据表如下：

	Sex	Year	EduLev	IncSou	WasTre	SewDir	AirPol	WatPol	WatPDe
0	2	20	5	4	2	1	1	1	2
1	2	42	3	3	1	2	1	1	3
2	2	47	1	2	1	2	1	1	5
3	1	23	2	4	1	3	1	1	3
4	1	50	5	4	1	1	1	1	5
5	2	35	1	1	3	1	0	1	3
6	1	48	1	1	3	1	1	1	3
7	1	44	2	4	1	2	1	1	3
8	1	66	3	3	2	1	1	0	2
9	2	21	5	2	1	2	1	1	2
10	1	38	2	2	1	2	1	1	3
11	1	22	3	3	1	2	0	1	2
12	1	58	5	3	2	2	1	1	3
13	1	39	2	2	1	2	1	1	3
14	1	56	1	1	1	2	0	1	2
15	1	53	1	2	1	2	1	1	3
16	1	20	4	4	1	3	1	1	4

```
17 1  21  4  4  1  1  1  1  5
18 2  22  5  5  1  1  1  1  5
19 2  22  5  4  1  4  1  1  5
20 1  21  5  4  1  1  1  1  1
21 2  20  5  4  1  2  1  1  3
22 2  20  5  3  1  2  1  1  1
23 2  21  5  4  1  1  1  1  3
24 2  22  5  5  1  4  1  1  5
25 2  21  5  4  1  1  1  1  4
26 2  51  1  1  3  1  1  1  6
27 1  60  1  1  1  1  1  1  5
28 1  40  3  3  3  1  1  1  6
29 1  35  2  2  3  1  1  1  6
30 2  44  2  2  3  1  1  1  6
31 1  50  2  1  3  1  1  1  4
32 1  55  2  1  3  1  1  1  6
33 2  46  2  2  3  1  1  1  4
34 2  44  1  2  3  1  1  1  6
35 1  45  1  2  1  2  1  1  4
36 2  49  1  2  1  4  0  1  7
37 2  50  1  2  1  4  1  1  4
38 1  48  2  2  1  4  0  1  7
39 2  55  1  2  1  4  0  1  7
```

注 上例中函数concat([data11,data12],axis=1)表示两个Excel表格的水平拼接.代码段1中的函数drop(labels=12)表示删除第13行几乎全是空值的数据,因为该行数据几乎都是空值,无意义.代码段2表示将合并之后的数据复制一份,在新数据表上操作数据而不改动原始数据.代码段3中针对性别代码的异常值进行指定数值赋值.代码段4是取空值的前三个数的均值对异常值进行赋值.代码段5是取data2['EduLev']中最大的数对空值进行赋值.代码段6以空值的上一个数值对空值进行赋值.代码段7是针对数表中的中文字符数据用该位置的前四个数据的均值进行赋值.代码段8是对data2['WasTre'][i])中的空值在指定范围值进行随机选择一个数字进行赋值.代码段9是取data2['WasTre']中最小的数对异常值进行赋值.代码段10是应用data2['SewDir']) 中最大的一个数进行赋值.代码段11是在指定数值列表[1,2,3,4]中随机选择一个数进行赋值.代码段12是对空值进行指定赋值.代码段13是将float类型数据转化成整数型数据.如果将单列转化代码,那么data2['EduLev']=data2['EduLev'].apply(np.int64).代码段14是将清洗整理好的数据保存到指定文件.

如果一张Excel数表里有带字符和数字的字符型数据,那么想要进行运算或者作图等都是不能操作的.例如一张Excel类型2023年1月至3月的“五粮液”股票交易数据(数据来源于同花顺网站):

表7.10 "五粮液"股票交易数据

日期	收盘	开盘	高	低	交易量	涨跌幅
2023/3/30	198.39	195.28	198.96	194.18	15.15M	0.0159
2023/3/29	195.28	194	196	191.6	15.95M	0.0144
2023/3/28	192.5	190.39	193.91	190.21	10.92M	0.011
2023/3/27	190.41	192.81	192.84	189	11.88M	−0.0135
2023/3/24	193.02	194	195.95	191.5	10.25M	−0.008
2023/3/23	194.58	190.9	195.99	190.06	13.28M	0.0147
2023/3/22	191.77	192.25	196.08	191.42	10.85M	−0.0024
2023/3/21	192.24	187.4	193.11	185.22	18.79M	0.0341
2023/3/20	185.9	190	190.59	185	15.46M	−0.0138
2023/3/17	188.5	193.85	194.24	188	15.61M	−0.0141
2023/3/16	191.2	191	194.2	189.33	12.05M	−0.0058
2023/3/15	192.32	198	199.33	192.3	12.99M	−0.0152
2023/3/14	195.28	198.7	198.72	193.7	10.28M	−0.0167
2023/3/13	198.6	195	200.28	195	12.65M	0.0172
			……			

在表7.10中的"交易量"数据类型是字符型的，且有字符M，因此，例7.17中将给出该表的清洗示例.

例7.17　Excel数据表里字符型数据清洗示例.

```
import pandas as pd
from pylab import *
dE=pd.read_excel(r"E:\……\五粮液1月至3月数据.xlsx")
data=dE.copy()
hand=data['交易量']
import re
import pandas as pd
num=[re.findall('\d+\.\d+',hand[i]) for i in range(len(hand))]
print('去除字符M后的数据结构如下:\n',num)
num=[float(i[0]) for i in num]
print('去除字符M后并转化为float类型数据如下:\n',num)
dd=pd.DataFrame(num)
data['交易量']=dd
data.to_excel("E:\……\五粮液1月至3月数据_renew.xlsx")
```

运行程序得到如下结果：

去除字符M后的数据结构如下：

[['15.15'], ['15.95'], ['10.92'], ['11.88'], ['10.25'], ['13.28'], ['10.85'], ['18.79'], ['15.46'], ['15.61'], ['12.05'], ['12.99'], ['10.28'], ['12.65'], ['11.10'], ['16.85'], ['10.22'], ['12.53'], ['11.14'], ['9.28'], ['7.45'], ['15.45'], ['11.48'], ['17.30'], ['20.40'], ['14.58'], ['14.10'], ['13.94'], ['19.17'], ['18.45'], ['21.34'], ['16.93'], ['18.49'], ['28.91'], ['14.03'], ['24.49'], ['16.91'], ['15.81'], ['33.41'], ['19.94'], ['18.33'], ['25.66'], ['25.72'], ['32.18'], ['27.35'], ['18.12'], ['27.24'], ['21.51'], ['36.35'], ['24.51'], ['13.82'], ['17.00'], ['20.28'], ['27.56'], ['23.34'], ['40.28'], ['12.88'], ['18.21']]

去除字符M后并转化为float类型数据如下：

[15.15, 15.95, 10.92, 11.88, 10.25, 13.28, 10.85, 18.79, 15.46, 15.61, 12.05, 12.99, 10.28, 12.65, 11.1, 16.85, 10.22, 12.53, 11.14, 9.28, 7.45, 15.45, 11.48, 17.3, 20.4, 14.58, 14.1, 13.94, 19.17, 18.45, 21.34, 16.93, 18.49, 28.91, 14.03, 24.49, 16.91, 15.81, 33.41, 19.94, 18.33, 25.66, 25.72, 32.18, 27.35, 18.12, 27.24, 21.51, 36.35, 24.51, 13.82, 17.0, 20.28, 27.56, 23.34, 40.28, 12.88, 18.21]

打开清洗后保存的Excel数据表后如表7.11所示：

表7.11 "五粮液"股票交易数据清洗后的数据表

日期	收盘	开盘	高	低	交易量	涨跌幅
2023/3/30	198.39	195.28	198.96	194.18	15.15	0.0159
2023/3/29	195.28	194	196	191.6	15.95	0.0144
2023/3/28	192.5	190.39	193.91	190.21	10.92	0.011
2023/3/27	190.41	192.81	192.84	189	11.88	−0.0135
2023/3/24	193.02	194	195.95	191.5	10.25	−0.008
2023/3/23	194.58	190.9	195.99	190.06	13.28	0.0147
2023/3/22	191.77	192.25	196.08	191.42	10.85	−0.0024
2023/3/21	192.24	187.4	193.11	185.22	18.79	0.0341
2023/3/20	185.9	190	190.59	185	15.46	−0.0138
2023/3/17	188.5	193.85	194.24	188	15.61	−0.0141
2023/3/16	191.2	191	194.2	189.33	12.05	−0.0058
2023/3/15	192.32	198	199.33	192.3	12.99	−0.0152
			……			

注　上例中import re为导入正则化库，函数findall('\d+\.\d+',hand[i])是提取数据中的数字、实心点及其后面的数字，但是得到的结果仍然是字符型数据，所以仍然需要将其转化为对应的float类型数据.

7.6　数据的特征分析

数据的特征分析一般是指对数据进行统计分析和可视化展示，以了解数据的基本特征和规律.这些特征包括数据的中心趋势、离散程度、分布形态和异常值等.通过特征分析,可以帮助人们更好地理解数据,发现数据中的问题和趋势,为后续的数据处理和决策提供依据.常用的特征分析方法包括描述性统计分析、相关性分析、因子分析、异常检测,以及可视化方面的直方图、箱线图、散点图等特征.

7.6.1 数据的描述性统计分析

数据的描述性统计分析是一种用于描述和总结数据集的方法.它可以帮助我们了解数据的分布、中心趋势、离散程度和异常值等特征,从而更好地理解数据并做出合理的决策.描述性统计分析通常包括以下几个方面:中心趋势用于描述数据集的中心位置,包括平均数、中位数和众数等;离散程度用于描述数据集的分散程度,包括方差、标准差和极差等;分布形态用于描述数据集的分布形态,包括偏度和峰度等;异常值用于描述数据集中的异常值,包括离群点和异常值等.在进行描述性统计分析时,我们需要先对数据进行清洗和预处理,包括去除缺失值、异常值和重复值等.然后,可以使用各种统计方法和工具来计算和可视化数据的各种特征,例如直方图、箱线图和散点图等.总之,我们可以根据描述性统计分析的结果来做出相应的决策和推断,如确定数据的分布形态、判断数据是否符合正态分布、识别异常值和离群点等.

例 7.18 根据读取的Excel数据,获取数据列名为"收入"一列的相关信息:该列的数据和、均值、方差、标准差、偏度、峰度、中位数、累积和、累积最大和、累积最小和、一阶差分.

```
import pandas as pd
from  pandas import DataFrame
path='E:\……\information.xls'
data0=pd.read_excel(path)
data1=DataFrame(data0)
print('输出列名为收入列的和:',data1['收入'].sum())
print('输出列名为收入列的均值:',data1['收入'].mean())
print('输出列名为收入列的方差:',data1['收入'].var())
print('输出列名为收入列的标准差:',data1['收入'].std())
print('输出列名为收入列的偏度:',data1['收入'].skew())
print('输出列名为收入列的峰度:',data1['收入'].kurt())
print('输出列名为收入列的中位数:',data1['收入'].median())
print('输出列名为收入列的累积和:\n',data1['收入'].cumsum())
print('输出列名为收入列的累积最大和:\n',data1['收入'].cummax())
print('输出列名为收入列的累积最小和:\n',data1['收入'].cummin())
print('输出列名为收入列的一阶差分:\n',data1['收入'].diff())
```

运行程序得到如下输出结果:

```
输出列名为收入列的数据和:31921
输出列名为收入列的数据均值:45.60142857142857
```

输出列名为收入列的数据方差:1355.2872654812998
输出列名为收入列的数据标准差:36.81422640069053
输出列名为收入列的数据偏度:3.8587482818856196
输出列名为收入列的数据峰度:26.16960030941152
输出列名为收入列的数据中位数:34.0
输出列名为收入列的数据累积和:

```
0      176
1      207
2      262
3      382
4      410
  ……
697    31800
698    31877
699    31921
Name:收入,Length:700,dtype:int64
```

输出列名为收入列的数据累积最大和:

```
0      176
1      176
2      176
3      176
4      176
  ……
697    446
698    446
699    446
Name:收入,Length:700,dtype:int64
```

输出列名为收入列的累积最小和:

```
0      176
1       31
2       31
3       31
4       28
  ……
697     14
698     14
699     14
Name:收入,Length:700,dtype:int64
```

输出列名为收入列的数据一阶差分：

```
0      NaN
1   -145.0
2     24.0
3     65.0
4    -92.0
  ......
697   11.0
698   45.0
699  -33.0
Name:收入,Length:700,dtype:float64
```

例7.19 groupby()函数的用法.Excel数据表有三列数据，列名为"专家编号""原始分""标准分"总共有10075行数据，97位打分专家，每个专家打分大概有100个不等.目标是：要知道每个打分专家的原始分的打分平均值、中位数、打分最大值与最小值，并将前20个打分专家的打分平均值和中位数以柱状图(图7.1)和面积图(图7.2)展示.Excel数据表结构如下：

序号	专家编码	原始分	标准分
0	P005	65	56.84
1	P005	60	54.32
2	P005	70	59.37
3	P005	85	66.94
4	P005	60	54.32
	......		
10070	P767	70	62.66
10071	P767	60	57.56
10072	P767	63	59.09
10073	P767	60	57.56
10074	P767	65	60.11

```
import pandas as pd
import matplotlib.pylab as plt
plt.rcParams["font.sans-serif"]=["SimHei"]
plt.rcParams["axes.unicode_minus"]=False
data=pd.read_excel(r"E:\……\专家打分表.xlsx")
mean=data.groupby(data.columns[0])[data.columns[1]].mean()
median=data.groupby(data.columns[0])[data.columns[1]].median()
min=data.groupby(data.columns[0])[data.columns[1]].min()
max=data.groupby(data.columns[0])[data.columns[1]].max()
print('每个评阅专家的打分均值:\n',mean.round(2))
```

```
print('每个评阅专家的打分中位数:\n',median.round(2))
print('每个评阅专家的打分最小值:\n',min.round(2))
print('每个评阅专家的打分最大值:\n',max.round(2))
df_mean=pd.DataFrame(mean)
df_median=pd.DataFrame(median)
plt.figure(1)
plt.barh(df_mean.index[0:20],mean[0:20])
for i in range(len(mean[0:20])):
    plt.text(mean[0:20][i],df_mean.index[0:20][i],str(mean[0:20][i].round(2)))
plt.xlabel('专家的打分均值');plt.ylabel('专家编号')
plt.figure(2)
plt.plot(df_median[0:20],'o')
plt. fill_between (range (len (median[0: 20]) ) , list (median[0: 20]) , alpha=0.5, color=
'green')
plt.xticks(range(len(median[0:20])),df_median.index[0:20],rotation=70)
plt.ylim(0,90);plt.ylabel('专家打分中位数');
plt.title('专家打分的中位数面积图');plt.show()
```

运行程序得到如下输出结果：

```
每个评阅专家的打分均值:
专家编码   专家的打分均值
P005       51.44
P022       51.97
P056       56.50
P069       52.31
     ......
P756       53.70
P758       63.18
P767       45.15
每个评阅专家的打分中位数:
专家编码   专家的打分中位数
P005       50.0
P022       54.0
P056       58.0
P069       58.0
     ......
P756       55.5
P758       66.5
P767       46.5
```

每个评阅专家的打分最小值：

专家编码	专家的打分最小值
P005	2
P022	0
P056	6
P069	0
……	
P756	0
P758	30
P767	3

每个评阅专家的打分最大值：

专家编码	专家的打分最大值
P005	90
P022	86
P056	87
P069	80
……	
P756	88
P758	92
P767	84

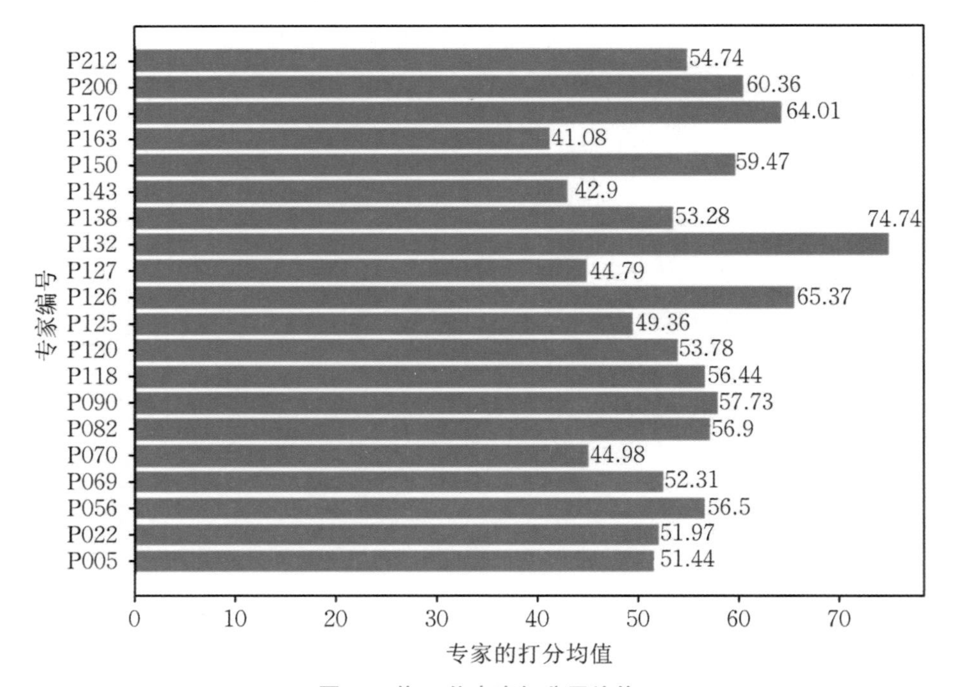

图7.1 前20位专家打分平均值

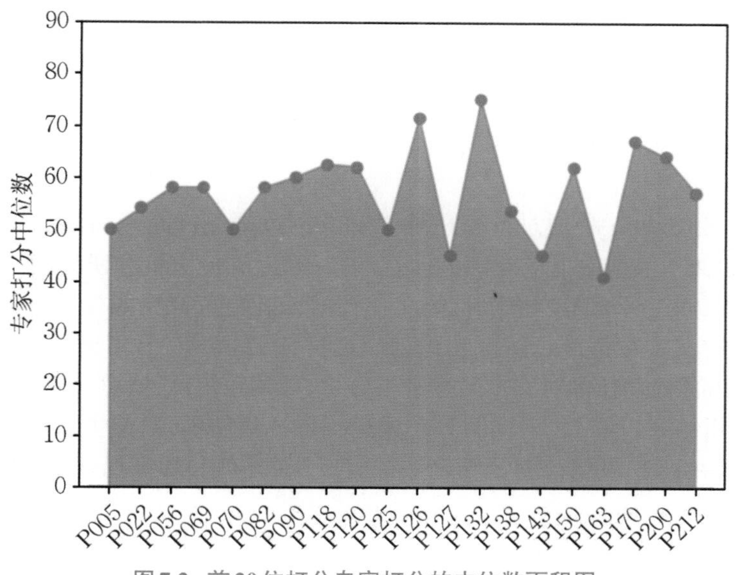

图7.2 前20位打分专家打分的中位数面积图

7.6.2 数据的异常检测

数据的异常检测是指在数据集中寻找与其他数据点不同的数据点的过程.这些不同的数据点被称为异常值或离群值.异常值可能是由于数据输入错误、测量误差、数据损坏或其他原因引起的.异常检测可以帮助我们识别这些异常值,并进一步分析它们的原因和影响.常用的异常检测方法包括基于统计学的方法、基于机器学习的方法、基于聚类的方法等.异常检测在许多领域中都有广泛的应用,如金融、医疗、工业等.

例7.20 用random库生成一些随机数据,然后使用孤立森林算法训练一个异常检测模型,接着就应用训练好的模型预测数据是否为异常值,并输出异常值及其异常值的数量.

```
from sklearn.ensemble import IsolationForest
import numpy as np
Data=0.4 * np.random.randn(80,2)
D_train=np.r_[Data+3,Data-3]
D_train=np.r_[D_train,np.random.uniform(low=-8,high=8,size=(100,2))]
clf=IsolationForest(n_estimators=100,max_samples='auto',
contamination=0.1,random_state=40)
clf.fit(D_train)
Data_predict_train=clf.predict(D_train)
print("训练集中的异常值总数为",np.sum(Data_predict_train==-1))
```

运行程序得到如下输出结果:

训练集中的异常值总数为26

注 程序中IsolationForest()为孤立森林算法函数,clf.fit(D_train)为训练数据集

D_train,clf.predict(D_train)则是将训练完成后的数据集得到正常值标记为1,而异常值标记为−1.

7.6.3 数据的文本分析

数据的文本分析是一种通过计算机技术对文本数据进行处理和分析的方法.它可以帮助人们从大量的文本数据中提取有用的信息和知识,以支持决策和研究.数据的文本分析通常包括:① 数据收集:从不同的来源收集文本数据,如网页、社交媒体、新闻报道等;② 数据清洗:对收集到的文本数据进行清洗和预处理,包括去除噪声、停用词、标点符号等.③ 文本分析:使用自然语言处理技术对文本数据进行分析,如词频统计、情感分析、主题建模等.④ 数据可视化:将分析结果以图表、云词图等形式进行可视化展示,以便更好地理解和解释数据.数据的文本分析在商业、政府、学术等领域都有广泛的应用,如市场调研、舆情监测、情报分析、学术研究等.

数据的文本分析的一般步骤如下:

(1) 收集数据:从各种来源收集数据,包括文本、图像、音频和视频等.

(2) 数据清洗:对数据进行清洗,包括去除重复数据、缺失值、异常值和噪声等.

(3) 数据预处理:对数据进行预处理,包括分词、去除停用词、词干提取和词向量化等.

(4) 特征提取:从数据中提取有用的特征,包括词频、TF-IDF和主题模型等.

(5) 数据建模:使用机器学习算法或深度学习算法对数据进行建模,包括分类、聚类和回归等.

(6) 模型评估:对模型进行评估,包括准确率、召回率和F1值等.

(7) 结果可视化:将分析结果可视化,包括词云图、热力图和散点图等.

(8) 结果解释:对结果进行解释,包括发现数据中的规律、趋势和异常等.

例7.21 读取一个TXT格式的文本,然后进行一些文本操作.

```
import string
with open('E:\……\beautifulMorning.txt','r') as file:
    text=file.read()
text=text.translate(str.maketrans('','',string.punctuation))
text=text.replace('\n',' ')
text=text.lower()
words=text.split()
word_count={}
for word in words:
    if word in word_count:
        word_count[word]+=1
    else:
        word_count[word]=1
sorted_word_count=sorted(word_count.items(),key=lambda x:x[1],reverse=True)
```

```
print('使用频率前十的词汇是:')
for i in range(10):
    print(sorted_word_count[i],end='')
print('经过整理后的文本为:\n',text)
```

运行程序得到如下输出结果:

使用频率前十的词汇:

('the',23) ('of',12) ('and',11) ('you',9) ('a',7) ('is',6) ('on',4) ('as',4) ('morning',3) ('feel',3)

经过整理后的文本:

on a summer morning the world is bathed in a soft golden light that filters through the trees and dances on the dew covered grass the air is still and quiet broken only by the occasional chirping of birds or rustling of leaves the sky is painted with hues of pink and orange as the sun rises slowly over the horizon as you step outside you feel the warmth of the sun on your skin and you take a deep breath of the fresh crisp morning air the scent of blooming flowers fills your nostrils and you can hear the distant hum of traffic as it starts to flow again after a long night as you walk through the neighborhood you notice the dewdrops sparkling on the leaves of the trees and the way the sunlight dances across the surface of a nearby pond the world is alive with color and energy and you cant help but feel grateful for this moment of peace and tranquility before the chaos of the day begins in this moment you realize that there is nothing quite like a summer morning it is a time of beauty serenity and renewal and you feel blessed to be able to experience it firsthand

注 这个例子中,程序读取其中的文本,并进行一些文本处理操作,例如去除标点符号和换行符,将文本转换为小写,分割文本为单词列表,统计每个单词出现的次数,并打印出现频率最高的前10个单词,以及输出整理后的文本内容.这个程序可以作为数据文本分析的入门示例,可根据需要进行修改和扩展.

例7.22 给出如下txt格式的文本,根据词频大小绘制词云图.文本如下:

"爱编程"这个词语在现代社会中越来越受到重视,因为编程已经成为一种必备的技能.对于那些热爱编程的人来说,编程不仅仅是一种技能,更是一种生活方式.他们喜欢用代码来解决问题,喜欢用程序来创造新的东西.他们享受着编程带来的成就感和乐趣,也享受着与其他编程爱好者交流的快乐.在这个数字化时代,爱编程的人们正在改变着世界,他们正在创造着更美好的未来.

```
import numpy as np
from PIL import Image
from wordcloud import WordCloud
import matplotlib.pyplot as plt;import jieba
Mask=np.array(Image.open('E:\……\beijing.eps'))
path_txt='E:\……\ciyuntu.txt'
f=open(path_txt,encoding='utf-8').read()
```

```
cut_text=" ".join(jieba.cut(f))
wc=WordCloud(font_path="C:/Windows/Fonts/simfang.ttf",background_color
='white',width=1000,height=880,mask=Mask).generate(cut_text)
plt.imshow(wc,interpolation="bilinear")
plt.axis("off")
plt.show()
```

运行程序得到图7.3所示的词云图.

图7.3 词云图

注 在这个程序中,其中的背景形状是心形的,词云图的形状方式由背景图的形状来决定.

第8章　数据标准化与模型降维挖掘

数据标准化是指将不同尺度、不同单位的数据转化为统一的标准尺度和单位,以便于进行比较和分析数据的特征.模型降维是指基于一些方法和算法等对数据的维度进行减少的一种技术操作.数据标准化和模型降维通常结合使用,从而提高数据挖掘的效率和准确性.例如,在进行聚类分析时,先对数据进行标准化处理,再使用PCA等方法进行降维,可以减少数据的维度,提高聚类的效率和准确性.

8.1　数据标准化方法

数据标准化是指将数据转换为一定的标准格式或单位,以便于比较、分析和处理.数据标准化的作用:其一,提高数据的可比性,数据标准化可以将不同来源、不同格式的数据转化为统一的标准格式,使得数据之间可以进行比较和分析.其二,提高数据的准确性,数据标准化可以去除数据中的冗余信息和错误信息,提高数据的准确性和可信度.其三,降低数据处理成本,数据标准化可以减少数据处理的时间和成本,提高数据处理的效率.

不同的数据标准化方法适用于不同的数据类型和分析目的,需要根据具体情况选择合适的方法.常见的数据标准化方法主要包括:① 最小最大标准化(min-max normalization):将数据缩放到0和1之间;② 零-均值规范化(zero standart score,z-score)标准化:将数据转换为标准正态分布;③ 小数定标标准化:将数据除以一个固定的基数,使得数据的绝对值小于1;④ 独热编码(one-hot encoding):将分类变量转换为二进制向量,每个向量只有一个元素为1,其余为0;⑤ 标签编码(label encoding):将分类变量转换为整数标签,例如将颜色变量转换为0,1,2等;⑥ 时间序列标准化:将时间序列数据转换为相对时间或百分比变化,以便于比较和分析;⑦ 空间数据标准化:将空间数据转换为统一的坐标系或投影方式,以便于比较和分析.

8.1.1　数据的常用标准化方法

通常会收集大量不同的指标变量,每个指标的性质、量纲、数量级等特征,均存在一定的差异.针对涉及多个不同指标综合起来的评价模型,由于各个指标的属性不同,无法直接在不同指标之间进行比较和综合.如果各个指标之间的水平相差很大,此时直接使用原始指标进行分析时,数值较大的指标在评价模型中的绝对作用就会显得较为突出和重要,而数值较小的指标,其作用则可能就会显得微不足道.为了统一比较的标准,保证结果的可靠性,我们在分析数据之前,需要对原始变量进行一定的处理,即数据的标准化处理.数据标准化或数据去量纲化是指将数据转换为具有相同比例和范围的标准形式的过程.这有助于消除不同变量之间的比例差异,使得它们可以在同一尺度上进行比较和分析.常用的数据标准化方法如下:

(1) 极大极小标准化,即将数据缩放到0到1之间的范围内,其公式如下:

$$x_{\text{norm}}=\frac{x-x_{\min}}{x_{\max}-x_{\min}}$$

其中,x为原始数据,$x_{\min}$为原始数据的最小值,$x_{\max}$为原始数据的最大值,x_{norm}为标准化后的数据.

(2) 数据的z-score标准化,即将数据转换为均值为0,标准差为1的正态分布,其公式如下:

$$x_{\text{norm}}=\frac{x-\mu}{\sigma}$$

其中,x为原始数据,μ为原始数据的均值,σ为原始数据的标准差,x_{norm}为标准化后的数据.

(3) 数据的功效系数法,其计算公式如下:

$$x_{ij}^{\text{norm}}=c+\frac{x_{ij}-\min\limits_{1\leqslant i\leqslant n}x_{ij}}{\max\limits_{1\leqslant i\leqslant n}x_{ij}-\min\limits_{1\leqslant i\leqslant n}x_{ij}}\times d\quad(1\leqslant i\leqslant n,\ 1\leqslant j\leqslant m)$$

其中,c,d均为确定的常数,c表示平移量,即指标实际基础值,d表示旋转量,即表示放大或缩小的倍数,使得变换后的数据$x_{ij}^{\text{norm}}\in[c,\ c+d]$

(4) 小数定标标准化(decimal scaling),即将数据除以一个适当的基数,使得所有数据都在[−1,1]之间,其公式如下:

$$x_{\text{norm}}=\frac{x}{10^k}$$

其中,k是使得最大值小于1的最小整数.

(5) 归一化方法,即将数据缩放到范数的倒数倍,其公式如下:

$$x_{\text{norm}}=\frac{x}{\|x\|}\quad\text{或}\quad x_{\text{norm}}=\frac{x}{\|x\|_2}$$

其中,$\|x\|$是向量的欧几里得1范数,$\|x\|_2$是2范数.

(6) 对数变换(log transformation),即将数据取对数,使得数据更加对称和正态分布,其计算公式如下:

$$x_{\text{norm}}=\log(x)$$

其中,x为原始数据,x_{norm}为对数变换后的数据.

(7) 幂变换,即Box-Cox变换,就是通过对数据进行幂变换,使得数据更加对称和正态分布,其计算公式如下:

$$x_{\text{norm}}=\frac{x^p}{\text{c}}$$

其中,x为原始数据,p为幂次,c为常数,x_{norm}为幂次变换后的数据.

(8) 线性极大化法,即取该指标的最大值,然后用该变量的每一个观察值除以最大值,其计算公式如下:

$$x_{\text{norm}}=\frac{x}{x_{\max}}$$

其中,x为原始数据,$x_{\max}$为数据中的最大值,x_{norm}为对数变换后的数据.注意,该方法不适用于$x<0$的情况.

(9) 线性比例极小化方法.有一类指标,数值越小越好,我们称之为逆指标,例如平均住院日、围产期婴儿死亡率等指标.在这种情况下,如果同时评价这两类指标的综合作用,由于他们的作用方向不同,将不同性质的指标作用直接相加,并不能正确反映不同作用方向产生的综合结果,此时我们就需要对逆指标进行一致化处理,改变逆指标的性质和作用方向,使所有指标作用方向一致化,从而得出适宜的结果,逆指标的一般计算公式如下:

$$x_{\text{norm}}=\frac{x_{\min}}{x}$$

其中,x为原始数据,$x_{\min}$为数据中的最小值,x_{norm}为对数变换后的数据.注意,该方法不适用于$x<0$的情况.

(10) 反正切函数标准化,即通过三角函数中的反正切函数(arctan)可以实现数据的标准化转换,该方法的计算公式如下:

$$x_{\text{norm}}=\frac{2\arctan(x)}{\pi}$$

其中,x为原始数据,x_{norm}为变换后的数据.原本反正切函数的取值为$(-\pi/2,\pi/2)$,如果原始数据为正、负实数,则标准化后的数据区间取为$[-1,1]$,若要得到$[0,1]$的区间,则原始数据应该保证$x\geqslant 0$.

(11) 居中型指标化为极大型指标,居中型指标x_j化为极大型指标公式如下:

$$x_{\text{norm}}=\begin{cases}\dfrac{2(x_j-m_j)}{M_j-m_j} & \left(m_j\leqslant x_j\leqslant\dfrac{M_j+m_j}{2}\right)\\[2ex] \dfrac{2(M_j-x_j)}{M_j-m_j} & \left(\dfrac{M_j+m_j}{2}\leqslant x_j\leqslant M_j\right)\end{cases}$$

其中,令$M_j=\max\limits_{1\leqslant i\leqslant n}\{a_{ij}\}$,$m_j=\min\limits_{1\leqslant i\leqslant n}\{a_{ij}\}$.

以上是一些常见的数据标准化或者去量纲化方法,不同的方法适用于不同的场景和问题.当然,数据标准化的处理还有其他方法,最常用的还是前两种:极差标准化法和z-score标准化法.

8.1.2　数据标准化实例

在实际应用中,我们需要根据具体情况选择合适的方法来实现数据的去量纲化或者标准化,使其数据符合一定的标准格式或者具有相同的比较尺度,以便于我们对数据进行分析.

例8.1　使用numpy库计算数据的标准化.给定一个包含6个数据的数组,使用极差标准化公式、z-score等方法将数据标准化,并输出结果.

```
from pylab import *
rcParams["font.sans-serif"]=["SimHei"]
rcParams["axes.unicode_minus"]=False
data=np.array([32,39,54,15,66,27]) # 定义数据
range=np.max(data)-np.min(data) # 计算极差
maxmin_data=(data-np.min(data)) / range# 极差标准化
z_score=(data-np.mean(data))/np.std(data) #z-score标准化
norms=np.linalg.norm(data)#范数
data_norms=data/norms#范数标准化数据
log=np.log(data)#对数标准化数据
arctan_data=2*np.arctan(data)/np.pi#对数标准化
linemax=data/max(data)#最大线性标准化
print('数据极差标准化后的数据:\n',np.round(maxmin_data,4))
print('z_score标准化后的数据:\n',np.round(z_score,4))
print('范数标准化后的数据:\n',np.round(data_norms,4))
print('对数标准化后的数据:\n',np.round(log,4))
print('反正切标准化后的数据:\n',np.round(arctan_data,4))
print('线性最大标准化后的数据:\n',np.round(linemax,4))
L=len(data)
x_axis=np.arange(L)
plot(x_axis,maxmin_data,label='maxmin')
plot(x_axis,z_score,label='z-score')
plot(x_axis,data_norms,label='data_norms')
plot(x_axis,log,label='log')
plot(x_axis,arctan_data,label='arctan_data')
plot(x_axis,linemax,label='linemax_data')
legend(loc='upper right')
ylabel('标准化后的数据')
title('六种数据标准化对比数值图')
show()
```

运行程序得到如下输出结果及其对比图8.1.

```
数据极差标准化后的数据:
[0.3333 0.4706 0.7647 0. 1. 0.2353]
z_score标准化后的数据:
[-0.4033 0.0098 0.895 -1.4065 1.6032 -0.6983]
范数标准化后的数据:
[0.3083 0.3758 0.5203 0.1445 0.6359 0.2602]
对数标准化后的数据:
```

[3.4657 3.6636 3.989 2.7081 4.1897 3.2958]
反正切标准化后的数据：
[0.9801 0.9837 0.9882 0.9576 0.9904 0.9764]
线性最大标准化后的数据：
[0.4848 0.5909 0.8182 0.2273 1. 0.4091]

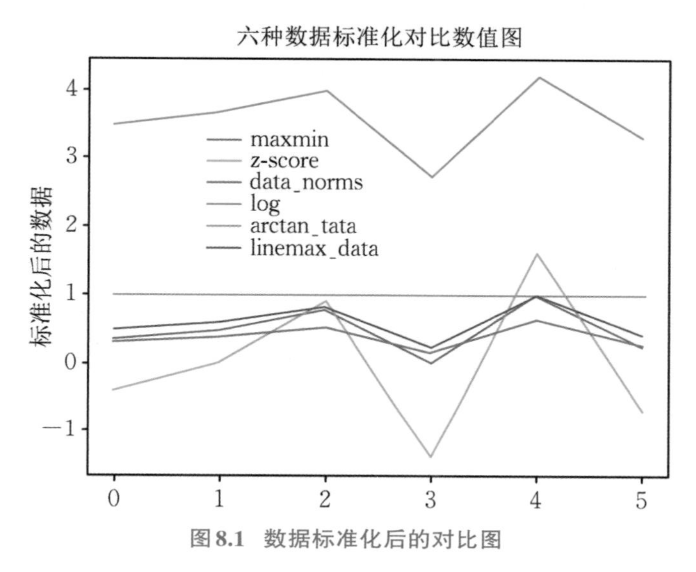

图8.1　数据标准化后的对比图

例8.2　假设有一个数据集，包含了人的身高和体重信息，我们想要对这些数据进行z-score标准化.

```
import numpy as np
data=np.array([[170,60],[176,67],[185,74],[180,72],[165,54]])#数据集
mean=np.mean(data,axis=0)#计算每个特征的均值
std=np.std(data,axis=0)#计算每个特征的标准差
data_standardized=(data-mean)/std#对数据进行Z-score标准化
print("原始数据各个特征的均值如下:\n",mean)
print("原始数据各个特征的标准差如下:\n",data_standardized)
print("原始数据如下:\n",data)
print("Z-score标准化后的数据如下:\n",data_standardized)
```

运行程序得到如下输出结果：
原始数据各个特征的均值如下：
[175.2　65.4]
原始数据各个特征的标准差如下：
[[−0.73421724　−0.72263843]
[0.1129565　0.21411509]
[1.38371711　1.15086861]
[0.67773899　0.88322475]

```
[−1.44019536  −1.52557002]]
原始数据如下:
[[170  60]
[176  67]
[185  74]
[180  72]
[165  54]]
Z-score标准化后的数据如下:
[[−0.73421724  −0.72263843]
[ 0.1129565  0.21411509]
[ 1.38371711  1.15086861]
[ 0.67773899  0.88322475]
[−1.44019536  −1.52557002]]
```

注 程序中np.mean(data,axis=0)表示计算各个特征的均值,参数axis=0省掉,即np.mean(data)只得到第一个特征的均值.

例8.3 将一个Excel数据表进行数据的极大极小化转化.

```
import pandas as pd
path='E:\……\tourism.xls'
data=pd.read_excel(path,index_col=0)
print('原始数据的前五行如下:\n',data.iloc[0:5,:])
data_sd=(data-data.min())/(data.max()-data.min())
data_z_score=(data-data.mean())/(data.std())
print('数据进行极大极小的标准化后的前五行数据如下:\n',data_sd.iloc[0:5,:])
print('数据z-score标准化后的前五行数据如下:\n',data_z_score.iloc[0:5,:])
```

运行程序得到如下输出结果:

原始数据的前5行如下:

景区编号	日均停留时间	夜均停留时间	周末人均停留时间	日均人流量
1001	78	521	602	2863
1002	144	600	521	2245
1003	95	457	468	1283
1004	69	596	695	1054
1005	190	527	691	2051

数据进行极大极小的标准化后的前五行数据如下:

景区编号	日均停留时间	夜均停留时间	周末人均停留时间	日均人流量
1001	0.253333	0.598985	0.642308	1.000000
1002	0.693333	1.000000	0.330769	0.691309
1003	0.366667	0.274112	0.126923	0.210789
1004	0.193333	0.979695	1.000000	0.096404

1005	1.000000	0.629442	0.984615	0.594406

数据z-score标准化后的前五行数据如下：

景区编号	日均停留时间	夜均停留时间	周末人均停留时间	日均人流量
1001	−1.055890	0.291461	0.508227	1.421304
1002	0.559145	1.588666	−0.363019	0.508716
1003	−0.639896	−0.759440	−0.933095	−0.911850
1004	−1.276122	1.522985	1.508548	−1.250009
1005	1.684775	0.389983	1.465523	0.222240

注　*极大极小化后的数值结果都是不小于零的，而z-score方法有正有负的，这是由于计算的方法所致的.*

在综合评价工作中，有些评价指标是定性指标，即只给出定性的描述，例如质量很好、性能一般、可靠性高等.对于这些指标，在进行综合评价时，必须先通过适当的方式进行赋值，使其量化.一般来说，对于指标最优值可赋值1，较优可赋值0.7，一般为0.5，差为0.3，对于指标最劣值可赋值0.还有其他情况的赋值，具体情况可具体对待.下面给出一个评价指标预处理的例子.

例8.4　战斗机的性能指标主要包括最大速度、飞行半径、最大负载、隐身性能、垂直起降性能、可靠性、灵敏度等指标和相关费用.综合各方面因素与条件，忽略了隐身性能和垂直起降性能等，只考虑给出的六项指标，我们就P1、P2、P3和P4四种类型战斗机基于给出的六项指标对战斗机性能进行建模评价分析.下面我们给出建模前的指标处理方法.六项指标值如表8.1所示.

表8.1　四种战斗机性能指标数据

	最大速度（马赫）	飞行范围（km）	最大负载（磅）	费用（万元）	可靠性	灵敏度
P1	2.0	1500	20000	550	一般	很高
P2	2.5	2700	18000	650	低	一般
P3	1.8	2000	21000	450	高	高
P4	2.2	1800	20000	500	一般	一般

下面对这些指标数据进行预处理.在建模中，我们首先需要将数表中的第五列和第六列的定性指标进行量化处理，量化后的数据如表8.2所示.

表8.2　四种战斗机性能指标数据

	最大速度（马赫）	飞行范围（km）	最大负载（磅）	费用（万元）	可靠性	灵敏度
P1	2.0	1500	20000	550	0.5	1
P2	2.5	2700	18000	650	0.3	0.5
P3	1.8	2000	21000	450	0.7	0.7
P4	2.2	1800	20000	500	0.5	0.5

数值型指标中最大速度、飞行范围、最大负载为极大型指标，而指标费用为极小型指标．下面给出几种数据标准化处理方式以及得到的相应结果．我们分别采用向量归一化、线性极大变换法以及极大极小标准化变换对各数值型指标进行标准化处理，其程序如下：

```
import numpy as np
import pandas as pd
d1=pd.read_excel('E:\……\planeData.xlsx',index_col=0)
d2=np.linalg.norm(d1,axis=0) #逐列求2范数
M1=d1.max(axis=0) #逐列求最大值
M2=d1.min(axis=0) #逐列求最小值
Sd1=d1 / d2 #全部列向量归一标准化变换
Sd2=d1 / M1 #全部列向量线性极大标准化变换
Sd3=(d1-M2)/(M1-M2) #全部列向量极大极小标准化变换
Sd1.iloc[:,3]=1-d1.iloc[:,3]/d2[3] #第4列特殊处理
Sd2.iloc[:,3]=M2[3] / d1.iloc[:,3] #第4列特殊处理
Sd3.iloc[:,3]=(M1[3]-d1.iloc[:,3])/(M1[3]-M2[3])#第4列特殊处理
print('数据归一标准化变换结果如下:\n',Sd1)
print('数据线性极大标准化变换结果如下:\n',Sd2)
print('数据极大极小标准化变换结果如下:\n',Sd3)
```

运行程序得到如下输出结果：

```
数据归一标准化变换结果如下：
型号  最大速度   飞行范围   最大负载    费用      可靠性     灵敏度
P1    0.467142  0.366181  0.505560  0.493147  0.481125  0.708881
P2    0.583927  0.659125  0.455004  0.400992  0.288675  0.354441
P3    0.420428  0.488241  0.530838  0.585302  0.673575  0.496217
P4    0.513856  0.439417  0.505560  0.539224  0.481125  0.354441
数据线性极大标准化变换结果如下：
型号  最大速度   飞行范围   最大负载    费用      可靠性    灵敏度
P1      0.80    0.555556  0.952381  0.818182  0.714286   1.0
P2      1.00    1.000000  0.857143  0.692308  0.428571   0.5
P3      0.72    0.740741  1.000000  1.000000  1.000000   0.7
P4      0.88    0.666667  0.952381  0.900000  0.714286   0.5
数据极大极小标准化变换结果如下：
型号  最大速度   飞行范围   最大负载   费用  可靠性  灵敏度
P1    0.285714  0.000000  0.666667  0.50   0.5    1.0
P2    1.000000  1.000000  0.000000  0.00   0.0    0.0
P3    0.000000  0.416667  1.000000  1.00   1.0    0.4
P4    0.571429  0.250000  0.666667  0.75   0.5    0.0
```

注 从这三个评价矩阵可以看出,用不同的预处理方法得到的评价矩阵略有不同,即各指标的值略有不同,但对评价对象的特征反映趋势是一致的,这种趋势可参看图8.2.

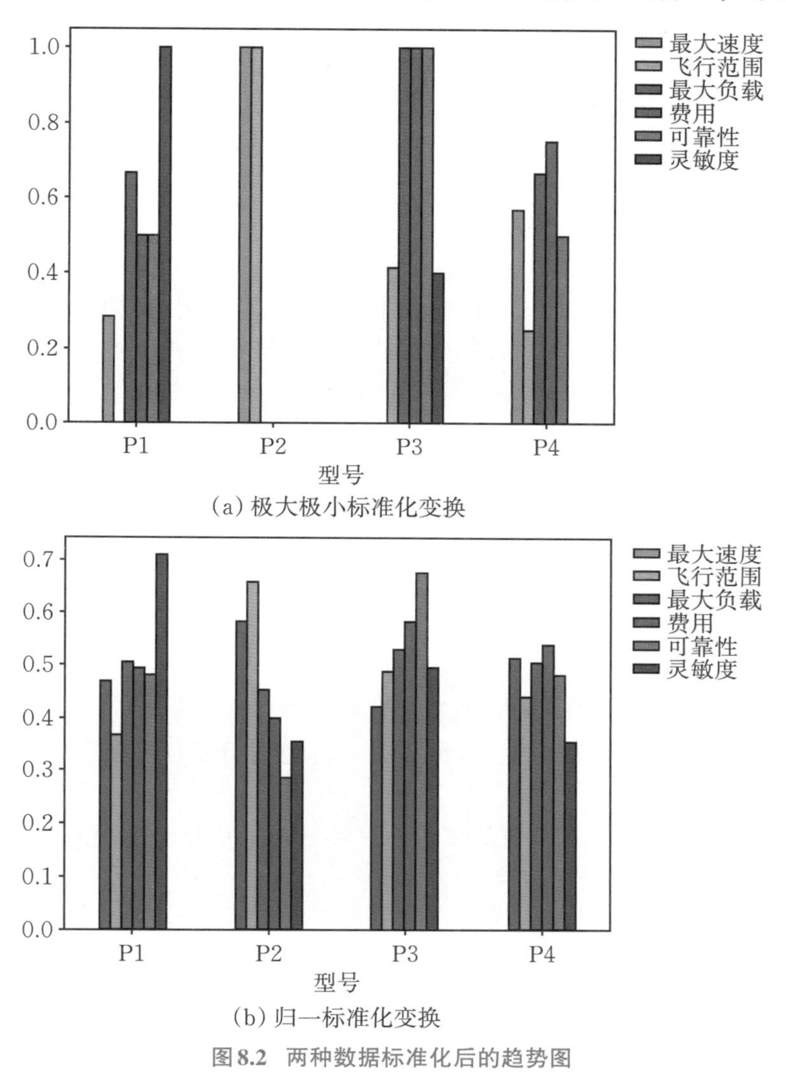

(a) 极大极小标准化变换

(b) 归一标准化变换

图8.2 两种数据标准化后的趋势图

8.2 模型降维挖掘

模型降维是一种数据挖掘技术,它可以将高维数据转换为低维数据,以便更好地理解和数据分析.在数据挖掘中,高维数据通常会导致维度灾难,即数据变得非常稀疏和难以处理.通过降维,可以减少数据的维度,从而提高数据的可解释性和可视化效果.

模型降维的方法包括主成分分析(PCA)、线性判别分析(LDA)、非线性t-SNE等.这些方法可以通过数学变换将高维数据映射到低维空间中，同时尽可能地保留数据的信息.例如，PCA可以通过线性变换将数据投影到一个新的坐标系中，使得数据在新坐标系中的方差最大化.LDA则是一种有监督的降维方法，它可以将数据投影到一个新的坐标系中，使得不同类别之间的距离最大化，同类别之间的距离最小化.

模型降维在数据挖掘中具有广泛的应用，例如图像处理、文本分析、生物信息学等领域.通过降维，可以更好地理解和分析数据，从而发现数据中的隐藏模式和规律.

8.2.1 数据的主成分降维分析

主成分分析(principal component analysis，PCA)是一种常用的数据降维方法，它可以将高维数据转化为低维数据，同时保留原始数据的主要信息.PCA的基本思想是将原始数据通过线性变换，转化为一组新的变量，这些新变量是原始变量的线性组合，且彼此之间不相关.这些新变量被称为主成分，它们按照方差大小依次排列.第一主成分包含了原始数据中最大的方差；第二主成分包含了次大的方差，以此类推.通过保留前几个主成分，就可以实现数据的降维，同时保留原始数据的主要信息.PCA广泛应用于数据挖掘、模式识别、图像处理等领域.

一般地，数据的主成分分析的主要步骤如下：

步骤1：数据标准化：将原始数据进行标准化处理，使得各个变量具有相同的尺度和方差.

步骤2：计算协方差矩阵：计算标准化后的数据的协方差矩阵.

步骤3：计算特征值和特征向量：对协方差矩阵进行特征值分解，得到特征值和特征向量.

步骤4：选择主成分：按照特征值从大到小的顺序选择主成分，通常选择前几个主成分，使得它们的累计贡献率达到一定的阈值.

步骤5：计算主成分得分：将原始数据投影到所选的主成分上，得到主成分得分.

步骤6：解释主成分：对每个主成分进行解释，确定它们所代表的意义和含义.

步骤7：检验主成分模型：对主成分模型进行检验，包括检验主成分的正交性、稳定性和可靠性等.

例8.5 对给出一个4行3列的数据集进行两个主成分分析的结果.

```
import numpy as np
from sklearn.decomposition import PCA
X=np.array([[1,2,3],[4,5,6],[7,8,9],[10,11,12]])
pca=PCA(n_components=2)
pca.fit(X)
print("数据的主成分:\n",pca.components_)
print("数据的方差贡献率:\n ",pca.explained_variance_ratio_)
```

运行程序得到如下输出结果：

数据的主成分：

[[0.57735027 0.57735027 0.57735027]
[0. −0.70710678 0.70710678]]
数据的方差贡献率:
[1. 0.]

注 在这个例子中,我们首先创建了一个4×3的数据集X.然后,创建了一个主成分PCA对象,并将其拟合到数据集X中.我们指定了n_components=2,这意味着只想保留前两个主成分.程序输出了主成分和方差贡献率的结果.请注意,我们使用了scikit-learn库中的PCA类来执行主成分分析.这个类提供了许多有用的方法和属性,例如components_属性,它返回每个主成分的权重向量,以及explained_variance_ratio_属性,同时它返回每个主成分的方差贡献率.

例8.6 对给定的10行5列的数据集进行主成分分析.

```
import numpy as np
from sklearn.decomposition import PCA
data_0=np.random.rand(10,5)
data=np.array(data_0)
pca=PCA(n_components=3)
pca.fit(data)
print("原始的数据集如下:\n",data_0)
print("数据集的主成分结果如下:\n",pca.components_)
print("应用主成分分析的解释方差为\n",pca.explained_variance_)
print("应用主成分分析的解释贡献率为\n",pca.explained_variance_ratio_)
```

运行程序得到如下输出结果:
原始的数据集如下:

```
[[0.77101654 0.47396213 0.90161959 0.96344529 0.86897561]
 [0.81157148 0.31832038 0.47585324 0.67826817 0.97608108]
 [0.82123507 0.15759473 0.95718734 0.8236062  0.47283068]
 [0.85863726 0.44235176 0.22087152 0.23466914 0.83571833]
 [0.20054466 0.21550817 0.60338586 0.77910595 0.32026798]
 [0.49305763 0.30932992 0.48022017 0.18799458 0.41179139]
 [0.65349368 0.99360981 0.54473589 0.63129381 0.09762672]
 [0.71911147 0.9859388  0.32400858 0.39736826 0.4639952 ]
 [0.16867427 0.74162621 0.80470719 0.76294716 0.59487234]
 [0.98074609 0.83869558 0.00297619 0.56752976 0.5578837 ]]
```

数据集的主成分结果如下:

```
[[ 0.32248398  0.50507942 −0.66996594 −0.43422224 −0.0591231 ]
 [−0.52039869  0.49786207  0.1404048   0.06803075 −0.67600065]
 [−0.42409946 −0.59119894 −0.23859819 −0.60463834 −0.21933271]]
```

应用主成分分析的解释方差为
[0.17063252 0.11393201 0.06948651]
应用主成分分析的解释贡献率为
[0.41964785 0.28020053 0.17089279]

8.2.2 数据降维的Lasso方法

Lasso(least absolute shrinkage and selection operator)方法是一种用于特征选择和回归分析的统计方法,即最小绝对值收缩和选择算子.Lasso方法通过对目标函数添加一个L1正则化项,使得模型的系数可以被压缩到零,从而实现特征选择的目的.Lasso方法的优点在于它可以处理高维数据,即使在样本数量小于特征数量的情况下也能够有效地进行特征选择.此外,Lasso方法还可以用于解决多重共线性问题,即当特征之间存在高度相关性时,Lasso方法可以选择其中一个特征并将其系数压缩到零,从而避免了过拟合的问题.Lasso方法的缺点在于它对于噪声数据比较敏感,因为它的正则化项是L1范数,它会将一些噪声数据的系数压缩到零,但是对于真正有用的特征也可能会被压缩到零.此外,Lasso方法在处理高度相关的特征时,可能会选择其中一个特征,忽略其他相关特征,这可能会导致信息的损失.总之,Lasso方法是一种非常有用的特征选择和回归分析方法,它可以处理高维数据和多重共线性问题,但是需要注意对噪声数据的敏感性和对相关特征的处理.下面是Lasso数据降维方法步骤:

(1) 数据预处理:对数据进行标准化处理,使得每个特征的均值为0,方差为1.
(2) 划分数据集:将数据集划分为训练集和测试集.
(3) 模型训练:使用Lasso模型对训练集进行拟合,得到模型参数.
(4) 特征选择:根据模型参数大小,选择重要的特征,将不重要的特征去掉.
(5) 模型评估:使用测试集对模型进行评估,计算模型的准确率和误差.
(6) 参数调优:根据模型评估结果,调整Lasso模型参数,从而提高其性能.
(7) 模型应用:使用训练好的Lasso模型对新数据进行预测,得到预测结果.

总之,Lasso数据降维方法可以帮助我们从海量的数据中提取出重要的特征,从而提高模型的效率和准确性.

例8.7 根据sklearn.datasets中的波斯顿房价数据集,应用Lasso方法给出模型系数,进而确定数据集中哪些标量应该去掉.

```
from sklearn.linear_model import Lasso
from sklearn.datasets import load_boston
import numpy as np
boston=load_boston()#加载数据集
X=boston.data
y=boston.target
print('波斯顿房价数据集1至9行与2至七列的部分数据展示:\n',X[0:9,1:8])
```

```
lasso=Lasso(alpha=0.1) #创建Lasso模型
lasso.fit(X,y) #拟合模型
print("模型求解的Lasso方法系数:\n",np.round(lasso.coef_,4))
```

运行程序得到如下输出结果:

```
波士顿房价数据集1至9行与2至七列的部分数据展示:
[[18.     2.31   0.     0.538   6.575   65.2    4.09   ]
 [ 0.     7.07   0.     0.469   6.421   78.9    4.9671]
 [ 0.     7.07   0.     0.469   7.185   61.1    4.9671]
 [ 0.     2.18   0.     0.458   6.998   45.8    6.0622]
 [ 0.     2.18   0.     0.458   7.147   54.2    6.0622]
 [ 0.     2.18   0.     0.458   6.43    58.7    6.0622]
 [12.5    7.87   0.     0.524   6.012   66.6    5.5605]
 [12.5    7.87   0.     0.524   6.172   96.1    5.9505]
 [12.5    7.87   0.     0.524   5.631  100.     6.0821]]
模型求解的Lasso方法系数:
[-0.0979  0.0492  -0.0366  0.9552  -0.  3.7032  -0.01  -1.1605  0.2747
 -0.0146  -0.7707  0.0102  -0.5688]
```

注　我们只需设置一个阈值为0.05,使得系数的绝对值小于等于0.05,我们有理由将该系数所对应的数据变量删除.从上面的系数来看,可以将第二个、第三个、第五个、第七个、第十个、第十二个数据变量删除,因为这些数据对被解释变量的解释能力非常小,而保留原始数据的第一、第四、第六、第八、第九、第十一和第十三个数据变量.

例8.8　根据Lasso变量回归原理,应用定义函数的方法实现自适应的Lasso回归变量选择.

```
import numpy as np
def adaptive_lasso(X,y,alpha=1.0,max_iter=1000,tol=1e-4):
    # Adaptive Lasso方法的变量选择
    # param X:自变量矩阵,shape为(n_samples,n_features)
    # param y:因变量向量,shape为(n_samples,)
    # param alpha:L1正则化系数,默认为1.0
    # param max_iter:最大迭代次数,默认为1000
    # param tol:迭代收敛阈值,默认为1e-4
    # return:变量选择后的系数向量,shape为(n_features,)
    n_samples,n_features=X.shape
    w=np.ones(n_features)
    for i in range(max_iter):
        w_prev=w.copy()
        for j in range(n_features):
```

```
            X_j=X[:,j]
            X_not_j=np.delete(X,j,axis=1)
            y_pred=X_not_j.dot(w[np.delete(np.arange(n_features),j)])
            r=y - y_pred
            z=X_j.dot(r)
            w[j]=soft_threshold(z,alpha) / (np.abs(z)+1e-6)
        if np.sum(np.abs(w - w_prev)) < tol:
            break
    return w
def soft_threshold(z,alpha):
    # 阈值函数
    # param z:输入值
    # param alpha:阈值
    # return:阈值结果
    if z > alpha:
        return z - alpha
    elif z < -alpha:
        return z+alpha
    else:
        return 0.0
X=np.random.rand(100,10)
y=X.dot(np.random.rand(10))+np.random.rand(100)
w=adaptive_lasso(X,y)
print('adaptive_lasso方法返回的模型系数:\n',np.round(w,4))
```

运行程序得到如下输出结果:

```
adaptive_lasso方法返回的模型系数:
[-0.9464  -0.9529  0.9631  0.9671  0.9623  0.9679  0.9618  0.9643  0.9691
0.9675]
```

注 由于上述数据是由random库中的rand函数生成的均匀分布,因此上述的模型系数之间的绝对值差距不显著,从而不能将任何一个变量剔除.

8.2.3 数据的因子分析

数据的因子分析是一种多变量统计分析方法,用于确定一组变量中的共同因素.它可以帮助我们理解数据中的结构和关系,以及发现变量之间的潜在关联.在因子分析中,我们将一组变量转换为一组新的、不相关的变量,称为因子.这些因子可以解释原始变量的大部分方差,从而减少数据的复杂性.因子分析可以应用于各种领域,如心理学、社会学、市场研究等.它可以帮助我们发现隐藏在数据背后的模式和结构,从而更好地理解数据.

一般地,数据的因子分析步骤如下:

(1) 确定研究目的和问题:确定研究的目的和问题,明确需要分析的数据类型和变量.

(2) 收集数据:收集数据并进行数据清洗和预处理,包括缺失值处理、异常值处理、标准化等.

(3) 确定因子数:通过Kaiser准则、Scree图、平行分析等方法确定因子数.

(4) 进行因子旋转:通过正交旋转或斜交旋转等方法,将因子进行旋转,实现因子之间的相关性最小化.

(5) 解释因子:对每个因子进行解释,确定每个因子所代表的含义和解释.

(6) 进行因子得分计算:计算每个样本在每个因子上的得分,得到每个样本在每个因子上的得分矩阵.

(7) 进行因子分析结果的验证:通过内部一致性检验、稳定性检验、外部效度检验等方法,验证因子分析结果的可靠和有效.

(8) 进行因子分析结果的应用:根据因子分析结果,做进一步的数据分析和应用,如聚类分析、回归分析、分类分析等.

例8.9　对给定的数据,应用因子分析得出因子载荷矩阵和因子得分矩阵.

```
import pandas as pd
from sklearn.decomposition import FactorAnalysis
path='E:\……\information.xls'
data=pd.read_excel(path)
X=data.iloc[:10,1:]
fa=FactorAnalysis(n_components=4)
fa.fit(X)
print('输出因子载荷矩阵为\n',fa.components_)
print('输出因子得分:\n',fa.transform(X))
```

运行程序得到如下输出结果:

```
输出因子载荷矩阵为
[[ 3.49263378e-01   4.53497025e+00   2.41519158e+00   4.85484149e+01
  -3.20151131e+00   2.61020073e+00   5.55697579e-01   9.37787249e-02]
 [ 1.84281067e-02   8.19672694e-01  -1.44324129e+00   4.09170963e-01
   8.07794774e+00   1.04563592e+00   3.78870161e+00   1.26305854e-01]
 [-3.70299306e-01   4.53554766e+00   2.12041738e+00  -5.54561356e-01
  -7.38812706e-01  -8.55200821e-01   1.79761955e+00  -3.30184374e-01]
 [-2.39686634e-01  -1.16665722e+00   2.75250918e+00   4.10039683e-02
   8.66371622e-01   2.72373179e-01  -4.65860078e-01  -1.34410775e-01]]
输出因子得分:
[[ 2.41069719   0.31409074   -0.97555568   -0.14110934]
```

```
[-0.56219889   0.19348011   0.31133207   -0.43833866]
[-0.0446949   -0.98146977   1.27206695   0.21830868]
[ 1.2723502   -0.95336472   0.2074777    0.3518492 ]
[-0.64319871   0.19039499  -1.40333705  -1.32545731]
[-0.68556188  -0.63429541  -0.34854465  -0.78919035]
[ 0.17628332   2.28683258   1.6269292   -0.15287315]
[-0.39560968  -1.27306519   0.95109159  -0.34581184]
[-0.82971123   0.75857281  -0.92295101   0.1224589 ]
[-0.69835541   0.09882386  -0.71850913   2.50016388]]
```

注 程序中为了简洁起见，数据中data.iloc[:10,1:]只选取了前十行且从第二列开始的数据进行因子分析；fa.components_为输出因子的载荷矩阵；FactorAnalysis(n_components=4)表示因子分析中选取4个因子；输出因子得分的函数是fa.transform().

8.2.4 数据的独立成分降维分析

数据的独立成分分析(independent component analysis，ICA)是一种基于统计学的信号处理技术，用于从混合信号中分离出独立的成分.它的基本思想是将混合信号看作是多个独立成分的线性组合，通过寻找这些独立成分的线性组合系数，从而实现信号的分离.

ICA的应用领域非常广泛，包括语音信号处理、图像处理、生物医学信号处理等.在语音信号处理中，ICA可以用于分离不同说话人的语音信号；在图像处理中，ICA可以用于分离不同光源照射下的图像；在生物医学信号处理中，ICA可以用于分离脑电信号中的不同脑区信号.

ICA的核心算法包括最大熵方法、最大似然方法、独立性最小化方法等.其中最大熵方法是最常用的一种，它通过最大化独立成分的熵来实现信号的分离.在实际应用中，ICA的性能受到混合信号的相关性、噪声等因素的影响，需要根据具体情况进行参数调整和优化.

例8.10 根据数据的独立成分方法给出一个简单示例.

```
import numpy as np
from sklearn.decomposition import FastICA
import matplotlib.pyplot as plt
plt.rcParams["font.sans-serif"]=["SimHei"]
plt.rcParams["axes.unicode_minus"]=False
#生成混合信号
s1=np.random.normal(size=1000)
s2=np.sin(np.linspace(0,100,1000))
X=np.c_[s1,s2]
#混合信号
A=np.array([[1,0.5],[0.5,1]])
```

```
X=X.dot(A)
ica=FastICA(n_components=2)# 使用FastICA进行分离
S=ica.fit_transform(X)
# 绘制分离后的信号
import matplotlib.pyplot as plt
plt.figure()
plt.subplot(2,1,1)
plt.plot(X)
plt.title('混合信号图')
plt.subplot(2,1,2)
plt.plot(S)
plt.title('ICA方法恢复的信号图')
plt.tight_layout()
plt.show()
```

运行程序得到图8.3所示结果.

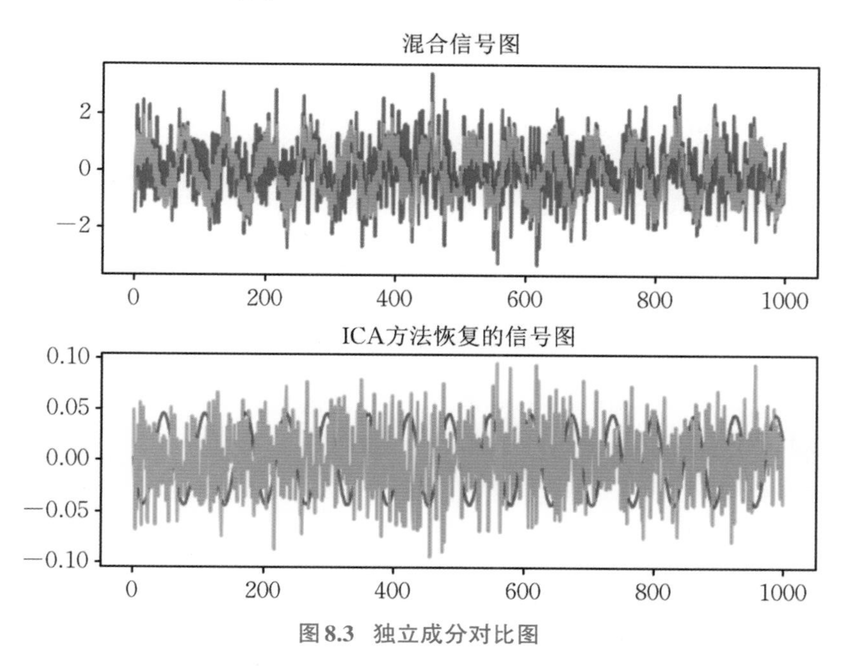

图8.3 独立成分对比图

例8.11 生成三个不同的信号,包括一个正弦波、一个方波和一些噪声.使用一个混合矩阵将这些信号混合在一起,生成观测数据.然后使用FastICA算法对这些观测数据进行独立成分分析,得到了估计的混合矩阵和重构的信号.最后,将原始信号、混合后的观测数据和重构的信号绘制在一起,以便比较它们的差异.

```
import numpy as np
from sklearn.decomposition import FastICA
```

```
import matplotlib.pyplot as plt
plt.rcParams["font.sans-serif"]=["SimHei"]
plt.rcParams["axes.unicode_minus"]=False
# 生成随机数据
np.random.seed(0)
n_samples=2000
time=np.linspace(0,8,n_samples)
s1=np.sin(2 * time) # 正弦波
s2=np.sign(np.sin(3 * time)) # 方波
s3=np.random.randn(n_samples) # 噪声
S=np.c_[s1,s2,s3]
S /=S.std(axis=0) # 标准化数据
A=np.array([[1,1,1],[0.5,2,1.0],[1.5,1.0,2.0]]) # 混合矩阵
X=np.dot(S,A.T) # 生成观测数据
# 使用FastICA进行独立成分分析
ica=FastICA(n_components=3)
S_=ica.fit_transform(X) # 重构信号
A_=ica.mixing_ # 估计的混合矩阵
import matplotlib.pyplot as plt
plt.figure()
models=[X,S,S_]
names=['观察的混合信号',
      '真实信号',
      'ICA 还原信号']
colors=['red','steelblue','orange']
for ii,(model,name) in enumerate(zip(models,names),1):
  plt.subplot(3,1,ii)
  plt.title(name)
  for sig,color in zip(model.T,colors):
     plt.plot(sig,color=color)
plt.tight_layout()
plt.show()
```

运行程序得到ICA独立成分分析对比图,如图8.4所示.

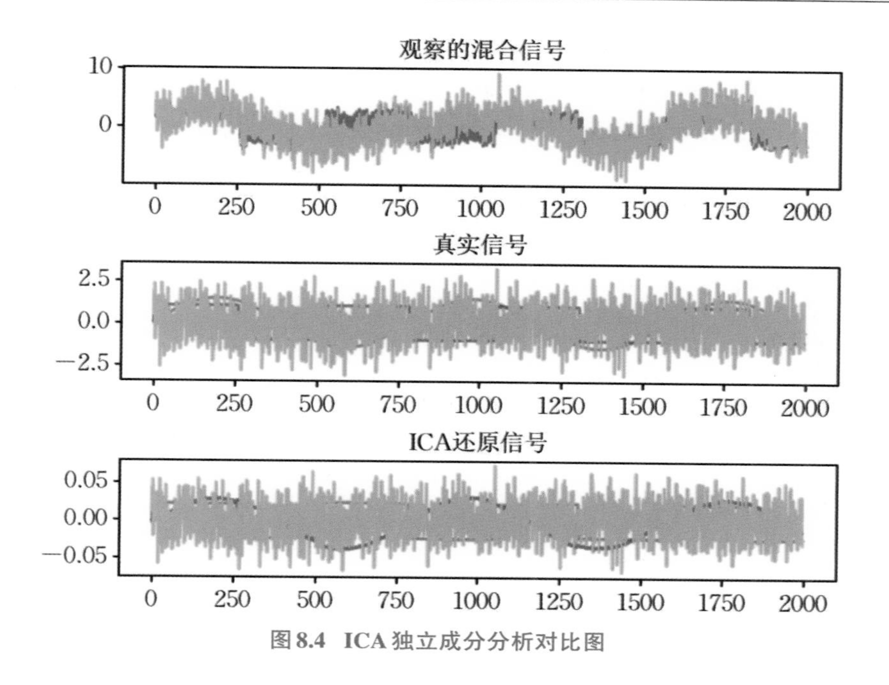

图8.4　ICA独立成分分析对比图

8.2.5　数据的线性判别降维分析

数据的线性判别降维方法(linear discriminant analysis,LDA)是一种经典的降维方法,它可以将高维数据映射到低维空间中,同时保留数据的判别信息.LDA的基本思想是将数据投影到一个新的低维空间中,使得不同类别的数据在新空间中的距离尽可能大,同一类别的数据在新空间中的距离尽可能小.具体来说,LDA首先计算出每个类别的均值向量和协方差矩阵,然后确定投影方向,最终将数据投影到这个方向上,得到降维后的数据.

LDA的优点是可以有效地提取数据的判别信息,适用于分类问题;缺点是需要计算类别的均值向量和协方差矩阵,计算量较大,同时对于非线性数据,LDA的效果可能不如其他非线性降维方法.

例8.12　根据sklearn.datasets库加载鸢尾花数据集,创建一个线性判别模型LDA对象,并将其拟合到数据上.将n_components参数设置为2,以便将数据映射到二维空间中,输出降维后的数据并作出数据对比图.

```
from sklearn.discriminant_analysis import LinearDiscriminantAnalysis
from sklearn.datasets import load_iris
from pylab import *
rcParams["font.sans-serif"]=["SimHei"]
rcParams["axes.unicode_minus"]=False
iris=load_iris()# 加载iris数据集
X=iris.data
y=iris.target
```

```
print('X数据集中前七行的原始数据如下:\n',np.round(X[0:7,:],4))
#创建线性判别LDA对象并拟合数据
lda=LinearDiscriminantAnalysis(n_components=2)
X_LDA=lda.fit_transform(X,y)
#输出降维后的数据
print('数据的线性判别降维后的数据如下:\n',np.round(X_LDA[0:10,:],4))
Dlen=len(X[0:10,:])
plot(range(Dlen),X[0:10,:],label='原数据')
plot(range(Dlen),X_LDA[0:10,:])
plot(range(Dlen),X_LDA[0:10,:],'s',label='降维数据点')
legend()
ylim(-3,15)
ylabel('数据集')
title('线性判别降维图')
show()
```

运行程序得到结果和数据对比图,如图8.5所示.

```
X数据集中前七行的原始数据如下:
[[5.1  3.5  1.4  0.2]
 [4.9  3.   1.4  0.2]
 [4.7  3.2  1.3  0.2]
 [4.6  3.1  1.5  0.2]
 [5.   3.6  1.4  0.2]
 [5.4  3.9  1.7  0.4]
 [4.6  3.4  1.4  0.3]]
数据的线性判别降维后的数据如下:
[[ 8.0618   0.3004]
 [ 7.1287  -0.7867]
 [ 7.4898  -0.2654]
 [ 6.8132  -0.6706]
 [ 8.1323   0.5145]
 [ 7.7019   1.4617]
 [ 7.2126   0.3558]
 [ 7.6053  -0.0116]
 [ 6.5606  -1.0152]
 [ 7.3431  -0.9473]]
```

注 在上例程序中,LinearDiscriminantAnalysis()的函数里的n_components=2是控制降维的指定维数,这是核心参数.

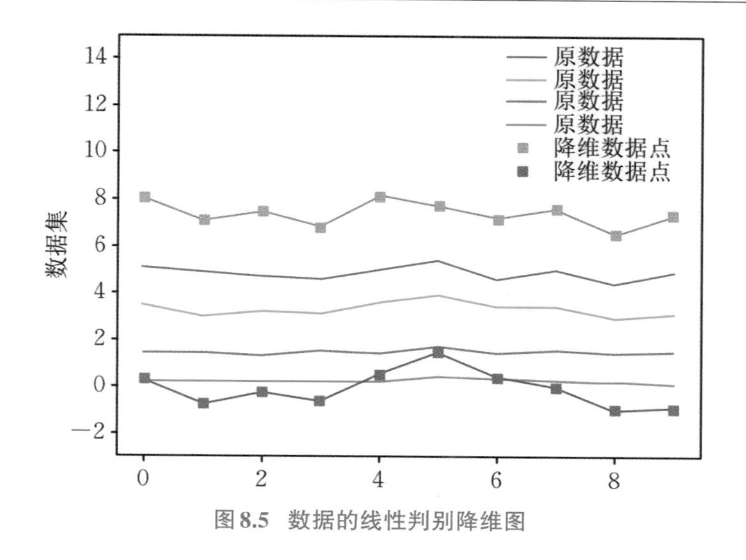

图8.5　数据的线性判别降维图

8.2.6　数据的 t-SNE 非线性降维挖掘

t-分布随机邻域嵌入(t-distributed stochastic neighbor embedding,t-SNE)是一种非线性降维方法,用于将高维数据映射到低维空间中.它通过保留数据点之间的局部相似性来构建低维表示,同时最大化高维和低维表示之间的相似性.t-SNE通常用于可视化高维数据处理,以便更好地理解数据的结构和关系.其应用的一般步骤如下:

(1) 计算相似度矩阵:对于给定的数据集,首先需要计算每个数据点之间的相似度.可以使用欧几里得距离、余弦相似度等方法计算相似度矩阵.

(2) 构建高维空间中的概率分布:t-SNE通过将每个数据点在高维空间中的相似度转换为概率分布来构建高维空间中的概率分布.具体来说,对于每个数据点 i,t-SNE定义了一个以 i 为中心的高斯分布,该分布的方差由一个参数σi控制.然后,t-SNE使用这些高斯分布来构建高维空间中的概率分布.

(3) 构建低维空间中的概率分布:t-SNE同样需要在低维空间中构建概率分布.在低维空间中,t-SNE使用类似的方法来构建概率分布,但是使用的是t分布而不是高斯分布.t 分布具有长尾特性,可更好地保留数据点之间的局部结构.

(4) 最小化KL散度:t-SNE的目标是最小化高维空间中的概率分布与低维空间中的概率分布之间的KL散度.KL散度是一种计算两个概率分布之间差异的方法.t-SNE使用梯度下降等优化方法来最小化KL散度.

(5) 可视化:最终 t-SNE将数据点从高维空间映射到低维空间,并将其进行可视化处理.在低维空间中,数据点之间的距离可以更好地反映它们在高维空间中的相似度.

例8.13　加载sklearn.datasets中的手写数字数据集,使用TSNE将数据降到指定的2维.然后,使用matplotlib绘制了降维后的数据,其中每个点的颜色表示它所属的数字类别.

```
import matplotlib.pyplot as plt
from sklearn.manifold import TSNE
```

```
from sklearn.datasets import load_digits
#加载手写数字数据集
digits=load_digits()
X=digits.data
y=digits.target
print('原数据的前十行八列数据如下:\n',X[0:10,0:8])
#使用TSNE方法进行数据降维
tsne=TSNE(n_components=2,random_state=42)
X_tsne=tsne.fit_transform(X)
print('指定原数据降到2维后的前十行数据如下:\n',X_tsne[0:10,:])
#绘制降维后的数据
plt.figure(figsize=(10,8))
plt.scatter(X_tsne[:,0],X_tsne[:,1],c=y,cmap=plt.cm.get_cmap('jet',10))
plt.colorbar(ticks=range(10))
plt.clim(-0.1,9)
plt.show()
```

运行程序得到输出结果和处理后的数据散点图,如图8.6所示.

```
原数据的前十行八列数据如下:
[[ 0.  0.  5. 13.  9.  1.  0.  0.]
 [ 0.  0.  0. 12. 13.  5.  0.  0.]
 [ 0.  0.  0.  4. 15. 12.  0.  0.]
 [ 0.  0.  7. 15. 13.  1.  0.  0.]
 [ 0.  0.  0.  1. 11.  0.  0.  0.]
 [ 0.  0. 12. 10.  0.  0.  0.  0.]
 [ 0.  0.  0. 12. 13.  0.  0.  0.]
 [ 0.  0.  7.  8. 13. 16. 15.  1.]
 [ 0.  0.  9. 14.  8.  1.  0.  0.]
 [ 0.  0. 11. 12.  0.  0.  0.  0.]]
指定原数据降到2维后的前十行数据如下:
[[ 65.25366    -0.32000518]
 [-21.453482   -5.3581433 ]
 [ -8.7417555  25.999811  ]
 [ 26.095675   18.852863  ]
 [-43.982872  -29.208569  ]
 [ 26.420385    6.2265697 ]
 [ -3.281713  -52.91985   ]
 [-39.040977   20.770693  ]
 [  1.458468   15.01953   ]
```

```
[ 21.577055    1.7424424 ]]
```

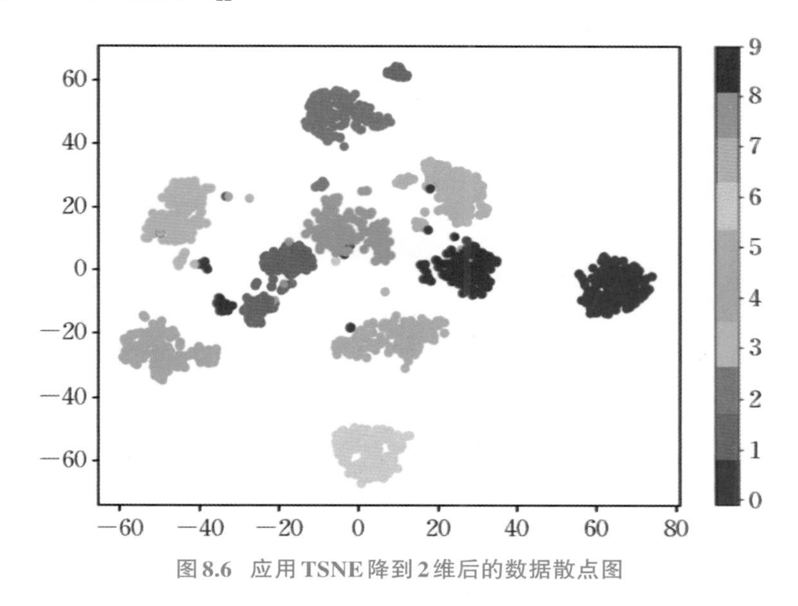

图8.6　应用TSNE降到2维后的数据散点图

8.2.7　数据的多维缩放降维分析

多维缩放(multidimensional scaling,MDS)是一种用于分析数据相似性的统计方法.它可以将高维数据映射到低维空间中,从而使得数据的结构和相似性变得更加清晰可见.

MDS方法的基本思想:通过计算数据点之间的距离或相似性,将它们映射到一个低维空间中,使得在这个低维空间中,数据点之间的距离或相似性与原始数据点之间的距离或相似性尽可能地接近.MDS方法可以用于分析各种类型的数据,包括定量数据、定性数据、二元数据等.MDS方法可以用于可视化数据,帮助我们更好地理解数据之间的关系和结构.它也可以用于聚类分析、分类分析、数据降维等领域.MDS方法具体应用的主要步骤如下:

(1) 计算数据点之间的距离或相似性矩阵.

(2) 将距离或相似性矩阵转换为内积矩阵.

(3) 对内积矩阵进行特征值分解,得到特征值和特征向量.

(4) 选择前k个最大的特征值对应的特征向量,构成一个k维空间.

(5) 将数据点映射到这个k维空间中,得到它们在低维空间中的坐标.

例8.14　创建一个4×4的距离矩阵,使用多维缩放MDS方法将其降到2维.

```
import numpy as np
from sklearn.manifold import MDS
# 给定一个距离矩阵数据
distances=np.array([[0,3,4,2],
                    [3,0,5,6],
                    [4,5,0,1],
```

```
                    [2,6,1,0]])
#使用多维缩放MDS方法进行数据降维
mds=MDS(n_components=2,dissimilarity='precomputed')
X=mds.fit_transform(distances)
print('多维缩放MDS降维后的2列数据如下:\n',X)
```

运行程序得到如下输出结果:

```
多维缩放MDS降维后的2列数据如下:
[[-1.38937368  0.14005505]
 [-0.56570377  3.34575447]
 [ 1.6251405  -1.55066574]
 [ 0.32993695 -1.93514378]]
```

第9章　关联规则与关联度的数据挖掘

数据挖掘是一种从大量数据中提取有用信息的过程.它是一种交叉学科,涉及统计学、计算机科学、人工智能和机器学习等领域.数据挖掘的目的是发现数据中的模式、关系和趋势,以便做出更好的决策.数据挖掘的基本概念包括数据预处理、数据挖掘技术和数据挖掘应用.

数据预处理是数据挖掘的第一步,它包括数据清洗、数据集成、数据转换和数据规约.数据清洗是指去除数据中的噪声、异常值和缺失值等不合理数据的操作.数据集成是将多个数据源中的数据合并成一个数据集.数据转换是将数据从一种格式转换为另一种格式,以便进行分析.数据规约是将数据集中的数据压缩成更小的数据集,以便更快地进行分析.

数据挖掘技术包括分类、聚类、关联规则挖掘、异常检测和预测.分类是将数据分成不同的类别,以便进行更好的分析.聚类是将数据分成不同的群组,以便发现数据中的相似性.关联规则挖掘是发现数据中的关联性,例如购买某种商品的人也会购买另一种商品.异常检测是发现数据中的异常值,例如信用卡欺诈.预测是根据历史数据预测未来的趋势,例如股票价格预测.

数据挖掘应用包括市场营销、金融风险管理、医疗诊断、社交网络分析和自然语言处理等.市场营销可以利用数据挖掘技术发现潜在客户和市场趋势.金融风险管理可以利用数据挖掘技术预测贷款违约和股票价格波动.医疗诊断可以利用数据挖掘技术发现疾病的早期迹象和治疗方案.社交网络分析可以利用数据挖掘技术发现社交网络中的关系和趋势.自然语言处理可以利用数据挖掘技术分析文本数据,例如情感分析和文本分类.

数据挖掘的成功取决于数据的质量和数据挖掘技术的选择.数据质量包括数据的完整性、准确性、一致性和可靠性.数据挖掘技术的选择取决于数据的类型和分析目的.例如,分类和聚类适用于结构化数据,而文本挖掘适用于非结构化数据.总之,数据挖掘是一种重要的数据分析技术,它可以帮助人们从大量数据中发现有用的信息和知识.

9.1　有效的频繁项集挖掘方法

假设我们有一个超市的销售数据集,其中包含了每个顾客购买的商品清单.我们想要挖掘出哪些商品经常一起被购买,以便超市可以进行更好的商品搭配和促销活动.

首先,需要对数据集进行预处理,将每个顾客的购买清单转换为一个项集.然后,使用算法来挖掘频繁项集.例如,可以将支持度阈值设置为0.1,表示只有在至少10%的购买清单中出现的商品组合才被认为是频繁项集.接下来,我们可以使用关联规则挖掘算法来发现哪些商品组合之间存在着约束关系.我们将置信度阈值设置为0.5,表示只有当一个商品组合的出现可以预测另一个商品组合的出现时,才被认为是一个有意义的关联规则.最后,可将挖掘出来的频繁项集和关联规则呈现给超市的营销团队,以帮助他们制定更好的商品搭配和促销策略.

9.1.1 Apriori关联规则

Apriori关联规则思想方法是一种基于频繁项集的挖掘方法,用于发现数据集中的频繁项集和关联规则.该方法基于两个假设:先验假设和后验假设.先验假设是指如果一个项集是频繁的,则它的所有子集也是频繁的.后验假设是指如果一个规则是频繁的,则它的前提和结论也是频繁的.Apriori算法的基本思想是通过迭代的方式,从单个项开始,逐步生成更大的项集,直到不能再生成为止.在每一次迭代中,算法会扫描数据集,计算每个项集的支持度,然后根据支持度阈值筛选出频繁项集.最后,算法会根据频繁项集生成关联规则,并计算每个规则的置信度,筛选出置信度高的规则.

应用Apriori关联规则的一般步骤如下:

收集数据:收集需要分析的数据集.

(1) 数据预处理:对数据进行清洗、去重、缺失值处理等预处理操作.

(2) 确定最小支持度和最小置信度:根据实际情况确定最小支持度和最小置信度的阈值.

(3) 生成候选项集:根据最小支持度,生成所有满足支持度要求的项集.

(4) 生成关联规则:根据最小置信度,从候选项集中生成满足置信度要求的关联规则.

(5) 对规则进行评估和筛选:对生成的关联规则进行评估和筛选,选择符合实际需求的规则.

(6) 解释和应用规则:对生成的关联规则进行解释和应用,为实际业务提供支持和指导.

例9.1 已知某商店的五个顾客的购买记录,根据这些数据应用Apriori算法得到频繁项集、关联度和置信度.顾客的购买数据如下:

顾客1	牛奶	面包	水果		
顾客2	牛奶	面包	鸡蛋	蔬菜	
顾客3	牛奶	水果			
顾客4	牛奶	面包	水果	鸡蛋	蔬菜
顾客5	牛奶	面包	水果	蔬菜	糖果

相关程序代码如下:

```
def connect_string(x,ms):#实现项集之间的连接
    x=list(map(lambda i:sorted(i.split(ms)),x))
    l=len(x[0])
    r=[]
```

```
    for i in range(len(x)):
        for j in range(i,len(x)):
            if x[i][:l-1]==x[j][:l-1] and x[i][l-1]!=x[j][l-1]:
                r.append(x[i][:l-1]+sorted([x[j][l-1],x[i][l-1]]))
    #print('r=',r)
    return r
#寻找关联规则的函数
def find_rule(d,support,confidence,ms=u'-->'):
    result=pd.DataFrame(index=['confidence','support']) #定义输出结果
    support_series=1.0 * d.sum() / len(d) #支持度序列
#初步根据支持度筛选
    column=list(support_series[support_series > support].index)
    k=0
    while len(column) > 1:
        k=k+1
        column=connect_string(column,ms)
#新一批支持度的计算函数
        sf=lambda i:d[i].prod(axis=1,numeric_only=True)
        #创建连接数据
        d_2=pd.DataFrame(list(map(sf,column)),
index=[ms.join(i) for i in column]).T
#计算连接后的支持度
        support_series_2=1.0 * d_2[[ms.join(i) for i in column]].sum() / len(d)
        #新一轮支持度筛选
column=list(support_series_2[support_series_2 > support].index)
        support_series=support_series.append(support_series_2)
        column2=[]
        for i in column: #遍历可能的推理,即哪些频繁项集
            i=i.split(ms)
            for j in range(len(i)):
                column2.append(i[:j]+i[j+1:]+i[j:j+1])
#定义置信度序列
cofidence_series=pd.Series(index=[ms.join(i) for i in column2])
        for i in column2: #计算置信度序列
            cofidence_series[ms.join(i)]=support_series[ms.join(sorted(i))] / support_series
[ms.join(i[:len(i)-1])]
 #置信度筛选
        for i in cofidence_series[cofidence_series > confidence].index:
```

```
            result[i]=0.0
            result[i]['confidence']=cofidence_series[i]
            result[i]['support']=support_series[ms.join(sorted(i.split(ms)))]
    result=result.T
    print('频繁项集:',result)
    #return result
import pandas as pd
inputfile='E:\……\saleData.xlsx'
data=pd.read_excel(inputfile,header=None)
ct=lambda x :pd.Series(1,index=x[pd.notnull(x)]) #转换0-1矩阵的过渡函数
b=map(ct,data.values)
data=pd.DataFrame(list(b)).fillna(0) #实现矩阵转换,空值用0填充
support=0.2 #最小支持度
confidence=0.5 #最小置信度
ms='→' #连接符
print(find_rule(data,support,confidence,ms))
```

运行程序得到如下输出结果:

```
频繁项集:                  confidence  support
面包→牛奶                    1.000000      0.8
牛奶→面包                    0.800000      0.8
牛奶→水果                    0.800000      0.8
水果→牛奶                    1.000000      0.8
鸡蛋→牛奶                    1.000000      0.4
蔬菜→牛奶                    1.000000      0.6
牛奶→蔬菜                    0.600000      0.6
面包→水果                    0.750000      0.6
水果→面包                    0.750000      0.6
鸡蛋→面包                    1.000000      0.4
面包→蔬菜                    0.750000      0.6
蔬菜→面包                    1.000000      0.6
蔬菜→水果                    0.666667      0.4
鸡蛋→蔬菜                    1.000000      0.4
蔬菜→鸡蛋                    0.666667      0.4
面包→鸡蛋→牛奶               1.000000      0.4
牛奶→鸡蛋→面包               1.000000      0.4
蔬菜→面包→牛奶               1.000000      0.6
牛奶→面包→蔬菜               0.750000      0.6
牛奶→蔬菜→面包               1.000000      0.6
```

```
牛奶→面包→水果          0.750000   0.6
水果→面包→牛奶          1.000000   0.6
水果→牛奶→面包          0.750000   0.6
牛奶→蔬菜→水果          0.666667   0.4
水果→蔬菜→牛奶          1.000000   0.4
蔬菜→鸡蛋→牛奶          1.000000   0.4
牛奶→鸡蛋→蔬菜          1.000000   0.4
牛奶→蔬菜→鸡蛋          0.666667   0.4
蔬菜→面包→水果          0.666667   0.4
水果→面包→蔬菜          0.666667   0.4
水果→蔬菜→面包          1.000000   0.4
面包→鸡蛋→蔬菜          1.000000   0.4
蔬菜→鸡蛋→面包          1.000000   0.4
蔬菜→面包→鸡蛋          0.666667   0.4
蔬菜→面包→鸡蛋→牛奶    1.000000   0.4
牛奶→面包→鸡蛋→蔬菜    1.000000   0.4
牛奶→蔬菜→鸡蛋→面包    1.000000   0.4
牛奶→蔬菜→面包→鸡蛋    0.666667   0.4
牛奶→蔬菜→面包→水果    0.666667   0.4
水果→蔬菜→面包→牛奶    1.000000   0.4
水果→牛奶→面包→蔬菜    0.666667   0.4
水果→牛奶→蔬菜→面包    1.000000   0.4
```

注　在上述程序中的最小支持度，我们设置为0.2，而最小置信度设置为0.5，如果将最小支持度设置为0.4，而最小置信度设置为0.6，那么得到的结果和上面的就不同，其结果如下：

```
频繁项集：        confidence  support
面包→牛奶              1.00      0.8
牛奶→面包              0.80      0.8
牛奶→水果              0.80      0.8
水果→牛奶              1.00      0.8
蔬菜→牛奶              1.00      0.6
面包→水果              0.75      0.6
水果→面包              0.75      0.6
面包→蔬菜              0.75      0.6
蔬菜→面包              1.00      0.6
蔬菜→面包→牛奶        1.00      0.6
牛奶→面包→蔬菜        0.75      0.6
牛奶→蔬菜→面包        1.00      0.6
牛奶→面包→水果        0.75      0.6
```

水果→面包→牛奶　　1.00　0.6

水果→牛奶→面包　　0.75　0.6

例9.2　已知某超市的顾客购买数据,使用apriori,association_rules库函数进行数据关联挖掘,其数据如下:

顾客1　牛奶,尿不湿,

顾客2　可乐,面包,尿不湿,啤酒,

顾客3　牛奶,尿不湿,鸡蛋,

顾客4　牛奶,尿不湿,啤酒,

顾客5　面包,尿不湿

相关程序代码如下:

```
from mlxtend.frequent_patterns import apriori,association_rules
import pandas as pd
data=[['牛奶','尿不湿'],
      ['可乐','面包','尿不湿','啤酒'],
      ['牛奶','尿不湿','鸡蛋'],
      ['牛奶','尿不湿','啤酒'],
      ['面包','尿不湿']]
data=pd.DataFrame(data)
data_encoded=pd.get_dummies(data)
# 使用Apriori算法获取频繁项集
frequent_itemsets=apriori(data_encoded,min_support=0.4,use_colnames=True)
# 使用关联规则算法获取关联的支持度
rules=association_rules(frequent_itemsets,metric="lift",min_threshold=1)
print('频繁项集的支持度:\n',frequent_itemsets)
print('频繁项集的数据挖掘结果为\n',rules)
```

运行程序得到如下输出结果:

```
频繁项集的支持度:
   support    itemsets
0    0.6     (0_牛奶)
1    0.8     (1_尿不湿)
2    0.6     (0_牛奶,1_尿不湿)
频繁项集的数据挖掘结果为
antecedents  consequents  antecedent   support  lift   leverage  conviction
    0          (0_牛奶)     (1_尿不湿)   0.6     1.25    0.12       inf
    1          (1_尿不湿)   (0_牛奶)     0.8     1.25    0.12       1.6
```

注　上述程序的输出结果解析如下:其中牛奶和尿不湿是高频繁项数据,从结果可看出,顾客买牛奶后再买尿不湿的支持度是0.6,置信度几乎是100%,而当顾客购买尿不湿后,再买牛奶的支持度是0.8,或者说当顾客买了尿不湿后再买牛奶的概率达到80%.

9.1.2 FP-Growth关联规则的数据挖掘

FP-Growth是一种用于挖掘频繁项集和关联规则的算法.它通过构建一棵FP树来实现高效的频繁项集挖掘.FP-Growth算法的基本思想是将数据集压缩成一棵FP树,然后通过遍历FP树来挖掘频繁项集.FP-Growth算法的优点是它只需要对数据集进行两次扫描,因此它比Apriori算法更快.FP-Growth算法还可以处理大规模数据集,因为它不需要生成候选项集.FP-Growth算法的关联规则挖掘过程与Apriori算法类似,但是由于FP-Growth算法的效率更高,因此它可以处理更大的数据集.

FP-Growth关联规则算法的一般步骤如下:

(1) 构建FP树:遍历数据集,统计每个项的出现频率,将频繁项集作为树的节点,同时记录每个节点的支持度计数.对于每个事务,按照频繁项集的出现频率排序,构建FP树.

(2) 构建条件模式基:对于每个频繁项集,找到其所有前缀路径,将路径上的节点作为条件模式基.

(3) 递归挖掘FP树:对于每个频繁项集,以其为条件模式基,构建条件FP树,然后递归挖掘条件FP树,得到频繁项集.

(4) 生成关联规则:对于每个频繁项集,生成其所有非空子集作为规则的前件,剩余项作为规则的后件,计算规则的置信度,保留置信度大于等于最小置信度阈值的规则.

(5) 输出结果:输出所有满足条件的关联规则.

其中,步骤(1)和(2)是预处理步骤,步骤(3)和(4)是挖掘步骤,步骤(5)是输出结果步骤.

例9.3 根据给定的数据集,应用FP-Growth算法挖掘关联规则.

```
from tqdm import tqdm
def load_data():
    ans=[]
    reader=[['鸡','鸭','鹅','牛','狗','猫'],
            ['鸡','牛','羊'],
            ['鸡','牛','鸭','狗','猫'],
            ['鸡','鸭','牛','羊'],
            ['鸡','鸭','狗','猫','鹅'],
            ['鸭','熊','狗','猫']]
    for row in reader:
        row=list(set(row)) # 去重,排序
        row.sort()
        ans.append(row)
    return ans
def show_confidence(rule):
```

```
    index=1
    for item in rule:
        s="{:<4d} {:.3f} {}=>{}".format(index, item[2], str(list(item[0])), str(list
(item[1])))
        index+=1
        print(s)
class Node:
    def __init__(self,node_name,count,parentNode):
        self.name=node_name
        self.count=count
        self.nodeLink=None
        self.parent=parentNode
        self.children={}
class Fp_growth_plus():
    def data_compress(self,data_set):
        data_dic={}
        for i in data_set:
            if frozenset(i) not in data_dic:
                data_dic[frozenset(i)]=1
            else:
                data_dic[frozenset(i)]+=1
        return data_dic
    def update_header(self,node,targetNode): # 更新node节点形成的链表
        while node.nodeLink !=None:
            node=node.nodeLink
        node.nodeLink=targetNode
    def update_fptree(self,items,count,node,headerTable): #更新fptree
        if items[0] in node.children:
            # 判断items的第一个结点是否已作为子结点
            node.children[items[0]].count+=count
        else:
            node.children[items[0]]=Node(items[0],count,node)
            # 更新相应频繁项集的链表,往后添加
            if headerTable[items[0]][1]==None:
                headerTable[items[0]][1]=node.children[items[0]]
            else:
                self.update_header(headerTable[items[0]][1],node.children[items[0]])
        if len(items) > 1:# 递归
```

```
            self.update_fptree(items[1:],count,node.children[items[0]],headerTable)
    def create_fptree(self,data_dic,min_support,flag=False):#创建树主函数
        item_count={} #统计各项出现次数
        for t in data_dic:
            for item in t:
                if item not in item_count:
                    item_count[item]=data_dic[t]
                else:
                    item_count[item]+=data_dic[t]
        headerTable={}
        for k in item_count: #剔除不满足最小支持度的项
            if item_count[k]>=min_support:
                headerTable[k]=item_count[k]
        freqItemSet=set(headerTable.keys())
        if len(freqItemSet)==0:
            return None,None
        for k in headerTable:
            headerTable[k]=[headerTable[k],None] # element:[count,node]
        tree_header=Node('head node',1,None)
        if flag:
            ite=tqdm(data_dic)
        else:
            ite=data_dic
        for t in ite: #第二次遍历建树
            localD={}
            for item in t:
                if item in freqItemSet:#过滤取满足最小支持度的频繁项
                    localD[item]=headerTable[item][0] # element :count
            if len(localD)>0:
                #根据全局频数从大到小对单样本排序
                order_item=[v[0] for v in sorted(localD.items(),key=lambda x:x[1],reverse=
True)]
                #用过滤且排序后的样本更新树
                self.update_fptree(order_item,data_dic[t],tree_header,headerTable)
        return tree_header,headerTable
    def find_path(self,node,nodepath):
        if node.parent !=None:#递归将node的父节点添加到路径
            nodepath.append(node.parent.name)
```

```
            self.find_path(node.parent,nodepath)
    def find_cond_pattern_base(self,node_name,headerTable):
        treeNode=headerTable[node_name][1]
        cond_pat_base={}
        while treeNode !=None:
            nodepath=[]
            self.find_path(treeNode,nodepath)
            if len(nodepath) > 1:
                cond_pat_base[frozenset(nodepath[:-1])]=treeNode.count
            treeNode=treeNode.nodeLink
        return cond_pat_base
    def create_cond_fptree(self, headerTable, min_support, temp, freq_items, support_da-
ta):
        freqs=[v[0] for v in sorted(headerTable.items(),key=lambda p:p[1][0])]
        for freq in freqs: # 根据频繁项的总频次排序
            freq_set=temp.copy()
            freq_set.add(freq)
            freq_items.add(frozenset(freq_set))
            if frozenset(freq_set) not in support_data: # 检查该频繁项
                support_data[frozenset(freq_set)]=headerTable[freq][0]
            else:
                support_data[frozenset(freq_set)]+=headerTable[freq][0]
            cond_pat_base=self.find_cond_pattern_base(freq,headerTable)
            # 创建条件模式树
            cond_tree,cur_headtable=self.create_fptree(cond_pat_base,min_support)
            if cur_headtable !=None:
                self.create_cond_fptree(cur_headtable, min_support, freq_set, freq_items, sup-
port_data) # 递归挖掘条件FP树
    def generate_L(self,data_set,min_support):
        data_dic=self.data_compress(data_set)
        freqItemSet=set()
        support_data={}
        tree_header,headerTable=self.create_fptree(data_dic,min_support,flag=True)
        # 创建各频繁一项的fptree,并挖掘频繁项并保存支持度计数
        self.create_cond_fptree(headerTable,min_support,set(),freqItemSet,support_data)
        max_l=0
        for i in freqItemSet: #根据大小将频繁项保存到指定的容器中
```

```
            if len(i) > max_l:max_l=len(i)
        L=[set() for _ in range(max_l)]
        for i in freqItemSet:
            L[len(i)-1].add(i)
        for i in range(len(L)):
            print("频繁项:{}:{} ".format(i+1,L[i]))#{}:{}
        return L,support_data
    def generate_R(self,data_set,min_support,min_conf):
        L,support_data=self.generate_L(data_set,min_support)
        rule_list=[]
        sub_set_list=[]
        for i in range(0,len(L)):
            for freq_set in L[i]:
                for sub_set in sub_set_list:
                    if sub_set.issubset(
                     freq_set) and freq_set-sub_set in support_data:
                        conf=support_data[freq_set]/ support_data[freq_set-sub_set]
                        big_rule=(freq_set-sub_set,sub_set,conf)
                        if conf >=min_conf and big_rule not in rule_list:
                            rule_list.append(big_rule)
                sub_set_list.append(freq_set)
        rule_list=sorted(rule_list,key=lambda x:(x[2]),reverse=True)
        return rule_list
if __name__=="__main__":
    min_support=3
    min_conf=0.8 #最小置信度
    data_set=load_data()
    #print(data_set)
    fp=Fp_growth_plus()
    rule_list=fp.generate_R(data_set,min_support,min_conf)
    print("confidence:        关联项")
    show_confidence(rule_list)
```

运行程序得到如下输出结果：

频繁项:1:{frozenset({'鸭'}),frozenset({'狗'}),frozenset({'猫'}),frozenset({'鸡'}),frozenset({'牛'})}

频繁项:2:{frozenset({'鸡','猫'}),frozenset({'鸡','狗'}),frozenset({'牛','鸡'}),frozenset({'鸭','狗'}),frozenset({'鸭','猫'}),frozenset({'鸭','鸡'}),frozenset({'鸭','牛'}),frozenset({'狗',

```
'猫'})}
    频繁项:3:{frozenset({'鸡','狗','猫'}),frozenset({'鸭','鸡','猫'}),frozenset({'鸭','鸡','狗'}),frozenset({'鸭','牛','鸡'}),frozenset({'鸭','狗','猫'})}
    频繁项:4:{frozenset({'鸭','鸡','狗','猫'})}
    confidence: 关联项
    1    1.000 ['牛']=>['鸡']
    2    1.000 ['狗']=>['鸭']
    3    1.000 ['猫']=>['鸭']
    4    1.000 ['鸡','猫']=>['狗']
    5    1.000 ['鸡','狗']=>['猫']
    6    1.000 ['猫','狗']=>['鸡']
    7    1.000 ['鸡','猫']=>['鸭']
    8    1.000 ['鸡','狗']=>['鸭']
    9    1.000 ['鸭','牛']=>['鸡']
    10   1.000 ['猫','狗']=>['鸭']
    11   1.000 ['猫','鸡','狗']=>['鸭']
    12   1.000 ['鸭','鸡','猫']=>['狗']
    13   1.000 ['鸭','鸡','狗']=>['猫']
    14   1.000 ['猫','鸭','狗']=>['鸡']
    15   1.000 ['鸡','猫']=>['鸭','狗']
    16   1.000 ['鸡','狗']=>['鸭','猫']
    17   1.000 ['猫','狗']=>['鸭','鸡']
    18   0.800 ['鸡']=>['牛']
    19   0.800 ['鸭']=>['狗']
    20   0.800 ['鸭']=>['猫']
    21   0.800 ['鸡']=>['鸭']
    22   0.800 ['鸭']=>['鸡']
```

注 程序中,如果设置的最小支持度和置信度不同,那么得到的结果也不同.

9.1.3 Eclat方法关联规则的数据挖掘

Eclat(equivalence class clustering and bottom-up lattice traversal)方法是一种基于频繁项集的关联规则挖掘算法.它通过对数据集中的项集进行垂直数据压缩,来快速发现频繁项集.Eclat方法的核心思想是利用项集的交集来计算频繁项集,因此它不需要对数据集进行水平扫描,而是通过垂直扫描来发现频繁项集.Eclat算法的优点是它不需要生成候选项集的所有子集,因此可以减少计算量.另外,Eclat算法可以处理大规模数据集,因为它只需要存储每个项的支持度和项集的交集信息,而不需要存储所有的项集.然而,Eclat算法的缺点是它不能处理项集中包含重复项的情况,因为它只考虑项集的交集信息.此外,Eclat算法也不能处理项集中包含大量稀疏项的情况,因为这些稀疏项会导致项集的交集信息变得非常小.Eclat算法不支持多层关联规则的挖掘.

Eclat方法的关联规则挖掘过程包括以下步骤:

(1) 构建项集树:将数据集中的所有项按照字典序排序,然后构建一棵项集树,每个节点表示一个项集,节点的子节点表示该项集的子集.

(2) 垂直数据压缩:对项集树进行垂直压缩,将不包含频繁项的节点及其子树删除,只保留包含频繁项的节点及其子树.

(3) 计算频繁项集:对压缩后的项集树进行深度优先搜索,计算每个节点的支持度,得到频繁项集.

(4) 生成关联规则:根据频繁项集,生成关联规则,并计算其置信度和支持度.

例9.4　应用Eclat算法计算数据关联度.

```
from itertools import combinations
from collections import defaultdict
def eclat(dataset,min_support):#定义Eclat算法函数
  itemsets=defaultdict(int)# 初始化项集和支持计数器
  for transaction in dataset:# 遍历数据集中的每个事务
    for item in transaction:#遍历每个事务中的每个项
      itemsets[item]+=1
  # 从项集中删除不满足最小支持度的项
  itemsets=dict((item, support) for item, support in itemsets.items() if support >=
min_support)
  frequent_itemsets=list(itemsets.keys())
  k=2
  while frequent_itemsets:# 循环直到没有更多的频繁项集
    candidate_itemsets=defaultdict(int)# 初始化候选项集
    # 生成候选项集
    for itemset in combinations(frequent_itemsets,k):
      # 计算候选项集的支持度
      support=sum(all(item in transaction for item in itemset) for transaction in dataset)
      # 将候选项集添加到候选项集字典中
      candidate_itemsets[itemset]=support
    # 从候选项集中删除不满足最小支持度的项集
    candidate_itemsets=dict((itemset, support) for itemset, support in candidate_item-
sets.items() if support >=min_support)
    # 将频繁项集添加到频繁项集列表中
    frequent_itemsets=list(candidate_itemsets.keys())
    k+=1
```

```
    return itemsets# 返回频繁项集和支持计数器
dataset=[['bread','milk'],
    ['bread','diaper','egg'],
    ['bread','milk','diaper','beer','cola'],
    ['bread','milk','beer'],
    ['bread','milk','diaper']]
min_support=2
itemsets=eclat(dataset,min_support)
frequentSet=[key for key in itemsets.keys()]
supportNum=[value for value in itemsets.values()]
print('频繁项集:\n',frequentSet)
print('频繁项集中元素的频率数:',supportNum)
for i in range(len(frequentSet)):
    print('频繁项%s的百分数支持度是%f%%'%(frequentSet[i],supportNum[i]/len(dataset)*100))
```

运行程序得到如下输出结果:

```
频繁项集:['bread','milk','diaper','beer']
频繁项集中元素的频率数:[5,4,3,2]
频繁项bread的百分数支持度是100.000000%
频繁项milk的百分数支持度是80.000000%
频繁项diaper的百分数支持度是60.000000%
频繁项beer的百分数支持度是40.000000%
```

注 *从程序运行的结果来看,数据集中有不同元素为6个,但是频繁项元素只有4个.bread在每次中都出现,所以支持度为100%,其他以此类推.*

9.1.4 决策树ID3挖掘算法

决策树ID3(iterative dichotomiser 3)算法是一种基于信息熵的分类算法,它可以从数据集中学习出一棵决策树,用于分类和预测.而关联规则挖掘算法则是一种数据挖掘技术,用于发现数据集中的频繁项集和关联规则.决策树ID3算法可以通过对数据集的属性进行划分,来构建一棵决策树.而关联规则挖掘算法则是通过对数据集中的项集进行频繁度计算,来发现频繁项集和关联规则.

在关联规则挖掘中,可以使用决策树ID3算法进行频繁项集的挖掘.具体来说,可以将数据集中的每个属性作为决策树的节点,然后通过计算每个节点的信息熵来选择最优的属性进行划分.这样就可以得到一棵决策树,用于发现频繁项集和关联规则.总之,决策树ID3算法和关联规则挖掘算法都是数据挖掘中常用的算法,它们可以相互结合,用于更加高效地挖掘数据集中的信息.

基于信息熵的关联规则挖掘算法ID3的应用步骤如下:

(1) 收集数据集:收集包含多个属性和类别标签的数据集.

(2) 计算信息熵:计算数据集中每个属性的信息熵,以确定哪个属性最能区分不同的类别.

(3) 选择最佳属性:选择具有最佳信息增益的属性作为划分数据集的依据.

(4) 划分数据集:根据选择的最佳属性将数据集划分为多个子集.

(5) 递归构建决策树:对每个子集递归地重复步骤(2)～(4),直到所有子集都属于同一类别或者没有更多的属性可用于划分数据集.

(6) 剪枝:对构建好的决策树进行剪枝,以避免过拟合.

(7) 生成关联规则:根据构建好的决策树生成关联规则,以发现数据集中的关联关系.

(8) 评估关联规则:对生成的关联规则进行评估,以确定其可靠性和实用性.

(9) 应用关联规则:将生成的关联规则应用于实际问题中,以发现隐藏在数据中的有用信息.

例 9.5　基于信息熵的关联规则挖掘算法ID3实例.

```
import math
def entropy(data):#计算数据集的熵
    num_entries=len(data)
    label_counts={}
    for feat_vec in data:
        current_label=feat_vec[-1]
        if current_label not in label_counts.keys():
            label_counts[current_label]=0
        label_counts[current_label]+=1
    entropy=0.0
    for key in label_counts:
        prob=float(label_counts[key]) / num_entries
        entropy -=prob * math.log(prob,2)
    return entropy
def split_data(data,axis,value):#按照给定特征划分数据集
    ret_data=[]
    for feat_vec in data:
        if feat_vec[axis]==value:
            reduced_feat_vec=feat_vec[:axis]
            reduced_feat_vec.extend(feat_vec[axis+1:])
            ret_data.append(reduced_feat_vec)
    return ret_data
def choose_best_feature(data):#选择最好的数据集划分方式
    num_features=len(data[0]) - 1
    base_entropy=entropy(data)
```

```
    best_info_gain=0.0
    best_feature=-1
    for i in range(num_features):
        feat_list=[example[i] for example in data]
        unique_vals=set(feat_list)
        new_entropy=0.0
        for value in unique_vals:
            sub_data=split_data(data,i,value)
            prob=len(sub_data) / float(len(data))
            new_entropy+=prob * entropy(sub_data)
        info_gain=base_entropy - new_entropy
        if (info_gain > best_info_gain):
            best_info_gain=info_gain
            best_feature=i
    return best_feature
def majority_cnt(class_list):#多数表决
    class_count={}
    for vote in class_list:
        if vote not in class_count.keys():
            class_count[vote]=0
        class_count[vote]+=1
    sorted_class_count=sorted(class_count.items(),key=lambda x:x[1],reverse=True)
    return sorted_class_count[0][0]
def create_tree(data,labels):#创建决策树
    class_list=[example[-1] for example in data]
    if class_list.count(class_list[0])==len(class_list):
        return class_list[0]
    if len(data[0])==1:
        return majority_cnt(class_list)
    best_feat=choose_best_feature(data)
    best_feat_label=labels[best_feat]
    my_tree={best_feat_label:{}}
    del(labels[best_feat])
    feat_values=[example[best_feat] for example in data]
    unique_vals=set(feat_values)
    for value in unique_vals:
        sub_labels=labels[:]
        my_tree[best_feat_label][value]=create_tree(split_data(data,best_feat,
```

```
 value),sub_labels)
   return my_tree
data=[[1,1,'YES'],
         [1,1,'YES'],
         [0,1,'NO'],
         [1,0,'NO'],
         [0,1,'NO']]
labels=['第一层树节点','第二层树节点']
my_tree=create_tree(data,labels)
print('决策树结果:\n',my_tree)
```

运行程序得到如下结果：

```
决策树结果:
{'第一层树节点':{0:'NO',1:{'第二层树节点':{0:'NO',1:'YES'}}}}
```

9.2　数据的关联度计算

数据的关联度是指两个或多个数据之间的相关性或联系程度.在数据分析和机器学习中,关联度是一个重要的概念,它可以帮助我们理解数据之间的关系,从而更好地进行数据挖掘和预测分析.数据的关联度计算及其应用在数据分析和机器学习中具有重要的作用.本节将介绍数据的关联度计算,主要包括相关系数计算,如Pearson,Spearman,Kendall相关性定量计算等.关联度的应用主要体现在如下5个方面:

(1) 市场调研:通过计算不同产品之间的相关性,了解市场需求和趋势,从而制定更有效的营销策略.

(2) 金融分析:通过计算不同股票之间的相关性,了解市场风险和投资机会,从而做出更明智的投资决策.

(3) 医学研究:通过计算病人之间的相关性,了解疾病的发病机制和治疗方法,从而提高医疗水平和治疗效果.

(4) 推荐系统:数据的关联度计算在推荐系统中起着重要的作用,它可以帮助系统更准确地预测用户的兴趣和行为.推荐系统需要分析用户的历史行为和偏好,以及物品之间的关联度,从而为用户推荐最符合其兴趣的内容.

(5) 风险评估:利用数据分析和机器学习技术来评估风险的方法.风险评估可以应用于各种领域,如金融、医疗、保险等.数据的关联度计算在风险评估中也起着重要的作用,它可以帮助我们确定不同变量之间的关系,从而更好地评估风险.

9.2.1 Pearson相关系数的计算

Pearson相关系数是一种用于衡量两个连续型变量之间线性关系强度的方法.它是由英国科学家查尔斯·威廉·Pearson在1904年首次提出的,因此得名为“Pearson相关系数”. Pearson相关系数的取值范围为−1到1,越接近于1表示两个变量之间的正相关性越强,越接近于−1表示负相关性越强,越接近于0则表示两个变量之间没有线性关系.当样本点数量很大时,Pearson相关系数可以认为是线性关系的近似度量.需要注意的是,Pearson相关系数只能衡量两个变量之间的线性关系强度,而不能反映它们之间的非线性关系.此外,Pearson相关系数也不能衡量不同变量之间的相关性,因为不同变量之间的相关性可能需要使用其他方法进行测量.Pearson相关系数的计算公式如下:

$$\text{Pearson\_correlation\_coefficient}_{xy}=\frac{\sum_{i=1}^{n}(x_i-\bar{x})(y_i-\bar{y})}{\sqrt{\sum_{i=1}^{n}(x_i-\bar{x})^2}\sqrt{\sum_{i=1}^{n}(y_i-\bar{y})^2}}$$

其中,$\text{Pearson_correlation_coefficient}_{xy}$表示两组变量$x$和$y$之间的相关系数,$n$表示样本数量,$x_i$和$y_i$分别表示第$i$个样本的取值,$\bar{x}$和$\bar{y}$分别表示所有样本的平均值.

例9.6 给定两组数据x与y,求出这两组数据的Pearson相关系数和对应的逆矩阵.

```
from scipy.stats import pearsonr
x=[1,2,3,4,5,6,7,8,9]
y=[3,5,7,9,11,2,6,8,7]
correlation_coefficient=pearsonr(x,y)[0]
reverseMatrix=pearsonr(x,y)[1]
coefficient=pearsonr(x,y)
print("x与y的Pearson 相关系数:",correlation_coefficient)
print("x与y的协方差矩阵的逆矩阵:",reverseMatrix)
print("x与y的相关系数和协方差矩阵的逆矩阵:\n",coefficient)
```

运行程序得到如下输出结果:

```
x与y的Pearson 相关系数:0.25775179176713703
x与y的协方差矩阵的逆矩阵:0.5031207762157022
x与y的相关系数和协方差矩阵的逆矩阵:(0.25775179176713703,0.5031207762157022)
```

9.2.2 Spearman相关系数计算方法

Spearman相关系数方法是一种用于衡量两个变量之间的相关性的方法.它是由英国心理学家Charles Spearman在1904年提出的,因此得名为Spearman相关系数.Spearman相关系数方法的基本思想是将两个变量的观测值按照大小顺序排列,然后计算它们的秩次.秩次是指每个观测值在排序后所处的位置.例如,如果一个变量的观测值为10、20、30、40,则它们的秩次分别为1、2、3、4.Spearman的计算公式如下：

$$\text{Spearman\_correlation\_coefficient} = 1 - \frac{6\sum_i d_i^2}{n(n^2-1)}$$

其中，Spearman_correlation_coefficient表示Spearman相关系数，d表示两个变量的秩次差，n表示样本容量.Spearman相关系数的取值范围为-1到1，其中-1表示完全负相关，0表示无相关，1表示完全正相关.与Pearson相关系数不同的是，Spearman相关系数不要求变量之间的关系是线性的，因此它适用于更广泛的数据类型.

例9.7 根据上例中的两组数据x与y，应用Spearman方法计算相关系数与p值.

```
import numpy as np
from scipy.stats import spearmanr
x=[1,2,3,4,5,6,7,8,9]
y=[3,5,7,9,11,2,6,8,7]
# 计算Spearman相关系数和p值
corr,p_value=spearmanr(x,y)
print("Spearman相关系数:",corr)
print("p值:",p_value)
```

运行程序得到如下输出结果：

Spearman相关系数:0.2677847708018314

p值:0.4860296141888535.

注 Spearman相关系数的p_value是指在零假设下，观察到的样本数据与不存在相关性的随机数据集相同或更极端的概率.如果p_value很小(通常小于0.05)，则可以拒绝零假设，即认为存在显著的相关性.如果p_value很大，则不能拒绝零假设，即不能确定是否存在相关性.

为了说明不同数据所反映出的相关性差别，我们给出了下面这个例子.

例9.8 根据random函数所生成的数据，应用Spearman方法计算相关性.

```
import numpy as np
from scipy.stats import spearmanr
x=np.random.rand(10)
y=np.random.rand(10)
# 计算Spearman相关系数和p值
corr,p_value=spearmanr(x,y)
print("随机函数生成的数据应用Spearman方法计算相关系数:\n",corr)
print("p值:",p_value)
```

运行程序得到如下结果：

随机函数生成的数据应用Spearman方法计算相关系数:-0.23636363636363633

p值:0.5108853175152002

注 在此例中，运行多次所得到的结果的相关性都很小或者为负相关.

9.2.3 Kendall相关系数计算方法

Kendall相关系数是一种用于衡量两个变量之间的相关性的非参数方法.它基于两个变量的等级(而不是数值)来计算相关系数.Kendall相关系数的取值范围为−1到1,其中−1表示完全的负相关,0表示没有相关性,1表示完全的正相关.Kendall相关系数的计算方法是通过比较两个变量的等级排名来确定它们之间的相关性.具体来说,它计算的是两个变量之间的“同向对”和“反向对”的数量.同向对是指在两个变量中,等级排名相同的样本对的数量;反向对是指在两个变量中,等级排名不同的样本对的数量.Kendall相关系数的值是同向对数量减去反向对数量的比率.其数学计算公式如下:

$$\text{Kendall\_correlation\_coefficient}_{xy}=\frac{2}{n(n-1)}\sum_{i<j}\text{sign}(x_i-x_j)\text{sign}(y_i-y_j)$$

其中,$\text{Kendall_correlation_coefficient}_{xy}$表示两组变量$x$和$y$之间的相关系数,$n$表示样本数量,$\text{sign}(x_i-x_j)$表示$x_i-x_j$的符号,$\text{sign}(y_i-y_j)$表示$y_i-y_j$的符号,系数的取值在$[-1,\ 1]$内,当取值为−1时表示两组数据完全负相关,而取值为1时表示两组数据完全正相关,而取值为0时表示不相关.

Kendall相关系数的优点是它不受数据分布的影响,适用于非正态分布的数据.它也不受异常值的影响,因为它是基于等级而不是数值计算的.缺点是它对于大样本量的数据计算较为耗时,因为它需要计算所有可能的样本对的等级排名.

例9.9 已知两组数据x和y,求其Kendall相关系数.

```
from scipy.stats import kendalltau
x=[1,2,3,4,5,6,7,8,9]
y=[3,5,7,9,11,2,6,8,7]
Kendall_correlation_coef=kendalltau(x,y)[0]
pvalue_coefficient=kendalltau(x,y)[1]
print("Kendall 相关系数:",Kendall_correlation_coef)
print("Kendall 相关系数的p值:",pvalue_coefficient)
```

运行程序得到如下结果:

```
Kendall相关系数:0.253546276418555
Kendall相关系数的p值:0.3454475304692258
```

9.2.4 应用协方差计算相关系数

协方差主要反映数据之间的线性相关性质.它衡量的是两个变量之间的关系,即它们如何一起变化.如果两个变量的协方差为正,则它们倾向于同时增加或减少;如果协方差为负,则它们倾向于相反的变化;如果协方差为零,则它们之间没有线性关系.协方差的绝对值越大,表示两个变量之间的关系越强.协方差的数学计算公式如下:

$$\mathrm{cov}(X,Y)=\frac{\sum_{i=1}^{n}(X_i-\bar{X})(Y_i-\bar{Y})}{n-1}$$

其中,X和Y是两个随机变量,n是样本容量,$\bar{X}$和$\bar{Y}$分别是X和Y的样本均值.特别地,当样本容量很大时,上述公式中就除以$n-1$,此时是无偏估计的,而当样本容量较小时,上述公式中就除以n,此时是有偏估计的.

例9.10　给出两组相同维度的随机数组,计算它们的协方差和相关系数.

```
import numpy as np
#生成两个相同维度的随机数据
x=np.random.rand(100)
y=np.random.rand(100)
covariance=np.cov(x,y)[0][1]#计算协方差
print("协方差:",covariance)
correlation=np.corrcoef(x,y)[0][1]#计算相关系数
print("相关系数:",correlation)
```

运行程序得到如下输出结果:

```
协方差:0.009643866958574483
相关系数:0.10453413961415864
```

9.2.5　数据相关系数的热力图

数据相关系数(一般应用Pearson相关系数方法计算)的热力图是一种可视化工具,用于显示两个变量之间的相关性.它通常使用颜色编码来表示相关系数的大小,从而使用户能够快速识别变量之间的关系.热力图通常使用矩阵来表示相关系数,其中每个单元格表示两个变量之间的相关系数.单元格的颜色表示相关系数的大小,通常使用渐变色表示.例如,红色表示正相关,蓝色表示负相关,而白色表示无相关性.

热力图可以用于各种领域,例如金融、医疗、社交网络等.在金融领域,热力图可以用于分析股票之间的相关性,以便投资者可以更好地管理他们的投资组合.在医疗领域,热力图可以用于分析疾病之间的相关性,以便医生可以更好地诊断和治疗疾病.总之,数据相关系数的热力图是一种强大的可视化工具,可以帮助用户快速识别变量之间的关系,从而更好地理解数据.

例9.11　已知四组数据,计算它们的相关系数和画出相关系数的热力图.

```
import pandas as pd
import seaborn as sns
import matplotlib.pyplot as plt
data=pd.DataFrame({'Data1':[1,2,3,4,5],'Data2':[3,4,7,3,6],
  'Data3':[3,6,9,10,11],'Data4':[4,4,10,6,8]})
corr=data.corr()
```

```
print(corr)
sns.heatmap(corr,annot=True,cmap='coolwarm')
plt.show()
```

运行程序得到如下输出结果:

	Data1	Data2	Data3	Data4
Data1	1.000000	0.435194	0.966736	0.606339
Data2	0.435194	1.000000	0.530105	0.886621
Data3	0.966736	0.530105	1.000000	0.715128
Data4	0.606339	0.886621	0.715128	1.000000

相关系数的热力图如图9.1所示.

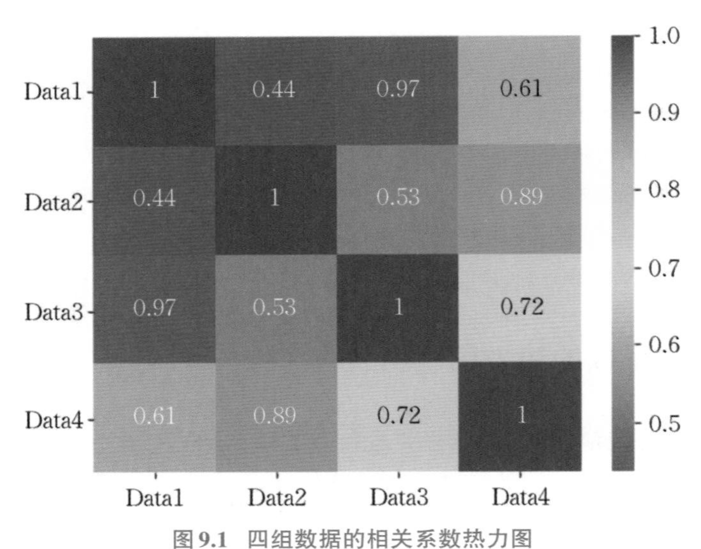

图9.1 四组数据的相关系数热力图

注 seaborn.heatmap能在图表显示数据,参数设置为annot=True.

例9.12 已知Excel数据,求出数据的相关系数值和热力图.

```
import pandas as pd
import seaborn as sns
import matplotlib.pyplot as plt
plt.rcParams["font.sans-serif"]=["SimHei"]
plt.rcParams["axes.unicode_minus"]=False
path='E:\……\information.xls'
data=pd.read_excel(path)
corr=data.corr()
sns.heatmap(corr,annot=True,cmap='coolwarm')
plt.show()
```

运行程序得到相关系数的热力图,如图9.2所示.

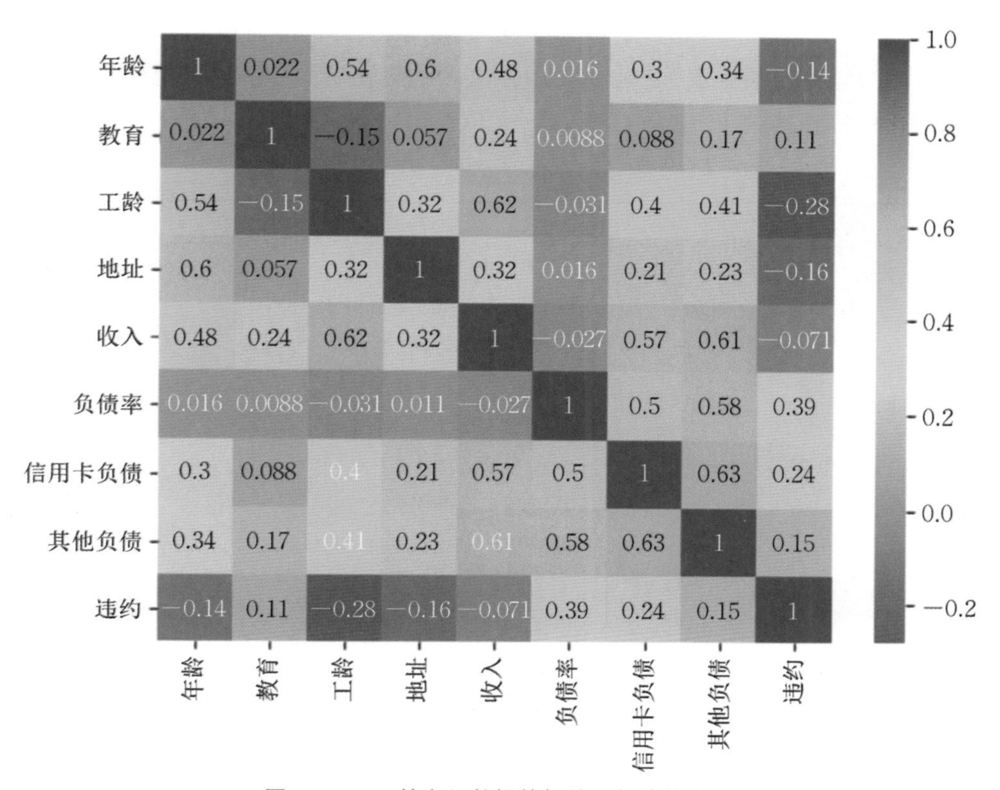

图9.2　Excel的九组数据的相关系数的热力图

9.2.6　多维数据对被解释变量重要性度量计算

在这一小节中,我们基于随机森林模型中的特征重要性来介绍.在随机森林模型中,特征重要性是一个用于衡量每个特征,即解释变量对模型预测能力(被解释变量)的贡献程度的属性.特征重要性可以帮助我们理解哪些特征(即解释变量)对于模型的预测结果(被解释变量)更为重要,从而帮助我们进行变量的特征选择、特征工程和模型解释等任务.在随机森林模型中,特征重要性可以通过以下属性进行获取:

(1) feature_importances_:这是一个数组,包含了每个特征(即解释变量)的重要性得分.数组的长度等于特征的数量,每个元素表示对应特征的重要性得分.重要性得分越高,表示该特征对模型的预测能力贡献越大.

(2) feature_importances_std_:这是一个数组,包含了每个特征重要性得分的标准差.标准差可以用来衡量特征重要性得分的稳定性.如果某个特征的标准差较大,表示其重要性得分在不同的随机森林模型中可能有较大的变化.

(3) feature_importances_normalized_:这是一个数组,包含了每个特征重要性得分的归一化值.归一化可以将特征重要性得分映射到0到1之间的范围,方便进行比较和可视化.

例9.13　我们选择传统燃油车和新能源汽车的保有量的比值作为被解释变量,记为Y,

而选择新能源汽车市场规模、企业数量、充电桩数量等,具体的多维解释变量及其符号说明参见表9.1,而对应数据参见表9.2.本例的目标是多维解释变量对被解释变量的相关影响重要性给出量化评分和排序.

表9.1 解释变量的符号说明

解释变量	名称
GP	燃油价格(元/升)
NC	电动车充电成本(元/千瓦时)
AV	电动车平均价格(万元)
AF	燃油车平均价格(万元)
EV	新能源汽车能源效率(千米/千瓦时)
FE	燃油车能源效率(千米/升)
GV	新能源车政府补贴金额(亿元人民币)
NS	新能源汽车市场规模(万辆)
NE	新能源汽车企业数量(家)
NA	新能源汽车专利申请数量(件)
NI	新能源汽车产业链规模(家)
NP	新能源汽车充电桩数量(万个)

表9.2 相关影响市场竞争关系的因素

年份	Y	GP	NC	AV	AF	EV	FE	GV	NS	NE	NA	NI	NP
2013	0.0003	7.5	1.2	35	15	4.2	12	30	5	300	2024	230	2.2
2014	0.0007	7.8	1.1	32	14	4.5	12.2	50	15	500	3111	280	3
2015	0.0026	7.2	1	29	13	4.8	12.4	70	50	800	4566	320	4.9
2016	0.0049	6.5	0.9	26	12	5.1	12.6	100	120	1200	8205	370	20
2017	0.0074	6.8	0.8	23	11	5.4	12.8	120	250	1500	12262	420	52
2018	0.0114	7.2	0.7	21	10	5.7	13	140	400	1800	17647	460	80
2019	0.0151	7.5	0.6	19	9	6	13.2	160	600	2000	18498	500	130
2020	0.0187	6.8	0.5	17	8	6.3	13.4	180	800	2200	19739	550	168
2021	0.0227	7.2	0.4	15	7	6.6	13.6	200	1000	2400	21300	590	261.7
2022	0.0261	7.5	0.4	13	6	6.9	13.8	220	1200	2600	24700	630	370

```
import pandas as pd
from sklearn.ensemble import RandomForestRegressor
import matplotlib.pyplot as plt
import numpy as np
plt.rcParams['font.sans-serif']=['SimSun'] #将'SimSun'设置为中文字体名称
plt.rcParams["axes.unicode_minus"]=False
data=pd.read_excel("E:\……\新能源.xlsx")
```

```
data=data.set_index('年份')# 将年份作为索引
X=data.drop(columns=['Y'])# 提取因素和目标变量
y=data['Y']#以列名为Y的数据作为被解释变量
rf=RandomForestRegressor()# 创建随机森林模型
rf.fit(X,y)# 训练模型
importances=rf.feature_importances_# 获取特征重要性
feature_names=X.columns# 特征名称
indices=importances.argsort()[::-1]# 将特征重要性排序
feature_importance_df=pd.DataFrame({'解释变量':feature_names[indices],'重要性':importances[indices]})
print('特征重要性排序如下:\n',np.round(feature_importance_df,4))
```

运行程序得到如下解释变量对被解释变量的重要性排序如下:

特征重要性排序如下:

	解释变量	重要性
0	AF	0.1667
1	NC	0.1507
2	AV	0.1126
3	NA	0.0980
4	EV	0.0780
5	NI	0.0773
6	NS	0.0727
7	FE	0.0678
8	NE	0.0673
9	NP	0.0591
10	GV	0.0447
11	GP	0.0051

注 从特征重要性排序可知,AF燃油车平均价格对传统燃油车和新能源汽车的保有量的竞争关系具有最重要作用,而GP燃油价格对其竞争价格作用最小.

9.3 数据的相似度定量计算

数据的相似度计算是指对两个或多个数据对象之间的相似程度进行量化的过程.在数据挖掘、机器学习、信息检索等领域中,相似度计算是非常重要的一项任务,它可以应用于聚类、分类、推荐系统等应用中.

9.3.1 Jaccard相似度计算

Jaccard相似度是一种用于比较两个集合相似度的度量方法.它是通过计算两个集合的交集与并集的比值来衡量它们的相似程度.具体地,Jaccard相似度定义为两个集合交集的大小除以它们并集的大小,即

$$\text{Jaccard\_similarity}=\frac{|A\cap B|}{|A\cup B|}$$

其中,A和B分别表示两个集合,$|A|$表示集合A的大小(即元素个数),$\cap$表示交集,$\cup$表示并集.

Jaccard相似度的取值范围在0到1之间,其中,0表示两个集合没有任何相同元素,1表示两个集合完全相同.因此,Jaccard相似度越接近1,表示两个集合越相似.Jaccard相似度的计算方法常用于文本分类、推荐系统、社交网络分析等领域.

例9.14 应用Jaccard相似度方法计算两组数据的相似度.

```
def jaccard_similarity(set1,set2):#计算两个集合的Jaccard相似度
    intersection=set1.intersection(set2)
    union=set1.union(set2)
    return len(intersection) / len(union)
set1=set(['apple','banana','orange','grape'])
set2=set(['banana','orange','watermelon','grape','cherry'])
similarity_set1_set2=jaccard_similarity(set1,set2)
print('两组数据的相似度:',similarity_set1_set2)
```

运行程序得到如下输出结果:

```
两组数据的相似度:0.5
```

注 在上面的示例中,我们定义了一个名为Jaccard_similarity的函数,该函数接受两个集合作为参数,并返回它们的Jaccard相似度.我们使用set类型来表示集合,并使用intersection和union方法来计算交集和并集.最后,我们将交集的大小除以并集的大小来计算Jaccard相似度.在示例中,我们使用两个集合set1和set2来演示如何使用该函数,并将结果反馈到控制台.

9.3.2 余弦相似度计算

余弦相似度是一种用于比较两个向量之间相似度的度量方法.它是通过计算两个向量之间的夹角余弦值来衡量它们之间的相似度.余弦相似度的取值范围在-1到1之间,其中,1表示两个向量完全相似,0表示两个向量没有相似性,-1表示两个向量完全相反.余弦相似度通常用于文本分类、信息检索、推荐系统等领域中,可以帮助我们找到相似的文本、商品或用户.余弦相似度的计算公式如下:

$$\text{cosine\_similarity} = \frac{A \cdot B}{|A||B|} = \frac{\sum_{i=1}^{n} A_i B_i}{\sqrt{\sum_{i=1}^{n} A_i^2}\sqrt{\sum_{i=1}^{n} B_i^2}}$$

其中,A与B为两组向量数据.

例9.15　根据两个查询向量,应用余弦相似度方法来计算它们的相似度.

```
import math
def cosine_similarity(query1,query2):
    #将查询转换为向量
    query1_vector={term:1 for term in query1.split()}
    query2_vector={term:1 for term in query2.split()}
    #计算向量的长度
    query1_length=math.sqrt(
        sum([value**2 for value in query1_vector.values()]))
    query2_length=math.sqrt(
sum([value**2 for value in query2_vector.values()]))
    #计算点积
    dot_product=sum([query1_vector.get(term,0) * query2_vector.get(term,0) for term
                    in set(query1_vector) & set(query2_vector)])
    #计算余弦相似度
    similarity=dot_product / (query1_length * query2_length)
    return similarity
#示例
query1="apple iphone milk apple noodle paper"
query2="iphone apple milk banana purple noodle"
similarity=cosine_similarity(query1,query2)
print('这两个查询变量的余弦相似度:',similarity)
```

运行程序得到如下输出结果:

这两个查询变量的余弦相似度:0.7302967433402214

例9.16　根据两组数据计算余弦相似度.

```
import numpy as np
def cosine_similarity(a,b):
    dot_product=np.dot(a,b)
    norm_a=np.linalg.norm(a)
    norm_b=np.linalg.norm(b)
    return dot_product / (norm_a * norm_b)
a=np.array([1,2,3,7])
```

```
b=np.array([4,5,6,15])
cosine_similarity=cosine_similarity(a,b)
print('余弦相似度:',cosine_similarity)
```

运行程序得到如下输出结果:

余弦相似度:0.9932231212629788

9.3.3 Levenshtein距离相似度计算

Levenshtein距离是一种用于衡量两个字符串之间的相似度的算法.它是通过计算将一个字符串转换为另一个字符串所需的最少编辑操作次数来实现的.这些编辑操作包括插入、删除和替换字符.Levenshtein距离越小,表示两个字符串越相似.例如,将字符串“kitten”转换为“sitting”需要进行三次编辑操作:将“k”替换为“s”,将“e”替换为“i”,将“n”替换为“g”.因此,它们之间的Levenshtein距离为3.

Levenshtein距离可以用于许多应用程序,例如拼写检查、语音识别和自然语言处理.它也可以用于比较DNA序列和其他生物学数据.

例9.17 根据Levenshtein 距离计算相似度.

```
def levenshtein_distance(s,t):
    m,n=len(s),len(t)
    if m < n:
        s,t=t,s
        m,n=n,m
    # 初始化距离矩阵
    d=[[0] * (n+1) for _ in range(m+1)]
    for i in range(m+1):
        d[i][0]=i
    for j in range(n+1):
        d[0][j]=j
    for j in range(1,n+1):# 计算距离矩阵
        for i in range(1,m+1):
            if s[i-1]==t[j-1]:
                d[i][j]=d[i-1][j-1]
            else:
                d[i][j]=min(d[i-1][j],d[i][j-1],d[i-1][j-1])+1
    print('这两个字符串的Levenshtein距离:',d[m][n])
    return d[m][n]
s='Each country has a hero.'
t='A hero is also an ordinary person.'
```

levenshtein_distance(s,t)

运行程序得到如下输出结果：

这两个字符串的Levenshtein距离：25

注　上述定义的函数接受两个字符串作为输入，返回它们之间的Levenshtein距离．该算法的时间复杂度为$O(mn)$，其中m和n分别是两个字符串的长度．

第10章　数据的聚类、分类与预测

数据的聚类、分类与预测是数据挖掘领域中的三个重要任务.这些任务的目的是从大量的数据中提取有用的信息,以便更好地理解数据并做出决策.

数据聚类是将相似的数据点进行分组.聚类的目的是将数据点分成不同的组,每个组内的数据点都具有相似的特征.聚类可以帮助我们发现数据中的模式和结构,以便更好地理解数据.聚类的应用包括市场细分、图像分析、生物信息学等.聚类算法有多种,其中最常用的是K均值聚类(K-means clustering)算法、层次聚类、密度聚类等.

数据分类是将数据点分配到不同的类别中.分类的目的是将数据点分成不同的类别,每个类别都具有不同的特征.分类可以帮助我们预测新数据点所属的类别,以便更好地做出决策.分类的应用包括垃圾邮件过滤、医学诊断、金融风险评估等.分类算法有多种,主要有线性分类器(包括线性判别分析、逻辑回归、朴素贝叶斯分类器、感知器等)、支持向量机、核估计、决策树、随机森林等.

数据预测是根据已有的数据点预测未来的趋势或结果.预测的目的是根据已有的数据点预测未来的趋势或结果,以便更好地做出决策.常规的预测方法主要包括:① 回归分析,它是预测因变量的发展趋势的一种方法.在回归中,需要预测的变量称为因变量或者被解释变量,用来预测的变量称为自变量或者解释变量.② 时间序列分析,它也叫动态序列,数据是按时间和数值形成的序列.时间序列分析有三种作用,大致可以描述为描述过去、分析规律和预测将来.③ 机器学习预测模型,主要包括决策树、支持向量机回归(SVR)、随机森林等.

10.1　数据的聚类挖掘

数据的聚类是将数据集中的对象分成不同的组或簇,使得同一组内的对象相似度较高,而不同组之间的对象相似度较低.聚类挖掘可以帮助我们发现数据集中的潜在模式和结构,从而更好地理解数据集的特征和性质.常用数据聚类方法参见表10.1所示.

聚类挖掘的过程通常包括以下步骤:

(1) 选择合适的聚类算法.聚类算法有很多种,如K均值聚类、层次聚类、密度聚类等,需要根据数据集的特点和需求选择合适的算法.

(2) 确定聚类的数量.聚类的数量通常需要根据实际需求来确定,可以通过试验不同的聚类数量来选择最优的聚类数量.

表10.1　常用聚类方法及其说明表

对象名	函数功能	所属工具箱
K-means	K均值聚类	sklearn.cluster
AffinityPropagation	吸引力传播聚类,2007年提出,几乎优于所有其他方法,不需要指定聚类数,但运行效率较低	sklearn.cluster
MeanShift	均值漂移聚类算法	sklearn.cluster
SpectralClustering	谱聚类,具有效果比K均值好,速度比K均值快等特点	sklearn.cluster
AgglomerativeClustering	层次聚类,给出一棵聚类层次树	sklearn.cluster
DBSCAN	具有噪声的基于密度的聚类方法	sklearn.cluster
BIRCH	综合的层次聚类算法,可以处理大规模数据的聚类	sklearn.cluster

(3) 选择合适的相似度度量方法.相似度度量方法是衡量两个对象之间相似度的方法,常用的有欧几里得距离、曼哈顿距离、余弦相似度等.

(4) 执行聚类算法.根据选择的聚类算法、聚类数量和相似度度量方法,执行聚类算法,将数据集中的对象分成不同的组或簇.

(5) 分析聚类结果.对聚类结果进行分析,评估聚类的质量和有效性,发现数据集中的潜在模式和结构.

10.1.1　数据的层次聚类挖掘

数据的层次聚类(hierarchical clustering)是一种基于树形结构的聚类方法,它将数据集分成一系列的层次结构,每个层次包含若干个聚类.该方法通过计算不同聚类之间的相似度来构建树形结构,从而实现数据的聚类.在层次聚类中,可以使用不同的相似度度量方法和聚类算法,例如单链接、完全链接、平均链接等.层次聚类的优点是可以自动确定聚类的数量,并且可以通过树形结构直观地展示聚类结果.缺点是计算复杂度较高,对于大规模数据集可能不适用.数据的层次聚类一般步骤如下:

(1) 确定距离度量方法.选择合适的距离度量方法,如欧氏距离、曼哈顿距离等.

(2) 构建距离矩阵.计算每个样本之间的距离,并将距离存储在距离矩阵中.

(3) 构建初始聚类.将每个样本看作一个初始聚类.

(4) 计算聚类之间的距离.根据距离矩阵计算每个聚类之间的距离.

(5) 合并距离最近的聚类.选择距离最近的两个聚类进行合并,形成新的聚类.

(6) 更新距离矩阵.更新距离矩阵,将新的聚类加入距离矩阵中.

(7) 重复步骤(5)和(6),直到所有样本都被聚类到一个聚类中,或者达到预设的聚类数目.

(8) 生成聚类结果.根据聚类结果生成聚类树或者聚类簇.

例10.1　基于random函数生成的三组数据,每组数据为20×2形式的阵列,给出层次聚类的效果图.

```
import numpy as np
```

```
from scipy.cluster.hierarchy import dendrogram,linkage
import matplotlib.pyplot as plt
plt.rcParams["font.sans-serif"]=["SimHei"]
plt.rcParams["axes.unicode_minus"]=False
np.random.seed(300)
a=np.random.normal(size=(20,2))
b=np.random.normal(size=(20,2))
c=np.random.normal(size=(20,2))
a=a+np.array([-2,-2])
b=b+np.array([2,-2])
c=c+np.array([2,2])
X=np.vstack((a,b,c))
Z=linkage(X,'ward')# 层次聚类
plt.title('层次聚类树状图')
plt.xlabel('样本索引值')
plt.ylabel('聚类距离')
dendrogram(Z,leaf_rotation=95,leaf_font_size=6)
plt.show()
```

运行程序得到聚类结果,如图 10.1 所示.

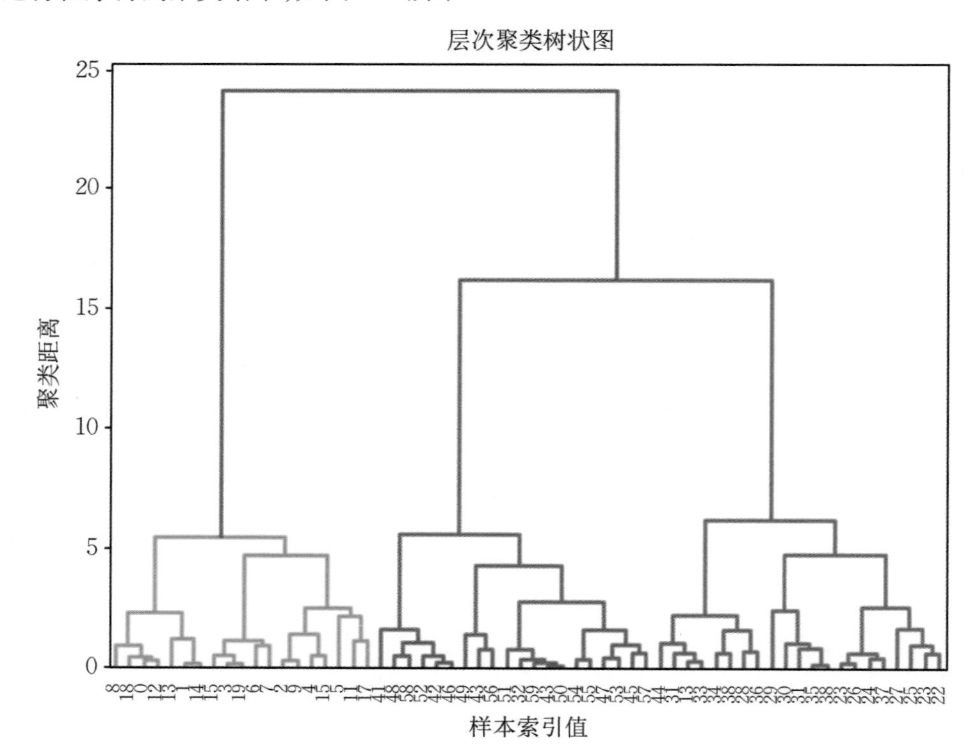

图 10.1 基于层次聚类方法的聚类效果图

注 该代码生成了一个包含三个簇的随机数据集,并使用Ward方法进行层次聚类.然后,使用scipy库中的dendrogram函数绘制了树状图.上述数据也可以换成Excel形式的数据来做层次聚类.

例10.2 给定数据,用AgglomerativeClustering聚类方法输出指定聚类类别.

```
from sklearn.cluster import AgglomerativeClustering
import numpy as np
X=np.random.rand(10,5)# 生成数据
clustering=AgglomerativeClustering(n_clusters=4)# 创建层次聚类对象
clustering.fit(X)# 进行数据聚类
print('聚类的分类数:',clustering.labels_)
```

运行程序得到如下输出结果:

聚类的分类数:[0 3 1 0 1 2 2 3 0 1]

注 上述程序中指定的聚类数为4,如果设定n_clusters=3,则聚类的结果为[0 0 1 0 2 1 1 1 0 2].

例10.3 根据给定数据,应用AgglomerativeClustering聚类方法将聚类的类别输出散点图.

```
import numpy as np
import matplotlib.pyplot as plt
from sklearn.cluster import AgglomerativeClustering
plt.rcParams["font.sans-serif"]=["SimHei"]
plt.rcParams["axes.unicode_minus"]=False
np.random.seed(0)
num_samples=200
data=np.random.randn(num_samples,2)
aggCluster=AgglomerativeClustering(n_clusters=3)# 指定聚类数为3
aggCluster.fit(data)
colors=['red','blue','green']
for i in range(num_samples):
    plt.scatter(data[i,0],data[i,1],color=colors[aggCluster.labels_[i]])
plt.xlabel('数据的第一列')
plt.ylabel('数据的第二列')
plt.title('AgglomerativeClustering聚类图')
plt.show()
```

运行程序得到如下结果,如图10.2所示。

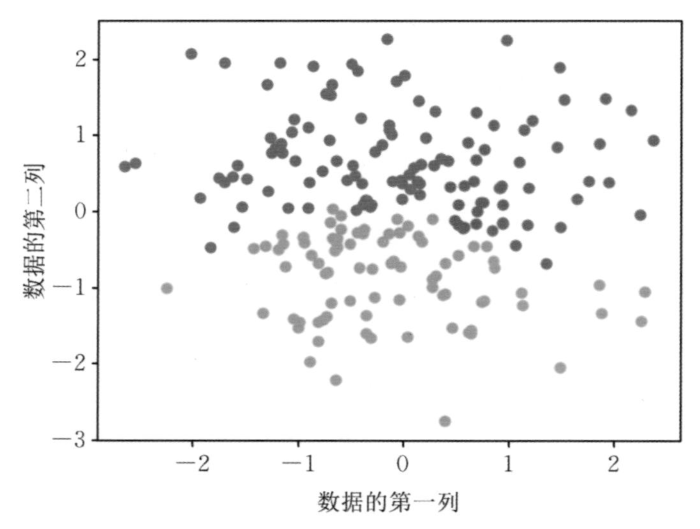

图10.2 基于AgglomerativeClustering方法的聚类图

10.1.2 数据的K均值聚类

K均值聚类是一种常见的无监督学习算法,用于将数据集分成K个不同的簇.K均值聚类的优点是简单易懂、易于实现,并且适用于大多数数据集.但是,该算法对于初始簇中心点的选择非常敏感,可能会导致结果不稳定.此外,该算法还需要预先指定簇的数量K,这也是一个需要注意的问题.该算法的基本思想是将数据点分配到最近的簇中,然后重新计算每个簇的中心点,直到簇的中心点不再发生变化或达到预定的迭代次数为止.K均值聚类的具体实现步骤如下:

(1) 随机选择K个数据点作为初始的簇中心点.

(2) 对于每个数据点,计算它与每个簇中心点的距离(如欧氏距离、曼哈顿距离、切比雪夫距离、闵氏距离、马氏距离等),并将其分配到距离最近的簇中.

(3) 对于每个簇,根据选择的距离计算方法,重新计算其中心点,即对该簇中所有数据点的坐标取平均值.

(4) 重复(2)和(3),直到簇的中心点不再发生变化或达到预定的迭代次数为止.

例10.4 基于给定数据和聚类中心数量的K均值聚类方法.

```
import numpy as np;import matplotlib.pyplot as plt
from sklearn.cluster import KMeans
plt.rcParams["font.sans-serif"]=["SimHei"]
plt.rcParams["axes.unicode_minus"]=False
X=np.random.randn(100,2)# 生成随机数据
kmeans=KMeans(n_clusters=3)# 使用K均值聚类算法
kmeans.fit(X)
plt.scatter(X[:,0],X[:,1],c=kmeans.labels_)
```

```
plt.scatter(kmeans.cluster_centers_[:,0],kmeans.cluster_centers_[:,1],
        marker='.',s=200,linewidths=3,color='r')
plt.title('K均值聚类图');plt.xlabel('第一列数据');
plt.ylabel('第二列数据');plt.show()
```

运行程序得到图10.3.

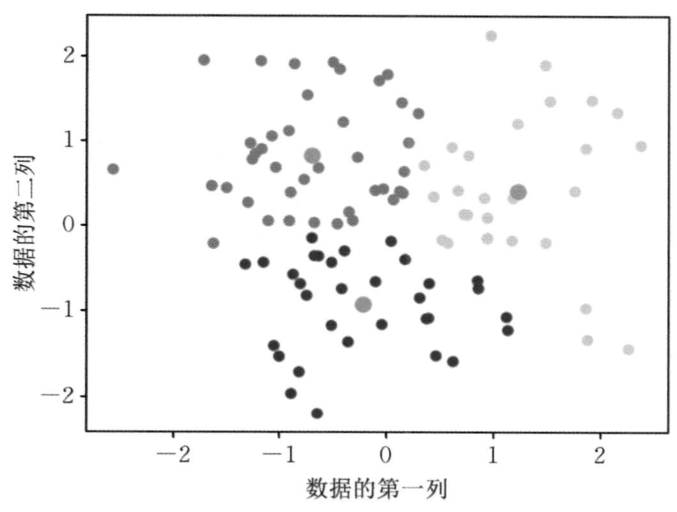

图10.3　基于K均值且指定聚类数的聚类图

注　在本例中，我们首先生成了一个包含100个二维随机数据点的数据集. 然后使用K-means方法来执行K均值聚类算法，指定数据集为3个簇. 最后使用matplotlib库将聚类结果可视化.

例10.5　基于K均值聚类方法，自定义聚类函数进行聚类并作图.

```
import numpy as np
import matplotlib.pyplot as plt
plt.rcParams["font.sans-serif"]=["SimHei"]
plt.rcParams["axes.unicode_minus"]=False
np.random.seed(0)
X=np.random.randn(100,2)
def kmeans(X,K,max_iters=100):#定义K均值聚类函数
  centroids=X[np.random.choice(len(X),K,replace=False)]#初始聚类中心
  for i in range(max_iters):
    #计算每个样本点到聚类中心的距离
    distances=np.sqrt(((X-centroids[:,np.newaxis])**2).sum(axis=2))
    labels=np.argmin(distances,axis=0)#分配每个样本到最近聚类中心
    for k in range(K):#更新聚类中心
      centroids[k]=X[labels==k].mean(axis=0)
  return labels,centroids
```

```
labels,centroids=kmeans(X,K=3)# 调用自定义的聚类函数
plt.scatter(X[:,0],X[:,1],c=labels)# 可视化聚类结果
plt.scatter(centroids[:,0],centroids[:,1],marker='*',
        s=200,linewidths=3,color='r')
plt.title('自定义聚类函数的聚类图')
plt.xlabel('第一列数据');plt.ylabel('第二列数据')
plt.show()
```

运行程序得到结果,如图10.4所示.

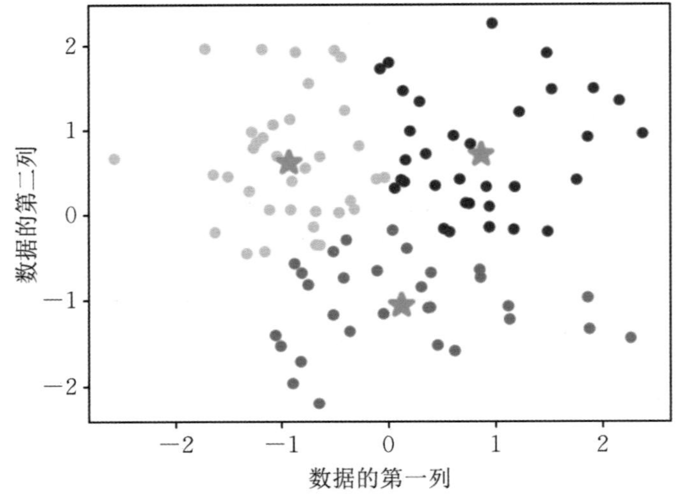

图10.4 自定义K均值聚类函数的聚类图

10.1.3 数据的密度聚类

基于密度的DBSCAN(density-based spatial clustering of applications with noise)算法,它能够将数据集中的密度较高的区域划分为簇,并能够识别出噪声点.DBSCAN算法的基本思想:对于给定的数据集,首先随机选择一个点作为起始点,然后找出以该点为中心,半径为r的圆内的所有点,如果圆内的点数大于等于最小点数(MinPoints),则将这些点作为一个簇,并继续以这些点为中心,寻找新的簇,直到所有的点都被访问过为止.

DBSCAN算法的主要参数包括半径r和MinPoints.其中,半径r用于确定一个点的邻域,MinPoints用于确定一个簇的最小大小.如果一个点的邻域内的点数小于MinPoints,则该点被认为是噪声点,否则该点被认为是核心点.如果两个核心点的邻域有重叠,则它们被认为是同一个簇.

DBSCAN算法的优点是能够处理任意形状的簇,并且能够识别出噪声点.但是,它的缺点是对于不同密度的簇,需要调整不同的参数,而且对于高维数据,效果可能不如其他算法.基于密度的聚类步骤如下:

(1) 初始化:选择一个未被访问的数据点,以该点为中心,确定一个半径r和一个

MinPoints.

(2) 密度可达：对于该点的r邻域内的所有点，如果该点的r邻域内的点数大于等于MinPoints，则将这些点标记为核心点，并将它们加入同一个簇中.

(3) 密度相连：对于所有核心点，如果它们在彼此的r邻域内，则将它们归为同一个簇.

(4) 扩展：对于所有非核心点，如果它们在某个核心点的r邻域内，则将它们归为同一个簇.

(5) 重复：重复步骤(2)～(4)，直到所有点都被访问过.

(6) 输出所有簇的集合.

例10.6　应用DBSCAN算法进行密度聚类示例.

```
from sklearn.cluster import DBSCAN
from sklearn.datasets import make_blobs
import matplotlib.pyplot as plt
plt.rcParams["font.sans-serif"]=["SimHei"]
plt.rcParams["axes.unicode_minus"]=False
# 生成随机数据
data,y=make_blobs(n_samples=200,centers=4,random_state=40)
#使用DBSCAN算法进行密度聚类
dbscan=DBSCAN(eps=0.5,min_samples=5)
dbscan.fit(data)
print('数据1如下:\n',data[:24,0])
print('数据2如下:\n',data[:24,1])
plt.scatter(data[:,0],data[:,1],c=dbscan.labels_)
plt.title("基于密度方法DBSCAN的聚类图")
plt.xlabel('数据1')
plt.ylabel('数据2')
plt.show()
```

运行程序得到输出结果及其聚类图，如图10.5所示.

```
数据1如下:
[-2.95832441   1.10376018  -0.29558021   4.25367056  -1.3143854
 -2.4431655    0.59896779  -0.8692408   -1.14450708   4.88032295
  6.31697381   0.6725159   -0.64107853   7.53171503  -1.00991067
 -0.48538925  -1.63193912   1.31058476   6.076334    -0.58156565]
数据2如下:
[-8.91338198   2.5673365   -9.20405811  -3.79789354  -9.90970266
 -3.94573674  -1.65153484  -5.58588459  -8.29431868  -3.36537701
 -3.43388759   3.78472368  -2.84606294  -3.2533384   -9.09090809
 -0.59103425  -4.1684723    1.27327176  -3.06391808  -4.74359369]
```

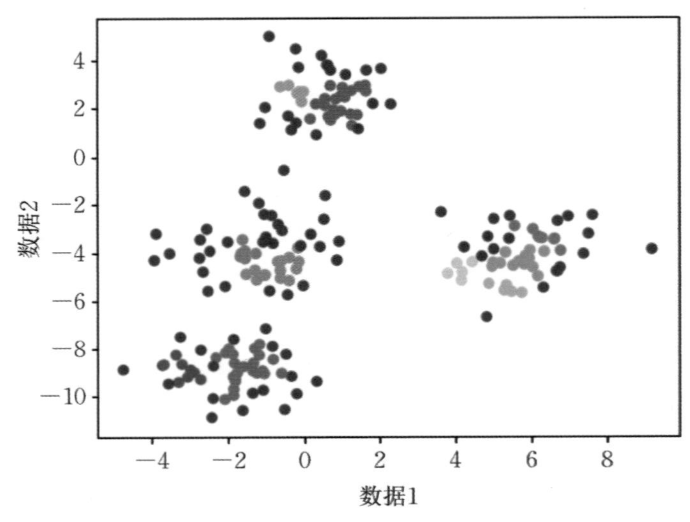

图10.5　基于DBSCAN算法的密度聚类图

注　在这个例子里，首先使用make_blobs函数生成了一个包含4个中心的随机数据点，然后使用基于密度算法DBSCAN方法进行了密度聚类，其中，eps参数表示邻域半径，min_samples参数表示最小样本数.

10.1.4　基于DENCLUE算法的密度聚类挖掘

DENCLUE(density-based clustering of applications with noise)算法是一种基于密度的聚类算法，它可以发现任意形状的聚类簇，并且可以处理噪声数据.该算法通过计算每个数据点的局部密度和密度梯度来确定聚类簇的中心和边界.DENCLUE算法的核心思想是将数据点看作概率密度函数的样本，通过对概率密度函数进行估计和分析来实现聚类.该算法的优点是可以处理任意形状的聚类簇，并且对噪声数据具有较好的鲁棒性.缺点是对于高维数据，计算复杂度较高，需要进行降维处理.基于密度的DENCLUE聚类算法的应用步骤如下：

(1) 数据预处理.对数据进行清洗、去噪、归一化等处理，以便于后续的聚类分析.

(2) 确定参数.DENCLUE算法需要确定一些参数，如半径参数、阈值参数等.这些参数的选择会影响聚类结果，需要根据实际情况进行调整.

(3) 构建核密度函数.根据数据集中的点，构建核密度函数.核密度函数可以反映数据点的密度分布情况.

(4) 寻找聚类中心.通过对核密度函数进行梯度上升操作，可以找到聚类中心.聚类中心是密度最大的点，可以作为聚类的代表.

(5) 确定聚类边界.根据聚类中心，可以确定聚类的边界.聚类边界是由密度较低的区域分隔开的.

(6) 分配数据点.将数据点分配到不同的聚类中心中.分配的方法可以根据距离、密度等因素进行.

(7) 评估聚类结果.对聚类结果进行评估,可以使用一些指标如轮廓系数、DB指数等.评估结果可以帮助确定聚类的质量和效果.

(8) 可视化展示.将聚类结果可视化展示,可以更直观地观察聚类效果,发现潜在的规律和趋势.

以上DENCLUE密度聚类的应用步骤,可根据具体情况进行调整和优化.

例10.7 基于DENCLUE算法的密度聚类方法,给出一个月亮形状数据进行聚类并作图.

```
import numpy as np
from sklearn.neighbors import NearestNeighbors
import matplotlib.pyplot as plt
from sklearn.datasets import make_moons
plt.rcParams["font.sans-serif"]=["SimHei"]
plt.rcParams["axes.unicode_minus"]=False
class DENCLUE:
  def __init__(self,h=0.1,eps=0.01,min_pts=5):
    self.h=h
    self.eps=eps
    self.min_pts=min_pts
  def kernel(self,x,y):
    return np.exp(-np.sum((x-y) ** 2) / (2 * self.h ** 2))
  def density_at_point(self,X,x):
    return np.sum([self.kernel(x,y) for y in X])
  def gradient_at_point(self,X,x):
    return np.sum([(y-x) * self.kernel(x,y) for y in X],axis=0)
  def denclue(self,X):
    n=X.shape[0]
    density=np.zeros(n)
    gradient=np.zeros((n,X.shape[1]))
    for i in range(n):
      density[i]=self.density_at_point(X,X[i])
      gradient[i]=self.gradient_at_point(X,X[i])
    cluster_labels=np.zeros(n)
    cluster_id=1
    for i in range(n):
      if cluster_labels[i]==0 and density[i] > self.eps:
        cluster_labels[i]=cluster_id
        neighbors=[i]
        while len(neighbors) > 0:
```

```
            current=neighbors.pop()
            current_neighbors=NearestNeighbors(radius=
self.eps).fit(X).radius_neighbors([X[current]])[1][0]
            for neighbor in current_neighbors:
              if cluster_labels[neighbor]==0 and
                density[neighbor] > self.eps:
                  cluster_labels[neighbor]=cluster_id
                  neighbors.append(neighbor)
          cluster_id+=1
      return cluster_labels
#下面是上面定义方法的应用
X,y=make_moons(n_samples=200,noise=0.05,random_state=0)#生成数据
denclue=DENCLUE(h=0.1,eps=0.01,min_pts=5)
labels=denclue.denclue(X)
plt.scatter(X[:,0],X[:,1],c=labels,cmap='viridis')
plt.title("基于DENCLUE密度方法的聚类图")
plt.xlabel('数据1')
plt.ylabel('数据2')
plt.show()
```

运行程序得到输出结果,如图10.6所示.

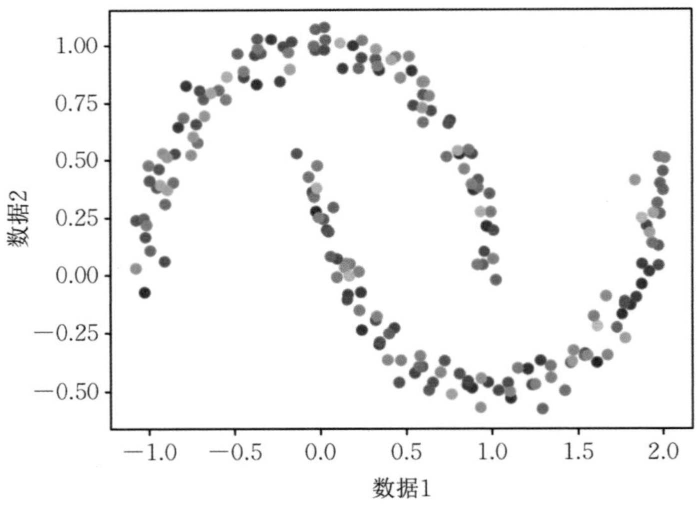

图10.6 基于DENCLUE算法的密度聚类图

注 本例中,h是高斯核函数的带宽参数,kernel函数计算高斯核函数的值,density_at_point函数计算某个点的密度,gradient_at_point函数计算某个点的梯度.denclue函数实现DENCLUE算法,fit_predict函数将DENCLUE算法应用于数据并返回聚类结果.在示例中,使用make_moons函数生成一个月亮形状的数据集,并使用DENCLUE聚类方法对其进行聚类

并给出分类可视化图.

10.1.5 STING网格算法的聚类挖掘

STING(statistical information grid clustering)是一种基于网格的聚类算法,它主要思想是将数据集划分为多个网格,然后在每个网格中进行聚类分析,以便更好地处理大规模数据集.STING算法的优点是可以处理大规模数据集,并且可以在不同的分辨率下进行聚类分析.此外,STING算法还可以处理不同类型的数据,包括数值型、文本型和混合型数据.STING算法的应用范围非常广泛,包括数据挖掘、图像处理、生物信息学等领域.它可以帮助人们更好地理解数据集中的模式和规律,从而为决策提供更好的支持.STING算法的主要步骤包括:

(1) 网格划分:将数据集划分为多个网格,网格大小可根据需要进行调整.

(2) 网格统计:对每个网格中的数据进行统计分析,如计算均值、方差等.

(3) 相似度计算:根据统计信息计算每个网格之间的相似度.

(4) 局部聚类:在每个网格中进行局部聚类以便更好地处理局部数据特征.

(5) 全局聚类:将所有网格中的聚类结果进行合并,得到全局聚类结果.

例10.8 根据给定数据,输出基于STING网格算法的聚类图.

```
import numpy as np
from scipy.spatial.distance import pdist,squareform
class STING:
  def __init__(self,data,k,m,alpha):
    self.data=data
    self.k=k
    self.m=m
    self.alpha=alpha
    self.dist_matrix=squareform(pdist(data))
    self.clusters=[]
  def run(self):
    self.clusters=self._sting(self.data,self.k,self.m,self.alpha)
    return self.clusters
  def _sting(self,data,k,m,alpha):
    n=len(data)
    if n <=k:
      return [data]
    dist_matrix=squareform(pdist(data)) # 计算距离矩阵
    # 计算密度矩阵
    density_matrix=np.zeros((n,n))
    for i in range(n):
```

```
            for j in range(i+1,n):
                density_matrix[i,j]=density_matrix[j,i]=
np.exp(-alpha * dist_matrix[i,j])
        # 计算密度阈值
        density_threshold=np.median(density_matrix[density_matrix > 0])
        density_peaks=[]
        for i in range(n):#计算密度峰值
            if np.sum(density_matrix[i,:] > density_threshold) >=m:
                density_peaks.append(i)
        cluster_centers=[]
        for i in density_peaks:# 计算类中心
            if np.sum(density_matrix[i,:] > density_threshold) >=k:
                cluster_centers.append(i)
        clusters=[]
        for i in cluster_centers:
            cluster=[i]
            for j in range(n):
                if j not in cluster and density_matrix[i,j] > density_matrix[j,i]:
                    if np.sum([density_matrix[j,k] > density_matrix[i,k]
for k in cluster]) >=k:
                        cluster.append(j)
            clusters.append(cluster)
        subclusters=[]
        for cluster in clusters:
            if len(cluster) > k:
                subclusters+=self._sting(data[cluster,:],k,m,alpha)
            else:
                subclusters.append(cluster)
        return subclusters
# 使用STING方法聚类
import matplotlib.pyplot as plt
plt.rcParams["font.sans-serif"]=["SimHei"]
plt.rcParams["axes.unicode_minus"]=False
np.random.seed(0)
data=np.random.randn(200,2)
sting=STING(data,k=5,m=10,alpha=1)
clusters=sting.run()
colors=['r','g','b','c','m','y','k']
```

```
for i,cluster in enumerate(clusters):
    plt.scatter(data[cluster,0],data[cluster,1],c=colors[i%len(colors)])
plt.title("基于STING网格算法的聚类图")
plt.xlabel('数据1');plt.ylabel('数据2')
plt.show()
```

运行程序得到结果,如图10.7所示.

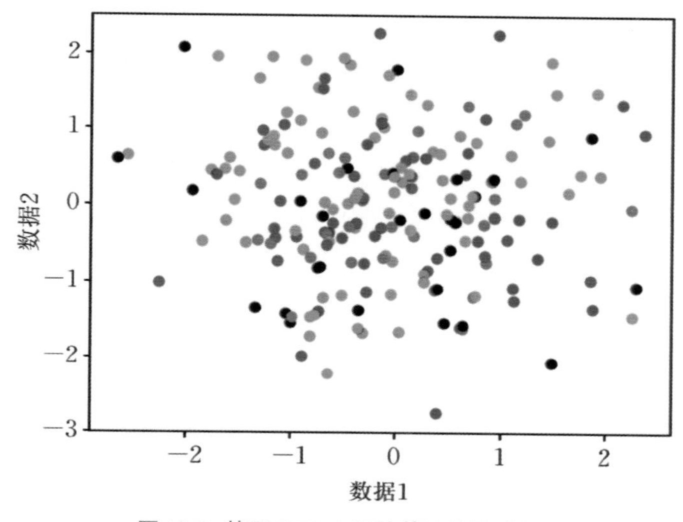

图10.7　基于STING网格算法的聚类图

10.1.6　SOM神经网络聚类挖掘

SOM(self-organizing map)算法是一种无监督学习的神经网络模型,也被称为自组织映射模型.它可以将高维数据映射到低维空间中,同时保留数据的拓扑结构和相似性关系,从而实现数据的可视化和聚类分析.SOM算法的核心思想是通过竞争学习和自适应调整权值,使得神经元之间形成拓扑结构,从而实现数据的分类和聚类.它由一个或多个"感知器"组成,每个感知器都具有输入层、隐藏层和输出层.输入层接收原始数据,隐层将输入映射到高维空间中,输出层根据隐层的输出确定每个样本所属的类别.

SOM算法通过计算样本之间的相似度来确定它们在高维空间中的分布,并将相似的样本聚集在一起形成簇.这些簇可以进一步聚类,直到达到所需的聚类数量.SOM算法的优点是可以处理高维数据和非线性关系,并且可以自动学习数据的内在结构.

SOM算法的应用非常广泛,可以用于图像压缩、文本分类、异常检测等领域.在图像压缩中,SOM算法可以将一幅图像压缩成一个较小的向量,从而实现图像的快速传输和存储.在文本分类中,SOM算法可以将文本数据映射到一个二维空间中,从而实现文本的可视化和分类.在异常检测中,SOM算法可以将正常数据映射到一个紧凑的区域中,从而可以快速检测出异常数据.

应用SOM模型的主要函数名称是MiniSom,其应用的步骤如下:

(1) 准备数据集.将需要聚类的数据集准备好,确保数据集中的每个数据点都有相同的特征数.

(2) 初始化模型.使用MiniSom库中的SOM类初始化模型,指定模型的行数、列数和特征数等参数.

(3) 训练模型.使用模型的train方法对数据集进行训练,指定训练的迭代次数和学习率等参数.

(4) 可视化聚类结果.使用模型的plot方法可视化聚类结果,可以将聚类结果以不同的颜色或标记显示在二维平面上.

(5) 解释聚类结果.根据可视化结果和聚类算法的特点,解释聚类结果,确定每个聚类的含义和特征.

(6) 应用聚类结果.将聚类结果应用到实际问题中,例如分类、推荐等.

例10.9 随机生成100行5列的数据,应用SOM神经网络模型进行聚类.

```
import numpy as np
from minisom import MiniSom
data=np.random.rand(100,5)
# 初始化SOM模型
som=MiniSom(4,4,5,sigma=0.3,learning_rate=0.5)
som.train_random(data,100)# 训练模型
clusters=som.win_map(data)# 获取聚类结果
i=0
for cluster in clusters.values():#输出每个聚类的样本数量
  i=i+1
  print('第%d个聚类的样本数量为%d'%(i,len(cluster)))
print('样本的聚类之后的数据:\n',clusters.values())
```

运行程序得到如下输出结果:

```
第1个聚类的样本数量为46
第2个聚类的样本数量为4
第3个聚类的样本数量为50
样本的聚类之后的数据:
dict_values([[array([0.50963971,0.47567216,0.7769567,0.27783988,0.12242937]),array([0.83403383,0.52919765,0.72702769,0.16992516,0.01538759]),array([0.27595975,0.84280368,0.22698748,0.03730398,0.22288159]),array([0.27167782,0.56687148,0.91525815,0.06848151,0.30457751]),array([0.63865188,0.83498711,0.23303533,0.20536089,0.33014522]),array([0.80780441,0.37292793,0.40154934,0.80510274,0.22029374]),……,array([0.43535824,0.25956063,0.47621321,0.75557024,0.72489917])]])
```

注 上述程序中,我们使用了Python的minisom库来实现SOM算法.首先,生成了一个100行5列的随机数据集.然后,初始化了一个4×4的SOM模型,并使用train_random方法

对数据进行训练.最后,使用win_map方法获取聚类结果,并输出每个聚类的样本数量等.由于本例中的数据是随机生成的,因此程序每运行一次,所得到的结果都不一样.其中,模型minisom(x, y, input_len, sigma=0.3, learning_rate=0.5, neighborhood_function='gaussian')的参数说明如下:

x:竞争层x维度,int类型.

y:竞争层y维度,int类型.

input_len:输入数据的长度,int类型.

sigma:邻域函数的标准差,float类型.默认值为1.0.

learning_rate:学习率,float类型.默认值为0.5.

neighborhood_function:邻域函数类型,字符串类型.可选值有'gaussian'和'linear'.默认值为'gaussian'.

10.2　数据的分类挖掘

数据的分类挖掘是一种数据挖掘技术,旨在将数据集中的对象分为不同的类别或组.它是一种监督学习方法,其中算法使用已知类别的训练数据来预测新数据的类别.分类挖掘可以应用于各种领域,如金融、医疗、市场营销等,以帮助企业和组织做出更好的决策.常用的分类算法包括决策树、朴素贝叶斯、支持向量机等.数据的分类挖掘的常规步骤如下:

(1) 数据预处理:包括数据清洗、数据集成、数据变换和数据规约等.

(2) 特征选择:选择最具代表性的特征,以提高分类器的准确性和效率.

(3) 分类器选择:选择适合数据集的分类器,如决策树、神经网络、支持向量机等.

(4) 模型训练:使用训练数据集对分类器进行训练,以建立分类模型.

(5) 模型评估:使用测试数据集对分类模型进行评估,以确定分类器的准确性和泛化能力.

(6) 模型优化:根据评估结果对分类模型进行优化,以提高分类器的准确性和效率.

(7) 模型应用:将优化后的分类模型应用于实际数据分类问题中,以实现数据分类的自动化处理.

10.2.1　基于Logistic回归模型的数据分类挖掘

Logistic(逻辑斯蒂)回归模型是一种用于分类问题的统计学习方法,它是一种广义线性模型(generalized linear model, GLM)的特例.逻辑斯蒂回归模型的主要思想是通过对输入特征进行线性组合,然后通过一个非线性函数(称为逻辑斯蒂函数)将结果映射到一个概率值,从而进行分类.逻辑斯蒂函数是一个S形函数,它将任意实数映射到0到1之间的一个概率值.逻辑斯蒂函数公式为

$$g(x)=\frac{1}{1+e^{-x}}$$

其中,$g(x)$是逻辑斯蒂函数,x是输入特征的线性组合,e是自然常数.

逻辑斯蒂模型的训练过程是通过最大化似然函数来确定模型的参数.在训练过程中,模型会根据训练数据中的特征和标签来调整参数,使得模型的预测结果与实际标签尽可能一致.逻辑斯蒂回归模型具有以下优点:可以处理二分类和多分类问题;模型参数易于解释,可以用于特征选择;训练速度快,适用于大规模数据集.逻辑斯蒂回归模型的缺点如下:对于非线性问题,需要进行特征工程来提取非线性特征;对于高维稀疏数据,需要进行正则化处理,否则容易出现过拟合问题;对于类别不平衡的数据集,需要进行样本平衡处理.

例 10.10 创建一个训练数据集和一个测试数据集.训练数据集包含4个样本,每个样本有2个特征.我们使用逻辑斯蒂回归模型来训练这个数据集,并使用训练好的模型来预测测试数据集中的4个样本.要求输出预测的分类结果,即测试数据集中每个样本的分类标签.

```
import numpy as np
from sklearn.linear_model import LogisticRegression
model=LogisticRegression()# 创建逻辑斯蒂回归模型
# 创建训练数据
X_train=np.array([[1,2],[3,4],[5,6],[7,8]])
y_train=np.array([0,0,1,1])
model.fit(X_train,y_train)# 训练模型
X_test=np.array([[2,3],[4,5],[6,7],[8,9]])# 创建测试数据
cr=model.predict(X_test)# 预测得到分类结果
print('特征[2,3]的分类标签为%d,特征[4,5]的分类标签为%d'%(cr[0],cr[1]))
print('特征[6,7]的分类标签为%d,特征[8,9]的分类标签为%d'%(cr[2],cr[3]))
```

运行程序得到如下结果:

特征[2,3]的分类标签为0,特征[4,5]的分类标签为0

特征[6,7]的分类标签为1,特征[8,9]的分类标签为1

注 Logistic回归模型可以做数据的二分类问题,还可以做数据的预测问题.

例 10.11 基于sklearn.datasets中的iris数据集,应用逻辑斯蒂回归模型对多个数组进行判别分类.

```
from sklearn.datasets import load_iris
from sklearn.linear_model import LogisticRegression
from sklearn.model_selection import train_test_split
from sklearn.metrics import accuracy_score
# 加载Iris数据集
iris=load_iris()
X=iris.data
y=iris.target
```

```
X_train,X_test,y_train,y_test=train_test_split(#将数据集分成训练和测试集
        X,y,test_size=0.2,random_state=42)
#创建逻辑斯蒂回归模型
model=LogisticRegression(multi_class='multinomial',solver='lbfgs')
model.fit(X_train,y_train)#使用训练数据拟合模型
y_pred=model.predict(X_test)#得到分类结果
accuracy=accuracy_score(y_test,y_pred)
print('待分类数据:\n',X_test)
print('每个组别的分类结果对应如下:\n',y_pred)
print('分类精确度:',accuracy)
```

运行程序得到如下输出结果：

```
待分类数据:
 [[6.1 2.8 4.7 1.2]
 [5.7 3.8 1.7 0.3]
 [7.7 2.6 6.9 2.3]
 [6.  2.9 4.5 1.5]
 [6.8 2.8 4.8 1.4]
 [5.4 3.4 1.5 0.4]
 [5.6 2.9 3.6 1.3]
 [6.9 3.1 5.1 2.3]
 [6.2 2.2 4.5 1.5]
 [5.8 2.7 3.9 1.2]
 [6.5 3.2 5.1 2. ]
 [4.8 3.  1.4 0.1]
 [5.5 3.5 1.3 0.2]
 [4.9 3.1 1.5 0.1]
 [5.1 3.8 1.5 0.3]
 [6.3 3.3 4.7 1.6]
 [6.5 3.  5.8 2.2]
 [5.6 2.5 3.9 1.1]
 [5.7 2.8 4.5 1.3]
 [6.4 2.8 5.6 2.2]
 [4.7 3.2 1.6 0.2]
 [6.1 3.  4.9 1.8]
 [5.  3.4 1.6 0.4]
 [6.4 2.8 5.6 2.1]
 [7.9 3.8 6.4 2. ]
 [6.7 3.  5.2 2.3]
```

```
[6.7 2.5 5.8 1.8]
[6.8 3.2 5.9 2.3]
[4.8 3.  1.4 0.3]
[4.8 3.1 1.6 0.2]]
```

每个组别的分类结果对应如下：

[1 0 2 1 1 0 1 2 1 1 2 0 0 0 0 1 2 1 1 2 0 2 0 2 2 2 2 2 0 0]

分类精确度：1.0

注 iris数据集是机器学习领域中常用的数据集之一，由英国统计学家Ronald Fisher于1936年收集整理.该数据集包含了150个样本，每个样本包含了4个特征：花萼长度、花萼宽度、花瓣长度和花瓣宽度，以及它们所属的3个品种：山鸢尾(iris setosa)、变色鸢尾(iris versicolor)和弗吉尼亚鸢尾(iris virginica).每个品种包含了50个样本，数据集中的样本是随机采集的.iris数据集是一个经典的分类和预测数据集，被广泛应用于机器学习算法的测试和评估.

10.2.2 支持向量机SVM的数据分类挖掘

支持向量机(support vector machine，SVM)是一种常用的机器学习算法，主要用于分类和回归问题.SVM的基本思想是将数据映射到高维空间中，使得数据在该空间中能够被线性分割.在高维空间中，SVM通过寻找最优的超平面来实现分类，即找到能够最大化分类间隔的超平面.SVM的优点包括：可以处理高维数据，适用于复杂的分类问题；在处理小样本数据时表现良好；可以通过调整核函数来适应不同的数据类型；可以通过引入惩罚项来避免过拟合.SVM的缺点包括：对于大规模数据集，训练时间较长；对于非线性问题，需要使用核函数进行转换，选择合适的核函数比较困难；对于噪声和异常值比较敏感.总之，SVM是一种强大的分类算法，适用于各种不同的数据类型和问题.SVM的分类过程可以分为以下几个步骤：

(1) 数据预处理.对数据进行标准化、归一化等处理，以便更好地进行分类.

(2) 特征提取.将原始数据转换为高维特征空间中的向量，以便更好地进行分类.

(3) 模型训练.使用训练数据集来训练SVM模型，找到最优的超平面.

(4) 模型评估.使用测试数据集来评估SVM模型的性能，包括准确率、召回率、F1值等指标.

例10.12 基于make_moons()函数生成的数据，应用SVM进行分类挖掘示例.

```
from sklearn.pipeline import Pipeline
from sklearn.preprocessing import Standard Scaler
from sklearn.svm import LinearSVC
from sklearn.datasets import make_moons
from sklearn.preprocessing import Polynomial Features
import numpy as np
import matplotlib.pyplot as plt
```

```
plt.rcParams["font.sans-serif"]=["SimHei"]
plt.rcParams["axes.unicode_minus"]=False
X,y=make_moons( n_samples=100,noise=0.25,random_state=50)
def plot_dataset(X,y,axes):
    plt.plot( X[:,0][y==0],X[:,1][y==0],"bs" )
    plt.plot( X[:,0][y==1],X[:,1][y==1],"g^" )
    plt.axis( axes )
    plt.grid( True,which="both" )
    plt.xlabel('第一列数据')
    plt.ylabel('第二列数据')
    plt.title('SVM分类图')
def plot_predict(clf,axes):
    x0s=np.linspace(axes[0],axes[1],25)
    x1s=np.linspace(axes[2],axes[3],25)
    x0,x1=np.meshgrid(x0s,x1s)
    X=np.c_[x0.ravel(),x1.ravel()]
    y_pred=clf.predict(X).reshape(x0.shape)
    y_decision=clf.decision_function(X).reshape(x0.shape)
    plt.contour(x0,x1,y_pred,cmap=plt.cm.winter,alpha=0.6 )
    plt.contour(x0,x1,y_decision,cmap=plt.cm.winter,alpha=0.1 )
    print('分类值:\n',y_pred)
polynomial_svm_clf=Pipeline([ ("poly_featutres",
          PolynomialFeatures(degree=3)),
          ("scaler",StandardScaler()),
          ("svm_clf",LinearSVC(C=6,loss="hinge",
           random_state=50))])
polynomial_svm_clf.fit( X,y )
plot_dataset(X,y,[-1.6,3.5,-1,1.9])
plot_predict(polynomial_svm_clf,[-1.8,2.4,-1.2,1.6])
plt.show()
```

运行程序得到分类值和分类图,如图10.8所示.

分类值:

```
[[0 0 0 0 0 0 0 0 0 0 0 0 1 1 1 1 1 1 1 1 1 1 1 1 1]
 [0 0 0 0 0 0 0 0 0 0 1 1 1 1 1 1 1 1 1 1 1 1 1 1 1]
 [0 0 0 0 0 0 0 0 0 1 1 1 1 1 1 1 1 1 1 1 1 1 1 1 1]
 [0 0 0 0 0 0 0 0 0 1 1 1 1 1 1 1 1 1 1 1 1 1 1 1 1]
 [0 0 0 0 0 0 0 0 1 1 1 1 1 1 1 1 1 1 1 1 1 1 1 1 1]
 [0 0 0 0 0 0 0 1 1 1 1 1 1 1 1 1 1 1 1 1 1 1 1 1 1]
```

```
[0 0 0 0 0 0 0 1 1 1 1 1 1 1 1 1 1 1 1 1 1 1 1 1 1]
[0 0 0 0 0 0 0 1 1 1 1 1 1 1 1 1 1 1 1 1 1 1 1 1 1]
[0 0 0 0 0 0 0 1 1 1 1 1 1 1 1 1 1 1 1 1 1 1 1 1 1]
[0 0 0 0 0 0 0 1 1 1 1 1 1 1 1 1 1 1 1 1 1 1 1 1 1]
[0 0 0 0 0 0 0 1 1 1 1 1 1 1 1 1 1 0 1 1 1 1 1 1 1]
[0 0 0 0 0 0 0 1 1 1 1 1 1 1 1 0 0 0 0 1 1 1 1 1 1]
[0 0 0 0 0 0 0 0 1 1 1 1 1 1 1 0 0 0 0 0 1 1 1 1 1]
[0 0 0 0 0 0 0 0 1 1 1 1 1 1 0 0 0 0 0 0 1 1 1 1 1]
[0 0 0 0 0 0 0 0 0 0 1 1 1 0 0 0 0 0 0 0 1 1 1 1 1]
[0 0 0 0 0 0 0 0 0 0 0 0 0 0 0 0 0 0 0 0 1 1 1 1 1]
[0 0 0 0 0 0 0 0 0 0 0 0 0 0 0 0 0 0 0 0 1 1 1 1 1]
[0 0 0 0 0 0 0 0 0 0 0 0 0 0 0 0 0 0 0 0 1 1 1 1 1]
[0 0 0 0 0 0 0 0 0 0 0 0 0 0 0 0 0 0 0 1 1 1 1 1 1]
[0 0 0 0 0 0 0 0 0 0 0 0 0 0 0 0 0 0 0 1 1 1 1 1 1]
[0 0 0 0 0 0 0 0 0 0 0 0 0 0 0 0 0 0 1 1 1 1 1 1 1]
[0 0 0 0 0 0 0 0 0 0 0 0 0 0 0 0 0 1 1 1 1 1 1 1 1]
[0 0 0 0 0 0 0 0 0 0 0 0 0 0 0 0 1 1 1 1 1 1 1 1 1]
[0 0 0 0 0 0 0 0 0 0 0 0 0 0 0 0 1 1 1 1 1 1 1 1 1]
[0 0 0 0 0 0 0 0 0 0 0 0 0 0 0 1 1 1 1 1 1 1 1 1 1]]
```

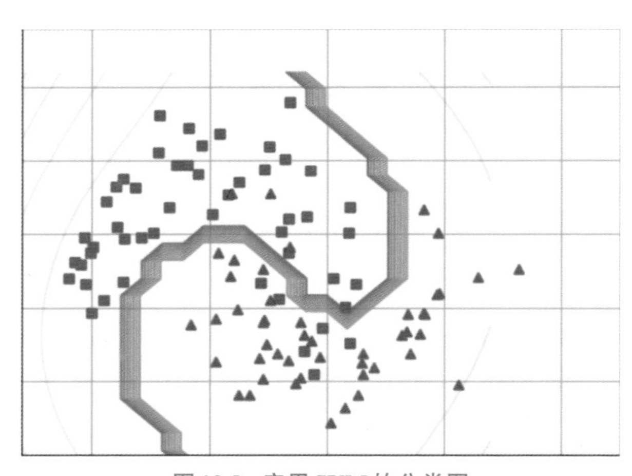

图 10.8　应用SVM的分类图

注　在上例程序的基础上加上下面这段代码就得到了线性与非线性分类的对比图，如图10.9所示.

```
from sklearn.svm import SVC
rbf_kernel_svm_clf=Pipeline([("scaler",StandardScaler()),
    ("svm_clf",SVC(kernel="rbf",gamma=5,C=0.001))])
plt.figure(figsize=(6,3))
```

```
plt.subplot(121)
rbf_kernel_svm_clf.fit( X,y )
plot_dataset( X,y,[-1.5,2.5,-1,1.5])
plot_predict( rbf_kernel_svm_clf,[-1.5,2.5,-1,1.5])
rbf_kernel_svm_clf=Pipeline([("scaler",StandardScaler()),
    ("svm_clf",SVC(kernel="rbf",gamma=0.1,C=0.001))])
plt.subplot(122)
rbf_kernel_svm_clf.fit( X,y )
plot_dataset( X,y,[-1.5,2.5,-1,1.5])
plot_predict( rbf_kernel_svm_clf,[-1.5,2.5,-1,1.5])
plt.show()
```

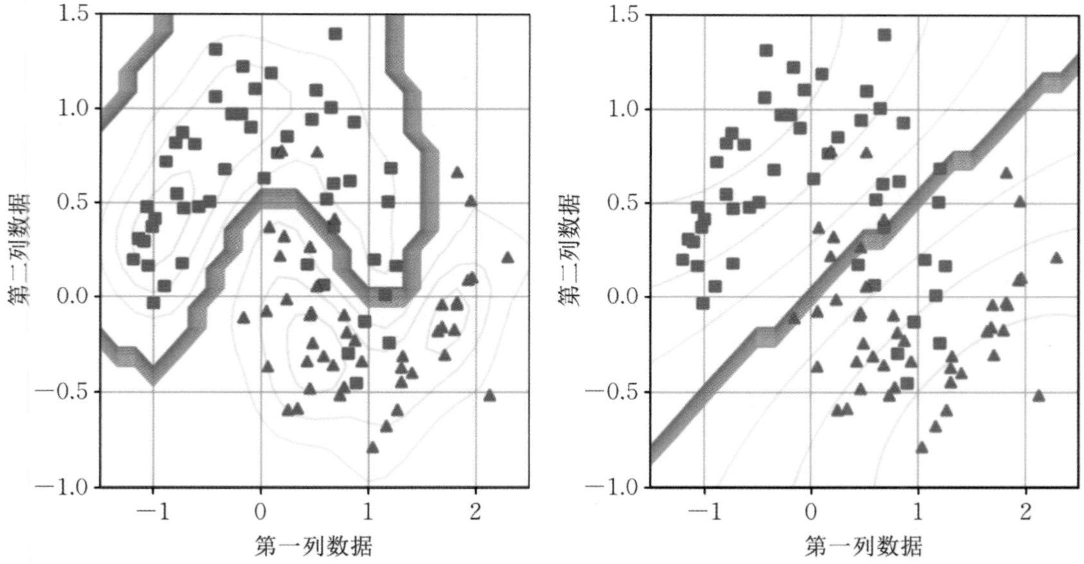

图 10.9 线性与非线性分类对比图

10.2.3 神经网络数据分类挖掘

神经网络是一种模拟人类神经系统的计算模型,它由多个神经元组成,每个神经元接收输入信号并产生输出信号.神经网络可以用于数据分类,即将输入数据分为不同的类别.在数据分类的神经网络中,输入数据被送入神经网络的输入层,经过多个隐藏层的处理,最终输出层产生分类结果.每个隐藏层都由多个神经元组成,每个神经元都有一组权重和偏置,用于计算输入信号的加权和,并通过激活函数产生输出信号.神经网络的训练过程是通过反向传播算法来实现的.该算法通过计算输出层的误差,并将误差反向传播到隐藏层和输入层,以更新每个神经元的权重和偏置,从而使神经网络的分类准确率不断提高.需要注意的是,神经网络的性能很大程度上取决于数据的质量和数量,因此,在进行神经网络分类任务时,需要充分考虑数据的特点和处理方法.

数据分类的神经网络可以应用于各种领域,如图像识别、语音识别、自然语言处理等.它可以自动学习数据的特征,并将数据分为不同的类别,从而为人们提供更加智能化的服务.其步骤如下:

(1) 数据预处理:将原始数据进行清洗、归一化、特征提取等操作,以便神经网络能够更好地理解和处理数据.

(2) 网络结构设计:根据数据的特点和分类任务的要求,设计合适的神经网络结构,包括输入层、隐藏层和输出层,以及各层之间的连接方式和激活函数等.

(3) 模型训练:使用训练数据对神经网络进行训练,通过反向传播算法不断调整网络参数,使得网络能够更准确地对数据进行分类.

(4) 模型评估:使用测试数据对训练好的神经网络进行评估,计算分类准确率、召回率、精确率等指标,以评估模型的性能.

(5) 模型应用:将训练好的神经网络应用于实际数据分类任务中,对新的数据进行分类预测.

例 10.13 根据神经网络的一般原理,用自定义函数的形式对数据进行分类.

```
import numpy as np
def sigmoid(x):# 定义激活函数
  return 1/(1+np.exp(-x))
class NeuralNetwork:#定义神经网络的class类
  def __init__(self,input_size,hidden_size,output_size):
    self.weights1=np.random.randn(input_size,hidden_size)# 初始权重
    self.weights2=np.random.randn(hidden_size,output_size)
  def forward(self,X):# 前向传播
    self.z=np.dot(X,self.weights1)
    self.z2=sigmoid(self.z)
    self.z3=np.dot(self.z2,self.weights2)
    output=sigmoid(self.z3)
    return output
  def backward(self,X,y,output,learning_rate):# 反向传播
    self.output_error=y-output
    self.output_delta=self.output_error * sigmoid(output)
    self.z2_error=self.output_delta.dot(self.weights2.T)
    self.z2_delta=self.z2_error * sigmoid(self.z2)
    self.weights1+=X.T.dot(self.z2_delta) * learning_rate
    self.weights2+=self.z2.T.dot(self.output_delta) * learning_rate
  def train(self,X,y,learning_rate,epochs):#训练数据
    for i in range(epochs):
      output=self.forward(X)
```

```
        self.backward(X,y,output,learning_rate)
X=np.array([[0,0,1],[0,1,1],[1,0,1],[1,1,1]]) # 测试数据
y=np.array([[0],[1],[1],[0]])
nn=NeuralNetwork(3,4,1)# 创建神经网络
nn.train(X,y,0.2,10000)# 训练神经网络
print('预测的分类结果:',nn.forward(np.array([[1,0,0],[1,1,1]])))
```

运行程序得到如下输出结果：

```
预测的分类结果:
[[0.98922828]
 [0.01766588]]
```

注　此结果表明：给定需要分类的数据[[1,0,0],[1,1,1]]，经过神经网络分类判定数据[1,0,0]分类结果为0.98922828，几乎等于1，就是说该数据被分类为1；而数据[1,1,1]的分类结果为0.01766588，判定该数据被分类为0.特别地，如果是Excel类型的数据，则用numpy中的array()函数转化一下即可.

例10.14　基于上例中的神经网络程序，对Excel数据进行分类.

```
import numpy as np
def sigmoid(x):# 定义激活函数
  return  1/(1+np.exp(-x))
class NeuralNetwork:#定义神经网络的class类
  def __init__(self,input_size,hidden_size,output_size):
    self.weights1=np.random.randn(input_size,hidden_size)#初始化权重
    self.weights2=np.random.randn(hidden_size,output_size)
  def forward(self,X):# 前向传播
    self.z=np.dot(X,self.weights1)
    self.z2=sigmoid(self.z)
    self.z3=np.dot(self.z2,self.weights2)
    output=sigmoid(self.z3)
    return output
  def backward(self,X,y,output,learning_rate):# 反向传播
    self.output_error=y - output
    self.output_delta=self.output_error * sigmoid(output)
    self.z2_error=self.output_delta.dot(self.weights2.T)
    self.z2_delta=self.z2_error * sigmoid(self.z2)
    self.weights1+=X.T.dot(self.z2_delta) * learning_rate
    self.weights2+=self.z2.T.dot(self.output_delta) * learning_rate
  def train(self,X,y,learning_rate,epochs):
    for i in range(epochs):
      output=self.forward(X)
```

```
        self.backward(X,y,output,learning_rate)
# 测试数据
import pandas as pd
path='E:\……\classdata.xlsx'
data=pd.read_excel(path)
X=data.iloc[0:12,0:4]#取data的前12行,第1至第3列数据
X=np.array(X)
y=data.iloc[0:12,4:5]#取data的前12行第4列数据
y=np.array(y)
nn=NeuralNetwork(4,12,1)# 创建神经网络
nn.train(X,y,0.1,1000)# 训练神经网络
category_data=data.iloc[12:15,0:4]
result_category=np.array(category_data)
print('待分类数据:\n',category_data)
print('神经网络的分类结果:\n',nn.forward(result_category))
```

运行程序得到如下输出结果:

```
待分类数据:
测量1  测量2  测量3  测量4
  0      0      0      1
  6      9      9      7
神经网络的分类结果:
[[1.]
 [1.]]
```

注 由于给定训练数据只有12×3的数据量,因此,在这个例子里的分类预测的精确度只有50%.

例10.15 基于keras库的神经网络模型对用random库生成的数据进行训练神经网络,用训练好的神经网络进行数据分类,并给出分类精确度.

```
import numpy as np
from keras.models import Sequential
from keras.layers import Dense,Dropout
from pylab import *
# 生成随机数据
x_train=np.random.random((1000,20))
y_train=np.random.randint(2,size=(1000,1))
x_test=np.random.random((20,20))
y_test=np.random.randint(2,size=(20,1))
# 构建模型
model=Sequential()
```

```
model.add(Dense(64,input_dim=20,activation='relu'))
model.add(Dropout(0.5))
model.add(Dense(64,activation='relu'))
model.add(Dropout(0.5))
model.add(Dense(1,activation='sigmoid'))
model.compile(loss='binary_crossentropy')
# 训练模型
model.fit(x_train,y_train,epochs=10,batch_size=128)
pred_category=model.predict(x_test)
print('测试数据集的分类结果:\n',pred_category)
score=model.evaluate(x_test,y_test,batch_size=128)# 评估模型
print('测试数据集的分类精确度:',score*100,'%')
```

运行程序得到如下结果:

```
测试数据集的分类结果:
[[0.49576172]
[0.46932983]
[0.4811003 ]
[0.4729699 ]
[0.44817907]
[0.48529655]
[0.50001025]
[0.5347509 ]
[0.43401235]
[0.5057552 ]
[0.4905659 ]
[0.49010688]
[0.5139457 ]
[0.48914325]
[0.5095496 ]
[0.5156633 ]
[0.47314256]
[0.48481593]
[0.48163652]
[0.48434526]]
测试数据集的分类精确度:70.66237330436707 %
```

注 上例中Dense()函数中,我们用了两次64个全连接层(就是中间有一个隐藏层),第三个层给出了一个全连接层.

10.2.4 决策树方法的数据分类挖掘

ID3(iterative dichotomiser 3)是一种基于信息熵的决策树算法,用于分类和预测.它是由Ross Quinlan在1986年提出的,是决策树算法中最早的一种.ID3算法的基本思想是通过选择最优的特征来划分数据集的,使得划分后的子集尽可能纯净.纯净的子集指的是子集中只包含一种类别的数据.ID3算法使用信息熵来度量数据集的纯度,信息熵越小,数据集的纯度越高.ID3算法的优点是简单易懂,计算速度快,适用于处理具有离散属性的数据集.缺点是容易过拟合,对于连续属性和缺失值的处理不够灵活.

ID3算法的步骤如下:

(1) 计算数据集的信息熵,即数据集中各类别数据的比例对应的信息熵之和.

(2) 对每个特征,计算其信息增益,即使用该特征对数据集进行划分后,数据集的信息熵减少的程度.

(3) 选择信息增益最大的特征作为划分特征,将数据集划分成多个子集.

(4) 对每个子集,重复步骤(1)~(3),直到所有子集都是纯净的或者无法再划分.

(5) 构建决策树,将每个子集对应的类别作为叶子节点的类别.

例10.16 使用sklearn库中datasets的鸢尾花数据集,将数据集分为训练集和测试集,创建一个决策树分类器,并使用训练集训练了模型.使用测试集进行分类,并输出测试集和相应分类结果.

```
from sklearn import datasets
from sklearn.tree import DecisionTreeClassifier
from sklearn.model_selection import train_test_split
iris=datasets.load_iris()# 加载数据集
X=iris.data
y=iris.target
X_train,X_test,y_train,y_test=train_test_split(#将数据分为训练和测试集
        X,y,test_size=0.3,random_state=42)
clf=DecisionTreeClassifier()# 创建决策树分类器
clf.fit(X_train,y_train)# 训练模型
y_pred=clf.predict(X_test)# 预测分类
print('被预测分类的原始数据:\n',X_test)
print("每一组数据的分类结果如下:\n",y_pred)
```

运行程序得到如下结果:

```
被预测分类的原始数据:
 [[6.1  2.8  4.7  1.2]
  [5.7  3.8  1.7  0.3]
  [7.7  2.6  6.9  2.3]
  [6.   2.9  4.5  1.5]
```

```
[6.8 2.8 4.8 1.4]
[5.4 3.4 1.5 0.4]
[5.6 2.9 3.6 1.3]
[6.9 3.1 5.1 2.3]
[6.2 2.2 4.5 1.5]
[5.8 2.7 3.9 1.2]
[6.5 3.2 5.1 2. ]
[4.8 3.  1.4 0.1]
[5.5 3.5 1.3 0.2]
[4.9 3.1 1.5 0.1]
[5.1 3.8 1.5 0.3]
[6.3 3.3 4.7 1.6]
[6.5 3.  5.8 2.2]
[5.6 2.5 3.9 1.1]
[5.7 2.8 4.5 1.3]
[6.4 2.8 5.6 2.2]
[4.7 3.2 1.6 0.2]
[6.1 3.  4.9 1.8]
[5.  3.4 1.6 0.4]
[6.4 2.8 5.6 2.1]
[7.9 3.8 6.4 2. ]
[6.7 3.  5.2 2.3]
[6.7 2.5 5.8 1.8]
[6.8 3.2 5.9 2.3]
[4.8 3.  1.4 0.3]
[4.8 3.1 1.6 0.2]
[4.6 3.6 1.  0.2]
[5.7 4.4 1.5 0.4]
[6.7 3.1 4.4 1.4]
[4.8 3.4 1.6 0.2]
[4.4 3.2 1.3 0.2]
[6.3 2.5 5.  1.9]
[6.4 3.2 4.5 1.5]
[5.2 3.5 1.5 0.2]
[5.  3.6 1.4 0.2]
[5.2 4.1 1.5 0.1]
[5.8 2.7 5.1 1.9]
[6.  3.4 4.5 1.6]
```

```
 [6.7  3.1  4.7  1.5]
 [5.4  3.9  1.3  0.4]
 [5.4  3.7  1.5  0.2]]
```

每一组数据的分类结果如下：

```
[1 0 2 1 1 0 1 2 1 1 2 0 0 0 0 1 2 1 1 2 0 2 0 2 2 2 2 2 0 0 0 0 1 0 0 2
 1 0 0 0 2 1 1 0 0]
```

例 10.17 应用ID3算法对鸢尾花数据集进行分类并给出分类精确度.

```
from sklearn.datasets import load_iris
from sklearn.tree import DecisionTreeClassifier
from sklearn.model_selection import train_test_split
# 加载鸢尾花数据集
iris=load_iris()
X=iris.data
y=iris.target
print('原始数据集X的前十行:\n',X[:10])
# 将数据集拆分为训练集和测试集
X_train,X_test,y_train,y_test=train_test_split(X,y,test_size=0.2)
# 创建决策树分类器对象并拟合训练数据
clf=DecisionTreeClassifier()
clf.fit(X_train,y_train)
score=clf.score(X_test,y_test)
print('每个类的特征向量:\n',clf.feature_importances_)
print('分类目标数',clf.classes_)
print("分类精确度:",score)
```

运行程序得到如下结果：

```
原始数据集X的前十行:
 [[5.1  3.5  1.4  0.2]
  [4.9  3.   1.4  0.2]
  [4.7  3.2  1.3  0.2]
  [4.6  3.1  1.5  0.2]
  [5.   3.6  1.4  0.2]
  [5.4  3.9  1.7  0.4]
  [4.6  3.4  1.4  0.3]
  [5.   3.4  1.5  0.2]
  [4.4  2.9  1.4  0.2]
  [4.9  3.1  1.5  0.1]]
每个类的特征向量:
 [0.03730187 0.01703874 0.9118601  0.03379929]
```

```
分类目标数[0 1 2]
分类精确度:0.9666666666666667
```

10.2.5　基于贝叶斯模型的数据分类挖掘

贝叶斯模型是一种基于贝叶斯定理的概率模型,它可以用于数据分类、文本分类、垃圾邮件过滤等领域.在数据分类中,贝叶斯模型可以根据已知的数据集,通过计算概率来预测新数据的分类.贝叶斯模型的优点是简单、易于实现,并且对于小规模的数据集效果很好.它的缺点是对于大规模的数据集,计算复杂度会很高,而且需要假设特征之间是独立的.

贝叶斯模型的基本思想是,通过已知的数据集来计算每个分类的概率,然后根据新数据的特征,计算它属于每个分类的概率,最终选择概率最大的分类作为预测结果.具体来说,贝叶斯模型将数据集分为多个分类,对于每个分类,计算出它的先验概率(即在没有任何信息的情况下,该分类出现的概率).然后,对于每个特征,计算它在每个分类中出现的概率(即条件概率),并将它们乘起来得到该数据属于该分类的概率.最后,选择概率最大的分类作为预测结果.应用贝叶斯模型进行数据分类的一般步骤如下:

(1) 收集数据.收集需要分类的数据,包括特征和标签.

(2) 数据预处理.对数据进行清洗、去重、缺失值处理、特征选择等预处理操作,以便更好地进行分类.

(3) 划分数据集.将数据集划分为训练集和测试集,常采用交叉验证的方法.

(4) 计算先验概率.根据训练集中的数据计算每个类别的先验概率.

(5) 计算条件概率.根据训练集中的数据计算每个特征在每个类别下的条件概率.

(6) 应用贝叶斯公式.根据先验概率和条件概率,应用贝叶斯公式计算后验概率,即给定特征条件下每个类别的概率.

(7) 分类.根据后验概率,将测试集中的数据分类到概率最大的类别中.

(8) 评估模型.使用测试集中的数据评估模型的性能,包括准确率、召回率、F1值等指标.如果模型表现不佳,可以调整模型参数或重新选择特征进行训练.

例10.18　给定一个简单数据的训练集和测试集,应用贝叶斯模型对给定数据进行分类,且输出分类结果.

```
from sklearn.naive_bayes import GaussianNB
X_train=[[1,2],[2,3],[3,1],[4,3]]#自变量训练集
y_train=[1,1,2,2]#因变量训练集
X_test=[[2,1],[3,2]]#待分类数据
model=GaussianNB()#创建贝叶斯模型
model.fit(X_train,y_train)#训练贝叶斯模型
y_pred=model.predict(X_test)# 给出测试数据的分类结果
print('数组[2,1]的分类结果是%d;\n数组[3,2]的分类结果是%d.'%(y_pred[0],
y_pred[1]))
```

运行程序得到如下输出结果:

数组[2,1]的分类结果是1
数组[3,2]的分类结果是2

例10.19　根据朴素贝叶斯模型，自定义一个类并用数据进行测试分类.

```
import numpy as np
class NaiveBayes:
  def __init__(self):
    self.classes=None
    self.class_priors=None
    self.class_conditional_probs=None
  def fit(self,X,y):
    self.classes=np.unique(y)
    self.class_priors=np.zeros(len(self.classes))
    self.class_conditional_probs=[]
    for i,c in enumerate(self.classes):
      X_c=X[y==c]
      self.class_priors[i]=X_c.shape[0] / X.shape[0]
      self.class_conditional_probs.append(
        [(X_c[:,j].mean(),X_c[:,j].std()) for j in range(X.shape[1])])
  def category(self,X):
    y_pred=[]
    for x in X:
      posteriors=[]
      for i,c in enumerate(self.classes):
        prior=np.log(self.class_priors[i])
        posterior=np.sum(
         [np.log(self.gaussian_prob(x[j],
         *self.class_conditional_probs[i][j])) for j in range(len(x))]
        )
        posterior=prior+posterior
        posteriors.append(posterior)
      y_pred.append(self.classes[np.argmax(posteriors)])
    return y_pred
  def gaussian_prob(self,x,mean,std):
    exponent=np.exp(-((x - mean) ** 2 / (2 * std ** 2)))
    return (1 / (np.sqrt(2 * np.pi) * std)) * exponent
#数据应用
X=np.array([[1,2],[2,3],[3,4],[4,5],[5,6],[6,7]])
y=np.array([1,1,1,2,2,2])
```

```
nb=NaiveBayes()
nb.fit(X,y)
X_test=np.array([[1,2],[5,6]])
category_pred=nb.category(X_test)
print('数组[1,2]的分类结果是%d;\n数组[5,6]的分类结果是%d'%(category_pred[0],
category_pred[1]))
```

运行程序得到如下输出结果:

数组[1,2]的分类结果是1

数组[5,6]的分类结果是2

例 10.20 基于Excel类型四种数据和相应类别数据,应用贝叶斯模型对给定数据进行分类判别.数据如下:

测量1	测量2	测量3	测量4	类别
7	4	6	7	1
1	1	0	0	2
1	0	0	0	2
5	5	6	6	1
0	0	0	1	2
6	7	5	6	1
0	1	0	0	2
8	9	7	9	1
1	0	0	1	2
1	0	0	0	2
6	9	9	7	1
1	0	0	0	2
0	0	0	1	2
6	9	9	7	1

```
import pandas as pd
import numpy as np
from sklearn.naive_bayes import GaussianNB
path='E:\……\classdata.xlsx'
data=pd.read_excel(path)
print('原始数据如下:\n',data)
row_num=data.shape[0]#获取data的行数
col_num=data.shape[1]#获取data的列数
X_train=data.iloc[0:row_num-2,0:col_num-1]#训练集
X_train=np.array(X_train)#转化成数组
y_train=data.iloc[0:row_num-2,col_num-1:col_num]
class_data=data.iloc[row_num-2:row_num,0:col_num-1]
```

```
class_data=np.array(class_data)
model=GaussianNB()#创建贝叶斯模型
model.fit(X_train,y_train)#训练贝叶斯模型
result_category=model.predict(class_data)# 给出测试数据的分类结果
print('待分类的数据如下:\n',class_data)
print('分类结果分别是',result_category)
```

运行程序得到如下输出结果:

```
待分类的数据如下:
 [[0 0 0 1]
 [6 9 9 7]]
分类结果分别是[2 1]
```

注　从结果来看,数据[0 0 0 1]被分为第2类,而[6 9 9 7]被分为第1类.

10.2.6　XGBoost模型的分类挖掘

XGBoost(eXtreme gradient boosting)是一种基于决策树的集成学习算法,它在大规模数据集上表现出色,被广泛应用于分类、回归和排序等任务中.XGBoost采用了梯度提升算法,通过不断迭代来优化模型的预测能力.XGBoost模型的主要特点包括高效性,它采用了多线程和分布式计算技术,能够快速处理大规模数据集;准确性,该模型采用了正则化技术和剪枝策略,能够有效避免过拟合问题,提高模型的泛化能力;可解释性,由于XGBoost能够输出特征重要性排名,帮助用户理解模型的预测过程;灵活性,它支持多种损失函数和评估指标,能够适应不同的任务需求.

XGBoost在Kaggle等数据科学竞赛中表现出色,成为了数据科学领域的重要工具之一.应用XGBoost模型的一般步骤如下:

(1) 数据准备.准备好需要分类的数据集,包括特征和标签.

(2) 数据预处理.对数据进行预处理,包括缺失值填充、特征标准化、特征选择等.

(3) 数据划分.将数据集划分为训练集和测试集.

(4) 模型训练.使用XGBoost模型对训练集进行训练,调整模型参数以达到最佳效果.

(5) 模型评估.使用测试集对模型进行评估,计算模型的准确率、精确率、召回率等指标.

(6) 模型应用.使用训练好的模型对新数据进行分类预测.

(7) 模型优化.根据模型评估结果,对模型进行优化,包括调整参数、增加特征等.

(8) 模型部署.将优化后的模型部署到生产环境中,实现实时分类预测.

例 10.21　使用sklearn.datasets库中的鸢尾花数据集,将其划分为训练集和测试集,用XGBoost分类器进行训练和分类.模型中objective='multi:softmax'来指定多分类问题,num_class=3指定类别数,max_depth=3限制树的深度,learning_rate=0.1控制学习速率,n_estimators=100来指定树的数量.给出了分类类别数和相应类别标签并计算模型的准确率.

```
import xgboost as xgb
from sklearn.datasets import load_iris
from sklearn.model_selection import train_test_split
# 加载数据集
iris=load_iris()
X=iris.data
y=iris.target
# 划分训练集和测试集
X_train,X_test,y_train,y_test=train_test_split(
      X,y,test_size=0.2,random_state=42)
# 定义 XGBoost 分类器
xgb_clf=xgb.XGBClassifier(objective='multi:softmax',num_class=3,
          max_depth=3,learning_rate=0.1,n_estimators=100)
xgb_clf.fit(X_train,y_train)# 训练模型
y_pred=xgb_clf.predict(X_test)# 对测试集进行预测分类
print('对测试集的分类结果如下:\n',y_pred)
#print('pro=',yypp)
import numpy as np
preds=np.array(y_pred,dtype=int)
print('分类对应的类别如下:\n',iris.target_names[y_pred])
accuracy=sum(y_pred==y_test) / len(y_test)# 计算准确率
print('精确度:',accuracy)
```

运行程序得到如下输出结果:

```
对测试集的分类结果如下:
 [1 0 2 1 1 0 1 2 1 1 2 0 0 0 0 1 2 1 1 2 0 2 0 2 2 2 2 2 0 0]
分类对应的类别如下:
['versicolor' 'setosa' 'virginica' 'versicolor' 'versicolor' 'setosa'
'versicolor' 'virginica' 'versicolor' 'versicolor' 'virginica' 'setosa'
'setosa' 'setosa' 'setosa' 'versicolor' 'virginica' 'versicolor'
'versicolor' 'virginica' 'setosa' 'virginica' 'setosa' 'virginica'
'virginica' 'virginica' 'virginica' 'virginica' 'setosa' 'setosa']
精确度:1.0
```

注　XGBoost模型中predict_proba()函数的作用是返回每个样本属于不同类别的概率值.对于二分类问题,返回的是样本属于正类和负类的概率值;对于多分类问题,返回的是样本属于每个类别的概率值.这个函数可以用于计算模型的预测准确率、召回率、F1值等指标,也可以用于生成ROC曲线和AUC值.

10.3 数据的预测挖掘

数据的预测挖掘是一种数据分析技术,旨在通过对历史数据的分析和建模,预测未来的趋势和结果.这种技术可以应用于各种领域,如金融、医疗、营销、交通等,以帮助企业和组织做出更明智的决策.数据的预测挖掘方法通常包括以下步骤:

(1) 数据收集:收集相关的历史数据,包括数量、时间、地点、属性等.

(2) 数据清洗:对数据进行清洗和处理,包括去除重复数据、填充缺失值、处理异常值等.

(3) 特征选择:选择最相关的特征,以提高模型的准确性和可解释性.

(4) 模型建立:选择适当的算法和模型,对数据进行建模和训练.

(5) 模型评估:对模型进行评估和验证,以确定其准确性和可靠性.

(6) 预测应用:使用模型进行预测和决策,以指导企业和组织的发展和运营.

数据的预测挖掘可以帮助企业和组织预测未来的趋势和结果,以制定更有效的战略和计划.它可以帮助企业和组织更好地了解市场和客户需求,优化产品和服务,提高效率和竞争力.

10.3.1 基于线性岭回归模型的预测

岭回归是一种常用的线性回归方法,它通过对模型参数进行约束,可以有效地避免过拟合问题.岭回归通过引入一个正则化项,使得模型的系数估计更加稳定.岭回归的正则化项是一个L2范数,它对模型的系数进行惩罚,使得系数的值更加接近于0.岭回归可以用于特征选择和模型优化.它可以帮助我们识别出对目标变量有重要影响的自变量,并且可以提高模型的预测能力.交叉验证是一种常用的模型评估方法,它可以通过将数据集划分为训练集和测试集,来评估模型的性能.通过交叉验证方法的岭回归模型,可以有效地评估模型的性能,并选择最优的模型参数,从而提高模型的预测精度.具体来说,交叉验证方法的岭回归模型可以分为以下几个步骤:

(1) 将数据集划分为K个子集,其中$K-1$个子集作为训练集,剩余的1个子集作为测试集.

(2) 对于每个子集,使用岭回归模型进行训练,并在测试集上进行预测,得到预测结果.

(3) 将K个子集的预测结果进行平均,得到模型的交叉验证误差.

(4) 重复上述步骤多次,每次使用不同的子集作为测试集,得到多个交叉验证误差.

(5) 对多个交叉验证误差进行平均,得到模型的平均交叉验证误差.

(6) 根据平均交叉验证误差,选择最优的岭回归模型参数.

例 10.22 基于给定两组数据,应用交叉验证的岭回归方法给出数据的预测值和相关数据图.

```
from sklearn.model_selection import train_test_split
import matplotlib.pyplot as plt
import numpy as np
from sklearn.linear_model import Ridge,RidgeCV
import matplotlib.font_manager as fm
plt.rcParams["font.sans-serif"]=["SimHei"]
plt.rcParams["axes.unicode_minus"]=False
myfont=fm.FontProperties(fname='C:\Windows\Fonts\simsun.ttc')
data=[
  [0.607492,3.965162],[0.358622,3.514900],[0.147846,3.125947],
  [0.637820,4.094115],[0.230372,3.476039],[0.070237,3.210610],
  [0.067154,3.190612],[0.925577,4.631504],[0.717733,4.295890],
  [0.015371,3.085028],[0.067732,3.176513],[0.427810,3.816464],
  [0.995731,4.550095],[0.738336,4.256571],[0.981083,4.560815],
  [0.247809,3.476346],[0.648270,4.119688],[0.731209,4.282233],
  [0.236833,3.486582],[0.969788,4.655492],[0.335070,3.448080],
  [0.040486,3.167440],[0.212575,3.364266],[0.617218,3.993482],
  [0.541196,3.891471],[0.526171,3.929515],[0.378887,3.526170],
  [0.033859,3.156393],[0.132791,3.110301],[0.138306,3.149813]]
dataMat=np.array(data)#生成X和y矩阵
X=dataMat[:,0:1]
y=dataMat[:,1]
X_train,X_test,y_train,y_test=train_test_split(X,y ,train_size=0.8)
# 通过RidgeCV可以设置多个参数值,算法使用交叉验证获取最佳参数值
model=RidgeCV(alphas=[0.1,1.0,10.0])
model.fit(X_train,y_train)  # 线性回归模型训练
y_predicted=model.predict(X_test)# 使用模型预测
print('模型系数:',model.coef_)
print('用于测试的六个自变量的值:\n',X_test)
print('六个测试值所对应的因变量的预测值:\n',y_predicted)
plt.scatter(X_train,y_train,marker='o',color='green',label='训练数据')
plt.scatter(X_test,y_predicted,marker='*',color='blue',label='测试数据')
plt.legend(loc=2,prop=myfont)
plt.plot(X_test,y_predicted,c='r')
plt.xlabel('自变量数据')
plt.ylabel('因变量数据')
plt.show()
```

运行程序得到如下输出结果及基于交叉验证的岭回归模型数据图,如图10.10所示.

模型系数:[1.54011793]
用于测试的六个自变量的值:
[[0.925577]
[0.33507]
[0.236833]
[0.067732]
[0.607492]
[0.132791]]
六个测试值所对应的因变量的预测值:
[4.49876318 3.58931276 3.4380162 3.17758071 4.00887477 3.27777925]

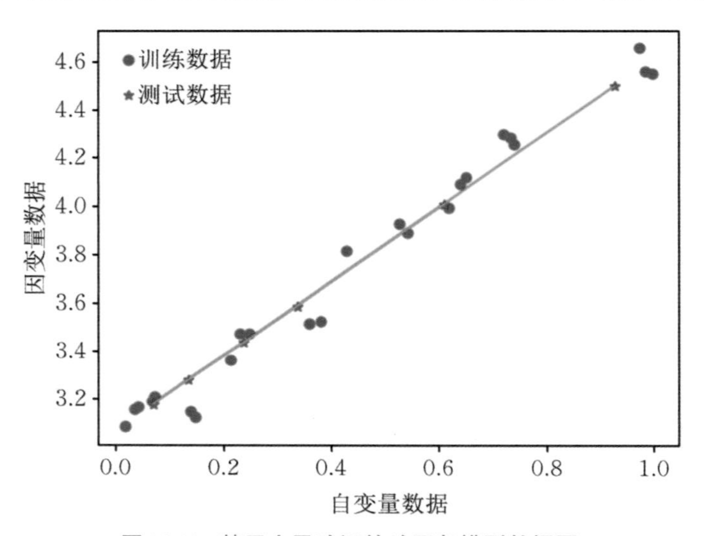

图 10.10 基于交叉验证的岭回归模型数据图

注 在本例中,我们采用了交叉验证的岭回归方法.RidgeCV是一种集成学习方法,它结合了岭回归(ridge regression)和交叉验证(cross-validation)两种技术.在RidgeCV中,岭回归被用于拟合数据,而交叉验证则用于评估模型的性能.通过使用不同的正则化参数来训练多个岭回归模型,并将它们的平均值作为最终模型,RidgeCV可以提高模型的泛化能力和稳定性.

10.3.2 基于多元线性模型的预测

多元线性模型的预测方法是通过已知的自变量值来预测因变量的值.具体步骤如下:

(1) 确定自变量和因变量.首先需要确定自变量和因变量,自变量是用来预测因变量的变量,因变量是需要预测的变量.

(2) 收集数据.收集自变量和因变量的数据,可以通过搜索统计年鉴、实验和调查等方式获取.

(3) 建立模型.根据收集到的数据,建立多元线性模型,即将自变量和因变量之间的关系用数学公式表示出来.

(4) 参数估计.使用最小二乘法等方法,估计模型中的参数,即确定自变量对因变量的影响程度.

(5) 预测.当给定自变量的值时,通过模型计算出因变量的预测值.

(6) 模型评估.通过比较预测值和实际值的差异,评估模型的预测能力,可以使用均方误差和决定系数等指标进行评估.

(7) 应用.将模型应用于实际问题中,进行预测和决策.

例10.23　应用机器学习库中的线性模型对给定数据,使用交叉验证的方法进行数据初步分析和预测.

```
from sklearn.model_selection import train_test_split #这里是引用了交叉验证
from sklearn.linear_model import LinearRegression  #线性回归
import matplotlib.pyplot as plt
import pandas as pd
import numpy as np
plt.rcParams["font.sans-serif"]=["SimHei"]
plt.rcParams["axes.unicode_minus"]=False
data=pd.read_excel('E:\……\data_st.xlsx',index_col=0)#设置第一列为索引值
print('Excel的原始数据如下:\n',data)
data.plot()
year_index=list(data.index)#获取Excel文件的第一列的索引值
plt.xticks([i for i in range(len(year_index))],year_index,rotation=75)
plt.title('数据的曲线图')
plt.ylabel('归一化后的数据')
data_correlation_coefficient=data.iloc[:,:].corr()#原数据之间的相关系数
print('相关系数:\n',data_correlation_coefficient)
x=data.iloc[:,:]#选取五列自变量数据
xx=x.loc[:,('规上项目','新产品数','发明专利','新产品收入','主营收入')]
y=data.loc[:,'利润总额']#明确因变量为y
x_train,x_test,y_train,y_test=train_test_split(
xx,y,test_size=0.25,random_state=90)
linreg=LinearRegression()#导入回归模型
model=linreg.fit(x_train,y_train)#模型训练
modelCoef=linreg.coef_#模型自变量系数
print('模型中五个自变量系数如下:')
print(list(data.columns)[0:5])#获取模型中五个自变量名称
print(modelCoef)
modelConstant=linreg.intercept_#模型截距即模型常数项
print ('训练后模型的常数项:',modelConstant)
y_pred=linreg.predict(x_test)#预测
```

```
print ('预测结果如下:\n',y_pred)
sum_mean=0
for i in range(len(y_pred)):#求模型预测的均方根误差
    sum_mean+=(y_pred[i]-y_test.values[i])**2
    sum_erro=np.sqrt(sum_mean/5) #5个测试级的数量
print ("模型预测的均方根误差:",sum_erro)
plt.figure() #做ROC曲线
plt.plot(range(len(y_pred)),y_pred,'b',label="预测值")
plt.scatter(range(len(y_pred)),y_pred)
plt.plot(range(len(y_pred)),y_test,'r',label="测试值")
plt.scatter(range(len(y_pred)),y_test)
plt.legend(loc="upper left") #显示图中的标签
plt.title('模型的ROC曲线')
plt.xlabel("自变量顺序数据")
plt.ylabel('五个自变量数据值')
plt.show()
```

运行程序得到如下输出结果及其数据图,如图10.11与图10.12所示.

Excel的原始数据如下:

年份	规上项目	新产品数	发明专利	新产品收入	主营收入	利润总额
2005年	0.434	0.526	1.322	0.076	0.430	1.337
2006年	0.042	0.083	0.368	0.033	0.269	0.331
2007年	0.122	0.074	0.175	0.166	0.188	0.232
2008年	0.050	0.148	0.238	0.058	0.146	0.125
2009年	0.938	2.880	4.131	1.899	1.779	1.007
2010年	0.590	2.251	3.368	0.974	0.567	0.484
2011年	0.546	1.584	1.455	0.964	0.468	0.499
2012年	0.099	0.477	1.172	1.385	0.272	0.383
2013年	1.048	4.599	3.808	3.582	1.232	0.683
2014年	0.370	1.617	1.318	1.195	0.604	0.382
2015年	0.197	0.989	0.701	0.642	0.393	0.273
2016年	0.161	0.640	0.985	0.356	0.363	0.245
2017年	0.121	0.763	0.964	0.351	0.208	0.131
2018年	0.541	1.012	1.591	1.252	0.446	0.271
2019年	0.170	0.797	1.055	0.372	0.178	0.148
2020年	0.261	1.645	1.920	0.592	0.305	0.167
2021年	0.523	0.838	1.295	1.947	1.305	0.157
2022年	4.025	10.844	20.379	7.743	2.361	1.452
2023年	2.049	10.582	15.178	3.180	0.621	0.664

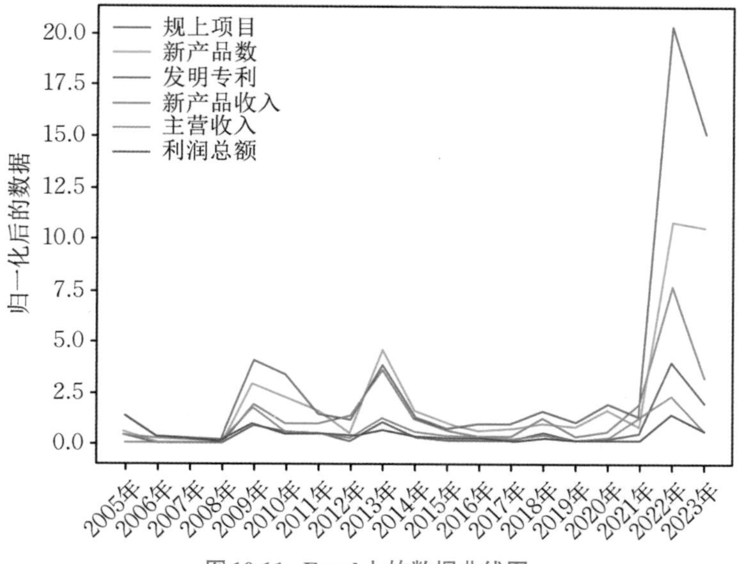

图10.11 Excel上的数据曲线图

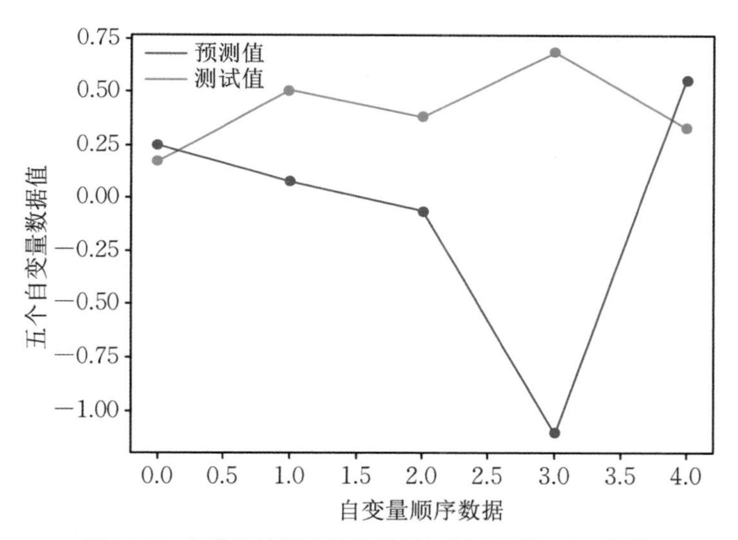

图10.12 多元线性模型的预测值与测试值的ROC曲线

相关系数:

	规上项目	新产品数	发明专利	新产品收入	主营收入	利润总额
规上项目	1.000000	0.929619	0.969227	0.951611	0.792431	0.714074
新产品数	0.929619	1.000000	0.972539	0.871272	0.645373	0.597518
发明专利	0.969227	0.972539	1.000000	0.890148	0.672628	0.641562
新产品收入	0.951611	0.871272	0.890148	1.000000	0.850827	0.631768
主营收入	0.792431	0.645373	0.672628	0.850827	1.000000	0.682334
利润总额	0.714074	0.597518	0.641562	0.631768	0.682334	1.000000

模型中五个自变量系数如下：
['规上项目','新产品数','发明专利','新产品收入','主营收入']
[0.20779828 −0.41408509 0.36594115 −0.52020088 0.61235234]
训练后模型的常数项:0.2949963762816866
预测结果如下：
[0.24947731 0.07009507 −0.06716265 −1.10704592 0.55157734]
模型预测的均方根误差:0.8538650712000277

注 给出的Excel数据表是经过数据归一化处理之后的数据.train_test_split(xx,y,test_size=0.25,random_state=90)的功能是将训练数据xx(即自变量训练数据)和y(即因变量训练数据)以90%随机概率选取25%作为测试集,而75%作为训练模型数据.注意,该函数功能并不是取最后25%的数据作为测试集,而是随机选取的25%的数据作为测试集.对于求模型预测的均方根误差也可以使用如下语句：

```
from sklearn.metrics import mean_squared_error
MSError=mean_squared_error(y_test,y_pred)
print("预测误差:",MSError)
```

例 10.24 针对上例中给定的数据data_st.xlsx,应用多元线性回归模型预测2024年与2025年的标准化数据.

```
from sklearn.linear_model import LinearRegression
import pandas as pd
data=pd.read_excel('E:\……\data_st.xlsx',index_col=0)
x=data.iloc[:,:]
xx=x.loc[:,('规上项目','新产品数','发明专利','新产品收入','主营收入')]
y=data.loc[:,'利润总额']#明确因变量为y
linreg=LinearRegression()#导入回归模型
model=linreg.fit(xx,y)#模型训练
modelCoef=linreg.coef_#模型自变量系数
print('给定数据训练模型之后的五个自变量系数如下:\n',modelCoef)
modelConstant=linreg.intercept_#模型截距即模型常数项
print ('训练后模型的常数项:',modelConstant)
data_2024_2025=[[2.079,11.463,14.146,2.890,0.881],
[2.19,11.26,15.123,2.991,0.925]]
pred_2024_2025=pd.DataFrame(data_2024_2025)
y_pred=linreg.predict(pred_2024_2025)#预测
print('2024年的利润总额预测值是%f,2025年的利润总额预测值是%f'%(y_pred[0],
y_pred[1]))
```

运行程序得到如下输出结果：
给定数据训练模型之后的五个自变量系数如下：

[1.07732681 0.04116012 −0.0955192 −0.2838746 0.26805557]
训练后模型的常数项:0.22123622183239994
2024年的利润总额预测值是0.997362,2025年的利润总额预测值是0.998391

10.3.3 多层感知器神经网络的预测

多层感知器(multilayer perceptron,MLP)神经网络是一种前馈神经网络,由多个神经元层组成,每个神经元层与前一层和后一层之间都有连接.每个神经元接收来自前一层的输入,并将其加权处理后传递到下一层.每个神经元都有一个激活函数,用于将其输入转换为输出.MLP神经网络通常用于分类和回归问题.在分类问题中,网络的输出是一个概率分布,表示每个类别的概率.在回归问题中,网络的输出是一个连续值,表示预测的目标变量.MLP神经网络的训练通常使用反向传播算法.该算法通过计算网络输出与实际输出之间的误差,并将误差反向传播到网络中的每个神经元,以更新每个神经元的权重和偏置.

MLP神经网络的优点包括能够处理非线性关系和高维数据,以及具有较高的准确性和泛化能力.缺点包括需要大量的训练数据和计算资源,以及容易出现过拟合问题.多层感知器神经网络的预测步骤如下:

(1) 收集数据.收集需要预测的数据,并将其分为训练集和测试集.

(2) 数据预处理.对数据进行预处理,包括数据清洗、特征选择和特征缩放等.

(3) 构建神经网络.选择合适的神经网络结构,包括输入层、隐藏层和输出层,并确定每层的神经元数量.

(4) 训练神经网络.使用训练集对神经网络进行训练,通过反向传播算法不断调整权重和偏置,使得神经网络的输出与实际值的误差最小化.

(5) 测试神经网络.使用测试集对训练好的神经网络进行测试,评估其预测性能.

(6) 调整参数.根据测试结果对神经网络的参数进行调整,包括学习率、迭代次数和隐藏层神经元数量等.

(7) 预测未知数据.使用训练好的神经网络对未知数据进行预测,得到预测结果.

例10.25 某省份有二十个景区,根据已有数据算出了游客的日均停留时间、夜间人均停留时间、周末人均停留时间以及日均人流量数据.目标是根据已知的日均停留时间、夜间人均停留时间、周末人均停留时间的前18个景区数据进行训练神经网络,然后根据给定的三个数据来预测日均人流量,见如下所示:

景区编号	日均停留时间	夜均停留时间	周末人均停留时间	日均人流量
1001	78	521	602	2863
1002	144	600	521	2245
1003	95	457	468	1283
1004	69	596	695	1054
1005	190	527	691	2051
1006	101	403	470	2487
1007	146	413	435	2571

1008	123	572	633	1897
1009	115	575	667	933
1010	94	476	658	2352
1011	175	438	477	861
1012	176	477	491	2346
1013	106	478	688	1338
1014	160	493	533	2086
1015	164	567	539	2455
1016	96	538	636	960
1017	40	469	497	1059
1018	97	429	435	2741
1019	95	482	479	待预测值
1020	159	554	480	待预测值

```
import pandas as pd
from sklearn.neural_network import MLPRegressor
import numpy as np
import pylab as plt
data=pd.read_excel("E:\……\tourism.xls",index_col=0)
print(data)
train_data=data.iloc[:,:3]
y_data=data.iloc[:,3]
x_min=train_data.min(axis=0)#计算最小值
x_max=train_data.max(axis=0)#计算最大值
standardization=2*((train_data-x_min)/(x_max-x_min))-1#数据标准化
#构造并拟合模型
model=MLPRegressor(solver="lbfgs",activation="identity",
    hidden_layer_sizes=10,).fit(standardization,y_data)
#根据给出的数据进行预测
given_data=np.array([[95,482,479],[159,554,480]])
xy_min=(x_min.values) #重新计算,提取上面的数值
xy_max=(x_max.values) #下面也是这样的
#进行数据标准化
given_data_standardization=2*(given_data-xy_min)/(xy_max-xy_min)-1
y_predict=model.predict(given_data_standardization)
print("景区编号为1019与1020的预测数据分别为",np.round(y_predict,2))
y_0_predict=model.predict(standardization) #对测试集进行预测
print("原数据的预测值:\n",np.round(y_0_predict,2))
all_predict=list(y_0_predict)+list(y_predict)
```

```
#计算测试集预测值与真实值的百分数误差,
delta=abs((y_0_predict - y_data) / y_data) * 100
print("数据的相对误差:\n",np.round(delta,2))
t=np.arange(1001,1021)
predict_t=np.arange(1001,1023)
plt.rc("font",size=12);
plt.rc("font",family="KaiTi")
plt.plot(t,y_data,"--o",label="原始数据")
plt.plot(predict_t,all_predict,"-*",label="预测数据")
plt.xticks(predict_t,rotation=75)
plt.grid(True)
plt.xlabel('景区编号')
plt.ylabel('日均人流量')
plt.legend()
plt.show()
```

运行程序得到如下结果及景区游客日均数量与预测值图,如图10.13所示.

```
景区编号为1019与1020的预测数据分别为[1979.84  2212.07]
原数据的预测值:
[1634.17 2063.29 2004.89 1387.55 1837.14 2021.35 2266.53 1727.45 1619.74
 1562.45 2275.63 2247.51 1536.93 2092.32 2094.16 1621.52 1737.43 2088.03
 1979.84 2212.07]
数据的相对误差:
景区编号  相对误差
  1001      42.92
  1002       8.09
  1003      56.27
  1004      31.65
  1005      10.43
  1006      18.72
  1007      11.84
  1008       8.94
  1009      73.61
  1010      33.57
  1011     164.30
  1012       4.20
  1013      14.87
  1014       0.30
  1015      14.70
```

1016	68.91
1017	64.06
1018	23.82
1019	3.49
1020	12.05

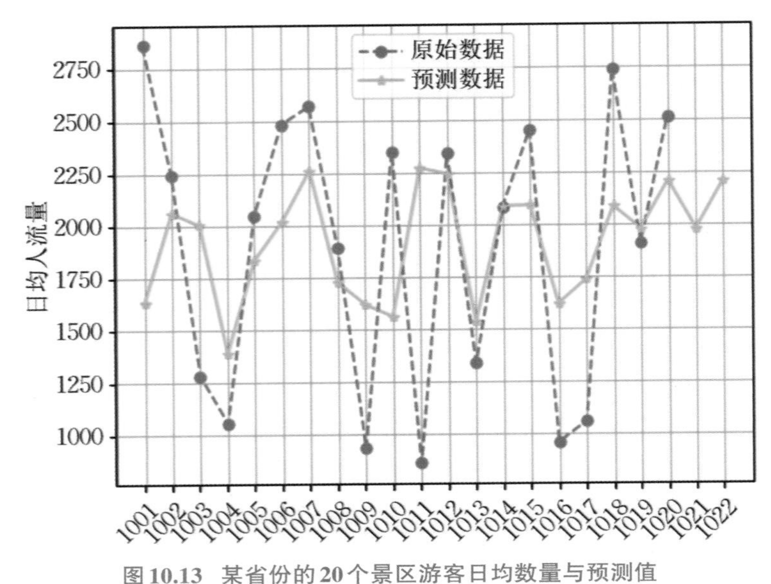

图 10.13 某省份的 20 个景区游客日均数量与预测值

注 上例中由于训练的样本数很少,所以预测结果偏差较大.一般情况下,数据量达到一定数量后,神经网络的预测结果是很好的.

10.3.4 灰色模型的数据预测

灰色模型是一种基于少量数据进行预测的算法模型,它适用于数据量较小、缺乏完整历史数据或者数据质量较差的情况.灰色模型的预测基于灰色系统理论,通过对数据进行灰色处理,将原始数据转化为具有规律性的序列类型数据,然后利用该序列进行预测.

灰色模型的预测方法主要包括GM(1,1)模型和GM(2,1)模型.GM(1,1)模型是一种一阶微分方程模型,它通过对原始数据进行一次累加,得到一个新的序列,然后利用该序列建立一阶微分方程模型,从而进行预测.GM(2,1)模型是一种二阶微分方程模型,它在GM(1,1)模型的基础上,进一步对原始数据进行二次累加,得到一个新的序列,然后利用该序列建立二阶微分方程模型,从而进行预测.

灰色模型的预测方法具有简单、快速、准确的特点,适用于各种类型的数据预测,如经济、环境、社会等领域.但是,灰色模型的预测结果受到数据质量和数据量的影响,需要根据实际情况进行合理的选择和应用.灰色模型特别适合预测数据的末端数据值.应用灰色模型进行预测,其一般步骤如下:

(1) 数据预处理.对原始数据进行筛选、清洗、归一化等处理.

(2) 确定模型类型.根据数据的特点和预测目标,选择适合的灰色模型类型,如GM(1,1)、GM(2,1)等.

(3) 建立灰色模型.根据选定的模型类型,利用灰色理论中的公式和算法,建立灰色模型.

(4) 模型检验.对建立的灰色模型进行检验,包括残差分析、模型拟合度检验等.

(5) 模型预测.利用建立好的灰色模型进行预测,得到预测结果.

(6) 模型评价.对预测结果进行评价,包括预测误差分析、预测精度评价等.

(7) 模型优化.根据评价结果,优化模型,如调整模型参数、增加数据量等.

(8) 预测应用.将优化后的灰色模型应用于实际预测中,得到预测结果.

例 10.26　已知某大型商场某年6月份前14日的客流量,应用灰色预测模型GM(1,1)对6月15日和6月16日进行预测客流量.原始数据如表10.2所示.

表10.2　某商场客流量

日　期	客 流 量	日　期	客 流 量
6月1日	3267	6月9日	3268
6月2日	4948	6月10日	3428
6月3日	2500	6月11日	2330
6月4日	3242	6月12日	3645
6月5日	4408	6月13日	3953
6月6日	3373	6月14日	2477
6月7日	4732	6月15日	待预测值
6月8日	4851	6月16日	待预测值

```
import pandas as pd
def GM11(x0):
  import numpy as np
  x1=x0.cumsum() #累积求和
  z1=(x1[:len(x1)-1]+x1[1:])/2.0 #紧邻均值生成序列
  z1=z1.reshape((len(z1),1))
  B=np.append(-z1,np.ones_like(z1),axis=1)
  Yn=x0[1:].reshape((len(x0)-1,1))
  [[a],[b]]=np.dot(np.dot(np.linalg.inv(np.dot(B.T,B)),B.T),Yn) #计算参数
  f=lambda k:(x0[0]-b/a)*np.exp(-a*(k-1))-(x0[0]-b/a)*np.exp(-a*(k-2))
     #还原
  delta=np.abs(x0 - np.array([f(i) for i in range(1,len(x0)+1)]))
  C=delta.std()/x0.std()#方差比
  #残差概率
  P=1.0*(np.abs(delta-delta.mean())<0.6745*x0.std()).sum()/len(x0)
  print('方差比:',C)#
```

```
    print('残差概率:',P)
    return f,a,b,x0[0],C,P #返回函数及数据
#对数据进行应用
path='E:\……\客流量.xlsx'
data=pd.read_excel(path)
data.index=range(1,15)
data.loc[15]=None #增加数据第15行为空值
data.loc[16]=None#增加数据第16行为空值
f=GM11(data['客流量'][range(1,15)].values)[0]
data['客流量'][15]=f(len(data)-1) #2014年预测结果
data['客流量'][16]=f(len(data)) #2015年预测结果
print('预测6月15日客流量:',data['客流量'][15])
print('预测6月16日客流量:',data['客流量'][16])
```

运行程序得到如下输出结果:

```
方差比:0.4587965745408268
残差概率:0.8571428571428571
预测6月15日客流量:3152.3905108299805
预测6月16日客流量:3090.942559626943
```

例10.27　应用灰色模型GM(2,1)对数据进行预测.

```
import numpy as np
import sympy as sp
x0=np.array([53,69,71,76,54,62]) #原始数据
n=len(x0);x1=np.cumsum(x0) #求累积和
ax0=np.diff(x0) #对数据进行差分计算
z=(x1[1:]+x1[:-1])/2 #计算均值
B=np.vstack([-x0[1:],-z,np.ones(n-1)]).T
u=np.linalg.pinv(B) @ ax0
sp.var('t');sp.var('x',cls=sp.Function)
eq=x(t).diff(t,2)+u[0]*x(t).diff(t)+u[1]*x(t)-u[2]
s=sp.dsolve(eq,ics={x(0):x1[0],x(5):x1[-1]}) #求微分方程解
xt=s.args[1] #提取解的符号表达式
x=sp.lambdify(t,xt,'numpy') #化为匿名函数
xh1=x(np.arange(n)) #求预测值
xh0=np.hstack([x0[0],np.diff(xh1)]) #还原数据
ea=x0-xh0 #计算预测的残差
er=abs(ea)/x0*100 #计算相对误差
print('预测值:',np.round(xh0,2))
print('预测的相对误差:',np.round(er,2))
```

运行程序得到如下结果：

预测值：[53. 63.55 64.61 65.84 67.53 70.48]

预测的相对误差：[0. 7.9 9.01 13.37 25.05 13.68]

注　GM(2,1)模型的预测精度受到原始数据的质量和趋势类型的影响，因此在使用该模型进行预测时，需要对数据进行充分的分析和处理，以提高预测精度．该模型的应用步骤：应用对原始数据进行一次累加，得到一个新的序列．对新序列进行一次累减，得到一个新的序列．对新序列进行一次平滑处理，又得到一个新的序列．利用新序列建立一个二阶微分方程模型，再求解出模型参数．最后利用模型参数对未来的数据进行预测．

10.3.5　随机森林模型的数据预测

随机森林(random forest)是一种集成学习算法，它由多个决策树组成．每个决策树都是基于随机选择的特征和样本构建的．在预测时，随机森林算法对每个决策树的预测结果进行投票，最终得出预测结果．随机森林模型的优点包括：① 可以处理高维数据和大规模数据集；② 可以处理缺失值和异常值；③ 可以减少过拟合的风险；④ 可以提供特征重要性评估；⑤ 可以并行处理，加快模型训练速度．随机森林模型的缺点包括：① 随机森林模型的解释性较差；② 随机森林模型对于噪声数据比较敏感；③ 当数据量很大时，随机森林模型的训练时间较长．

随机森林模型的数据预测过程包括以下步骤：

(1) 数据预处理．包括数据清洗、特征选择和特征缩放等．

(2) 随机森林模型训练．将预处理后的数据集分成多个子集，每个子集用于训练一个决策树模型．在训练过程中，每个决策树都是基于随机选择的特征和样本构建的．

(3) 模型评估．使用测试集对训练好的随机森林模型进行评估，计算模型的准确率、召回率、F1值等指标．

(4) 模型预测．使用训练好的随机森林模型对新的数据进行预测，得出预测结果．

例 10.28　应用随机森林模型中的train_test_split()函数将给定数据以7:3的比例分为训练数据和测试数据，然后对测试数据进行数据预测．训练和测试数据如下所示，其中天气状况是0表示天晴，1表示下雨．

日期	温度	湿度	气压	天气状况
8月1日	28	0.72	1013	0
8月2日	30	0.65	1012	0
8月3日	25	0.85	1018	1
8月4日	25	0.86	1019	1
8月5日	29	0.61	1011	0
8月6日	27	0.71	1013	0
8月7日	24	0.87	1019	1
8月8日	26	0.75	1013	0
8月9日	31	0.55	1010	0
8月10日	25	0.78	1011	0

```
import pandas as pd
from sklearn.ensemble import RandomForestClassifier
from sklearn.model_selection import train_test_split
path='E:\……\weather.xlsx'#data_st.xlsx tourism.xls  classdata
data=pd.read_excel(path,index_col=0)
X=data.iloc[:,0:3]
y=data.iloc[:,3]
#将数据集分为训练集和测试集
X_train,X_test,y_train,y_test=train_test_split(X,y,
    test_size=0.3,random_state=20)
#创建随机森林模型
rfc=RandomForestClassifier(n_estimators=10,random_state=20)
rfc.fit(X_train,y_train)#训练模型
y_pred=rfc.predict(X_test)#预测测试集
print('测试数据:\n',X_test)
print('测试数据中的天气情况:\n',y_test)
print('预测的天气值:',y_pred)
print('预测精确度:',rfc.score(X_test,y_test))
```

运行程序得到如下输出结果:

```
测试数据:
  日期   温度  湿度  气压
8月8日   26  0.75  1013
8月2日   30  0.65  1012
8月9日   31  0.55  1010
测试数据中的天气情况:
日期
8月8日   0
8月2日   0
8月9日   0
Name:天气状况,dtype:int64
天气的预测值:[0 0 0]
预测精确度:1.0
```

注 上例程序中的函数 train_test_split(X,y,test_size=0.3,random_state=20)就是以20%的随机概率将数据X,y分成70%为训练数据,30%为测试数据.因此上例中程序运行后的结果就是因为随机分割原始数据的30%为测试集,所以模型选择的为8月8日、8月2日和8月9日的日期数据.如果要预测指定的数据,请看下一个例子.

例10.29 根据随机森林模型,训练数据取上例中8月1日到8月10日的数据作为训练集,目标是根据指定8月11日和8月12日的温度、湿度和气压的数据预测天气是否下雨.

```
import pandas as pd
from sklearn.ensemble import RandomForestClassifier
path='E:\……\weather.xlsx'
data=pd.read_excel(path,index_col=0)
X=data.iloc[:,0:3]
y=data.iloc[:,3]
#给定需要预测的8月11日和12日的自变量数据如下
predData0=[[24,0.89,1018],[26,0.73,1012]]
predData=pd.DataFrame(predData0)
rfc=RandomForestClassifier()#创建随机森林模型
rfc.fit(X,y)# 训练模型
predict_Data=rfc.predict(predData)# 预测数据
print('8月11日和8月12日的预测天气情况:',predict_Data)
print('预测精确度:',rfc.score(predData,predict_Data))
```

运行程序得到如下结果：

```
8月11日和8月12日的预测天气情况:[1 0]
预测精确度:1.0
```

注 上例中预测的结果1表示8月11日下雨，而0表示8月12日不下雨. 其预测的精确度达到了100%.

10.4 聚类、分类与预测模型的算法评价

聚类算法、分类与预测算法的评价可以帮助我们确定聚类的质量和效果、提高分类与预测算法的准确性和效率. 特别地，预测算法的评价还可以帮助我们确定预测模型的可靠性和稳定性，以便更好地应用于实际问题中.

10.4.1 聚类算法评价方法

聚类分析仅根据样本数据本身将样本分组. 其目标是，组内的对象相互之间是相似的(相关的)，而不同组中的对象是不同的(不相关的). 组内的相似性越大，组间差别越大，聚类效果就越好.

1. purity评价法

purity方法是极为简单的一种聚类评价方法，只需计算正确聚类数占总数的比例，其公式如下：

$$\text{purity}(X,Y)=\frac{1}{n}\sum_{k}\max|x_k\cap y_i|$$

其中,$X=(x_1,x_2,\cdots,x_k)$是聚类的集合,x_i表示第i个聚类的集合;$Y=(y_1,y_2,\cdots,y_k)$表示需要被聚类的集合,y_i表示第i个聚类对象;n表示被聚类集合对象的总数.

2. RI评价法

RI评价法是一种用排列组合原理对聚类进行评价的手段,其评价公式如下:

$$\mathrm{RI}=\frac{R+W}{R+M+D+W}$$

其中,R是指被聚在一类的两个对象被正确分类;W是指不应该被聚在一类的两个对象被正确分开了;M指不应该放在一类的对象被错误的放在了一类;D指不应该分开的对象被错误地分开了.

3. F值评价法

这是基于上述RI方法衍生出的一个方法,F评价公式如下:

$$F_\alpha=\frac{(1+\alpha^2)pr}{\alpha^2 p+r}$$

其中,$p=\dfrac{R}{R+M}$,$r=\dfrac{R}{R+D}$,R是指被聚在一类的两个对象被正确分类;M指不应该放在一类的对象被错误的放在了一类;D指不应该分开的对象被错误的分开了.实际上RI方法就是把准确率p和召回率r看得同等重要,有时候我们可能需要某一特性更多一点,这时候就适合使用F值方法.

10.4.2 分类与预测算法评价

分类与预测模型对训练集进行预测而得出的准确率并不能很好地反映预测模型未来的性能,为了有效判断一个预测模型的性能表现,需要一组没有参与预测模型建立的数据集,并在该数据集上评价预测模型的准确率,这组独立的数据集叫测试集.模型预测的效果评价通常用相对绝对误差、平均绝对误差、根均方差和相对平方根误差等指标来衡量.

1. 绝对误差与相对误差

设Y表示实际值,$\hat{Y}$表示预测值,则称E为绝对误差(absolute error)其计算公式如下:

$$E=|Y-\hat{Y}|$$

设e为相对误差(relative error),计算公式如下:

$$e=\frac{Y-\hat{Y}}{Y}$$

有时相对误差也用百分数表示:

$$e=\frac{Y-\hat{Y}}{Y}\times 100\%$$

2. 平均绝对误差

由于预测误差有正有负,为了避免正负相抵消,故取误差的绝对值进行综合并取平均数,这是误差分析的综合指标之一.平均绝对误差(mean absolute error,MAE)定义如下:

$$\mathrm{MAE}=\frac{1}{n}\sum_{i=1}^{n}\left|E_i\right|=\frac{1}{n}\sum_{i=1}^{n}\left|Y_i-\widehat{Y_i}\right|$$

式中各项的含义是:MAE表示平均绝对误差,E_i表示第i个实际值与预测值的绝对误差;Y_i表示第i个实际值;$\widehat{Y_i}$表示第i个预测值.

3. 均方误差

均方误差是预测误差平方和的平均数,它避免了正负误差不能相加的问题.由于对误差进行了平方,加强了数值大的误差在指标中的作用,从而提高了这个指标的灵敏性,是一大优点.均方误差是误差分析的综合指标法之一.均方误差(mean square error,MSE)定义如下:

$$\mathrm{MSE}=\frac{1}{n}\sum_{i=1}^{n}E_i^{\ 2}=\frac{1}{n}\sum_{i=1}^{n}\left(Y_i-\widehat{Y_i}\right)^2$$

式中,MSE表示均方差.

4. 均方根误差

均方根误差用于还原平方失真程度,它是均方误差的平方根,代表了预测值的离散程度,也叫标准误差,最佳拟合情况为0.均方根误差也是误差分析的综合指标之一.均方根误差(root mean squared error,RMSE)定义如下:

$$\mathrm{RMSE}=\sqrt{\frac{1}{n}\sum_{i=1}^{n}E_i^{\ 2}}=\sqrt{\frac{1}{n}\sum_{i=1}^{n}\left(Y_i-\widehat{Y_i}\right)^2}$$

式中,RMSE表示均方根误差.

5. 平均绝对百分误差

平均绝对百分误差(mean absolute percentage error,MAPE)定义如下:

$$\mathrm{MAPE}=\frac{1}{n}\sum_{i=1}^{n}\left|E_i/Y\right|=\frac{1}{n}\sum_{i=1}^{n}\left|\left(Y_i-\widehat{Y_i}\right)/Y\right|$$

式中,MAPE表示平均绝对百分误差.一般认为小于10时,预测精度较高.符号意义与2平均绝对误差中的含义相同.

6. Kappa统计评价

Kappa统计是比较两个或多个观测者对同一事物,或观测者对同一事物的两次或多次观测结果是否一致,以由于机遇造成的一致性和实际观测的一致性之间的差别大小作为评价基础的统计指标.Kappa统计量和加权Kappa统计量不仅可以用于无序和有序分类变量资料的一致性和重现性检验,而且能给出一个反映一致性大小的“量”值.

Kappa取值在[−1,1]之间,其值的大小均有不同意义:

(1) Kappa=1说明两次判断的结果完全一致.

(2) Kappa=−1说明两次判断的结果完全不一致.

(3) Kappa=0说明两次判断的结果是机遇造成.

(4) Kappa<0说明一致程度比机遇造成的还差,两次检查结果很不一致,在实际应用中无意义.

(5) Kappa>0此时说明有意义,Kappa愈大,说明一致性愈好.

(6) Kappa≥0.75说明已经取得相当满意的一致程度.

(7) Kappa<0.4说明一致程度不够.

7. 识别准确度、识别精确率与反馈率

识别准确度(accuracy)定义如下:

$$\text{accuracy}=\frac{\text{TP}+\text{FN}}{\text{TP}+\text{TN}+\text{FP}+\text{FN}}\times 100\%$$

其中,TP(true positives)表示正确肯定的分类数;TN(true negatives)表示正确否定的分类数;FP(false positives)表示错误肯定的分类数;FN(false negatives)表示错误否定的分类数.

识别精确率(precision),其定义如下:

$$\text{precision}=\frac{\text{TP}}{\text{TP}+\text{FP}}\times 100\%$$

其中,TP表示正确肯定的分类数;FP表示错误肯定的分类数.

反馈率(recall),其定义如下:

$$\text{recall}=\frac{\text{TP}}{\text{TP}+\text{FN}}\times 100\%$$

其中,TP表示正确肯定的分类数;FN表示错误否定的分类数.

8. ROC曲线与混淆矩阵

ROC(receiver operating characteristic)曲线就是受试者工作特性,它是一种非常有效的模型评价方法,可为选定临界值给出定量提示.将灵敏度(sensitivity)设在纵轴,特异性(specificity)设在横轴,就可得出ROC曲线图.该曲线下的积分面积大小与每种方法优劣密切相关,反映分类器正确分类的统计概率,其值越接近1说明该算法效果越好.

混淆矩阵(confusion matrix)是一种用于评估分类模型性能的工具.它描绘样本数据的真实属性与识别结果类型之间的关系,是评价分类器性能的一种常用方法.混淆矩阵是一个二维矩阵,其中每一行代表实际类别,每一列代表预测类别.矩阵中的每个元素表示实际类别和预测类别的交集,即真正例(TP)、假正例(FP)、真反例(TN)和假反例(FN).通过分析混淆矩阵,可以计算出模型的准确率、召回率、精确率和F1值等指标,从而评估模型的性能.

第11章　时间序列建模与分析挖掘

时间序列建模与分析是一种统计学方法，用于分析时间序列数据的变化趋势和规律．时间序列数据是指按照时间顺序排列的数据，例如股票价格、气温和销售量等．时间序列建模与分析的目的是预测未来的趋势和变化，以便做出更好的决策．时间序列建模与分析的主要步骤包括数据收集、数据清洗、数据可视化、模型选择、模型拟合、模型评估和预测．常用的时间序列模型包括自回归模型(AR)、移动平均模型(MA)、自回归移动平均模型(ARMA)、自回归积分移动平均模型(ARIMA)和季节性自回归积分移动平均模型(SARIMA)等．时间序列建模与分析在许多领域都有广泛的应用，例如金融、经济、气象、交通和医疗等．通过对时间序列数据的建模和分析，可以帮助人们更好地理解数据的变化趋势和规律，从而做出更准确的预测和决策．

11.1　时间序列的检验

对于一个时间序列数据，首先要对它的纯随机性和平稳性进行检验，这两个重要的检验称为序列的预处理．如果一个时间序列数据不平稳，直接用该数据进行建模分析，可能导致建立的模型和得到的结果无意义．一般而言，根据序列数据的检验结果可以将序列数据分为不同的类型，根据不同类型的序列采取不同的处理结果和相应的分析方法．

对于一个纯随机的时间序列，也称之为白噪声序列，这就意味着序列的各项之间没有任何相关关系．也就是说，序列数据在呈现出完全无序的随机波动，我们就终止对该时间序列数据的分析．而对于平稳非白噪声的时间序列，它的均值和方差都是常数，现已有较成熟的建模方法，即建立一个线性模型来拟合该时间序列的变化规律，借此提取该序列的有用信息，帮助人们作出有用的判断．

11.1.1　平稳性检验

1. 单位根检验

这是一种用于检验时间序列数据是否具有单位根的方法．单位根是指时间序列数据中存在一个根据时间变化而变化的趋势，这种趋势可能导致数据不稳定，难以进行预测和分析．单位根检验可以帮助确定时间序列数据是否需要进行差分或其他预处理方法，以使其更适合进行分析和预测．常用的单位根检验方法包括ADF检验、Phillips-Perron检验等．

ADF(augmented dickey-fuller)单位根检验是一种用于检验时间序列数据是否具有单位根的统计方法.单位根是指时间序列数据中存在一个根,使得序列在时间上存在长期的依赖性,即序列不趋于稳定,而是呈现出随机游走的特征.ADF检验的原理是基于对时间序列数据进行回归分析,将序列中的每个观测值与其前一个观测值之间的差值作为自变量,将序列本身作为因变量,然后通过对回归模型的残差进行统计检验,来判断序列是否具有单位根.如果残差序列是平稳的,即不存在单位根,则序列是稳定的,否则序列是非稳定的.ADF检验的统计量是ADF统计量,其值越小越好,如果ADF统计量小于一定的临界值,则可以拒绝原假设,即序列具有单位根,序列是非稳定的.反之,如果ADF统计量大于临界值,则不能拒绝原假设,即序列可能具有单位根,要进一步检验.

例 11.1 根据给定的时间序列,用ADF方法进行单位根检验.

```
import pandas as pd
from statsmodels.tsa.stattools import adfuller
data=pd.read_excel('E:\……\价格数量表.xlsx',index_col='日期')
print('原始数据的前8行:\n',data.iloc[:8,:])
result1=adfuller(data.loc[:,'价格'])# 进行ADF单位根检验
result2=adfuller(data.loc[:,'数量'])
print('列名为 数量 的ADF统计结果:%f' % result1[0])
print('列名为 数量 的p-值:%f' % result1[1])
print('临界值如下:')
for key,value in result1[4].items():
  print('\t%s:%.3f' % (key,value))
print('列名为 价格 的ADF统计结果:%f' % result2[0])
print('列名为 价格 的p-值:%f' % result2[1])
```

运行程序得到如下输出结果:

```
原始数据的前8行:
    日期      价格   数量
2024—10—01  120.0  100
2024—10—02  113.5  105
2024—10—03  108.2  110
2024—10—04  102.2  115
2024—10—05   97.7  119
2024—10—06   98.5  123
2024—10—07  102.8  130
2024—10—08   98.9  136
列名为 数量 的ADF统计结果:—11.960875
列名为 数量 的p-值:0.000000
临界值如下:
```

1%:−4.223
5%:−3.189
10%:−2.730
列名为 价格 的ADF统计结果:−1.456365
列名为 价格 的p-值:0.554976

注　根据上面结果可知,上表中列名为数量的p值为0,因此可以判断数量这列数据是平稳的,而价格数据不平稳.一般地,如果p值小于0.05,则可以拒绝原假设,即序列具有单位根,因此是非平稳的.如果p值大于0.05,则不能拒绝原假设,即序列可能是平稳的.

Phillips-Perron方法是一种用于检验时间序列数据平稳性的方法.它是基于单位根检验的方法,可以检验数据是否具有单位根,即是否存在随机漂移.如果数据存在随机漂移,则数据不平稳,反之则平稳.Phillips-Perron方法的基本思想是对数据进行差分,然后对差分后的数据进行单位根检验.如果差分后的数据不存在单位根,则原始数据是平稳的.如果差分后的数据存在单位根,则需要进一步进行检验,以确定数据是否具有趋势或季节性.Phillips-Perron方法与其他单位根检验方法相比,具有较高的功效和较好的性能.它可以处理包含趋势和季节性的数据,并且可以通过调整参数来适应不同的数据类型和样本大小.因此,Phillips-Perron方法是一种广泛应用于时间序列数据分析的方法.

例11.2　采用Phillips-Perron方法检验数据的平稳性.

```
import numpy as np
from statsmodels.tsa.stattools import adfuller
import pandas as pd
def pp_test(x):
    n=len(x)
    y=np.cumsum(x - np.mean(x))
    z=np.zeros(n)
    for i in range(1,n):
        z[i]=np.sqrt(i / n) * (y[i] / np.sqrt(np.var(x)))
    z=z[1:]
    t=np.arange(1,n) / np.sqrt(n)
    beta=np.polyfit(t,z,1)[0]
    s=np.sqrt(np.var(z - beta * t))
    test_stat=np.sqrt(n) * beta / s
    p_value=1 - adfuller(x)[1]+np.sum(test_stat > adfuller(y)[0]) / n
    return p_value
data=pd.read_excel('E:\……\价格数量表.xlsx',index_col='日期')
x1=data.loc[:,'数量']
x2=np.random.normal(size=100)
p_value1=pp_test(x1)
```

```
p_value2=pp_test(x2)
print('列名为数量的单位根p值:',p_value1)
print('random函数库生成的数据单位根p值:',p_value2)
```

运行程序得到如下输出结果:

列名为数量的单位根p值:0.44502373631045933

random函数库生成的数据单位根p值:1.01

注 两种检验的方法不同,但最终得到的结论是一致的.

2. Bootstrap法检验

Bootstrap法是一种非参数统计方法,用于检验数据的平稳性.它通过对原始数据进行重复抽样,生成多个样本,并计算每个样本的统计量,如均值、方差等.根据抽样分布,计算统计量的置信区间和假设检验的p值.然后,通过对这些统计量和p值结果进行判断与分析,可以得出数据的平稳性.如果样本的统计量在不同的抽样中变化较小,则表明数据具有平稳性.反之,如果样本的统计量在不同的抽样中变化较大,则表明数据不具有平稳性.Bootstrap法可以有效地检验数据的平稳性,特别是在样本量较小或数据分布不明显的情况下.

例11.3 基于random库生成了一个随机数据,定义一个Bootstrap函数,用于生成Bootstrap样本.接着,再定义了一个ADF检验函数,用于对单个样本进行平稳性检验.我们使用Bootstrap函数生成了200个Bootstrap样本,模拟重复抽样,并对每个样本进行ADF检验,得到了200个p值.计算p值的置信区间,并根据置信区间判断数据是否平稳.

```
import numpy as np
from statsmodels.tsa.stattools import adfuller
np.random.seed(123)
data=np.random.normal(size=100)# 生成随机数据
def bootstrap(data,n):#data为原始数据,n为Bootstrap样本数量
    samples=np.random.choice(data,size=(len(data),n),replace=True)
    return samples
def adf_test(data):# 定义ADF检验函数
    #data:待检验的数据
    result=adfuller(data)
    p_value=result[1]
    return p_value
# 进行Bootstrap法的数据平稳性检验
n=200 # Bootstrap样本数量
bootstrap_samples=bootstrap(data,n)
p_values=[]
for sample in bootstrap_samples:
    p_value=adf_test(sample)
    p_values.append(p_value)
```

```
# 计算p值的置信区间
p_values=np.array(p_values)
print('数据重复抽样200次后得到的前12个p值如下:\n',p_values[:12])
conf_int=np.percentile(p_values,[2.5,97.5])
print("所有p值的置信区间:",conf_int)
if conf_int[0] < 0.05 and conf_int[1] > 0.05:
   print("给定的数据不平稳")
else:
   print("数据是平稳的")
```

运行程序得到如下输出结果:

```
数据重复抽样200次后得到的前12个p值如下:
[6.50281771e-26 1.09444339e-24 2.03380167e-26 7.22555078e-26
 5.44202699e-27 3.73285189e-07 6.45250387e-19 5.85132242e-26
 4.38270066e-16 9.49408011e-16 8.44549965e-06 7.68933835e-25]
所有p值的置信区间:[1.63676854e-28 7.44940154e-06]
数据是平稳的
```

3. 自相关图检验

自相关图是一种用于检测时间序列数据平稳性的工具.它显示了时间序列数据与其自身滞后序列之间的相关性.如果时间序列数据是平稳的,那么自相关图应该显示出随着滞后时间的增加,相关性逐渐减弱并最终趋于零.如果自相关图显示出明显的趋势或周期性,那么时间序列数据可能不是平稳的.因此,自相关图可以用来帮助确定时间序列数据是否需要进行平稳化处理,以便进行进一步的分析和建模.

例11.4 基于random库生成的数据,画出其自相关图来判断数据的平稳性.

```
from pylab import *
rcParams["font.sans-serif"]=["SimHei"]
rcParams["axes.unicode_minus"]=False
import numpy as np
from statsmodels.graphics.tsaplots import plot_acf
np.random.seed(100)
data=np.random.normal(size=100)# 生成随机数据
plot_acf(data,lags=10)# 绘制自相关图
title('模拟的时间序列数据的自相关图')
show()
```

运行程序得到该数据的自相关图,如图11.1所示.

注 由图11.1可知,该数据列是平稳的,我们用上述p-值的方法也可以得出此结论.

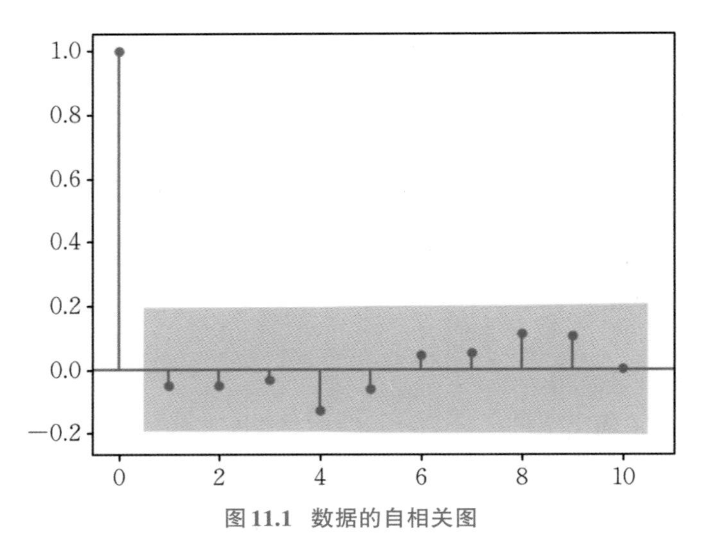

图11.1 数据的自相关图

4. 时序图检验

时序图是一种用于展示数据随时间变化的图形工具,它可以直观地反映出数据的趋势和波动情况.在进行数据平稳性检验时,我们通常会绘制一个单位根检验的时序图,以判断数据是否具有平稳性.具体来说,如果时序图中的数据呈现出明显的周期性或随机波动,那么就说明数据不具有平稳性;反之,如果数据呈现出较为稳定的趋势,则说明数据具有平稳性,从而更好地进行数据分析和建模.

例11.5 根据客流量的Excel数据画出时间序列图且求出p值以验证平稳性.

```
import pandas as pd
from pylab import *
rcParams["font.sans-serif"]=["SimHei"]
rcParams["axes.unicode_minus"]=False
path='E:\……\客流量.xlsx'
data=pd.read_excel(path,index_col=0)
data=data.loc[:,'客流量']
plot(data)# 绘制时序图
xticks(rotation=25)
ylim(1000,5400)
title('时间序列图')
show()
from statsmodels.tsa.stattools import adfuller
result=adfuller(data)# 平稳性检验
print('ADF统计值:%f' % result[0])
print('客流量的p值:%f' % result[1])
```

运行程序得到如下输出结果和时序图,如图11.2所示.

ADF统计值:−3.098579

客流量的p值:0.026659

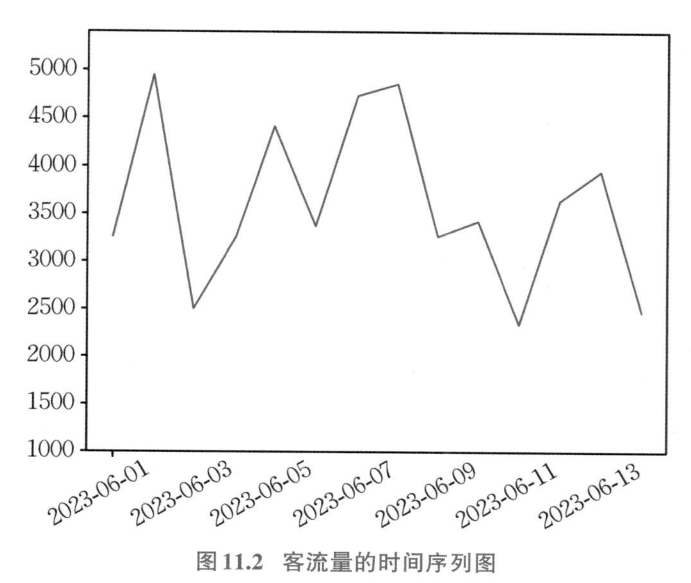

图11.2　客流量的时间序列图

注　从图大致可看出,数据是平稳的,结合p=0.026659也可验证其正确性.

11.1.2　白噪声检验

白噪声检验是一种用于检验时间序列数据是否具有随机性的方法.在白噪声序列中,每个数据点都是独立且具有相同的方差,且不存在任何趋势或周期性模式.如果时间序列数据被证明是白噪声序列,则可以认为它们是随机的,没有任何可预测性或相关性.白噪声检验通常使用自相关函数和偏自相关函数来检验时间序列数据是否具有自相关性或季节性.常用的白噪声检验方法包括Ljung-Box检验和Durbin-Watson检验.

1. Ljung-Box检验

Ljung-Box 方法是一种常用的时间序列分析方法,用于检验时间序列数据是否存在自相关性.白噪声检验是其中的一种应用,用于检验时间序列数据是不是白噪声序列.白噪声序列是一种理想的时间序列,其具有以下特征:均值为0,方差为常数,且任意两个时刻的观测值之间不存在相关性.在实际应用中,我们很难得到完全符合这些特征的时间序列数据,因此需要进行白噪声检验来判断数据是否符合白噪声序列的特征.Ljung-Box 方法的白噪声检验基于自相关函数和偏自相关函数的计算.具体来说,该方法首先计算时间序列数据的自相关函数和偏自相关函数,然后根据这些函数值计算出一个统计量Q,用于检验数据是不是白噪声序列.Q统计量的值服从自由度为m的卡方分布,其中m表示自相关函数和偏自相关函数的最大滞后阶数.如果Q统计量的值小于卡方分布的临界值,就可以认为时间序列数据是白噪声序列.总之,Ljung-Box方法的白噪声检验是一种基于自相关函数和偏自相关函数的统计方法,用于检验时间序列数据是否符合白噪声序列的特征.

例11.6　由random库生成一组随机数据,使用acorr_ljungbox函数进行Ljung-Box方法

的白噪声检验.lags参数指定要检验的滞后阶数,且函数返回的lbvalue是Ljung-Box Q统计量,pvalue是对应的p值.

```
import numpy as np
from statsmodels.stats.diagnostic import acorr_ljungbox
data=np.random.normal(size=100)# 生成随机数据
print('原始数据列的前24个数据如下:\n',data[:24])
lbvalue,pvalue=acorr_ljungbox(data,lags=5)# Ljung-Box方法的白噪声检验
print("Ljung-Box的Q统计量:\n",lbvalue)
print("数据检验对应的p值:\n",pvalue)
```

运行程序得到如下输出结果:

```
原始数据列的前24个数据如下:
[1.86515879 0.20803179 -0.94695403 0.8710232 -0.53919895 0.75663854
 -0.1256164 -1.37532657 1.8676547 -0.31946887 -1.42637221 0.27014474
 0.1006696 -0.08545811 -0.18086475 -1.45903684 -0.73341381 -0.02478557
 -1.18296052 -0.12111694 0.88599003 1.10439155 -0.09356073 -0.04965156]
Ljung-Box的Q统计量:
[0.02649725 0.05964912 0.10184355 0.12919432 0.59825809]
数据检验对应的p值:
[0.87069185 0.9706158 0.99161528 0.99800131 0.98808286]
```

注　如果p值小于显著性水平(通常为0.05),则可以拒绝原假设.根据输出结果,p值都大于0.05,说明被检测的数据不是白噪声序列.特别地,acorr_ljungbox(data,lags=5)中的参数lags表示数据列被分成多少组来检测,如果设置lags=1,则p值为0.8900378>0.05,说明该数据列不是白噪声序列.如果设置lags=2,则p值为[0.95358967 0.90485182],分成的两组数据都不是白噪声序列.

2. Durbin-Watson检验

Durbin-Watson检验的统计量是Durbin-Watson统计量,它的取值范围是0到4.当Durbin-Watson统计量接近2时,表明序列中不存在自相关性;当Durbin-Watson统计量接近0或4时,表明序列中存在较强的正自相关或负自相关.Durbin-Watson检验的白噪声检验是基于Durbin-Watson统计量的,它的原假设是序列中不存在自相关性,备择假设是序列中存在自相关性.在白噪声检验中,我们计算Durbin-Watson统计量的p值,如果p值小于显著性水平(通常为0.05),则拒绝原假设,认为序列中存在自相关性.如果p值大于显著性水平,则接受原假设,认为序列中不存在自相关性,则可被认为是白噪声序列.

例11.7　应用random库生成一组随机数据,使用durbin_watson函数计算Durbin-Watson统计量.最后,根据Durbin-Watson统计量的大小,判断数据是否为白噪声.如果Durbin-Watson统计量小于1.5,则存在正自相关;如果大于2.5,则存在负自相关;否则,不存在自相关,数据可以被认为是白噪声.

```
import numpy as np
from statsmodels.stats.stattools import durbin_watson
```

```
data=np.random.normal(size=100)#生成随机数据
dw=durbin_watson(data)# 计算Durbin-Watson统计量
print("Durbin-Watson方法的统计量:",dw)
# 判断是否为白噪声
if dw < 1.5:
   print("该数据序列存在正自相关")
elif dw > 2.5:
   print("该数据序列存在负自相关")
else:
   print("该数据序列不存在自相关")
```

运行程序得到如下输出结果:

Durbin-Watson方法的统计量:1.851158578834218

该数据序列不存在自相关

注　运行程序得到的结果是不存在自相关,数据可以被认为是白噪声序列.

例11.8　基于Excel数据应用Durbin-Watson方法检验其是否为白噪声序列.

```
import pandas as pd
from statsmodels.stats.stattools import durbin_watson
path='E:\……\客流量.xlsx'
data=pd.read_excel(path,index_col=0)
data=data.loc[:,'客流量']
dw=durbin_watson(data)# 计算Durbin-Watson统计量
print("Durbin-Watson方法的统计量:",dw)
# 判断是否为白噪声
if dw < 1.5:
   print("该数据序列存在正自相关")
elif dw > 2.5:
   print("该数据序列存在负自相关")
else:
   print("该数据序列不存在自相关")
```

运行程序得到如下结果:

Durbin-Watson方法的统计量:0.11171995241533897

该数据序列存在正自相关

注　结果是正自相关的,即数据列不是白噪声序列.

11.2 AR时序模型

AR(autoregressive)时序模型是一种基于自回归的时间序列模型,它假设当前时刻的观测值仅与前面若干个时刻的观测值有关.具体来说,AR模型将当前时刻的观测值表示为过去p个时刻的线性组合,其中p称为模型的阶数.AR模型的参数可以通过最小二乘法等方法进行估计,从而得到模型的预测值和置信区间.AR模型在时间序列分析中广泛应用,特别是在经济学、金融学、气象学等领域.AR模型如下:

$$x_t = \phi_0 + \phi_1 x_{t-1} + \phi_2 x_{t-2} + \cdots + \phi_p x_{t-p} + \varepsilon_t$$

具有上述结构的模型称为p阶自回归模型,记为$AR(p)$,即在t时刻的随机变量的取值x_t是前p期$x_{t-1}, x_{t-2}, \cdots, x_{t-p}$的多元线性回归,认为$x_t$主要是受过去$p$期序列值的影响,其中,$\phi$为模型系数,而$\varepsilon_t$是误差项为当期的随机扰动且满足零均值的白噪声序列.

例 11.9 基于给定的1月至3月的五粮液股票的开盘数据,应用AR时序模型进行建模分析,给出模型系数,以及应用模型预测后七次开盘数据,并对实际数据和预测数据作图进行对比.

```
import pandas as pd
import numpy as np
import matplotlib.pyplot as plt
from statsmodels.tsa.ar_model import AR
plt.rcParams["font.sans-serif"]=["SimHei"]
plt.rcParams["axes.unicode_minus"]=False
path='E:\……\五粮液股票数据.xlsx'
data=pd.read_excel(path,index_col=0)
data=data.loc[:,'开盘']
data=data[::-1]#将数据进行由远及近排列
print('原始数据前5次数据如下:\n',data[:5])
data=data[:len(data)-7]#选取数据的后面7个数据作为预测的比较值
model=AR(data) #创建AR模型
results=model.fit() #拟合模型
print('AR模型的参数如下:\n',results.params)
forecast=results.predict(start=len(data),end=len(data)+6)
print('五粮液股票数据的后7次开盘预测数据:\n',np.round(forecast,2))
print('五粮液股票数据的后7次开盘实际数据:\n',data[len(data)-7:])
# 绘制原始数据与预测数据的对比图
plt.plot(np.linspace(1,7,7),forecast.values)
```

```
plt.plot(np.linspace(1,7,7),data[len(data)-7:])
plt.scatter(np.linspace(1,7,7),forecast.values,label='预测值')
plt.scatter(np.linspace(1,7,7),data[len(data)-7:],label='实际值')
plt.title('预测与实际数据对比图')
plt.ylim(175,210)
plt.ylabel('五粮液股票数据')
date=['3月22日','3月23日','3月24日','3月27日','3月28日','3月29日','3月30日']
plt.xticks(np.linspace(1,7,7),date,rotation=10)
plt.legend()
plt.show()
```

运行程序得到如下输出结果及其对比图，如图11.3所示．

```
原始数据前5次数据如下:
    日期
2023-01-03    181.00
2023-01-04    178.00
2023-01-05    181.50
2023-01-06    191.11
2023-01-09    192.45
Name:开盘,dtype:float64
AR模型的参数如下:
 const       44.91
L1.开盘       0.75
L2.开盘       0.08
L3.开盘       0.29
L4.开盘      -0.30
L5.开盘       0.14
L6.开盘      -0.35
L7.开盘       0.26
L8.开盘      -0.01
L9.开盘      -0.04
L10.开盘     -0.04
dtype:float64
五粮液股票数据的后7次开盘预测数据:
51    190.30
52    190.68
53    194.40
```

54 195.36
55 197.31
56 200.37
57 200.51
dtype:float64
五粮液股票数据的后7次开盘实际数据:
日期
2023-03-13 195.00
2023-03-14 198.70
2023-03-15 198.00
2023-03-16 191.00
2023-03-17 193.85
2023-03-20 190.00
2023-03-21 187.40
Name:开盘,dtype:float64

注 根据求得的模型系数,可得基于五粮液股票数据的AR模型如下:

$$x_t = 44.91 + 0.75x_{t-1} + 0.08x_{t-2} + 0.29x_{t-3} - 0.3x_{t-4} + 0.14x_{t-5} + \\ - 0.35x_{t-6} + 0.26x_{t-7} - 0.01x_{t-8} - 0.04x_{t-9} - 0.04x_{t-10} + \varepsilon_t$$

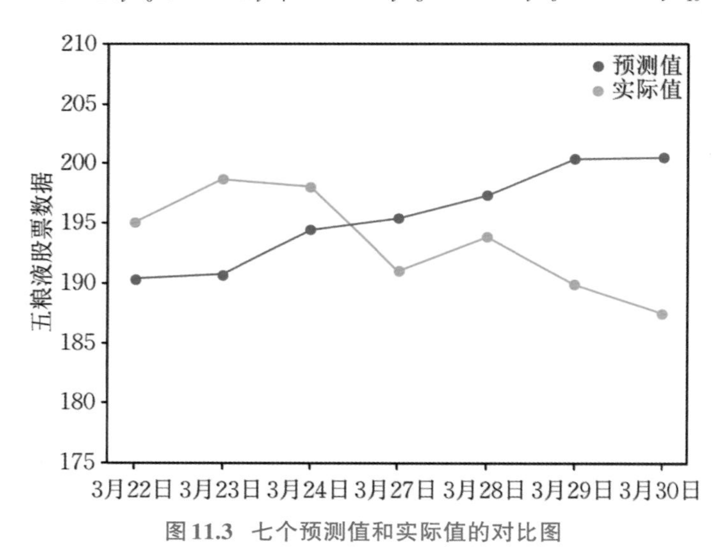

图11.3 七个预测值和实际值的对比图

11.3 MA时序模型

MA(moving average)时序模型是一种时间序列模型,其中每个观测值是过去一定时间内的白噪声误差的线性组合.MA模型的名称来自"移动平均",因为它涉及对过去误差的平均值进行移动,它通常用于描述时间序列中的随机波动,而不是趋势或季节性变化.模型的阶数表示需要多少个过去误差来预测当前观测值.例如,MA(1)模型表示当前观测值是过去一个时间点的误差和一个常数的线性组合.MA模型可以用于预测未来的时间序列值,以及识别和分析时间序列中的随机波动.

MA模型的数学表达式如下:

$$x_t=\mu+\varepsilon_t-\theta_1\varepsilon_{t-1}-\theta_2\varepsilon_{t-2}-\cdots-\theta_q\varepsilon_{t-q}$$

具有上述结构的模型称为q阶自回归模型,记为MA(q),认为x_t主要是受过去q期误差项的影响,即在t时刻的随机变量的取值x_t是前q期的随机扰动$\varepsilon_{t-1},\varepsilon_{t-2},\cdots,\varepsilon_{t-q}$的多元线性回归,其中,$\theta$为模型参数,$\varepsilon_t$为误差项是当期的随机扰动且为零均值的白噪声序列,$\mu$是序列的均值.

下例中,根据MA模型原理,自定义函数给出MA模型的计算与预测等.

例11.10 由random库生成数据,定义一个MA(2)时间序列模型,绘制其时间序列图.定义几个函数来计算MA(2)模型的预测值、残差、均方误差和参数估计值.我们使用这些函数来估计MA(2)模型的参数,并绘制其预测值和实际值的比较图.

```
import numpy as np
import matplotlib.pyplot as plt
plt.rcParams["font.sans-serif"]=["SimHei"]
plt.rcParams["axes.unicode_minus"]=False
np.random.seed(0)
n=1000
theta1=0.6
theta2=0.3
mu=0
sigma=1
epsilon=np.random.normal(loc=mu,scale=sigma,size=n)# 生成时间序列数据
y=np.zeros(n)
for i in range(2,n):
    y[i]=mu+theta1 * epsilon[i-1]+theta2 * epsilon[i-2]+epsilon[i]
plt.stem(y)# 绘制时间序列图
plt.title('MA(2)模型的时间序列')
plt.xlabel('时间')
plt.ylabel('序列数值')
plt.show()
def predict_ma2(y,theta1,theta2):# 计算MA(2)模型的预测值
    n=len(y)
    y_pred=np.zeros(n)
```

```
    for i in range(2,n):
        y_pred[i]=theta1 * y[i-1]+theta2 * y[i-2]
    return y_pred
def residual_ma2(y,y_pred):# 计算模型的残差
    return y - y_pred
def mse_ma2(y,y_pred):# 计算模型的均方误差
    return np.mean((y-y_pred)**2)
def estimate_ma2(y):# 计算MA(2)模型的参数估计值
    n=len(y)
    y_pred=predict_ma2(y,theta1=0,theta2=0)
    residuals=residual_ma2(y,y_pred)
    mse=mse_ma2(y,y_pred)
    theta1=np.sum(residuals[2:] * y[1:-1]) / np.sum((y[1:-1])**2)
    theta2=np.sum(residuals[2:] * y[0:-2]) / np.sum((y[0:-2])**2)
    return theta1,theta2,mse
# 计算MA(2)模型的参数估计值并打印结果
theta1_hat,theta2_hat,mse=estimate_ma2(y)
print('估计的模型参数:theta1={:.2f},'
    'theta2={:.2f}'.format(theta1_hat,theta2_hat))
print('均方误差:{:.2f}'.format(mse))
# 绘制MA(2)模型的预测值和实际值
y_pred=predict_ma2(y,theta1=theta1_hat,theta2=theta2_hat)
plt.plot(y,label='实际值')
plt.plot(y_pred,label='预测值')
plt.title('MA(2)模型实际与预测数值对比图')
plt.xlabel('时间')
plt.ylabel('序列数值')
plt.legend()
plt.show()
```

运行程序得到如下输出结果以及时间序列图和实际值与预测值的对比图,如图11.4和图11.5所示.

估计的模型参数:theta1=0.54,theta2=0.23

均方误差:1.38

根据程序运行之后所得的模型参数结果,我们得到如下模型的表达式:

$$x_t=\varepsilon_t-0.54\varepsilon_{t-1}-0.23\varepsilon_{t-2}$$

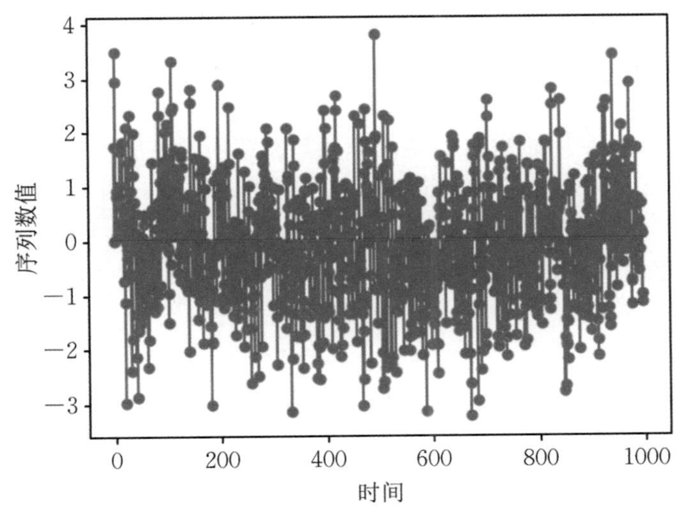

图 11.4　MA(2)模型的时间序列图

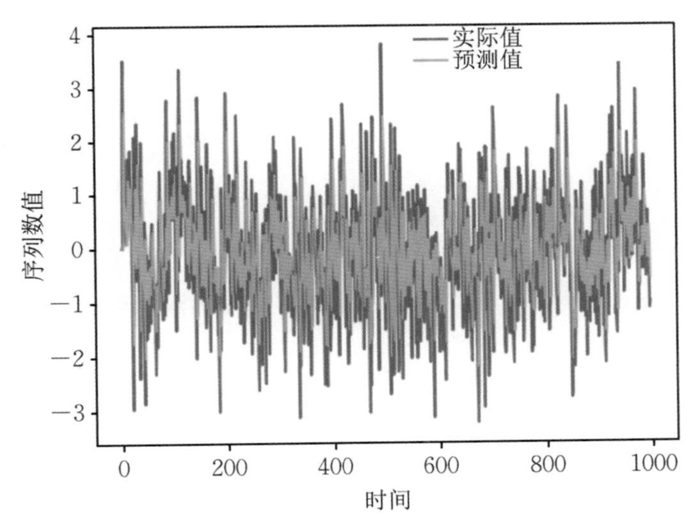

图 11.5　模型MA(2)的实际值与预测值的对比图

例 11.11　根据ARMA(p,q)模型特征，当$p=0$时，ARMA(p,q)模型退化为MA(q)模型，因此本例基于ARMA(p,q)模型对MA(q)模型进行应用.

```
import numpy as np
import matplotlib.pyplot as plt
plt.rcParams["font.sans-serif"]=["SimHei"]
plt.rcParams["axes.unicode_minus"]=False
from statsmodels.tsa.arima_model import ARMA
data=np.random.randn(50)
model=ARMA(data,order=(0,3))# 创建MA模型
result=model.fit()# 拟合模型
```

```
coeff=result.params
print('模型系数如下:\n',np.round(coeff,4))
forecast=result.predict(start=len(data),end=len(data)+9) # 预测未来10个值
plt.stem(data,label='原始数据')#绘制原始数据和预测结果
plt.plot(np.arange(len(data),len(data)+10),forecast,'r',label='预测数据')
plt.legend()
plt.title('原始数据与预测数据的对比图')
plt.ylabel('序列值')
plt.show()
```

运行程序得到如下输出结果和模型的应用数据与预测值图,如图11.6所示.

模型系数如下:

[0.0933 0.1085 −0.1373 −0.1319]

根据以上模型系数,可得如下MA模型:

$$x_t = \varepsilon + 0.0933 - 0.1085\varepsilon_{t-1} + 0.1373\varepsilon_{t-2} + 0.1319\varepsilon_{t-3}$$

其中,ε表示模型随机扰动,ε_{t-1}, ε_{t-2}, ε_{t-3}为MA模型自变量.

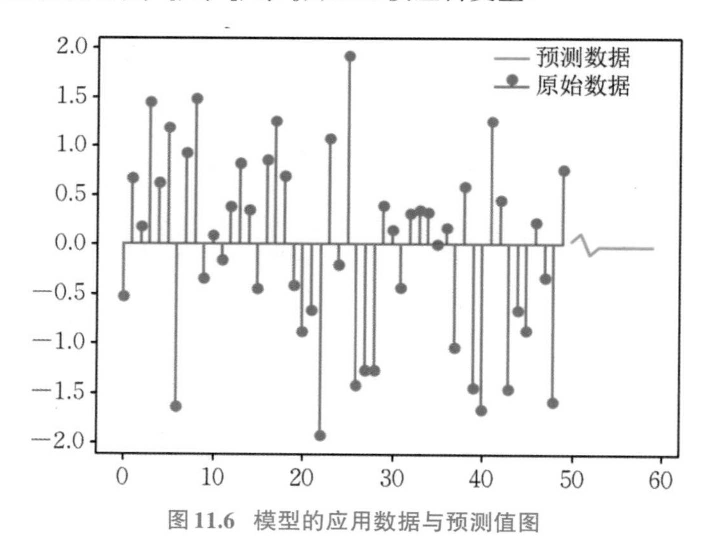

图11.6 模型的应用数据与预测值图

注 上例中ARMA(data,order=(0,3))的函数中,order=(0,3))表示模型的阶,其中第一个参数表示AR模型的阶数为0,就是AR模型退化消失了,只剩下MA模型了,第二个参数表示MA模型的阶数为3,即3个自变量,也可以设置为其他阶数.

11.4 ARMA时序模型

ARMA(autoregressive moving average)时序模型是一种常用的时间序列分析方法,它

是自回归模型(AR)和移动平均模型(MA)的组合.该模型的基本思想是将时间序列的当前值与过去的值和随机误差相关联,以预测未来的值.ARMA模型的参数包括自回归系数(AR)和移动平均系数(MA),它们可以通过最小化残差平方和来估计.ARMA模型可以用于预测时间序列的未来值,分析时间序列的趋势和周期性,以及检测时间序列中的异常值和趋势变化.ARMA模型在金融、经济、气象、医学等领域都有广泛的应用.

ARMA模型的数学表达式如下:

$$x_t=\phi_0+\phi_1x_{t-1}+\phi_2x_{t-2}+\cdots+\phi_px_{t-p}+\varepsilon_t-\theta_1\varepsilon_{t-1}-\theta_2\varepsilon_{t-2}-\cdots-\theta_q\varepsilon_{t-q}$$

模型表示在t时刻的随机变量的取值x_t是前p期$x_{t-1},x_{t-2},\cdots,x_{t-p}$和前$q$期$\varepsilon_{t-1},\varepsilon_{t-2},\cdots,\varepsilon_{t-q}$的多元线性回归,$\varepsilon_t$是误差项表示当期的随机扰动且为零均值的白噪声序列.一般地,x_t主要受过去p期的序列值和过去q期误差项的共同影响.特别地,当$q=0$时,模型变为AR(p)模型,而当$p=0$时,模型变为MA(q)模型.

例11.12　根据五粮液股票3个月的收盘数据进行ARMA时序模型分析,得到模型参数及其得到20次的预测数据并作图.

```
import pandas as pd
import numpy as np
import matplotlib.pyplot as plt
plt.rcParams["font.sans-serif"]=["SimHei"]
plt.rcParams["axes.unicode_minus"]=False
from statsmodels.tsa.arima_model import ARMA
path='E:\……\五粮液股票数据.xlsx'
data=pd.read_excel(path,sheet_name='Sheet2',index_col=0)
data=data.loc[:,'收盘']
data=data[::-1]#将数据进行由远及近排列
# 拆分训练集和测试集
train_data=data[:38]
test_data=data[38:]
model=ARMA(train_data,order=(2,2))#创建ARMA模型
results=model.fit()# 拟合模型
coeff=results.params
print('ARMA模型的参数如下:\n',np.round(results.params,4))
pred=results.predict(start=38,end=58)#预测数据
plt.plot(test_data,label='实际数据')
plt.plot(pred,'red',label='预测数据')
plt.title('实际数据与预测数据')
plt.legend()
plt.grid()
plt.show()
```

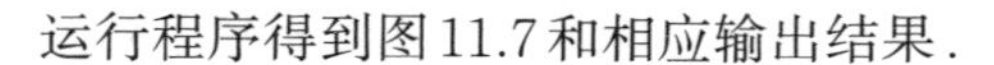
运行程序得到图11.7和相应输出结果.

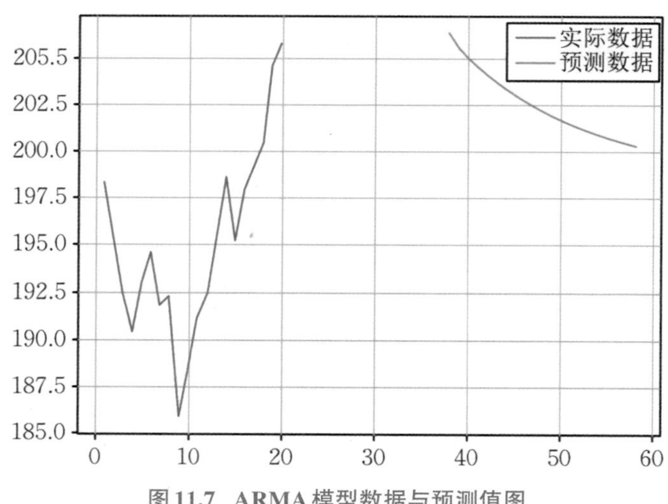

图11.7 ARMA模型数据与预测值图

ARMA模型的参数如下:

const	198.5907
ar.L1.收盘	0.5552
ar.L2.收盘	0.3468
ma.L1.收盘	0.2578
ma.L2.收盘	0.1692

根据上述结果,我们得到如下ARMA(2,2)模型:

$$x_t = 198.5907 + 0.5552x_{t-1} + 0.3468x_{t-2} - 0.2578\varepsilon_{t-1} - 0.1692\varepsilon_{t-2}$$

注 根据上述模型,可以进行数据预测.模型中的阶数,应用者自己设置.

11.5 ARIMA时序模型

自回归移动平均模型(autoregressive integrated moving average,ARIMA)是一种常用的时序模型,用于对时间序列数据进行预测和分析.ARIMA模型包含三个部分:自回归(AR)、差分(I)和移动平均(MA).差分(I)部分是指对时间序列进行差分,使其变得平稳,并且差分运算具有强大的确定性信息提取能力,许多非平稳序列差分后会显示出平稳序列的性质,这时称这个非平稳序列为差分平稳序列.ARIMA模型的参数包括p,d和q,分别代表自回归阶数、差分阶数和移动平均阶数.ARIMA模型的优点是可以对非平稳时间序列进行建模,同时可考虑多种因素对时间序列的影响.缺点是需要对模型参数进行调整,且对于长期预测效果不佳.

ARIMA(p,d,q)模型的数学公式如下:

$$\begin{cases}\Phi(B)\nabla^d x_t=\Theta(B)\varepsilon_t\\E(\varepsilon_t)=0,Var(\varepsilon_t)=\sigma_\varepsilon^2,E(\varepsilon_t\varepsilon_s)=0,s\neq t\\E(x_s\varepsilon_t)=0,\forall s<t\end{cases}$$

其中，$\nabla^d=(1-B)^d$；$\Phi(B)=1-\varphi_1B-\cdots-\varphi_pB^p$为平稳可逆ARMA$(p,q)$模型的自回归系数多项式；$\Theta(B)=1-\theta_1B-\cdots-\theta_qB^q$为平稳可逆ARMA$(p,q)$模型的移动平均系数多项式.特别地，上述模型看上去和ARMA模型有较大差别，其实ARIMA模型与ARMA模型只是相差在对数据的差分上，实际上就是对数据进行需要的差分阶数后再应用ARMA模型就称之为ARIMA模型了.

ARIMA时序模型的应用步骤如下：

(1) 数据预处理.对原始数据进行清洗、去除异常值、缺失值填充等处理，使数据满足平稳性要求.

(2) 确定模型阶数.通过观察自相关图和偏自相关图，确定ARIMA模型的阶数p,d,q.

(3) 模型拟合.使用最大似然估计法或最小二乘法，拟合ARIMA模型.

(4) 模型诊断.对拟合的模型进行残差分析，检验残差序列是否满足白噪声假设，如果不满足，需要重新调整模型.

(5) 模型预测.使用已拟合的ARIMA模型进行预测，得到未来一段时间的预测值.

(6) 模型评估.对预测结果进行评估，比较预测值和实际值的误差，评估模型的预测能力.

(7) 模型优化.根据模型评估结果，对模型进行优化，提高模型的预测精度.

例11.13　下面我们根据原始数据的情况逐一给出数据分析和建模过程.首先展示原始数据的前7行，然后作出原始数据的趋势图和数据的自相关图，看数据的分布状况，其代码如下：

```
import pandas as pd
from pylab import *
plt.rcParams["font.sans-serif"]=["SimHei"]
plt.rcParams["axes.unicode_minus"]=False
from statsmodels.graphics.tsaplots import plot_acf
path='E:\……\售票数据.xlsx'
data=pd.read_excel(path,index_col=0)
print('原始数据的前7行如下:\n',data[:7])
fig,axs=plt.subplots(2,1,figsize=(8,6))
axs[0].plot(data)#画数据的趋势图
labels= ['2024/10/1', '2024/10/4', '2024/10/8', '2024/10/12', '2024/10/16', '2024/10/
20','2024/10/24','2024/10/28','2024/11/2','2024/11/6']
axs[0].set_xticklabels(labels,rotation=20)#x轴标签倾斜20度
axs[0].set_title('原始数据趋势图')
axs[0].grid(True)
```

```
plot_acf(data,lags=30,ax=axs[1])#画自相关图
axs[1].set_title('自相关图')
plt.subplots_adjust(hspace=0.5)#设置两个子图的距离
show()
```

运行程序得到原始数据趋势图和数据的自相关图(图11.8),由图可看出时序图呈现明显的单调递增趋势,以及自相关系数具有很强的长期相关性,可判断数据是非平稳序列.

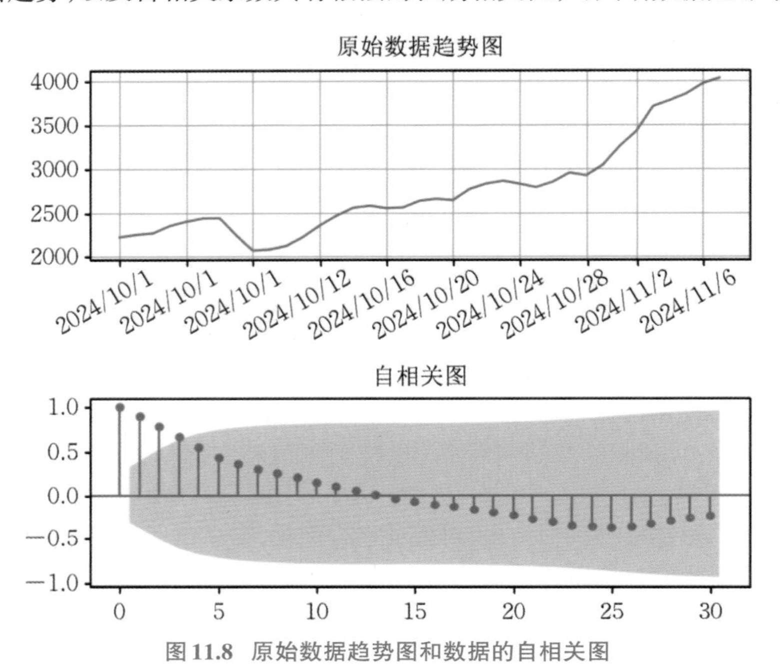

图11.8 原始数据趋势图和数据的自相关图

原始数据的前7行如下:

日期	售票数量
2024—10—01	2223
2024—10—02	2250
2024—10—03	2267
2024—10—04	2349
2024—10—05	2399
2024—10—06	2435
2024—10—07	2437

根据图来判断,可基本推断原始数据不平稳,但这只是主观上的一种推断,为了更有说服力,因此可以基于ADF统计量和p值的情况来判断,其代码如下:

```
from statsmodels.tsa.stattools import adfuller
result=adfuller(data)# 平稳性检验
print('ADF统计值:%f' % result[0])
print('售票数量的p值:%f' % result[1])
```

根据上面的一段代码可知：

ADF统计值：1.818617

售票数量的p值：0.998385

由p=0.998385>0.05可知数据不平稳．由图和ADF检验，最终判断该数据列不平稳(非平稳序列一定不是白噪声序列)．

对原始序列进行一阶差分，然后作出趋势图和自相关图，再进行白噪声检验和平稳性检验，其代码如下：

```
diff_data=np.diff(data['售票数量'])#对原始数据进行一阶差分
print('原始数据进行一阶差分后的数据如下：\n',diff_data)
#对一阶差分后的数据作出趋势图和自相关图
fig2,axs2=plt.subplots(3,1,figsize=(7,5))
axs2[0].plot(diff_data)#画数据的趋势图
labels=['1','4','8','12','16','20','24','28','32','36']
axs2[0].set_title('差分后的数据趋势图')
axs2[0].grid(True)
plot_acf(diff_data,lags=30,ax=axs2[1])#画自相关图
axs2[1].set_title('差分后的自相关图')
from statsmodels.graphics.tsaplots import plot_pacf
plot_pacf(diff_data,lags=17,ax=axs2[2])#画偏自相关图
axs2[2].set_title('差分后的偏自相关图')
plt.subplots_adjust(hspace=0.5)#设置两个子图的距离
show()
#对一阶差分后的数据进行白噪声检验
from statsmodels.stats.diagnostic import acorr_ljungbox
lbvalue,pvalue=acorr_ljungbox(diff_data,lags=1)#白噪声检验
print("检验一阶差分后的数据的白噪声p值：",pvalue)
#对一阶差分后的数据进行平稳性检验
from statsmodels.tsa.stattools import adfuller
result=adfuller(diff_data)# 平稳性检验
print('一阶差分后的数据p值：%f' % result[1])
```

运行程序得到如下输出结果和一阶差分后的数据趋势图、自相关图与偏自相关图，如图11.9所示．

```
原始数据进行一阶差分后的数据如下：
[27 17 82 50 36 2 -197 -170 11 40 102 130 110 90 23 -26 6 76 22
 -15 126 61 31 -32 -40 61 103 -31 120 212 171 283 67 77 118 62]
检验一阶差分后的数据的白噪声p值：[0.00077532]
一阶差分后的数据p值：0.022951
```

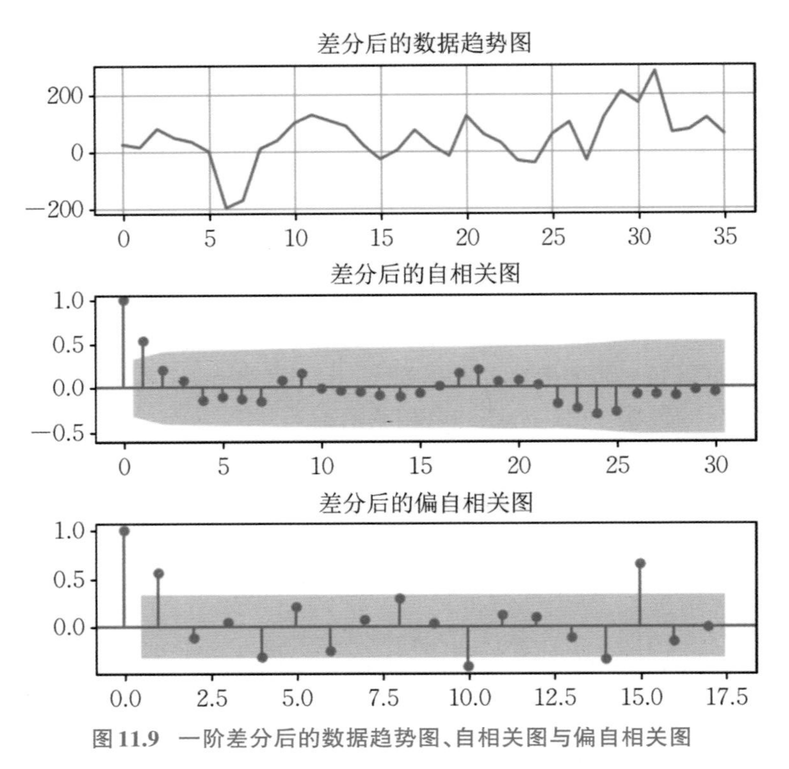

图11.9 一阶差分后的数据趋势图、自相关图与偏自相关图

通过一阶差分后的数据趋势图、自相关图和偏自相关图来看数据是平稳的，而结合一阶差分后的数据进行白噪声检验的p值为0.00077532，说明差分后的数据不是白噪声序列，且差分后的数据进行平稳性检验后的$p=0.022951<0.05$，因此最终得出差分后的数据是平稳非白噪声序列，可以用来进行建模分析．下面进行ARIMA模型分析，其代码如下：

```
from statsmodels.tsa.arima_model import ARIMA
model=ARIMA(diff_data,order=(1,1,1))# 拟合ARIMA模型
results=model.fit()
print('ARIMA模型参数如下:\n',results.summary())
# 绘制残差图
residuals=pd.DataFrame(results.resid)
residuals.plot()
plt.title('ARIMA模型的残差图')
plt.show()
print('平均绝对误差:',np.mean(np.abs(residuals))) # 输出模型误差
print('均方根误差:',np.sqrt(np.mean(residuals**2)))
```

运行程序后，得到如下输出结果和残差图，如图11.10所示．

ARIMA模型参数如下：

```
                ARIMA Model Results
==============================================================================
Dep. Variable:     D.y                 No. Observations:      35
Model:             ARIMA(1,1,1)        Log Likelihood         -201.272
Method:            css-mle             S.D. of innovations    73.286
Date:              Mon,26 Jun 2023     AIC                    410.544
Time:              19:59:20            BIC                    416.765
Sample:            1                   HQIC                   412.692
==============================================================================
              coef     std err       z      P>|z|    [0.025    0.975]
------------------------------------------------------------------
const         3.2047    2.072      1.546    0.122    -0.857    7.267
ar.L1.D.y     0.4697    0.156      3.011    0.003     0.164    0.775
ma.L1.D.y    -1.0000    0.075    -13.302    0.000    -1.147    -.853
                  Roots
==============================================================================
           Real      Imaginary     Modulus     Frequency
------------------------------------------------------------------
AR.1      2.1289     +0.0000j      2.1289       0.0000
MA.1      1.0000     +0.0000j      1.0000       0.0000
------------------------------------------------------------------
平均绝对误差:0　60.833401
均方根误差:0　75.82988
```

根据上述结果,可得到ARIMA(1,1,1)模型如下:

$$x_t = 3.2047 + 0.4697x_{t-1} + 1.0000\varepsilon_{t-1}$$

我们根据上面模型应用下面的代码进行预测3期的数据,其代码如下:

```
pred=results.predict(start='2024/11/7',end='2024/11/9')#预测数据
print('预测值如下:\n',np.round(pred,0))
预测值如下:
2024-11-07    65.0
2024-11-08    50.0
2024-11-09    51.0
```

显然,其预测值与上期的真实值相差非常大,不符合常理.因此,我们需要对模型进行优化处理.我们将ARIMA(p,i,q)模型做三种情况处理,即ARIMA$(p,0,0)$,ARIMA$(0,0,q)$以及ARIMA(p,i,q)形式处理.分别对ARIMA(1,0,0),ARIMA(2,0,0),ARIMA(3,0,0),ARIMA(4,0,0)求解得出的BIC值中ARIMA(3,0,0)的BIC值最小,也就是AR(3)模型相对较优.我们也对ARIMA(0,0,1)至ARIMA(0,0,9)求出了BIC值,其ARIMA(0,0,7)的BIC值最小,也就是说,如果选择MA(q)模型,则MA(7)相对较优.而对ARMA模型,其算

法都不收敛.而对于ARIMA(p,i,q)模型中,只有ARIMA(1,1,1)与ARIMA(1,2,1)是收敛的,但是应用ARIMA(1,1,1)预测的值为65,50,51;以及ARIMA(1,2,1)预测的值为28,15,9.显然,ARIMA(1,1,1)与ARIMA(1,2,1)的预测值不合实际.比较ARIMA(3,0,0)与ARIMA(0,0,7)的BIC值,ARIMA(3,0,0)的BIC值要小一些.因此,我们最终采用ARIMA(3,0,0)模型对数据进行预测,其模型如下:

$$x_t = 2981.5559 + 1.6491x_{t-1} - 0.6855x_{t-2} + 0.0223x_{t-3} + \varepsilon$$

应用上述模型进行预测的结果如下:

预测值如下:

2024－11－07　4052.0

2024－11－08　4051.0

2024－11－09　4035.0

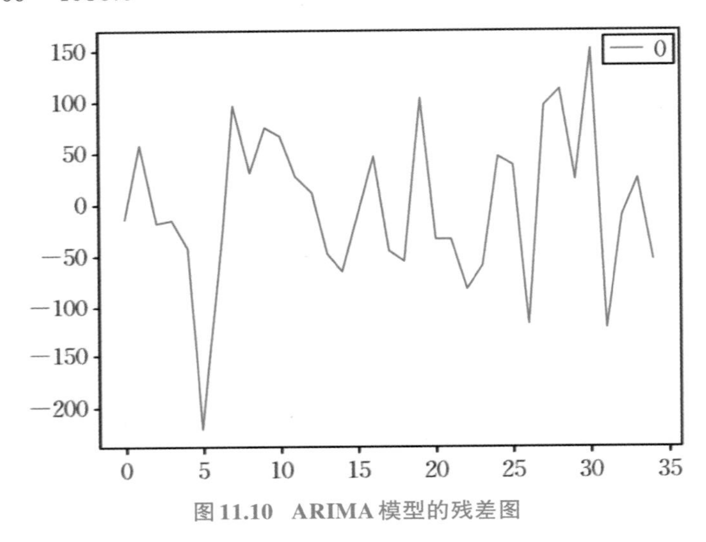

图11.10　ARIMA模型的残差图

注　综合整个分析过程来看,ARIMA(3,0,0)模型的预测效果最贴近实际情形.特别地,模型的阶具有非唯一性,进行模型选择优化是有必要的.根据所得最优的模型作数据预测,其精度最高.

第12章 长三角新能源汽车发展与双碳关系的数据挖掘

在这一章里，我们基于2023年长三角地区的一道数学建模题目，给出其数据建模挖掘的方法及其分析．下面是题目的背景介绍及其三个待解决的建模问题．

题目背景介绍如下：

《节能与新能源汽车技术路线图2.0》提出，到2035年，新能源汽车市场占比超过50%，燃料电池汽车保有量达到100万辆，节能汽车全面实现混合动力化，汽车产业实现电动化转型的明确目标．这与国务院办公厅印发的《新能源汽车产业发展规划(2021—2035年)》的目标是一致的．有人测算，如果这一目标如期实现，到2035年，我国新能源汽车保有量将达到8000万至1亿辆，燃料电池汽车达到100万辆．如今，新能源和新能源汽车两大产业的兴起，为实现国家从化石能源为主导向可再生能源为主导转型的目标以及实现碳减排创造了两大先决条件：上游有了以光电、风电为主的充足的可再生能源，下游有了可以大幅度消纳可再生能源的新能源汽车．

上海发展和改革委员会印发的《上海市2023年碳达峰碳中和及节能减排重点工作安排》文件指出，严格控制煤炭消费总量，推动本地"光伏＋"综合开发利用、杭州湾海上风电建设、市外清洁电力通道建设，力争年内建成南通—崇明500千伏联网工程．稳步提升海铁联运量，加快城市轨道交通、中运量公交系统等大容量公共交通基础设施建设，推进新能源汽车发展，积极推进内河船舶电动化发展．

为加快构建绿色低碳循环的工业体系，切实做好工业领域碳达峰工作，浙江省经济和信息化厅、浙江省发展和改革委员会、浙江省生态环境厅联合发布《浙江省工业领域碳达峰实施方案》(以下简称《方案》)．在加大交通运输领域绿色低碳产品供给方面，《方案》提出大力推广节能与新能源汽车，强化整车集成技术创新，提高新能源汽车产业集中度．加快充电桩建设及换电模式创新，构建便利高效适度超前的充电网络体系．到2025年，新能源汽车产量力争达到60万辆．长三角作为国内最早在新能源汽车这条赛道布局的区域之一，如今全国每三辆新能源汽车，就有一辆产自长三角地区．新能源产业在长三角地区已产生集聚发展效应，正如新能源产业集聚度城市排行榜所显示，前十的城市之中，有半数城市来自长三角地区，前五十之中，有26座城市来自华东地区．在利用新能源汽车实现"弯道超车"的路上，长三角正一路"狂飙"．

基于以上背景，请收集相关数据，研究解决以下问题：

问题1 对长三角地区新能源汽车的发展情况进行分析，研究长三角地区新能源汽车生产在全国新能源汽车市场的地位及作用，预测未来三年长三角地区新能源汽车的市场保有量．

问题2　新能源汽车行业的快速发展,给传统燃油汽车带来了极大的挑战,请研究我国新能源汽车与传统燃油汽车的市场竞争关系,分析该竞争关系受到哪些因素的影响,给出我国新能源汽车和传统燃油汽车市场保有量随时间变化的演化规律.

问题3　新能源汽车的发展对双碳目标的实现具有积极推动作用,请研究新能源汽车发展与双碳的关系,并对长三角地区碳达峰时间进行预测,如有必要可结合其他相关因素.

12.1　问题背景、假设及其数据来源

12.1.1　问题背景介绍

如今,新能源和新能源汽车两大产业的兴起为实现国家从化石能源为主导向可再生能源为主导转型的目标、为实现碳减排创造了两大先决条件.

长三角地区的新能源汽车发展与双碳目标密切相关.双碳目标是指到2060年实现碳中和,即二氧化碳排放量与吸收量相等.新能源汽车是实现双碳目标的重要手段之一,因为它们使用电能代替传统燃油,可以大幅度降低二氧化碳排放.长三角地区政府已经制定了一系列政策措施,以促进新能源汽车的发展,从而实现双碳目标.例如,上海市已经提出到2035年实现新能源汽车占比50%的目标,同时加大了充电设施的建设力度.江苏省也推出了新能源汽车产业发展规划,计划到2025年新能源汽车保有量达到100万辆以上.另外,长三角地区的新能源汽车产业也在不断创新,推出了一系列新技术和新产品,以适应双碳目标的要求.例如,上海市已经推出了一款新型的氢燃料电池公交车,可以实现零排放运营.江苏省也在积极推广电动物流车和电动公交车等新型车辆.

总之,长三角地区的新能源汽车发展与双碳目标密不可分.政府和企业需要继续加大投入,推动新能源汽车产业的发展,以实现碳中和目标.

12.1.2　相关假设

(1) 假设长三角地区的新能源汽车市场发展受到政府支持和鼓励政策的影响,且政策环境相对稳定.

(2) 假设长三角地区的新能源汽车市场竞争主要由新能源汽车和传统燃油汽车之间的竞争构成,其他因素对竞争关系的影响相对较小.

(3) 假设长三角地区新能源汽车的生产能力和产量与过去几年的发展趋势保持一定的增长速度,并且市场需求和消费者购买意愿相对稳定.

(4) 假设长三角地区实现碳达峰的时间受到能源结构调整、节能减排措施和新能源汽车的普及推广等因素的综合影响,且在某个时间点碳排放量可达峰值.

12.1.3　数据来源

数据主要来源国家统计局、工信部、新能源汽车协会、《中国能源统计年鉴》等，统计整理得到2013—2022年长三角地区新能源汽车保有量数据以及各指标数据、新能源汽车与传统燃油汽车的市场占有率数据，保有量比值数据，2021年全国新能源汽车数据，2000—2019年长三角地区碳排放量的数据以及长三角地区各县域的新能源汽车市场保有量数据等.

12.2　问题1的求解

12.2.1　长三角地区新能源汽车发展的趋势分析

长三角地区是中国东部沿海地区的一个重要经济区域，包括上海、江苏、浙江和安徽.在新能源汽车发展方面，长三角地区一直处于中国的前沿位置，也是中国新能源汽车产业的重要区域之一.长三角是国内最早在新能源汽车这条赛道上布局的区域，为了推动新能源汽车发展，各级政府出台了一系列支持政策，包括购车补贴、免费停车、免费充电等，以吸引消费者购买和使用新能源汽车.根据2020年的数据，全球新能源车销量中，有三分之一由长三角地区贡献.在新能源汽车发展的道路上，长三角正一路“狂飙”，这是由于长三角地区拥有众多的汽车制造企业和研发机构，包括上海汽车集团、江淮汽车、吉利汽车、奇瑞汽车等.这些企业在新能源汽车领域投入了大量资金，推动了新能源汽车的飞速发展.

通过对长三角地区新能源汽车保有量和销售量数据的双折线面积图12.1可看出：新能源汽车保有量和销售量持续增长，从2013年到2022年，新能源汽车保有量从0.2万辆增长到164.5万辆，销量从0.3万辆增长到231万辆.这表明长三角地区新能源汽车市场呈现出稳步增长的态势.这得益于长三角地区的政策支持，即政府对新能源汽车发展给予了大力支持，出台了一系列优惠政策和鼓励措施，如公共充电桩、新能源免费停车位等.

长三角地区是中国新能源汽车市场发达的地区，拥有庞大的新能源汽车市场规模.根据数据统计，截至2021年底，长三角地区新能源汽车保有量超过100万辆.其中，上海市是新能源汽车市场尤为活跃的城市，拥有数量众多的新能源汽车.江苏、浙江和安徽等省份也在积极推动新能源汽车的发展，市场规模逐年扩大.长三角地区新能源汽车市场规模逐年增长，显示出良好的发展势头.未来几年，随着政策支持和技术进步的推动，该市场的规模有望进一步扩大.我们统计了2013—2022年长三角地区新能源汽车规模数据，由南丁格尔玫瑰图12.2可看出，新能源汽车市场规模逐年扩大，从2013年的7.3亿元、2014年的25.4亿元增长到2022年的2483.4亿元.计算可知，长三角地区新能源汽车的市场规模，2022年是2013年的340.19倍，这表明长三角地区新能源汽车市场在过去几年中迅速扩大，市场规模不断增加.

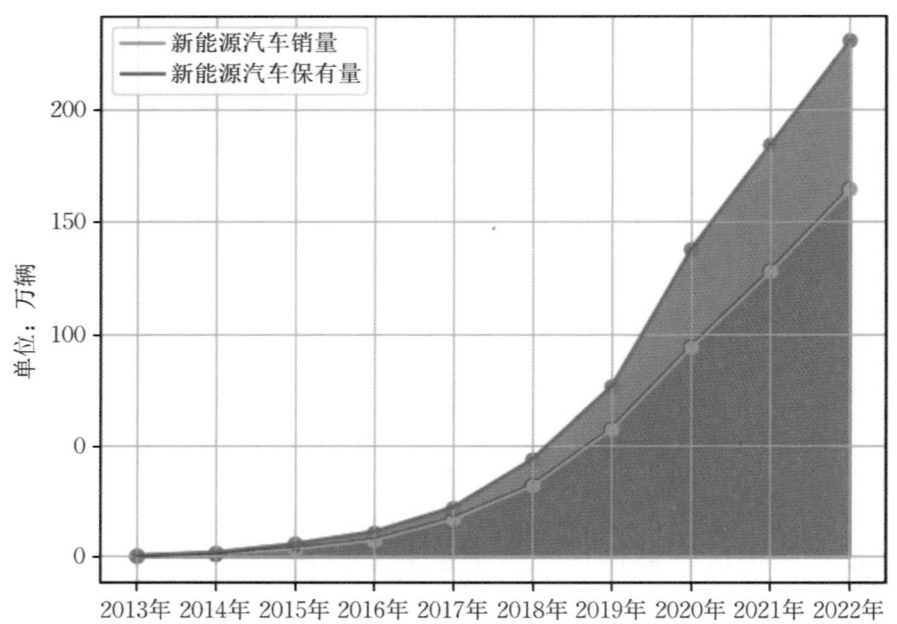

图 12.1　2013—2022 年长三角地区新能源汽车保有量和销售量变化趋势

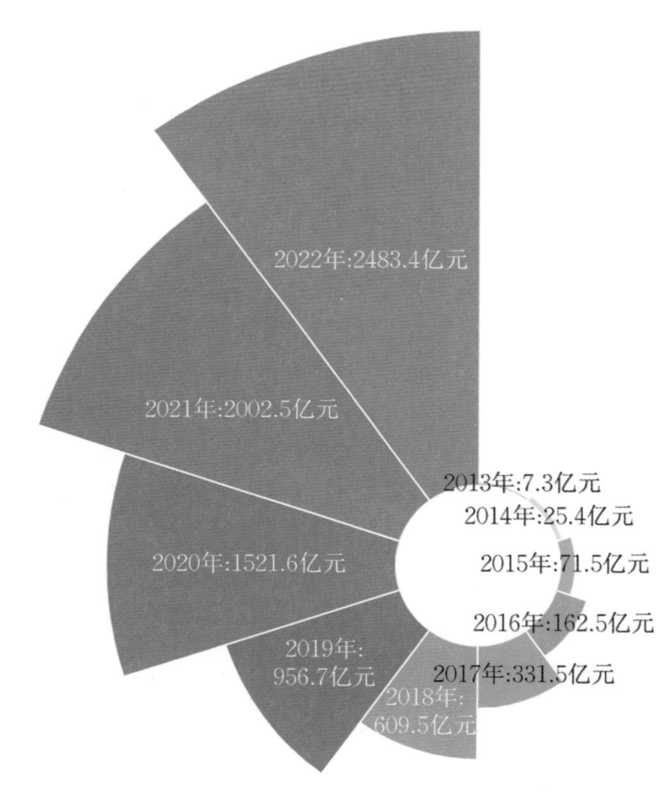

图 12.2　2013—2022 年长三角地区新能源市场规模变化趋势玫瑰图

近年来,随着环保意识的提高和政策的支持,长三角地区的新能源汽车产业得到了快速发展.目前,该地区已经成为中国新能源汽车产业的重要基地之一,拥有众多知名的新能源汽车企业和研发机构.其中,上海、江苏和浙江三地的新能源汽车企业数量增长最为迅速.我们对长三角地区2013—2022年的新能源汽车企业数量作了变化趋势的径向柱图12.3.从该图可看出,新能源汽车企业数量逐渐增加,长三角地区的新能源汽车企业数量从2013年的30家增加到2022年的280家,翻了近乎十倍.这说明新能源汽车产业在长三角地区蓬勃发展,吸引了大批投资者.未来,随着技术的不断创新和市场的不断扩大,长三角地区的新能源汽车产业有望继续保持快速增长.

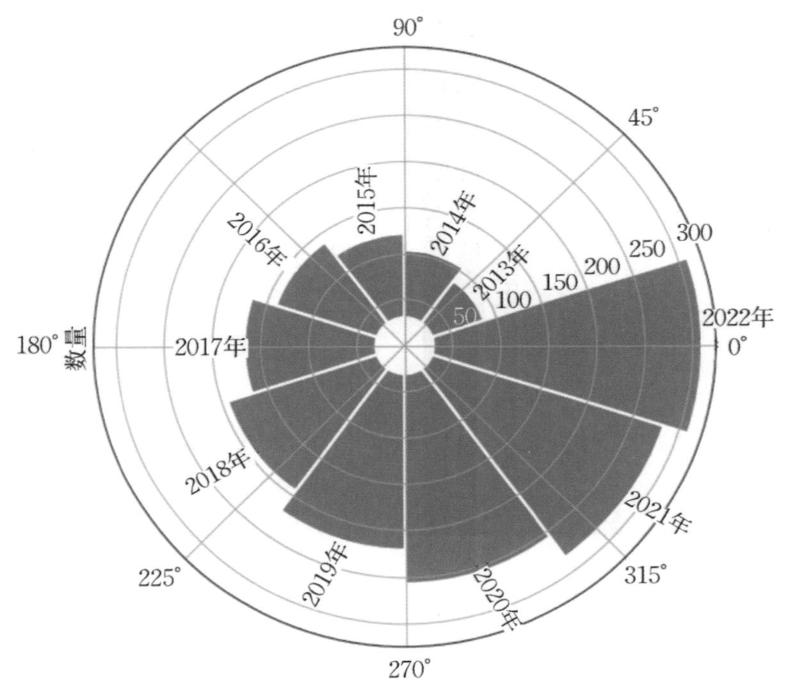

图12.3 2013—2022年新能源汽车企业数量变化趋势径向柱图

新能源汽车产业链规模在2013—2022年之间经历了快速增长.随着全球对环境保护和可持续发展的关注增加,新能源汽车的需求不断上升,推动了整个产业链的发展.新能源汽车产业链包括电池、电机、电控、充电设施、智能网联等多个环节.例如,宁德时代、比亚迪等企业成了全球领先的电池制造商之一.长三角地区是中国非常具经济活力和发展潜力的地区,也是中国新能源汽车产业的重要基地.随着技术的不断创新和市场的不断扩大,新能源汽车的生产和销售规模中长三角地区的新能源汽车产业链规模和专利申请数量都在逐年增加.同时,越来越多的企业投入新能源汽车领域,推动了产业链的扩大和完善.

从长三角的新能源汽车专利申请数量和产业链规模数据的可视化图12.4可看出:新能源汽车专利申请数量从2013年的630项增长到2022年的2000项,其专利申请数量呈递增趋势.这表明长三角地区新能源汽车在技术创新方面具有显著提高.对于新能源汽车产业链规模而言,从2013年的230家增长到2022年的630家,这表明长三角地区的新能源汽车产业数量呈递增趋势且产业链不断完善和扩大，由此也衍生了更多产业结构．未来，随着政策的支持和技术的进步，长三角的产业链有望继续保持快速增长．

根据数据分析可知，长三角地区的新能源汽车市场正在快速发展，其保有量、销售量、产业链和市场规模不断增加，新能源汽车技术也在不断创新提高，长三角地区的新能源汽车将持续迅猛发展．

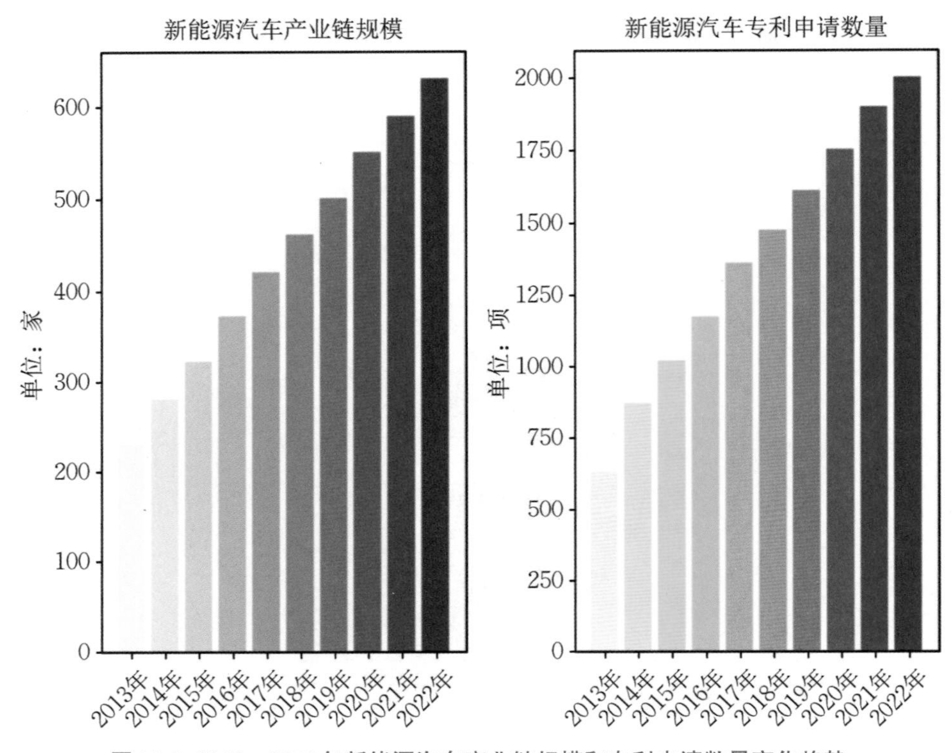

图12.4　2013—2022年新能源汽车产业链规模和专利申请数量变化趋势

12.2.2　长三角地区新能源汽车在全国地位的研究与分析

1. 全国与长三角地区新能源汽车发展状况对比

通过长三角地区与全国新能源汽车销售情况对比来看：全国新能源汽车的销售总数量由2013年的1.8万辆增加到2022年的688.7万辆，并且销量呈逐年增长趋势；其中长三角地区的新能源汽车销售由2013年的0.3万辆增加到2022年的231万辆，且销量每年都在不断增加．2013年长三角地区新能源汽车销量占比全国的新能源汽车销量的16.67%，而这种占比在2022年为33.54%．通过数据对比分析可知，长三角地区的销售数量在全国销售总数中占比领先于其他省份与地区．这种发展趋势由图12.5可显然看出．这说明，长三角地区在全国新能源汽车生产与销售中的地位不断提高，对于推动全国新能源汽车产业的发展起到了重要影响与“领头羊”作用．

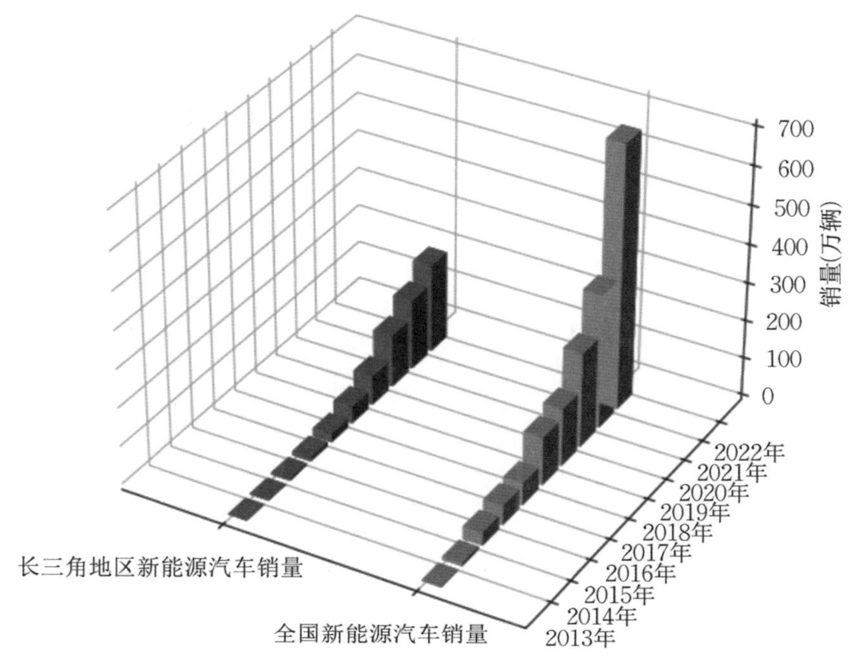

图 12.5 2013—2022年全国与长三角地区新能源汽车销售对比

长三角地区与全国新能源汽车市场规模对比分析：长三角地区是中国非常具发展潜力和竞争力的地区，也是新能源汽车市场的重要区域．与全国相比，长三角地区在新能源汽车市场规模上占据着重要地位．首先，长三角地区的经济发展水平较高，人口密度大，交通拥堵问题突出，环境保护意识较强，这些因素都促使了新能源汽车市场的快速发展．长三角地区的城市化程度高，城市居民对环境污染和空气质量的关注度较高，对新能源汽车的需求也相应增加；其次，长三角地区政府对新能源汽车的支持力度较大；政府出台了一系列的政策措施扶持新能源汽车的发展．由数据与趋势图12.6可看出，全国和长三角地区新能源市场规模都在逐年增加，其走势不断上升，并且2013—2022年长三角地区的新能源汽车市场规模在全国新能源市场规模中占比较大，在2022年所占比重几乎达到1/3．截至2022年，长三角地区新能源汽车的市场规模已经超过了1000亿元，预计未来几年内还将保持较快的增长速度．这一趋势表明，长三角地区的新能源汽车市场前景广阔．

2. 基于熵权TOPSIS法的综合评价分析

熵权TOPSIS法及其步骤：熵权TOPSIS法是一种综合评价方法，通过对原始数据信息的充分利用，能够准确反映出各指标变量之间的差距．区别于传统的TOPSIS评价法，其在熵权法的基础上得到各评价指标的综合权重，再逐步逼近更加有效决策的分析方法．其主要步骤如下：

步骤1：原始数据正向化：首先正向化指标，即将指标值减去最小值，除以指标的振幅即得到正向化的矩阵，即

$$X_{ij}=\frac{x_{ij}-\min\left\{x_{1j},x_{2j},\cdots,x_{nj}\right\}}{\max\left\{x_{1j},x_{2j},\cdots,x_{nj}\right\}-\min\left\{x_{1j},x_{2j},\cdots,x_{nj}\right\}}$$

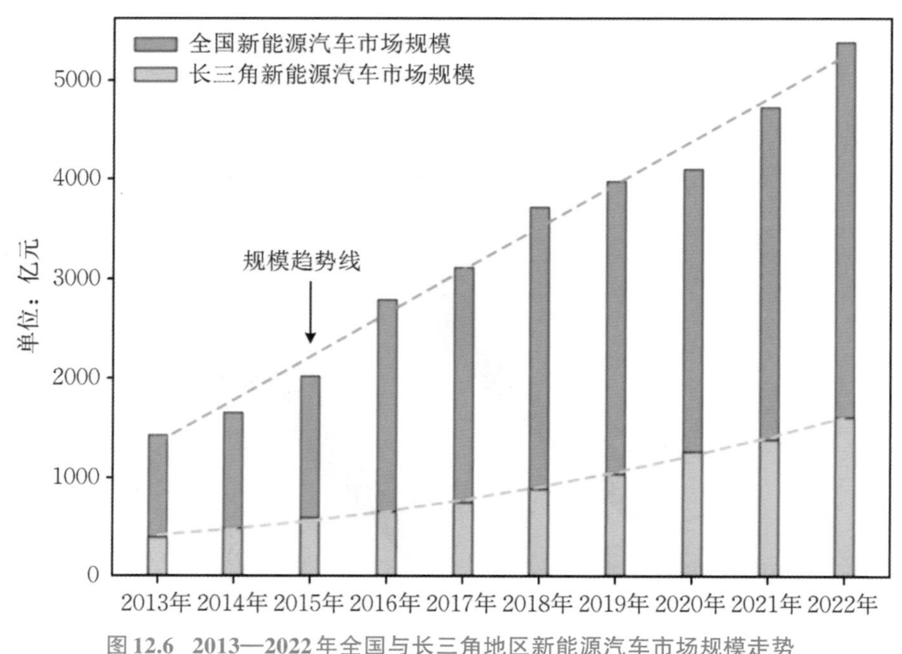

图12.6 2013—2022年全国与长三角地区新能源汽车市场规模走势

步骤2:数据归一化处理:计算公式为

$$P_{ij}=\frac{X_{ij}}{\sum_{i=1}^{n}X_{ij}}\quad (j=1,\cdots,m)$$

步骤3:计算第j项指标的信息熵值e_j,计算公式为$e_j=-\frac{1}{\ln n}\sum_{i=1}^{n}P_{ij}\ln P_{ij}$.

步骤4:计算第j项指标的信息熵值冗余度,其计算公式为$g_j=\left|1-e_j\right|$.

上式又称为信息效用值,当信息效用越大,信息量则越大.

步骤5:计算第j项指标的权重,计算公式为$W_j=g_j/\sum_{j=1}^{m}g_j$.

步骤6:构建标准化矩阵:其计算公式为$Z_{ij}=X_{ij}/\sqrt{\sum_{i=1}^{n}(X_{ij})^2}$,由此可得行列的标准化矩阵$\mathbf{Z}=(Z_{ij})_{m\times n}$(一行代表一个样本,一列代表一个指标).

步骤7:计算各评价指标与最优最劣向量之间的差距.第i个评价对象与最大值的距离计算公式为$D_i^+=\sqrt{\sum_{j=1}^{m}W_j(Z_j^+-Z_{ij})^2}$,其中,$Z_j^+=\max(Z_{1j},\cdots,Z_{nj})$;第$j$个评价值与最小值的距离$D_i^-=\sqrt{\sum_{j=1}^{m}W_j(Z_j^--Z_{ij})^2}$,其中,$Z_j^-=\min(Z_{1j},\cdots,Z_{nj})$.

步骤8:计算评价对象与最优方案的相对接近度,即得分$C_i=\frac{D_i^-}{D_i^++D_i^-}$.

指标选取:研究各省份新能源汽车生产发展水平,需要选取可量化的一些指标来进行.

为使得指标科学合理，在选取指标时需遵循系统性、典型性、科学性、数据可得性等几大原则．根据数据的可得性，本书基于2021年我国30个省份的新能源汽车的相关数据，选取的指标为新能源汽车保有量（万辆）、新能源汽车销售量（万辆）、新能源汽车充电基础设施覆盖率（%）、新能源汽车市场规模（亿元）、新能源汽车补贴金额（亿元）、新能源汽车充电桩数（万个）、新能源汽车企业数量（家）、新能源汽车专利申请数量（件）、新能源汽车产业链规模（家）.

评价过程：根据熵权法计算各指标的熵值，其最大值为1.47，而最小值为1.27；指标数据的信息效用值最大为0.47，最小值为0.27．从熵值和效用值来看，数据指标之间的差距非常小，又结合各指标的权重系数来看，它们的权重系数都相同，均为1（表12.1）．根据熵权法对各指标进行排序分析显然不可行，因此，我们进一步地应用Topsis方法对数据进行综合评价，进而得到排序规则．

表12.1　熵权法指标计算结果

指标	熵值e	效用值g	权重
新能源汽车保有量（万辆）	1.27	0.27	1
新能源汽车销售量（万辆）	1.29	0.29	1
新能源汽车充电基础设施覆盖率	1.29	0.29	1
新能源汽车市场规模（亿元）	1.39	0.39	1
新能源汽车补贴金额（亿元）	1.39	0.39	1
新能源汽车充电桩数（万个）	1.37	0.37	1
新能源汽车企业数量（家）	1.42	0.42	1
新能源汽车专利申请数量（件）	1.47	0.47	1
新能源汽车产业链规模（家）	1.43	0.43	1

评价结果：运用熵权TOPSIS模型对30个省份的新能源汽车发展水平进行综合评价，由于表格较大，在此给出需要的部分结果，其综合评价结果如表12.2所示．其中，广东省的新能源汽车的发展水平最高，得分为0.919，排名第一．长三角地区包括：江苏省、上海市、浙江省和安徽省．由表12.2结果可知：江苏省的综合得分为0.738，排名第二，上海市的综合得分为0.532，排名第四，浙江省的综合得分为0.484，排名第五，而安徽省的综合得分为0.248，排名第十四．从模型计算的结果表明：长三角地区的江苏省、上海市、浙江省的新能源汽车发展水平非常高，处于全国新能源汽车发展的第一梯队；安徽省的新能源汽车发展略逊于其他三个省市，但也处于中等水平．总体来看，长三角地区的新能源汽车产业处于高速发展阶段，在全国都处于新能源汽车发展水平的前列且地位突出．

表12.2　熵权TOPSIS评价法结果（长三角地区结果标黑）

省市	最优距离D^+	最劣距离D^-	得分C	基于C排序
广东	0.125	1.423	0.919	1
江苏	**0.392**	**1.102**	**0.738**	**2**
北京	0.608	1.008	0.624	3
上海	**0.745**	**0.847**	**0.532**	**4**
浙江	**0.799**	**0.750**	**0.484**	**5**

续表

省市	最优距离D^+	最劣距离D^-	得分C	基于C排序
山东	1.005	0.743	0.475	6
河北	1.022	0.597	0.369	7
安徽	**1.162**	**0.383**	**0.248**	**14**
重庆	1.229	0.312	0.202	16

12.2.3 长三角地区新能源汽车市场保有量预测

1. 基于灰色模型GM(1,1)的新能源汽车市场保有量预测

灰色模型GM(1,1)原理及其方法：灰色预测模型在数据预测和统计分析等领域有着广泛的应用，可以通过某种变换，弱化数据的随机性，从而突出数据的规律性，寻求数据的发展趋势.使用灰色预测模型所需的数据量较少，不需要考虑数据分布规律及变化趋势，模型精度较高，易于计算与检验.其原理和步骤如下：

步骤1：对数据进行检验，计算数据级比

$$\lambda(k)=x^{(0)}(k-1)/x^{(0)}(k)\quad(k=2,3,\cdots,n)$$

如果所有的级比都落在可容覆盖区间$X=(e^{\frac{-2}{n+1}},e^{\frac{2}{n+1}})$内，则数据$x^{(0)}$可以建立GM(1,1)模型进行灰色预测.否则就需要对数据做适当的变换处理，若对原始数据加上一个常数从而进行平移处理，即$y^{(0)}(k)=x^{(0)}(k)+c(k=1,2,\cdots,n)$，使得平移后的数据级比落在可容覆盖区间.

其次是精度检验，精度检验一般可以采用后验方差比检验法，这种方法是通过计算模型预测值和实际观测值之间的后验差，来评估模型预测的精度和可靠性.这些方法在灰色模型中得到了广泛的应用，可以有效地评估模型的预测精度和可靠性.在此，我们选择后验方差比检验法进行检验，其计算公式为$C=S_2/S_1$，其中有

$$S_1^2=\frac{1}{n}\sum_{k=1}^{n}(x^{(0)}(k)-\bar{x}^{(0)}(x))^2$$

$$S_2^2=\frac{1}{n}\sum_{k=1}^{n}(e(k)-\bar{e})^2$$

$$e(k)=x^{(0)}(k)-\hat{x}^{(0)}(k)\quad(k=1,2,\cdots,n)$$

小误差概率为$p=P\{|e(k)-\bar{e}|<0.6745S_1\}$.

通常情况下，GM(1,1)灰色预测模型的精度由小误差概率p决定，其精度如表12.3所示.

表12.3 GM(1,1)灰色预测精度对照表

模型精度等级	后验方差比值C	小误差概率p
一级(好)	$C\leqslant 0.35$	$p\geqslant 0.95$
二级(合格)	$0.35<C\leqslant 0.5$	$0.8\leqslant p<0.95$
三级(勉强)	$0.5<C\leqslant 0.65$	$0.7\leqslant p<0.8$
四级(不合格)	$C>0.65$	$p<0.7$

当精度等级越高,则说明数据适合使用GM(1,1)模型预测.

步骤2:灰色模型的微分方程如下:

$$\frac{\mathrm{d}x^{(1)}(t)}{\mathrm{d}t}+ax^{(1)}(t)=b$$

其中,上述方程中的$x^{(1)}(t)$为序列连续变量,a称为发展系数,b称为灰作用量.这两个参数一般采用最小二乘法求得其估计值.求得上述微分方程的解如下:

$$x^{(1)}(t)=\left(x^{(0)}(1)-\frac{b}{a}\right)\mathrm{e}^{-a(t-1)}+\frac{b}{a}$$

在应用时,一般采用该解的离散形式作为预测数据的序列值,其公式如下:

$$x^{(1)}(k+1)=\left(x^{(0)}(1)-\frac{b}{a}\right)\mathrm{e}^{-a(k)}+\frac{b}{a}\quad(k=1,2,\cdots,n-1)$$

根据上式就可以计算得到需要的预测值.

基于灰色模型预测新能源汽车保有量:利用2013—2022年长三角地区新能源汽车保有量数据(参见附件对应表),建立原始数据数列,首先对原始数据进行检验,发现原始数据的级比不落在可容覆盖区间(0.8338,1.1994)内,我们认为由于原始数据跨度较大从而导致数据波动较大,无法落在可覆盖区间内,故对原始数据做平移变换,其中,$c>15$时,平移后的数据的级比均落在可覆盖区间内.具体的平移常数c可以通过计算精度P值和C值来确定.目标是找到最优的平移常数值使得C值最小,P值最大,具体平移常数与C值、P值关系如下图12.7所示.原始数据的后验方差比C值较高,模型精度等级不合格,随着平移常数增加,C逐渐降低,模型精度随之增高,从局部放大图可以发现当$c=19.5$时,C值达最小为0.0946.此外P值从原始的0.7提高至1,GM(1,1)模型精度等级为一级,所以认为数据适合做灰色预测.

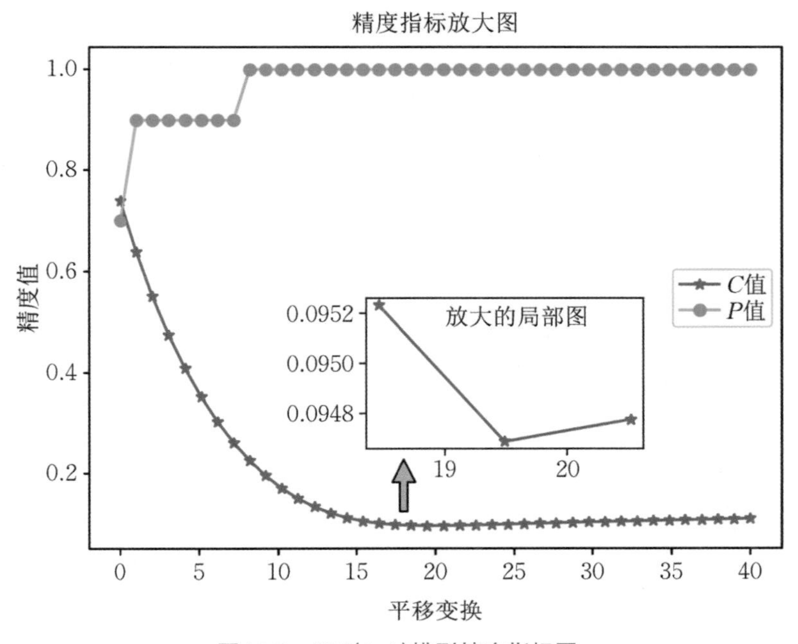

图12.7　GM(1,1)模型精度指标图

通过GM(1,1)模型,我们预测了长三角地区新能源汽车的市场保有量,如表12.4所示.为了更好地观测预测值与原始数据的拟合程度,我们给出了预测值和实际值的可视化曲线图,如图12.8所示.在表12.4中,GM(1,1)模型预测了未来三年(2023年、2024年和2025年)的市场保有量为256.3、347和469.8万辆,该预测值并非最后的预测值,需要将此预测值减去平移的位移量后就得到了原始新能源汽车市场保有量的最终的预测值,如表12.5所示.其中,我们计算了模型预测的四种误差,分别是均方误差MSE为28.2898,根均方误差RMSE为5.3188,均方绝对百分比误差MAPE为0.0769,均方绝对误差MAE为4.2322.通过不同的误差值来看,都在可接受范围内,效果较为满意.

表12.4 长三角新能源汽车保有量与预测值(单位:万辆)

年份	2013年	2014年	2015年	2016年	2017年	2018年	2019年
实际值	19.7	20.7	22.8	26.8	36.2	51.2	76.7
预测值	19.7	16.8	22.7	30.8	41.6	56.4	76.3
年份	2020年	2021年	2022年	2023年	2024年	2025年	
实际值	113.8	147.4	184.0				
预测值	103.3	139.9	189.3	256.3	347.0	469.8	

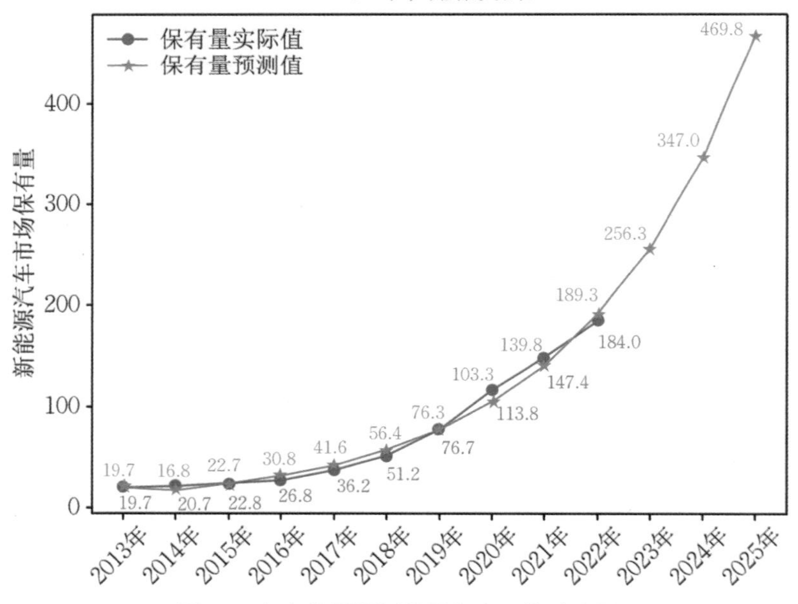

图12.8 灰色模型预测结果与实际值对比图

表12.5 基于GM(1,1)模型预测长三角地区新能源汽车保有量(万辆)

年份	2023年	2024年	2025年
预测值	236.8	327.5	450.3

显然,实际值和预测值拟合效果较好,对预测值进行残差检验,其残差值均小于0.2,同

样说明模型预测效果较好. 上述误差均在理想范围内,因此应用该模型进行预测是可行的且精度高. 根据预测结果,2023—2025年长三角地区新能源汽车总体呈现上升趋势,表明长三角地区新能源汽车未来发展态势迅猛.

12.3　问题2的求解

12.3.1　新能源汽车与传统燃油车的市场竞争关系

新能源汽车行业是近年来全球范围内快速发展的一个领域. 全球对环境保护的意识不断增强,减少尾气排放成了重要目标. 新能源汽车作为零排放或低排放的交通工具,受到了越来越多人的关注和支持. 随着环境保护意识的增强和对传统燃油车的限制,新能源汽车的市场需求不断增加. 新能源汽车行业正处于快速发展阶段. 政策支持、技术进步、市场竞争和充电基础设施建设等因素共同推动了该行业的发展. 随着时间的推移,预计新能源汽车将在未来继续取得更大的发展和普及. 许多国家和地区都出台了鼓励新能源汽车发展的政策,包括购车补贴、免税政策、建设充电桩基础设施等. 越来越多的汽车制造商投入新能源汽车领域,推出了各种类型的电动汽车和混合动力汽车. 这种竞争促使企业不断提升产品质量和性能,降低成本,满足消费者需求.

市场竞争情况分析:新能源汽车与传统燃油车之间存在着一定的市场竞争关系. 主要体现在如下几个方面:① 环保因素:新能源汽车,如电动车,使用电池或其他可再生能源作为动力源,减少了对化石燃料的依赖,从而减少了尾气排放和空气污染. 这使得新能源汽车在环保意识日益增强的社会中受到青睐. ② 能源成本:传统燃油车依赖于石油和其他有限资源,其燃料成本受到国际油价波动的影响. 而新能源汽车使用电力等可再生能源,其能源成本相对较低,尤其是在电力市场竞争激烈的地区. ③ 技术发展:新能源汽车的技术不断发展,包括电池技术、充电基础设施等方面的改进. 这些技术进步使得新能源汽车的续航里程增加、充电时间缩短,提高了用户的使用体验. ④ 政策支持:许多国家和地区都出台了鼓励新能源汽车发展的政策,如减免购车税、补贴购车款项等. 这些政策支持使得新能源汽车的价格更具竞争力,吸引了更多消费者.

尽管新能源汽车在上述方面具有优势,但传统燃油车仍然在一些方面具有竞争力. 例如,传统燃油车维修配件更容易获取,加油便利性更高,续航里程更长,更适合于长途旅行,但新能源车的充电基础设施建设仍然不够完善. 此外,传统燃油车的成熟技术和生产规模也使其在价格上具有一定优势. 因此,新能源汽车与传统燃油车之间的市场竞争关系是一个动态的过程,受到技术、政策、经济等多种因素的影响. 随着新能源汽车技术的不断进步、环保要求的提升以及政策的支持,预计新能源汽车在未来将逐渐在市场上占据更大的份额.

为了更方便看到它们的保有量关系,我们给出了这两类汽车2013—2022年的市场保有量可视化图,如图12.9所示. 从该图可知,传统燃油车的保有量与新能源汽车保有量相差很大,例如,2021年传统燃油车保有量是新能源车保有量的10.95倍.传统燃油汽车保有量的增长相对稳定,但增速逐渐放缓.而新能源汽车保有量虽低,但新能源汽车具备低碳排放、低能耗等优势,吸引了越来越多的消费者,取得了市场份额的增长.

为了清楚地看到新能源汽车与传统燃油汽车保有量之间的变化关系,在此设置比值的计算公式如下:

$$\text{Ratio}=\frac{\text{新能源汽车保有量数据}}{\text{传统燃油车保有量数据}}$$

由上述计算比值的公式,我们得到了新能源汽车与传统燃油车保有量比值结果如表12.6所示.

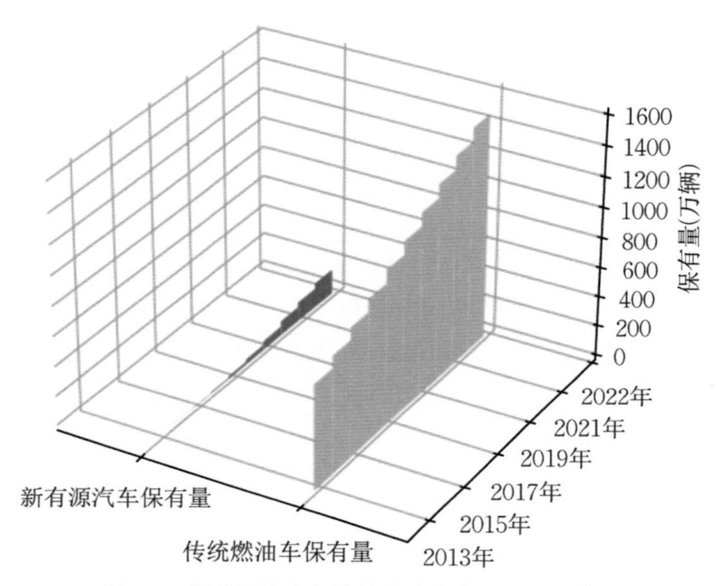

图12.9 新能源汽车与传统燃油车市场保有量情况

表12.6 新能源汽车与传统燃油汽车保有量的比值结果

年份	2013年	2014年	2015年	2016年	2017年	2018年	2019年
比值	0.0003	0.0015	0.0038	0.0077	0.0161	0.0281	0.0469
年份	2020年	2021年	2022年				
比值	0.0719	0.0914	0.1104				

由表12.6可知,2013—2022年,比值从2013年的0.0003增长到2022年比值的0.1104.这表明新能源汽车生产正与传统燃油车展开竞争,但传统燃油车仍占据市场主导,但随着新能源技术的进一步发展和政府的支持,新能源汽车的竞争力将继续保持增强趋势,这一点可参见图12.10(a).

从图12.10(b)中可看出,传统燃油车市场占有率逐年下降趋势,而新能源汽车市场占有率呈现逐年增加的趋势.这表明新能源汽车与传统燃油车在市场竞争中逐渐获得优势.从2013—2022年,传统燃油车市场的市场占有率从98.9%下降到97%,而新能源汽车市场占有率从1.1%增长到3%,表明新能源汽车的需求不断增加.但传统燃油车市场仍然具有高的占有率,由于新能源汽车的充电基础设施的不完善等其他条件的限制,短期内传统燃油车不会被新能源汽车所代替,传统燃油车仍然具有一定的优势.

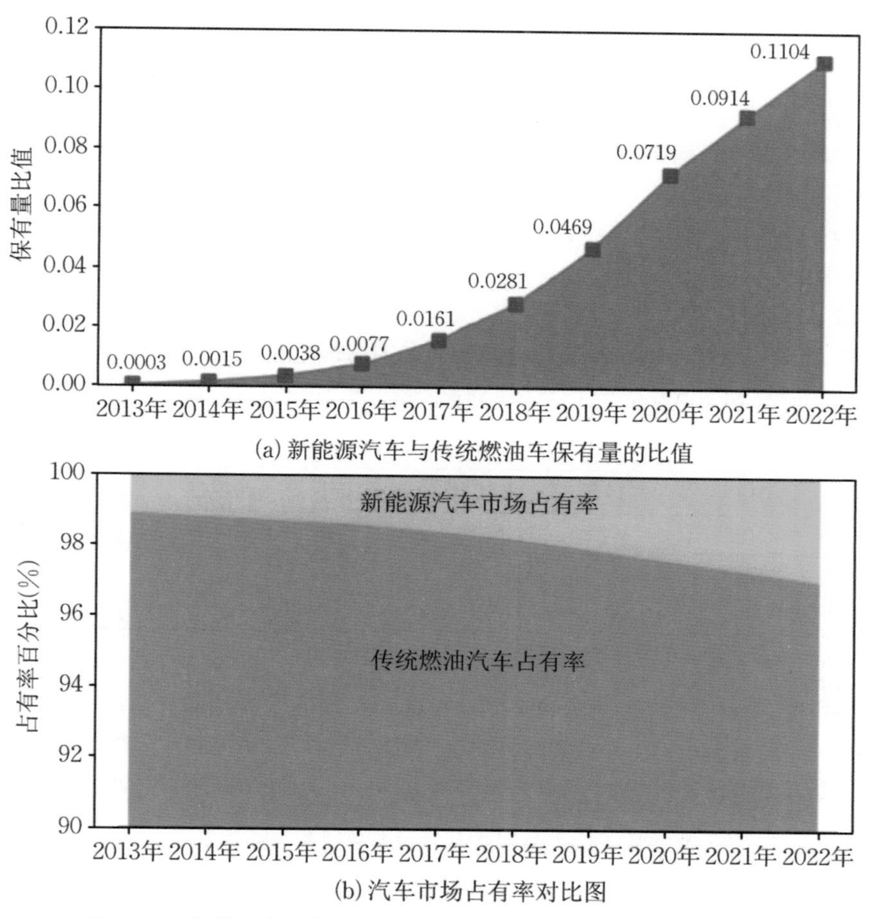

图12.10　新能源汽车与传统燃油车市场保有量比值与市场占有率

综上所述,新能源汽车市场与传统燃油车的市场竞争愈发激烈,新能源市场占有率持续增加,传统燃油车市场占有率有所下降.但传统燃油车仍然在市场上占据主导地位,但随着新能源技术的不断发展和政策推动,预计新能源汽车市场的竞争优势将不断增加.

12.3.2　基于种族竞争模型分析市场占有率变化规律

种族竞争模型介绍:种族竞争模型是用来描述两个或多个种群之间为了争夺同一资源而进行的生存竞争.当两个种群为争夺同一食物来源和生存空间相互竞争时,常见的结局是:竞争力弱的灭绝,竞争力强的达到环境容许的最大容量.使用种群竞争模型可描述两个种群相互竞争的过程,分析产生各种结局的条件.假设在同一个自然环境中生存的两个种群之间存在竞争关系,且在这个自然环境中生存时数量演变都服从Logistic规律,以及当它们相互竞争时都会减慢对方数量的增长,增长速度的减小都与它们数量的乘积成正比.按照这样的假设可建立如下种族竞争的常微分方程模型：

$$\begin{cases}\dfrac{dx_1}{dt}=r_1x_1\left(1-\dfrac{x_1}{N_1}-s_1\dfrac{x_2}{N_2}\right)\\ \dfrac{dx_2}{dt}=r_2x_2\left(1-\dfrac{x_2}{N_2}-s_2\dfrac{x_1}{N_1}\right)\end{cases}$$

其中，x_1,x_2分别为两个种群的数量，r_1,r_2为两种族的固有增长率，N_1,N_2为两个种群的容量，s_1,s_2为种群的相对竞争系数，即每N_2个体所占用的资源相当于s_1下的N_1个体所占用的资源．令上式右边式子等于0，则该方程组的解为种族平衡点，表明在此数量下两种群共存发展．

基于种族竞争模型分析市场竞争关系：应用种族模型，需要获取模型的相关参数的初始值，即传统燃油车固有增长率，容量，竞争系数；新能源车固有增长率，容量，竞争系数以及变量的初始值．根据中国汽车工业协会最新统计发布的数据，我国传统燃油车2013—2022年的市场增长率如表12.7所示．

表12.7　传统燃油车2013—2022年的市场增长率(%)

年份	2013年	2014年	2015年	2016年	2017年	2018年	2019年
增长率	10.7	9.7	7.7	3.6	−4.6	−3.2	−8.2
年份	2020年	2021年	2022年				
增长率	−10.7	4	2.1				

*负号表示同年市场增长率是下降的

我们根据表12.7中传统燃油车的市场增长率的平均值作为种族竞争模型参数的固有增长率为0.0111，种群容量取2013年燃油车的保有量2456.9(万辆)，而竞争系数取0.7．同样，根据中国汽车工业协会最新统计数据，我国新能源车在2013—2022年的增长率如表12.8所示．

表12.8　新能源汽车2013—2022年的市场增长率(%)

年份	2013年	2014年	2015年	2016年	2017年	2018年	2019年
增长率	50.3	30.5	20.6	15.7	11.5	9.5	8.7
年份	2020年	2021年	2022年				
增长率	7.9	16.3	96.9				

我们取表12.8中2013—2022年新能源汽车市场增长率的平均值为种族竞争模型中的固有增长率，即0.2679，相应的种群容量取2013年的新能源车保有量417(万辆)，而竞争系数取0.3．我们取传统燃油车与新能源汽车在2013年的市场占有率为模型变量的初始值，分别为98.9%与1.1%．将种族竞争模型应用Python自定义函数方法和微分方程求解函数odeint()求得模型的数值解，然后将其数据可视化，给出传统燃油车和新能源车的增长趋势曲线，如图12.11所示，Python代码参见附录．

基于种族竞争模型分析市场竞争结论：传统燃油车市场增长呈直线缓慢增长，其增长相对有限，由图12.11可看到该趋势．传统燃油车的保有量基数和竞争系数相对于新能源车要大许多，因此短时间内不容易受到新能源汽车较大影响．因此，目前来看传统燃油车在当前市场环境中占优．相比之下，新能源汽车的市场保有量速度呈指数级增长(图12.11)，但种族竞争系数相对小，容易受传统燃油车基数大的影响．值得注意的是，长远来看，新能源汽车保有量增长迅速，按照这个趋势，新能源车与传统燃油车的市场占有率的差距将会越来越小，这也是未来的必然结果．

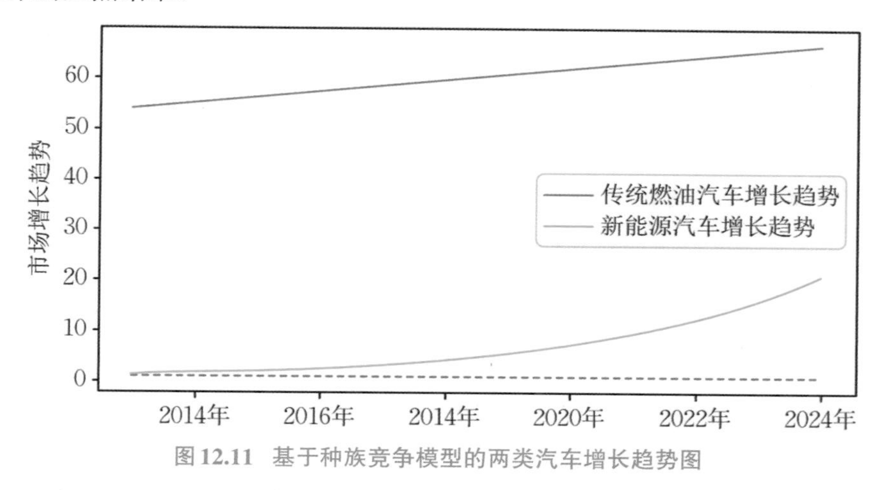

图12.11　基于种族竞争模型的两类汽车增长趋势图

基于种族竞争模型的新能源与传统燃油车市场占有率分析：由表12.7可知，新能源汽车的市场增长率在2022年末达到了96.9％，由中国汽车工业协会最新统计，新能源汽车市场渗透率达到25％．又由于在竞争模型中，新能源汽车的固有增长率要比传统燃油车的固有增长率高得多，约为27倍（它们的比值为0.2679∶0.0111～27∶1），结合种族市场竞争模型的相轨线族图12.12可看出，如果在未来一段时间内的汽车市场的相关政策不变的话，那么新能源汽车的市场占有率将会稳定在49％左右的水平线上，也就是说在不远的将来，新能源汽车和传统燃油车的市场保有量将会“平分天下”．

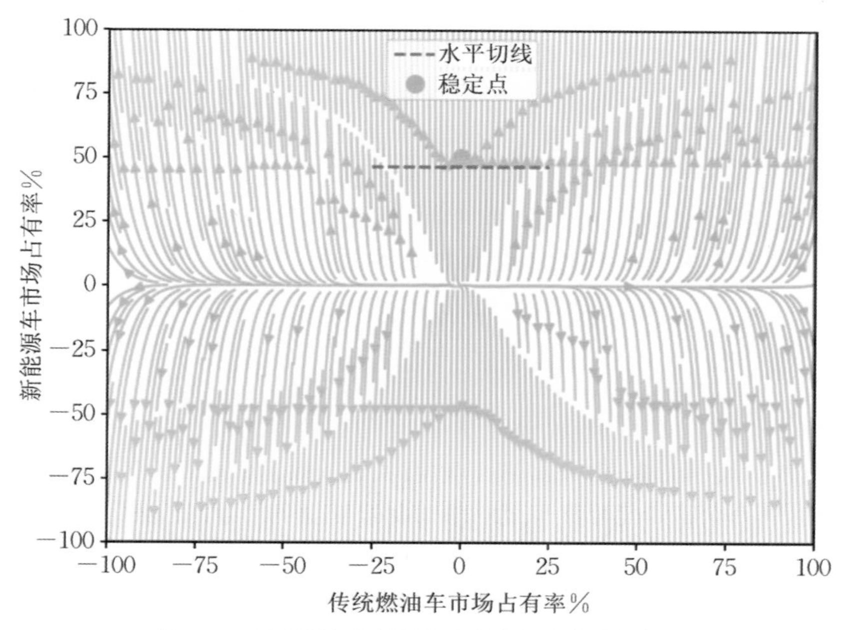

图12.12　新能源与传统燃油车的市场占有率相轨线

12.3.3 影响市场竞争关系的因素分析

我国新能源汽车与传统燃油汽车之间存在着市场竞争关系,影响传统燃油车与新能源车市场竞争关系的因素有很多,以下是一些主要因素的分析:

(1) 政策支持:政府对新能源车的政策支持是影响竞争关系的重要因素.政府可以通过减税、补贴、优惠政策等方式来鼓励消费者购买新能源车,从而提高其市场竞争力.

(2) 燃料价格:传统燃油车的竞争力受到燃料价格的影响.如果燃料价格上涨,消费者可能更倾向于购买新能源车,因为新能源车的运营成本更低.

(3) 技术发展:新能源车的技术发展对市场竞争关系起着重要作用.随着电池技术的进步和成本的降低,新能源车的续航里程和充电时间逐渐改善,这使得新能源车更具吸引力.

(4) 环境意识:随着环境问题的日益突出,消费者对环保意识的提高也会影响市场竞争关系.越来越多的消费者倾向于购买新能源车,以减少对环境的影响.

(5) 基础设施建设:新能源车的普及程度还受到充电桩和加氢站等基础设施建设的限制.如果基础设施建设不完善,消费者可能会选择传统燃油车.

(6) 品牌影响力:传统燃油车制造商在市场上拥有较强的品牌影响力,这使得他们在竞争中具有一定的优势.然而,一些新能源车制造商也在不断提升品牌形象,逐渐增强竞争力.

(7) 经济因素:购买成本是消费者考虑的重要因素之一.传统燃油车通常价格更低,而新能源车的价格相对较高.因此,经济因素也会影响市场竞争关系.上面的阐述仅仅只是针对新能源汽车和传统燃油车的主观定性上的描述与分析,下面我们基于随机森林模型的特征重要性给出定量分析.

基于随机森林模型的特征重要性分析市场竞争关系的影响因素.

随机森林模型原理:随机森林是一种集成学习算法,它属于Bagging类型,通过组合多个弱分类器,最终结果通过投票或取均值,使得整体模型的结果具有较高的精确度和泛化性能.随机森林中有许多的分类树.我们要将一个输入样本进行分类,需要将输入样本输入到每棵树中进行分类.打个形象的比喻:森林中召开会议,讨论某个动物到底是老鼠还是松鼠,每棵树都要独立地发表自己对这个问题的看法,也就是每棵树都要投票.该动物到底是老鼠还是松鼠,要依据投票情况来确定,获得票数最多的类别就是森林的分类结果.随机森林的工作原理是生成多个分类器/模型,各自独立地学习和做出预测.这些预测最后合成一个单预测,因此优于任何一个单分类而做出来的预测结果.

特征重要性分析市场竞争关系的影响因素:为了给出它们之间的市场竞争关系更准确地定量化分析,我们选择传统燃油车的保有量与新能源汽车的市场保有量的比值作为描述它们的市场竞争的大小关系.由数据的可得性,我们选取了新能源汽车专利申请数量、新能源汽车充电桩数(万个)、新能源汽车充电基础设施覆盖率(%)、新能源汽车产业链规模、燃油价格(元/升)、电动车充电成本(元/千瓦时)、电动车平均价格(万元)、燃油车平均价格(万元)、新能源汽车能源效率(千米/千瓦时)、燃油车能源效率(千米/升)、新能源政府补贴金额(亿元),共11个因素作为影响市场竞争的主要变量因子.为了分析传统燃油车与新能源车市场竞争关系的影响因素大小,我们选取了随机森林模型的因子特征重要性的评分来评价两类不同能源车的市场竞争关系,并给出影响因子对竞争关系的贡献度评分.由表12.9可知,新能源汽车与传统燃油车的市场竞争关系的影响因素中,电动车的平均价格的特征重要性评分最高,为0.143526,而燃油车的平均价格特征重要性评分为0.141436,位居第二,这充分说明了目前人们买车时,首要考虑的还是购车的总费用,这一点直接影响市场竞争关系.其次就是电动车充电成本和新能源汽车充电桩数的特征重要性排序分别为第三和第四,这说明了人们如果选择购买新能源电动车时还关注使用成本和使用的便捷性等问题.影响市场竞争的因素中特征重要性评分最低的是燃油价格,其他因素的特征重要性可参看表12.9所示.总体而言,品牌影响力、政策支持(新能源政府补贴)、燃料价格、基础设施建设(新能源汽车充电基础设施)以及经济因素等是影响传统燃油车与新能源车市场竞争关系的重要因素.这些因素相互作用,共同决定了市场上两者的竞争格局.

表12.9　随机森林模型的特征重要性对市场竞争关系的影响因素评分

对市场竞争关系的影响因素	特征重要性	排序
电动车平均价格(万元)	0.143526	1
燃油车平均价格(万元)	0.141436	2
电动车充电成本(元/千瓦时)	0.119357	3
新能源汽车充电桩数(万个)	0.106111	4
燃油车能源效率(公里/升)	0.102534	5
新能源汽车专利申请数量	0.092951	6
新能源政府补贴金额(亿元)	0.086704	7
新能源汽车充电基础设施覆盖率(%)	0.077591	8
新能源汽车产业链规模(家)	0.065611	9
新能源汽车能源效率(公里/千瓦时)	0.056751	10
燃油价格(元/升)	0.007429	11

12.3.4　新能源汽车与传统燃油车保有量的时间演化规律

随着人们对环境意识的增强和新能源汽车技术的不断进步,新能源汽车的市场保有量呈现出快速增长的趋势.这主要得益于政府对新能源汽车的支持和鼓励.同时,新能源汽车的技术不断改进,电池续航里程增加,充电设施的建设也得到了加强,这些都为新能源汽车的发展提供了有利条件.

然而,传统燃油车仍然占据着市场的主导地位.这是因为传统燃油车具有成熟的技术和广泛的销售网络,消费者对其性能和可靠性有较高的认可度.此外,传统燃油车的价格相对较低,维护成本也较低,这使得它们在一些地区和消费群体中仍然具有竞争力.

随着时间的推移,预计新能源汽车的保有量将逐渐增加.随着技术的进步和成本的降低,新能源汽车将变得更加具有竞争力.然而,传统燃油车仍然会在相当长的一段时间内存在,并且在某些特定的市场和用途中仍然具有一定的市场份额.按照当前的市场环境,我们基于时序模型给出新能源汽车与传统燃油车保有量的时间演化规律.

基于ARIMA模型的汽车市场保有量的时间演化规律.时序模型ARIMA(自回归移动平均模型)是一种用于分析和预测时间序列数据的统计模型.

ARIMA模型原理:该模型主要有三个组件,分别为① 自回归(AR),该组件表示当前值与过去值之间的关系.它使用过去时间点的观测值来预测当前值.AR模型考虑了时间序列数据的自相关性.② 差分(I),该组件用于处理非平稳时间序列数据.通过对时间序列数据进行差分,可以将其转化为平稳序列,使得模型更容易建立.③ 移动平均(MA),该组件表示当前值与过去误差项之间的关系,它使用过去时间点的误差值来预测当前值.MA模型考虑了时间序列数据的移动平均性.将自回归与移动平均模型和差分法结合,就得到了差分自回归移动平均模型ARIMA(p,d,q),其中,p是自回归阶数(AR阶数),d是需要对数据进行差分的次数,q是滑动平均阶数(MA阶数).模型的一般形式可参见第11章的11.4节的ARMA模型或者11.5节的ARIMA模型的表达式.

模型使用条件要求数据序列是平稳的,这意味着均值和方差不应随时间而变化.可以通过对数变换或差分可以使序列平稳.另外,输入的数据必须是单变量序列,因为ARIMA模型利用过去的数值来预测未来的数值.

ARIMA模型预测新能源汽车市场保有量的时间演化规律.运用ARIMA模型之前,首先需要做的事情就是对数据的平稳性进行检验.在此,我们运用图示观察和单位根方法来判断数据的平稳性.做出数据的时序趋势图、自相关和偏自相关图,具体可参见图12.13.

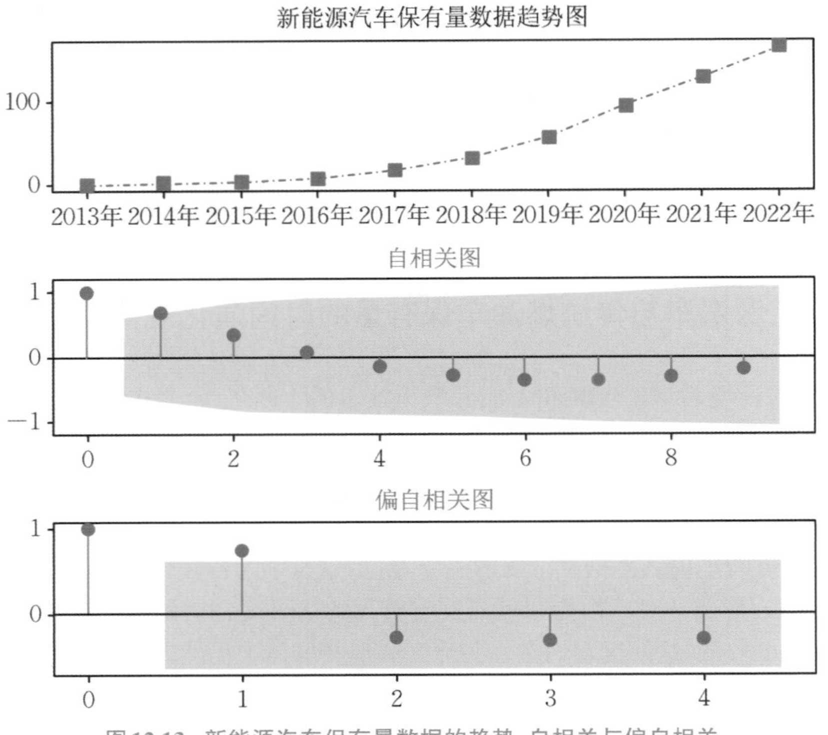

图12.13 新能源汽车保有量数据的趋势、自相关与偏自相关

从图12.13可知，数据呈现明显上升趋势，并且采用滞后9期(可以是1～9期，再增加就不收敛了)的自相关拖尾和滞后4期的偏自相关拖尾可知，新能源汽车在2013—2022年的保有量数据是不平稳的，这一判断，我们还结合单位根的p值($p=0.0197$)，由于p值小于0.05，则可以拒绝原假设，即序列具有单位根．因此，我们有足够的把握判断新能源汽车保有量数据是非平稳的．

由于数据是非平稳的，我们根据模型的阶数情况，找出最优的模型阶数．通过实验得知，模型的MA阶数q大于等于1时，模型均不收敛；而AR阶数p大于2时，模型也不收敛，根据AIC与BIC取最小原则，得到模型的最优阶数为$p=2$与$d=1$，即ARIMA(2,1,0)．我们基于Python的statsmodels库中的ARIMA模型求得新能源汽车保有量的未来六年的预测值、标准误差、置信区间，详情参看表12.10所示．从表12.10可知，2023—2028年，新能源汽车的市场保有量呈逐年增加的趋势，且增加趋势明显，到2028年，其保有量达到333.21万辆．

表12.10 新能源车保有量的预测值、标准误差、置信区间

年　份	预测值(万辆)	标准误差	置信区间
2023年	200.31	5.18	[190.15,210.46]
2024年	233.33	13.54	[206.79,259.86]
2025年	262.84	24.16	[215.49,310.19]
2026年	288.95	35.89	[218.59,359.31]
2027年	312.17	47.86	[218.37,405.98]
2028年	333.21	59.43	[216.71,449.70]

ARIMA模型预测传统燃油车市场保有量的时间演化规律．对传统燃油车保有量的十年的数据(2013—2022年)作出了数据的趋势图、自相关图、偏自相关图．从图12.14的数据趋势图和自相关图的拖尾特征来看数据非平稳，但是根据偏自相关图所表现出来的截尾特征来看，数据是平稳的，我们又根据数据的单位根检验其p值，得到$p=0.9786>0.05$，则接收原假设，数据不具有单位根．因此，根据图和p值来看，有矛盾的地方．

我们再根据模型的信息量AIC与贝叶斯信息量BIC最小的原则，最后确定了最优的ARIMA模型阶数为，$p=2,d=1,q=0$，即ARIMA(2,1,0)，也就是说对原始数据进行了一次差分后运用AR模型．根据该模型，我们得到了如表12.11所示结果，即2023年里传统燃油车的保有量将达到1578.64万辆，然后呈逐年增长趋势，到2028年底其保有量将达到2016.61万辆，其他年份的预测值可参看表12.11.

为了更好地看出新能源汽车与传统燃油车的市场保有量数据与预测值数据走势，我们给出了实际值与预测值的发展趋势图12.15．从图12.15中可看出，新能源汽车市场保有量的未来发展趋势比传统燃油车市场保有量的发展趋势要快，要猛．虽然传统燃油车市场仍然占据绝对优势，但新能源汽车市场的渗透率逐年增加，显示出新能源汽车在消费者购车选择中的日益重要．然而，传统燃油车市场仍然具有较高的占有率，并且在短期内不太可能被完全取代．这可能是因为新能源汽车面临的挑战，如充电基础设施的不足、续航里

程的限制以及价格的竞争等.此外,消费者的购车决策也受到多种因素的影响,包括经济因素、车型选择、品牌偏好等.综上所述,根据所提供的数据,可以得出结论新能源汽车市场占有率在逐年增加,其地位不断加强,但在未来一段时间内传统燃油车仍然在市场上占据主导地位.

表 12.11 传统燃油车保有量的预测值、标准误差、置信区间

年 份	预测值(万辆)	标准误差	置信区间
2023年	1578.64	3.13	[1572.5 1584.77]
2024年	1666.21	6.39	[1653.69 1678.73]
2025年	1753.5	8.92	[1736.02 1770.98]
2026年	1840.99	10.62	[1820.16 1861.81]
2027年	1928.74	11.81	[1905.58 1951.89]
2028年	2016.61	12.78	[1991.57 2041.66]

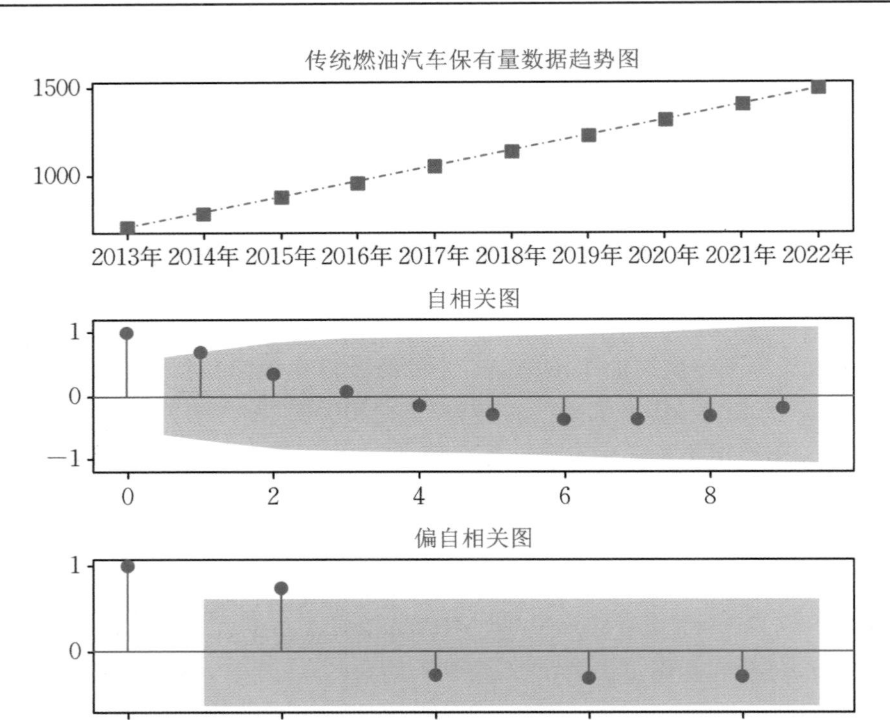

图 12.14 传统燃油车保有量数据的趋势、自相关与偏自相关

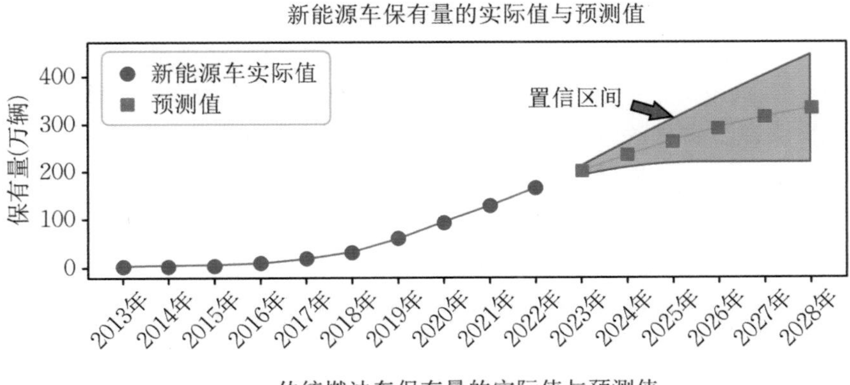

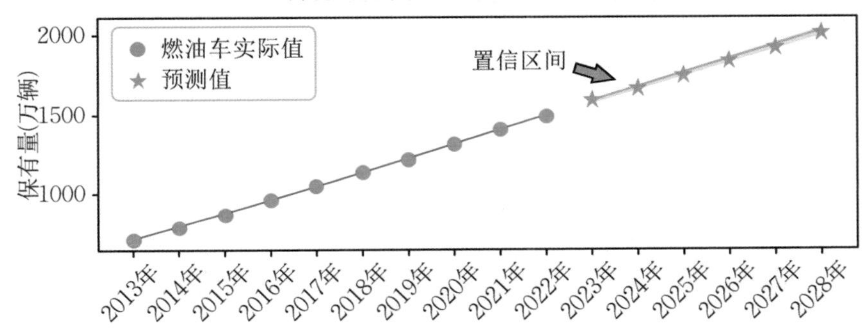

图12.15 新能源与传统燃油车的实际与预测值趋势

12.4 问题3的求解

12.4.1 “双碳”与新能源汽车背景介绍

在社会经济领域中,“双碳”通常指的是低碳经济和碳中和经济.碳达峰是指一个国家或地区的二氧化碳排放总量达到历史最高点,然后逐年下降.这是减缓全球气候变暖的重要步骤,因为二氧化碳是导致全球气候变暖的主要温室气体之一.碳中和是指通过减少温室气体排放和增加碳汇(如植树造林)等方式,使得一个国家或地区的二氧化碳排放和吸收达到平衡,即实现“零排放”,这也是实现全球气候目标,防止全球气候变暖超过2℃的必要条件.“双碳”是一种经济发展模式,旨在减少温室气体排放并应对气候变化.具体来说,“双碳”的目标是在经济增长的同时减少二氧化碳和其他温室气体的排放量.实现双碳经济的方法包括使用清洁能源、提高能源效率、推广可再生能源、改善工业生产过程、发展低碳交通和建筑等.通过减少碳排放,双碳经济旨在实现经济的可持续发展,同时减少对环境的不良影响.许多国家和组织都在努力推动双碳经济的发展,以应对气候变化和可持续发展的挑战.这包括制定相关政策、提供经济激励措施、促进技术创新和合作等.

新能源汽车的发展对实现双碳目标(即碳达峰和碳中和)具有重要意义.新能源汽车主要包括电动汽车、插电式混合动力汽车和燃料电池汽车,它们的运行不依赖于燃烧化石燃料,因此可以大大减少碳排放.据统计,电动汽车的碳排放量只有燃油车的一半左右.促进能源结构转型,新能源汽车的发展将推动能源结构由以石油为主转向以电力和氢能为主,从而降低碳排放.同时,随着可再生能源的发展,如风能、太阳能等,新能源汽车的碳排放量将进一步降低.新能源汽车的能源转换效率高于燃油车.因此,新能源汽车的发展有助于提高能源利用效率,进一步降低碳排放.新能源汽车的发展会推动电池、电机、电控等相关产业的发展,这些产业的发展将进一步推动能源转型,降低碳排放.碳中和是指通过减少温室气体排放和增加碳汇(如植树造林)等方式,使得一个国家或地区的二氧化碳排放和吸收达到平衡,即实现"零排放".许多国家和组织都在努力推动双碳经济的发展,以应对气候变化和可持续发展的挑战.

12.4.2 新能源汽车发展与双碳的关系

1. 新能源汽车全生命周期与碳排放关系

新能源汽车的发展是实现双碳目标的重要途径之一,它既可以直接降低碳排放,又可以推动能源结构转型和提高能源利用效率等.为了能较好地说明新能源汽车与双碳的关系,我们应用新能源汽车的整个生命周期的方式来阐述该问题.新能源汽车生命周期碳排放边界包括乘用车的车辆周期和燃料周期.其中,车辆周期包含原材料获取、材料加工制造、整车生产、维修保养(轮胎、铅蓄电池和液体的更换)等阶段;燃料周期,即"油井到车轮(well to wheels)排放",包括燃料的生产排放和燃料的使用排放两个阶段.对于燃油车,燃料的生产排放包括原油开采、提炼加工等阶段的排放;对于电动汽车,燃料的生产排放包括电力(火电、水电、风电、光伏发电和核电等)生产与传输带来的排放.燃料使用阶段的排放,则是基于新标欧洲测试循环(new European driving cyele,NEDC)工况获得的测试结果.此外,还包括原材料和零部件的运输过程、车辆生产设备制造与厂房建设、电池回收等阶段的碳排放,不算进本文的核算边界内.图12.16展示了新能源汽车全生命周期温室气体排放核算边界:

基于以上核算边界,利用中国汽车生命周期数据库(CALCD)中原材料碳排放因子,结合2021年《中国汽车低碳行动计划研究报告》中汽车全生命周期碳排放来源数据,核算不同燃料类型乘用车全生命周期碳排放构成,应用Python中pyecharts库里的sankey函数可得到图12.17的桑葚图.

由图12.17可看出:我国汽车全生命周期碳排放主要来自燃料周期,燃油汽车贡献了2021年量产汽车全生命周期碳排放总量的绝大部分,共排放量6.72亿吨CO_2e(二氧化碳排放当量CO_2 equivalent,简写成CO_2e,表示人类的生产和消费活动过程中排放的温室气体总排放量),占比96%,其他四种新能源类型汽车共排放0.28亿吨CO_2e,仅占比4%.根据上述分析可以得到以下结论:

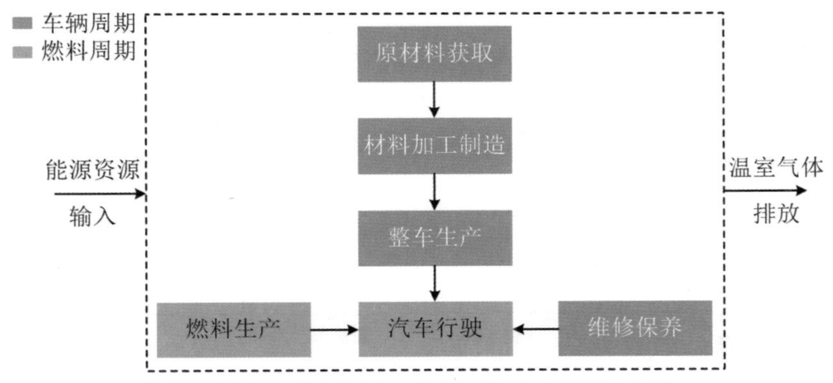

图12.16　新能源汽车全生命周期碳排放核算边界

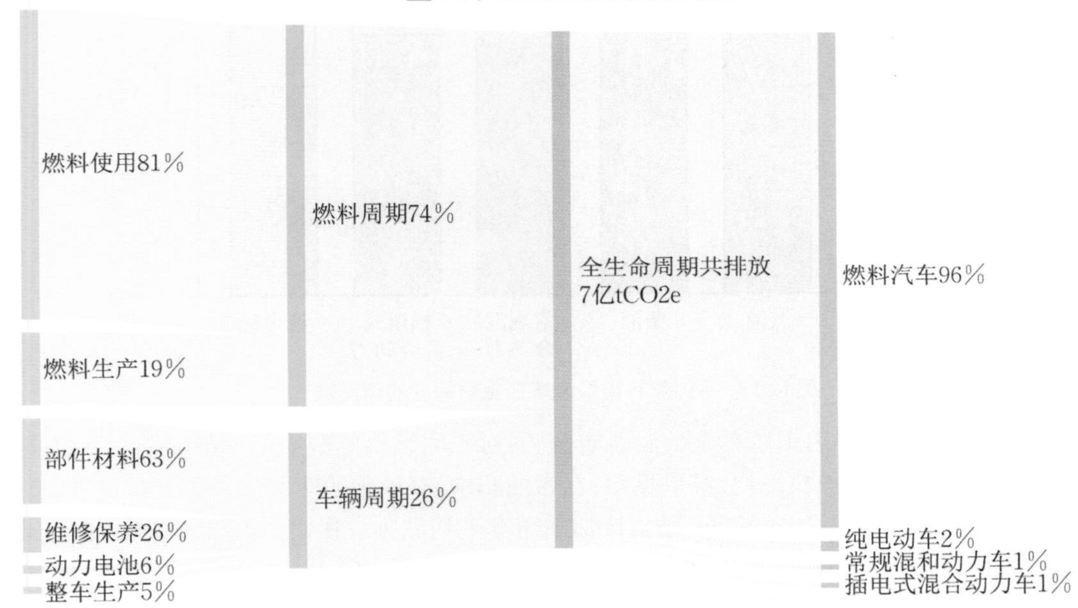

图12.17　2021年中国汽车全生命周期碳排放构成桑葚图

结论1:车辆生产阶段排放增加,使用环节排放降低.首先,车辆周期阶段的碳排放量逐步递增.一方面,由于零部件制造商使用轻量化材料用以减少使用阶段的燃料消耗,而相比于普通钢材,轻量化材料生产阶段的碳排放强度更高.另一方面,随着汽车电动化的发展,动力蓄电池的生产会带来额外的碳排放,也使得车辆周期阶段的碳排放量逐年递增.图12.18展示了不同燃料类型的汽车在车辆周期和燃料周期的碳排放比.

显然,随着车辆电动化程度的增加,车辆周期排放占比逐渐增大.其次,由于车辆燃料生产效率和使用效率的提高,燃料生产阶段和燃料使用阶段的碳排放会相应减少.具体来说,燃料生产阶段的碳排放变化量最不明显,相对于2011年的水平,2021年累计减少6.9 g CO_2e/km.燃料使用阶段的变化量最大,累计减少38.4 g CO_2e/km,这主要是由于乘用车油耗平均值的降低,带来燃料使用阶段碳排放的减少.

结论2:车辆周期中,原材料获取阶段的排放最大.虽然不同燃料类型乘用车在车辆周期各阶段碳排放有明显差异,但原材料获取阶段的碳排放占比最大,其次为制冷剂逸散及更换产生的碳排放.本研究中核算的原材料种类主要包括有覆盖车身材料(钢铁、铸铁、铝合金、镁合金等)、电池材料(三元材料、磷酸铁锂、锰酸锂、钴酸锂、石墨等)、玻璃等.这说明,有关部门不仅需要鼓励整车厂在自身生产中利用可再生发电,也需要鼓励其与主要供应商如钢铁生产企业、电池企业等合作,积极推广绿色供应链,才能更好地对车辆实现全生命周期的脱碳.

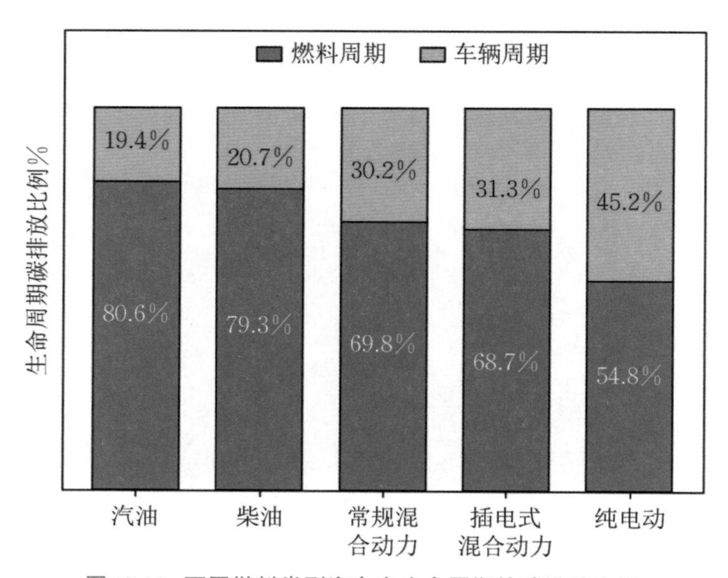

图 12.18 不同燃料类型汽车在生命周期的碳排放比例

结论3:纯电动乘用车单车全生命周期最低.对不同燃料类型乘用车单车全生命周期排放,以2021年产量做加权平均,结果显示:在燃油车中,柴油乘用车平均碳排放最高,明显高于其他燃料类型,为281.9 g CO_2e/km;汽油乘用车平均碳排放次之,为209.0 g CO_2e/km.常规混合动力乘用车碳排放为167.2 g CO_2e/km.在新能源乘用车中,插电式混合动力乘用车碳排放为180.9 g CO_2e/km,高于常规混合动力乘用车碳排放;纯电动乘用车碳排放最低,为153.7 g CO_2e/km.对比传统的汽油乘用车及柴油乘用车,纯电动乘用车全生命周期分别减排26.4%和45.5%.

2. 基于Ridge回归分析新能源汽车发展与碳排放关系

Ridge回归又称为岭回归,是基于最小二乘法的一种改进算法.当自变量之间存在多重共线性,或者由于变量数大于样本数所产生的不适定问题,此时就可以用岭回归来解决.岭回归主要在最小二乘法的损失函数基础上加入一个L_2范数,其参数估计模型的具体形式为

$$\hat{\beta}=\operatorname{argmin}(\|y-\beta x\|^2+\alpha\|\beta\|^2)$$

其中,x为解释变量;y为被解释变量;β为模型系数;α为正则化系数;惩罚项的惩罚力度为$p'(\beta)=2\alpha\beta$,对于较小的回归系数,岭回归的惩罚力度也会相对较小.由于岭回归加入扰动

项，导致估计的回归系数有偏，可以说岭回归是通过降低一定精度以缓解变量间多重共线性的影响．在岭回归中，正则化参数项α越大，则系数估计值越接近0，α值较小时，无法达到缓解多重共线性问题，α值较大时，使得估计误差较大，因此，确定一个使得参数估计达最优的正则化参数α至关重要，在此采用交叉验证法计算．

新能源汽车发展与碳排放关系分析：以2010—2022年长三角地区碳排放量作为模型的被解释变量（因变量），而以新能源汽车发展表征指标作为影响碳排放的因素作为解释变量（自变量），分别为新能源汽车保有量X_1（万辆）、新能源汽车销量X_2（万辆）、新能源汽车市场规模X_3（亿元人民币）、新能源汽车企业数量X_4（家）、新能源汽车专利申请数量X_5（项）、新能源汽车产业链规模X_6（家）、新能源汽车充电桩数量X_7（万个）、新能源汽车充电基础设施覆盖率X_8（%）、新能源汽车补贴金额X_9（亿元人民币）．对应用数据进行z-score标准化后应用Ridge回归，通过交叉验证得到最优的正则化参数为$\alpha=0.0001$，以及应用score()函数用于计算模型的拟合优度为0.9943（它返回一个介于0和1之间的值，表示模型对训练数据的拟合程度，该值越接近1，表示模型对训练数据的拟合越好）．通过模型计算，得到了长三角地区碳排放影响因素的Ridge回归系数（基于z-score标准化之后的回归系数），其结果如表12.12所示．

表12.12　Ridge模型回归系数表

变量名	Ridge模型系数
新能源汽车保有量X_1	−0.1071
新能源汽车销量X_2	2.8555
新能源汽车市场规模X_3	−2.4145
新能源汽车企业数量X_4	−0.7202
新能源汽车专利申请数量X_5	0.4529
新能源汽车产业链规模X_6	2.3997
新能源汽车充电桩数量X_7	−0.3402
新能源汽车充电基础设施覆盖率X_8	−0.7277
新能源汽车补贴金额X_9	−0.9447

由表12.12可知，通过Ridge回归模型参数，我们看到：新能源汽车的保有量、市场规模、企业数量、充电桩数量、充电基础设施覆盖率、补贴金额与长三角地区碳排放量成反比，而与汽车当年销量、专利申请数量、产业链规模变量成正比．具体举例来说，当新能源汽车保有量增加1个单位，则长三角地区碳排放量减少0.1071个单位；当新能源汽车市场规模增加1个单位，碳排放量则减少2.4145个单位；当新能源汽车的政府补贴金额每增加1个单位，则减少0.9447个单位的碳排放量；然而新能源汽车当年销量、专利申请数量和产业链规模变量导致碳排放量以不同程度的增加，对碳排放量有助推作用．

总体来看，我们选取了能表征新能源汽车发展的一些关键数据，共9个指标，其中就有6个核心指标反映出能减少碳排放量．这说明，新能源汽车的发展在很大程度上能降低碳排放，对实现碳中和、碳达峰的政策性目标有相当大的助力．

12.4.3　长三角地区碳达峰时间预测

基于问题3的题意，主要根据新能源汽车的发展情况来预测长三角地区碳排放量的碳达峰时间. 由于碳排放量数据并不能直接获得，一般都是基于人们使用的焦煤、原油(煤油、柴油、汽油)等能源使用量测算出来的. 查找相关资料，能获取的数据相当有限，我们选取了2017—2022年长三角地区碳排量以及新能源汽车保有量数据，如表12.13所示.

表12.13　长三角地区2017—2022年碳排放量与新能源车保有量

年份	碳排放量(百万吨)	新能源汽车保有量(万辆)
2017	1660.21	36.2
2018	1670.16	51.2
2019	1670.69	76.7
2020	1700.08	113.8
2021	1690.53	147.4
2022	1714.18	184.0

由于能够获取的数据量有限，如果基于少量数据应用诸如灰色模型GM(1,1)往后预测30年或者50年的碳排放量数据均是呈递增趋势，数据没有峰值，而神经网络模型、ARIMA模型等往后预测二三十年的相应数据，其结果也是如此，这样的话，碳达峰时间就无解了. 又因为该问题是要做碳达峰的时间，因此，我们需要假设在未来的某个时间里，长三角地区随着燃油车和新能源汽车的保有量的增加，其碳排量一定可以达到峰值，然后再下降，要不然该题就无解. 基于该分析，我们有理由相信在未来一段时间里，碳排放量数据呈现一个先升后降的过程. 所以，在此我们采用一个二次函数(二次多项式)来拟合长三角地区的碳排放量的发展情况. 基于已有的两组各六个数据点可以拟合相应的二次函数. 我们应用新能源汽车数据作为自变量，而碳排放量数据作为因变量(二次曲线开口朝下才有解). 该函数的峰值就是碳排放量的峰值，其对应点为新能源汽车的保有量，相应的就可以求出对应的时间点. 构建的二次函数如下：

$$y_{\text{carbon}} = ax_{\text{newv}}^2 + bx_{\text{newv}} + c$$

通过二次多项式拟合上表12.13中的数据，求得二次多项式的系数如下：

$$a = -3.19508814 \times 10^{-4};\ b = 4.07417343 \times 10^{-1};\ c = 1.64710725 \times 10^{3}$$

通过上述系数结果可知，其二次项前面的系数值为负，因此曲线开口朝下，碳达峰有解. 求得当函数(碳排放量)取得最大值1776.99百万吨时，自变量的取值：

$$x_{\text{newv}} = -\frac{b}{2a} = 637.5682374749485$$

根据观察可知，表12.13中的新能源汽车数据与年份几乎成线性函数关系，因此我们将年份数据2017，2018，2019，2020，2021，2022作为自变量，而新能源汽车数据作为因变量构建得到一次函数为$x_{\text{newv}} = \alpha t_{\text{time}} + \beta$，通过一次多项式拟合求得其系数为$\alpha = 3.042000 \times 10$; $\beta = -6.133164 \times 10^4$，进一步可求得碳达峰时间：

$$t_{碳达峰时间}=\frac{x_{newv}-\beta}{\alpha}=2037.1205863732714$$

应用该方法求得长三角地区碳排放量的碳达峰时间是2037年.值得注意的是,该方法是基于函数的局部范围(或碳排放量的局部时间序列)来求解的,如果对于整个碳排放量与新能源车保有量的关系而言,可能需要建立更为复杂的分段函数,在此不予讨论.

附录 第12章图、表及其计算等程序

```
#12.2问题1的图、表及其相关计算程序:
#图12.1  2013—2022年长三角地区新能源汽车保有量和销售量变化趋势
  import matplotlib.pyplot as plt;import pandas as pd
  plt.rcParams["font.sans-serif"]=["SimHei"]
  plt.rcParams["axes.unicode_minus"]=False
  plt.title("长三角地区新能源汽车保有量和销售量变化趋势",loc="center")
  data=pd.read_excel("E:\……\新能源汽车数据.xlsx",sheet_name='3-1长三角新能源汽车保有量与销量')
  x=data['年份']
  y1=data['新能源汽车保有量'];y2=data['新能源汽车销量']
  plt.plot(x,y1,color='red',label='新能源汽车销量')
  plt.plot(x,y2,color='green',label='新能源汽车保有量')
  plt.fill_between(x,y2,color='green',alpha=0.7)
  plt.fill_between(x,y1,color='red',alpha=0.7)
  plt.scatter(x,y1,color='red');plt.scatter(x,y2)
  plt.ylabel('单位:万辆')
  plt.legend();plt.grid();plt.show()

#图12.2  2013—2022年长三角地区新能源市场规模变化趋势玫瑰图
  import pandas as pd
  from pyecharts.charts import Pie
  from pyecharts import options as opts
  df=pd.read_excel("E:\……\新能源汽车数据.xlsx",sheet_name='3-2市场规模')
  df=df.sort_values("新能源汽车市场规模")
  v=df['年份'].values.tolist()
  d=df['新能源汽车市场规模'].values.tolist()
  color_series=['#C9DA36','#FAE927','#6DBC49','#37B44E','#3DBA78','#1E91CA','#2D3D8E','#44388E','#6A368B','#7D3990','#C31C88','#D52178','#14ADCF','#CF7B25','#E9E416','#D99D21']
  pie1=Pie(init_opts=opts.InitOpts(width='1350px',height='750px'))
```

```
pie1.set_colors(color_series)
pie1.add("222",[list(z) for z in zip(v,d)],radius=["15%","100%"],
      center=["50%","60%"],rosetype="area")
pie1.set_global_opts(title_opts=opts.TitleOpts(title='玫瑰图示例'),
              legend_opts=opts.LegendOpts(is_show=False),
              toolbox_opts=opts.ToolboxOpts())
pie1.set_series_opts(label_opts=opts.LabelOpts(is_show=True,
  position="inside",font_size=12,formatter="{b}:{c}亿元",
  font_style="italic",font_weight="bold",
  font_family="Microsoft YaHei"),)
pie1.render("生成总产值南丁格尔玫瑰图.html")
```

```
#图12.3 2013—2022年新能源汽车企业数量变化趋势径向柱图
import pandas as pd;import matplotlib.pyplot as plt;import numpy as np
plt.rcParams['font.sans-serif']=['SimHei'];
plt.rcParams['axes.unicode_minus']=False
data=pd.read_excel("E:\……\新能源汽车数据.xlsx",sheet_name='3-3新能源汽车企业数量')
y=data['新能源汽车企业数量'].tolist()
x=data['年份'].tolist()
df=pd.DataFrame({'Name':[str(i) for i in x],'Value':y})
df=df.sort_values(by=['Value'])# 排序
plt.figure(figsize=(10,10))
ax=plt.subplot(111,polar=True);plt.axis('on')
# 设置图表参数
upperLimit=300;lowerLimit=30;labelPadding=20
max=df['Value'].max()# 计算最大值
slope=(max - lowerLimit) / max
heights=slope * df.Value+lowerLimit
width=2*np.pi / len(df.index)#计算条形图的宽度
indexes=list(range(1,len(df.index)+1))
angles=[element * width for element in indexes]# 计算角度
bars=ax.bar(x=angles,height=heights,width=width,
  bottom=lowerLimit,linewidth=2,edgecolor="white")# 绘制条形图
for bar,angle,height,label in zip(bars,angles,heights,df["Name"]):
  rotation=np.rad2deg(angle)# 旋转
  alignment=""# 翻转
  if angle >=np.pi/2 and angle < 3*np.pi/2:
```

```
        alignment="right"
        rotation=rotation+180
    else:alignment="left"
    ax.text(x=angle,y=lowerLimit++bar.get_height()-labelPadding,
        s=label,ha=alignment,va='center',
        rotation=rotation,rotation_mode="anchor")# 添加标签
plt.title('新能源汽车企业数量径向柱图')
plt.ylabel('数量');plt.show()
```

#图12.4　2013—2022年新能源汽车产业链规模和专利申请数量变化趋势

```
import pandas as pd;import numpy as np
from matplotlib import cm;import matplotlib.pyplot as plt
df=pd.read_excel("E:\……\新能源汽车数据.xlsx",sheet_name='3—4产业链与专利
数')
plt.rcParams["font.sans-serif"]=["SimHei"]
plt.rcParams["axes.unicode_minus"]=False
x=df['年份']
y1=df['新能源汽车产业链规模'];y2=df['新能源汽车专利申请数量']
plt.subplot(1,2,1)
my_colors=cm.BuGn(np.arange(x.shape[0]) / x.shape[0])
two_colors=cm.RdPu(np.arange(x.shape[0]) / x.shape[0])
plt.bar(x,y1,color=my_colors);plt.xticks(rotation=60)
plt.title('新能源汽车产业链规模');plt.ylabel('单位:家')
plt.subplot(1,2,2)
plt.bar(x,y2,color=two_colors);plt.xticks(rotation=60)
plt.title('新能源汽车专利申请数量')
plt.subplots_adjust(wspace=0.3)#设置wspace两个子图的水平距离
plt.ylabel('单位:项');plt.show()
```

#图12.5　2013—2022年全国与长三角地区新能源汽车销售对比

```
import numpy as np;import matplotlib.pyplot as plt
from mpl_toolkits.mplot3d.axes3d import Axes3D
fig=plt.figure(figsize=(6,5));ax=Axes3D(fig)
plt.rcParams['font.sans-serif']=['SimHei']
plt.rcParams['axes.unicode_minus']=False
x=np.arange(0,2);y=np.arange(1,11,1)
hist=np.array([[0.3,1.7,5.5,10.9,21.8,43.5,76.5,137.6,184.3,231],
        [1.8,7.5,33.1,50.7,57.8,125.6,150.6,246.7,352.1,688.7]])
```

```
dx=0.1;dy=0.8
for i in range(2):
    ax.bar3d([i]*10,range(10),[0]*10,dx,dy,hist[i,:],)
ax.set_yticks(y);ax.set_zlabel('销量(万辆)')
ax.view_init(elev=33,azim=-60)
ax.w_xaxis.set_pane_color((1.0,1.0,1.0,0.0))#换成白色背景
ax.w_yaxis.set_pane_color((1.0,1.0,1.0,0.0))
ax.w_zaxis.set_pane_color((1.0,1.0,1.0,0.0))
ax. set_xlim ( ( -0.5, 1.5) ) ; ax. set_ylim ( (0, 11) ) ; ax. set_zlim ( (0, 700) ) ; ax.
set_xticks([0,1])
ax.set_xticklabels(['长三角地区新能源汽车销量','全国新能源汽车销量'])
ax.set_yticklabels(['2013年','2014年','2015年','2016年','2017年','2018年','2019年','
2020年','2021年','2022年'])
ax.set_title('全国与长三角地区新能源汽车销售情况');plt.show()
```

```
#图12.6  2013—2022年全国与长三角地区新能源汽车市场规模走势
from pylab import *;import pandas as pd
plt.rcParams["font.sans-serif"]=["SimHei"]
plt.rcParams["axes.unicode_minus"]=False
plt.title("全国与长三角地区新能源汽车市场规模",loc="center")
data=pd.read_excel("E:\……\新能源汽车数据.xlsx",sheet_name='3-6全国与长三角
新能源汽车市场规模(亿元)')
x=data['年份'];y1=data['全国'];y2=data['长三角地区']
plt.bar(x,y1,0.25,edgecolor='k',zorder=2,label='全国新能源汽车市场规模')
plt.bar(x,y2,0.25,edgecolor='k',zorder=2,label='长三角新能源汽车市场规模')
z1=np.polyfit(x,y1,1);p1=np.poly1d(z1)#画趋势线
z2=np.polyfit(x,y2,2);p2=np.poly1d(z2)
plt.plot(x,p1(x),linestyle='--');plt.plot(x,p2(x),linestyle='--')
plt.xticks((2013,2014,2015,2016,2017,2018,2019,2020,2021,2022),['2013年','2014年
','2015年','2016年','2017年','2018年','2019年','2020年','2021年','2022年'])
text(2014,3100,'规模趋势线',fontsize=12,color='red')
annotate('',xy=(2015,2300),xytext=(2015,3000),# 添加箭头
        arrowprops=dict(arrowstyle='->',color='red'))
plt.legend();plt.ylabel('单位:亿元');plt.show()
```

```
#表12.1  熵权法指标权重计算结果与表12.2  熵权TOPSIS评价法计算结果
import numpy as np;import pandas as pd
def entropy(x):#计算每个指标的熵值e和信息效用度g
```

```
    X_ij=(x-x.min(axis=0))/(x.max(axis=0)-x.min(axis=0))
    m,n=x.shape #获取数据的m行,n列
    e=np.zeros((1,n))
    for j in range(n):
        p_ij=X_ij.iloc[:,j]/X_ij.iloc[:,j].sum()
        e[0][j]=-((p_ij * np.log(p_ij)).sum())*(1/np.log(n))
    g=np.zeros((1,n))
    for j in range(n):# 信息效用度g
        g[0][j]=np.abs(1-e[0][j])
    return e,g
def entropy_weight(x):# 计算每个指标的权值
    X_ij=(x-x.min(axis=0))/(x.max(axis=0)-x.min(axis=0))
    m,n=x.shape;e=np.zeros((1,n))
    for j in range(n):
        p_ij=X_ij.iloc[:,j]/X_ij.iloc[:,j].sum()
        e[0][j]=-((p_ij * np.log(p_ij)).sum())*(1/np.log(n))
    g=np.zeros((1,n))
    for j in range(n):
        g[0][j]=np.abs(1-e[0][j]) #信息效用度g
    w=np.zeros((1,n))
    for j in range(n):
        w[0][j]=g[0][j]/(g[0][j].sum()) #计算权重w
    return w
def topsis(x,w):
    X_ij=(x-x.min(axis=0))/(x.max(axis=0)-x.min(axis=0))
    m,n=x.shape;Z_ij=np.zeros((m,n))
    for j in range(n):# 归一化处理
        Z_ij[:,j]=X_ij.iloc[:,j]/np.sqrt((X_ij.iloc[:,j]**2).sum())
    Z_max=Z_ij.max(axis=0);Z_min=Z_ij.min(axis=0)
    d_plus=np.sqrt((w*(Z_max-Z_ij)**2).sum(axis=1))
    d_minus=np.sqrt((w * (Z_min-Z_ij) ** 2).sum(axis=1))
    score=d_minus/(d_minus+d_plus) #计算得分
    return d_plus,d_minus,score
x=pd.read_excel(r"E:\……\熵权.xlsx",header=0,index_col=0)
res=entropy(x);print('熵值:\n',np.round(res[0],2));
print("效用度:\n",np.round(res[1],2))
w=entropy_weight(x);print("熵权法得到的权值:\n",np.round(w,2))
result=topsis(x,w);print('最优距离:\n',np.round(result[0],3))
```

```
print("最劣距离:\n",np.round(result[1],3));
print("熵权Topsis得分:\n",np.round(result[2],3))
```

#图12.7 GM(1,1)模型精度指标图

```
from pylab import *
x=np.linspace(0,40,40)
c=[0.7399,0.6385,0.5505,0.4743,0.4083,0.3514,0.3025,0.2606,
0.2249,0.1948,0.1698,0.1494,0.1329,0.1203,0.1108,0.1040,0.0995,
0.0967,0.0952,0.0947,0.0948,0.0953,0.0960,0.0968,0.0978,0.0987,
0.0996,0.1004,0.1013,0.1020,0.1028,0.1035,0.1041,0.1048,0.1054,
0.1061,0.1067,0.1074,0.1081,0.1088]
p=[0.7,0.9,0.9,0.9,0.9,0.9,0.9,0.9,1.0,1.0,1.0,1.0,1.0,1.0,1.0,
  1.0,1.0,1.0,1.0,1.0,1.0,1.0,1.0,1.0,1.0,1.0,1.0,1.0,1.0,1.0,
  1.0,1.0,1.0,1.0,1.0,1.0,1.0,1.0,1.0,1.0,]
rcParams['font.sans-serif']=['SimHei']
rcParams['axes.unicode_minus']=False
fig,ax=plt.subplots(1,1)
ax.plot(x,c,marker='*',label='C值')
ax.plot(x,p,marker='o',mec='r',mfc='r',label='P值')
axins=ax.inset_axes((0.4,0.2,0.4,0.3))
axins.plot(x[18:21],c[18:21],marker='*')
plt. annotate ('', xy= (18, 0.23) , xytext= (18, 0.12) , arrowprops=dict (facecolor= '#
87CEEB',shrink=0.03))
fig.text(0.53,0.45,'放大的局部图')
plt.title('精度指标放大图');plt.xlabel('平移变换')
plt.ylabel('精度值');ax.legend(loc='center right');plt.show()
```

#图12.8 灰色模型预测结果与实际值对比图;及表12.4和文中计算结果

```
from pylab import *;import pandas as pd
rcParams['font.sans-serif']=['SimHei'];rcParams['axes.unicode_minus']=False
class GM_1_1:
  def __init__(self):
    self.test_data=np.array(()) #实验数据集
    self.add_data=np.array(()) #一次累加产生数据
    self.argu_a=0 #参数a
    self.argu_b=0 #参数b
    self.MAT_B=np.array(()) #矩阵B
    self.MAT_Y=np.array(()) #矩阵Y
```

```
        self.modeling_result_arr=np.array(()) #对实验数据的拟合值
        self.P=0 #小误差概率
        self.C=0 #后验方差比值
    def set_model(self,arr:list):
        self.__acq_data(arr)
        self.__compute()
        self.__modeling_result()
    def __acq_data(self,arr:list): #构建并计算矩阵B和矩阵Y
        self.test_data=np.array(arr).flatten()
        add_data=list()
        sum=0
        for i in range(len(self.test_data)):
            sum=sum+self.test_data[i]
            add_data.append(sum)
        self.add_data=np.array(add_data)
        ser=list()
        for i in range(len(self.add_data)-1):
            temp=(-1)*((1/2)*self.add_data[i]+(1/2)*self.add_data[i+1])
            ser.append(temp)
        B=np.vstack((np.array(ser).flatten(),np.ones(len(ser),).flatten()))
        self.MAT_B=np.array(B).T
        Y=np.array(self.test_data[1:])
        self.MAT_Y=np.reshape(Y,(len(Y),1))
    def __compute(self): #计算灰参数 a,b
        temp_1=np.dot(self.MAT_B.T,self.MAT_B)
        temp_2=np.matrix(temp_1).I
        temp_3=np.dot(np.array(temp_2),self.MAT_B.T)
        vec=np.dot(temp_3,self.MAT_Y)
        self.argu_a=vec.flatten()[0]
        self.argu_b=vec.flatten()[1]
    def __predict(self,k:int)->float: #定义预测计算函数
        part_1=1-pow(np.e,self.argu_a)
        part_2=self.test_data[0]-self.argu_b/self.argu_a
        part_3=pow(np.e,(-1)*self.argu_a*k)
        return part_1*part_2*part_3
    def __modeling_result(self): #获得对实验数据的拟合值
        ls=[self.__predict(i+1) for i in range(len(self.test_data)-1)]
        ls.insert(0,self.test_data[0])
```

```
        self.modeling_result_arr=np.array(ls)
    def predict(self,number:int) -> list:#外部预测接口,指定个数的数据
        prediction=[self.__predict(i+len(self.test_data)) for i in range(number)]
        return prediction
    def precision_evaluation(self): # 模型精度评定函数
        error=[ self.test_data[i] - self.modeling_result_arr[i]
            for i in range(len(self.test_data)) ]
        aver_error=sum(error) / len(error)
        aver_test_data=np.sum(self.test_data) / len(self.test_data)
        temp1=0
        temp2=0
        for i in range(len(error)):
            temp1=temp1+pow(self.test_data[i] - aver_test_data,2)
            temp2=temp2+pow(error[i] - aver_error,2)
        square_S_1=temp1 / len(self.test_data)
        square_S_2=temp2 / len(error)
        self.C=np.sqrt(square_S_2) / np.sqrt(square_S_1)
        ls=[i for i in range(len(error))
           if np.abs(error[i] - aver_error) < (0.6745 * np.sqrt(square_S_1))]
        self.P=len(ls) / len(error)
        print("精度指标P,C值:",self.P,self.C)

#表12.4 长三角新能源汽车保有量与预测值(单位:万辆)
  if __name__=="__main__":
    GM=GM_1_1()
    x=[0.2,1.2,3.3,7.3,16.7,31.7,57.2,94.3,127.9,164.5]
    x=[i+19.5 for i in x]
    GM.set_model(x)
    GM.precision_evaluation()
    print("模型拟合数据:",GM.modeling_result_arr)
    GM.precision_evaluation()
    x_pre=GM.predict(3)
    print("2023年至2025年的GM模型预测值:",GM.predict(3))

#图12.8 灰色模型预测结果与实际值对比图
  data=pd.read_excel("E:\A-出书专著\数据挖掘与分析\数据挖掘\第十二章\数据\保有
  量预测.xlsx")
  p=data[['保有量实际值','保有量预测值']].plot(subplots=False,
```

```
            style=['g-o','m*-'],label=['1','2'])
for i in range(len(data['保有量实际值'])):
  plt.text(i,data['保有量实际值'][i]-20,'%s'%data['保有量实际值'][i],
        va='center',color='g')
for i in range(len(data['保有量预测值'])):
  plt.text(i-0.4,data['保有量预测值'][i]+7,'%s'%data['保有量预测值'][i],
va='bottom',color='m')
xticks(np.arange((len(data['年份']))),labels=data['年份'])
title('GM(1,1)预测结果');ylabel('新能源汽车市场保有量')
xticks(rotation=40);show()
#计算评估指标值
from sklearn.metrics import mean_squared_error, mean_absolute_percentage_error,
mean_absolute_error
RMSE=np.sqrt(mean_squared_error(x,GM.modeling_result_arr))
MSE=mean_squared_error(x,GM.modeling_result_arr)
MAPE=mean_absolute_percentage_error(x,GM.modeling_result_arr)
MAE=mean_absolute_error(x,GM.modeling_result_arr)
print("均方误差:",MSE);print("根均方误差:",RMSE)
print("均方绝对百分比误差:",MAPE);print("均方绝对误差:",MAE)
```

#12.3问题2的求解 图、表及其相关计算结果程序:

图12.9 新能源汽车与传统燃油车市场保有量情况

```
import numpy as np;import pandas as pd;import matplotlib.pyplot as plt
from mpl_toolkits.mplot3d.axes3d import Axes3D
fig=plt.figure(figsize=(6,4))
plt.rcParams['font.sans-serif']=['SimHei']
plt.rcParams['axes.unicode_minus']=False
axes=Axes3D(fig);fig.add_axes(axes)
x=np.arange(1,3)
data=pd.read_excel("E:\……\保有量.xlsx")
axes.bar(data['年份'],data['新能源汽车保有量'],
       zs=x[0],zdir='x',alpha=1,width=1)
axes.bar(data['年份'],data['传统燃油车保有量'],
   zs=x[1],zdir='x',alpha=1,width=1 )
label=['2013年','2013年','2015年','2017年','2019年','2021年','2022年']
axes.set_yticklabels(label,fontsize=10)
axes.set_zlabel('保有量(万辆)',fontsize=10,color='green')
axes.set_xlim((0.5,2.6));axes.set_zlim((0,1600));axes.set_xticks([1,2])
```

```
axes.set_xticklabels(['新能源汽车保有量','传统燃油车保有量'])
#网格设置为白色
axes.w_xaxis.set_pane_color((1.0,1.0,1.0,0.0))
axes.w_yaxis.set_pane_color((1.0,1.0,1.0,0.0))
axes.w_zaxis.set_pane_color((1.0,1.0,1.0,0.0))
plt.show()
```

#图12.10 新能源汽车与传统燃油车市场保有量比值与市场占有率

```
import numpy as np;import pandas as pd;import matplotlib.pyplot as plt
plt.rcParams["font.sans-serif"]=["SimHei"]
plt.rcParams["axes.unicode_minus"]=False
fig,ax=plt.subplots(2,1,figsize=(6,7))
data=pd.read_excel("E:\……\保有量.xlsx")
x=data['年份'];y=data['保有量比值']
ax[0].plot(x,y,'s',color="blue")
ax[0].set_title("A-新能源汽车与传统燃油车保有量的比值",fontsize=11)
ax[0].fill_between( x,y,alpha=0.6,color="green")
ax[0].set_ylabel('保有量比值');ax[0].set(ylim=[0.0,0.12])
for a,b in zip(x,y):
   ax[0].text(a,b+0.002,b,color='red')
data1=pd.read_excel("E:\……\传统与新能源汽车市场占有率.xlsx")
x1=data1['年份'].values.tolist()
y1=data1['传统燃油汽车占有率'].values.tolist()
y2=data1['新能源汽车市场占有率'].values.tolist()
y3=np.vstack([y1,y2])
columns=data1.columns[1:]#提取列名
plt.subplots_adjust(hspace=0.25)#设置两个子图的距离
ax[1].stackplot(x1,y3,alpha=0.6)
ax[1].set_title('B-汽车市场占有率对比图',fontsize=11)
ax[1].set(ylim=[90,100])
ax[1].text(3,99,'新能源汽车市场占有率',color='green')
ax[1].text(3,94.5,'传统燃油汽车占有率',color='red')
ax[1].set_ylabel('占有率百分比(%)');plt.show()
```

#图12.11 基于种族竞争模型的两类汽车增长趋势图与相轨线族图

```
from scipy.integrate import odeint
import numpy as np;import matplotlib.pyplot as plt
plt.rcParams['font.sans-serif']=['SimHei']
```

```
plt.rcParams['axes.unicode_minus']=False
t=np.arange(2013,2024,0.01)
def race_competition(p,t,r1,N1,s1,r2,N2,s2):
    x1,x2=p
    equation=[r1*x1*(1-x1/N1-s1*x2/N2),r2*x2*(1-x2/N2-s2*x1/N1)]
    return np.array(equation)
#传统燃油车固有增长率,容量,竞争系数,新能源车固有增长率,容量,竞争系数,
parameter=[0.0111,2456.9,0.7,0.2679,417,0.3,98.9,1.1]#98.9,1.1
r1,N1,s1,r2,N2,s2,x10,x20=parameter
y_init=np.array([x10,x20])#初值
solution=odeint(race_competition,y_init,t,args=(r1,N1,s1,r2,N2,s2))
plt.figure(figsize=(6,3))
plt.plot(t,solution[:,0]-45,"b-",label="传统燃油汽车增长趋势")
plt.plot(t,solution[:,1],"r-",label="新能源汽车增长趋势")
plt.plot([2013,2024],[1,1],"g--");plt.ylabel(u'市场增长趋势')
plt.title(u'基于种族竞争模型的传统燃油车和新能源车增长趋势曲线',fontsize=11)
plt.legend(loc='center right');plt.show()

#图12.12 新能源与传统燃油车的市场占有率相轨线(基于种族竞争模型的相轨线族图)
yy,xx=np.mgrid[-100:101:5,-100:101:5]
s=r1*xx*(1-xx/N1-s1*xx/N2);t=r2*yy*(1-yy/N2-s2*xx/N1)
r=np.sqrt(s**2+t**2)
plt.streamplot(xx,yy,s,t,color=r,density=4,linewidth=1,cmap=plt.cm.autumn)
plt.plot([-25,25],[46,46],'b--',alpha=0.9,label='水平切线')
plt.scatter(0,50,s=70,color='red',label='稳定点')
plt.xlabel(u'传统燃油车市场占有率%');plt.ylabel(u'新能源汽车市场占有率%')
plt.title(u'市场竞争模型的相轨线族');plt.legend(loc='upper center')
plt.show()

#表12.9 随机森林模型的特征重要性对市场竞争关系的影响因素评分
import pandas as pd;import matplotlib.pyplot as plt
from sklearn.ensemble import RandomForestRegressor
from sklearn import preprocessing
data=pd.read_excel("E:\……\新能源汽车数据.xlsx",sheet_name='影响因素',index_col=0)
X_data=data.drop(columns=['保有量之比']) #选取的影响因素,不包括保有量之比
Y_data=data['保有量之比']#被解释变量,即两类能源车的比值
normalized_data_x=preprocessing.scale(X_data)#数据进行标准化处理
```

```
Y_data_sd=preprocessing.scale(Y_data)
rf=RandomForestRegressor()# 创建随机森林回归模型
rf.fit(normalized_data_x,Y_data_sd)# 拟合模型
importances=rf.feature_importances_ # 获取特征重要性
feature_names=X_data.columns# 特征名称
plt.rcParams['font.sans-serif']=['SimSun']
indices=importances.argsort()[::-1]# 将特征重要性排序
feature_importance_df=pd.DataFrame({'Feature': feature_names[indices], 'Importance': importances[indices]})
print("特征重要性得分与排序:",feature_importance_df)

#图12.13;图12.14,表12.10,表12.11,图12.15
import warnings;warnings.filterwarnings("ignore")
import pandas as pd;from pylab import *
plt.rcParams["font.sans-serif"]=["SimHei"]
plt.rcParams["axes.unicode_minus"]=False
from statsmodels.graphics.tsaplots import plot_acf
from statsmodels.graphics.tsaplots import plot_pacf
path='E:\……\保有量.xlsx'
data=pd.read_excel(path,index_col=0)
new_car=data['新能源汽车保有量'];oil_car=data['传统燃油车保有量']
from statsmodels.tsa.arima_model import ARIMA
from statsmodels.tsa.stattools import adfuller
p_adf=adfuller(new_car)
print("新能源汽车数据的p值:",np.round(p_adf[1],4))

#图12.13 新能源汽车保有量数据的趋势、自相关与偏自相关
fig,axs=plt.subplots(3,1,figsize=(6,5))
axs[0].plot(new_car,'s',linestyle='-.',color='green')#画数据趋势图
axs[0].set_title('新能源汽车保有量数据趋势图',fontsize=11)
plot_acf(new_car,lags=9,ax=axs[1],color='green')#画自相关图
axs[1].set_title('自相关图',fontsize=11,color='green')
plot_pacf(new_car,lags=4,ax=axs[2],color='green')#画偏自相关图
axs[2].set_title('偏自相关图',fontsize=11,color='green')
plt.subplots_adjust(hspace=0.5)#设置两个子图的距离
show()
```

```
#表12.10 新能源车保有量的预测值、标准误差、置信区间
  model=ARIMA(new_car,order=(2,1,0))#(2,1,0)也可以,(0,0,1)不合实际,拟合
  ARIMA模型
  results=model.fit()
  print("ARIMA模型参数如下:\n",results.summary())
  forecast,stderr,conf_int=results.forecast(steps=6)#预测值、标准误差、置信区间
  print("新能源汽车的预测值、标准误差、置信区间:\n",np.round(forecast,2),np.round
  (stderr,2),np.round(conf_int,2))

#图12.14 传统燃油车保有量数据的趋势、自相关与偏自相关图
  p_adf2=adfuller(oil_car)
  print("传统燃油车数据的p值:",np.round(p_adf2[1],4))
  fig2,axs2=plt.subplots(3,1,figsize=(6,5))
  axs2[0].plot(oil_car,'s',linestyle='-.')#画数据趋势图
  axs2[0].set_title('传统燃油汽车保有量数据趋势图',fontsize=11,color='blue')
  plot_acf(oil_car,lags=9,ax=axs2[1])#画自相关图
  axs2[1].set_title('自相关图',fontsize=11,color='blue')
  plot_pacf(oil_car,lags=4,ax=axs2[2])#画偏自相关图
  axs2[2].set_title('偏自相关图',fontsize=11,color='blue')
  plt.subplots_adjust(hspace=0.5)#设置两个子图的距离
  show()

#表12.11 传统燃油车保有量的预测值、标准误差、置信区间
  model2=ARIMA(oil_car,order=(2,1,0))#(2,1,0)也可以,(0,0,1)不合实际,拟合
  ARIMA模型
  results2=model2.fit()
  print("ARIMA模型的传统燃油车参数如下:\n",results2.summary())
  forecast2,stderr2,conf_int2=results2.forecast(steps=6)#预测值、标准误差、置信区间
  print("传统燃油汽车的预测值、标准误差、置信区间:\n",np.round(forecast2,2),np.round
  (stderr2,2),np.round(conf_int2,2))

#图12.15 新能源与传统燃油车的实际与预测值趋势
  figsize=(6,6);subplot(2,1,1)
  title('新能源车保有量的实际值与预测值',fontsize=11)
  plot(range(2013,2023),new_car.values)
  scatter(range(2013,2023),new_car.values,color='b',marker='o',label='新能源车实际
  值')
  plot(range(2023,2029),forecast)
```

```
scatter(range(2023,2029),forecast,marker='s',label='预测值')
annotate('置信区间',xy=(2025,310),xytext=(2022,335),arrowprops=dict(
facecolor='green',shrink=0.02))
legend(loc='upper left');ylabel('保有量(万辆)')
fill_between(range(2023,2029),conf_int[:,0],conf_int[:,1],color='g',alpha=0.3)
label=['2013年','2014年','2015年','2016年','2017年','2018年','2019年','2020年','2021
年','2022年','2023年','2024年','2025年','2026年','2027年','2028年']
xticks(range(2013,2029),labels=label,rotation=75)
subplots_adjust(hspace=0.6)
subplot(2,1,2)
title('传统燃油车保有量的实际值与预测值',fontsize=11)
plot(range(2013,2023),oil_car.values)
scatter(range(2013,2023),oil_car.values,color='r',marker='o',label='燃油车实际值')
plot(range(2023,2029),forecast2)
scatter(range(2023,2029),forecast2,marker='*',label='预测值',color='red')
annotate('置信区间',xy=(2023.5,1700),xytext=(2020.5,1900),arrowprops=dict(
facecolor='red',shrink=0.01))
legend(loc='upper left');ylabel('保有量(万辆)')
fill_between(range(2023,2029),conf_int2[:,0],conf_int2[:,1],color='b',alpha=0.1)
xticks(range(2013,2029),labels=label,rotation=75);show()
```

```
#12.4问题3的求解 图、表及其计算程序:
#图12.17  2021年中国汽车全生命周期碳排放构成桑葚图
from pyecharts.charts import Sankey
from pyecharts import options as opts
sankey=(Sankey()
 .add('汽车全生命周期碳排放构成',nodes=[{'name':'燃料生产19%'},
  {'name':'燃料使用81%'},{'name':'部件材料63%'},
  {'name':'维修保养26%'},{'name':'动力电池6%'},
  {'name':'整车生产5%'},{'name':'燃料周期74%'},
  {'name':'车辆周期26%'},{'name':'全生命周期共排放7亿tCO2e'},
  {'name':'燃油汽车96%'},{'name':'常规混合动力车1%'},
  {'name':'插电式混合动力车1%'},{'name':'纯电动车2%'}],
  links=[#配置有多少个节点
  {'source':'燃料生产19%','target':'燃料周期74%','value':14.06},
  {'source':'燃料使用81%','target':'燃料周期74%','value':59.94},
  {'source':'部件材料63%','target':'车辆周期26%','value':16.38},
  {'source':'维修保养26%','target':'车辆周期26%','value':6.76},
```

```
{'source':'动力电池6%','target':'车辆周期26%','value':1.56},
{'source':'整车生产5%','target':'车辆周期26%','value':1.3},
{'source':'燃料周期74%','target':'全生命周期共排放7亿tCO2e','value':74},
{'source':'车辆周期26%','target':'全生命周期共排放7亿tCO2e','value':26},
{'source':'全生命周期共排放7亿tCO2e','target':'燃油汽车96%','value':96},
{'source':'全生命周期共排放7亿tCO2e','target':'常规混合动力车1%','value':1},
{'source':'全生命周期共排放7亿tCO2e','target':'插电式混合动力车1%','value':1},
{'source':'全生命周期共排放7亿tCO2e','target':'纯电动车2%','value':2}],
#配置节点之间的信息流关系
node_width=15,node_gap=10,
linestyle_opt=opts.LineStyleOpts(opacity=0.4,#透明度设置
curve=0.6,color="source"),#设置信息流的曲线弯曲程度并用节点颜色
#设置所有线条格式
label_opts=opts.LabelOpts(font_size=16,position='right'),#标签配置
levels=[opts.SankeyLevelsOpts(depth=0, #第一层的配置
itemstyle_opts=opts.ItemStyleOpts(color="#fbb4ae"),#节点格式的配置
linestyle_opts=opts.LineStyleOpts(color="source",opacity=0.2,curve=0.5)),
opts.SankeyLevelsOpts(depth=1,#信息流的配置 #第二层的配置
itemstyle_opts=opts.ItemStyleOpts(color="#ccebc5"),#节点格式的配置
linestyle_opts=opts.LineStyleOpts(color="source",opacity=0.2,curve=0.5)),
opts.SankeyLevelsOpts(depth=2,#第三层的配置
itemstyle_opts=opts.ItemStyleOpts(color="#b3cde3"),#节点格式的配置
linestyle_opts=opts.LineStyleOpts(color="source",opacity=0.2,curve=0.6)),
opts.SankeyLevelsOpts(depth=3, #第四层的配置
itemstyle_opts=opts.ItemStyleOpts(color="plum"), #节点格式的配置
linestyle_opts=opts.LineStyleOpts(color="source",
opacity=0.2,curve=0.5))])) #信息的配置与桑基图每一层的设置.
sankey.render('桑葚图.html')
```

```
#图12.18　不同燃料类型汽车在生命周期的碳排放比例
import pandas as pd;import matplotlib.pylab as plt
plt.rcParams["font.sans-serif"]=["SimHei"]
plt.rcParams["axes.unicode_minus"]=False
data=[[80.6,19.4],[79.3,20.7],[69.8,30.2],[68.7,31.3],[54.8,45.2]]
x_label=['汽油','柴油','常规混合动力','插电式混合动力','纯电动']
df=pd.DataFrame(data,columns=['燃料周期','车辆周期'])
ax=df.plot(kind="bar",stacked=True,width=0.7);plt.ylim(0,120)
```

```
  plt.xticks([i for i in range(len(x_label))],x_label,rotation=0)
  plt.title('车辆周期与燃料周期碳排放比例图')
  for i in range(5):
    plt.text(i-0.2,45-4*i,str(data[i][0])+'%')
    plt.text(i-0.2,90-4*i,str(data[i][1])+'%')
  handles,labels=ax.get_legend_handles_labels()#获取图例函数
  ax.legend(handles,labels,loc='upper center',ncol=len(labels))#水平图例
  plt.ylabel('生命周期碳排放比例%');plt.yticks([]);plt.show()

#表12.12  Ridge模型回归系数表
  import warnings;warnings.filterwarnings('ignore')
  from matplotlib.pyplot import *;from sklearn.linear_model import RidgeCV
  import pandas as pd;from sklearn.preprocessing import StandardScaler
  path='E:\……\新能源与碳排放问题3.xlsx'
  data=pd.read_excel(path,index_col=0)
  x_data=data.iloc[:,1:10];y_data=data.iloc[:,0:1]
  scaler=StandardScaler()
  x_scaled=scaler.fit_transform(x_data);y_scaled=scaler.fit_transform(y_data)
  alphas=10**np.linspace(-4,4,100)
  ridge_cv=RidgeCV(alphas=alphas,normalize=True,cv=10)
  ridge_cv.fit(x_scaled,y_scaled)
  ridge_best_alpha=ridge_cv.alpha_ #取出最佳的交叉验证值
  score=ridge_cv.score(x_scaled,y_scaled)
  print("拟合优度值:",score);print("最优交叉验证的alpha:",ridge_best_alpha)
  print("模型系数:",ridge_cv.coef_)

#碳达峰时间预测
import numpy as np
  #长三角新能源车2017—2022年保有量万辆
  x0=np.array([36.2,51.2,76.7,113.8,   147.4,184.0])
  #2017—2022年碳排放量百万吨
  y0=np.array([1660.21,1670.16,1670.69,1700.08,1690.53,1714.18])
  # 使用二次多项式进行拟合
  coefficients=np.polyfit(x0,y0,2);poly=np.poly1d(coefficients)
  coef=poly.coef;print(coef)
  a=coef[0];b=coef[1];c=coef[2]# 二次函数的系数
```

```
#随着新能源汽车的保有量的增加,其碳排放量的变化函数为二次函数y
x_value_ymax=-b/(2*a)
x=x_value_ymax
y=a * x**2+b * x+c
print("函数取最大值时,自变量的取值",x_value_ymax)
print("函数的最大值即碳排放量的预测最大值:",y)
t==np.array([2017,2018,2019,2020,2021,2022])
xt=np.polyfit(t,x0,1);xt_poly=np.poly1d(xt)
coef_xt=xt_poly.coef;print("一次函数的系数:",coef_xt)
alpha=coef_xt[0];beta=coef_xt[1]
time_碳达峰=(x_value_ymax-beta)/alpha
print("碳达峰时间:",time_碳达峰)
```

参 考 文 献

[1] 韩中庚.数学建模教学案例精选[M].北京:高等教育出版社,2022.

[2] 张良均,王路,谭立云,等.Python数据分析与挖掘实战[M].北京:机械工业出版社,2021.

[3] 邓立国.Python数据分析与挖掘实战[M].北京:清华大学出版社,2021.

[4] 司守奎,孙玺菁.Python数学建模算法与应用[M].北京:国防工业出版社,2021.

[5] Han J W, Kambe M L, Pei J.数据挖掘概念与技术[M].范明,孟小峰,译.北京:机械工业出版社,2019.

[6] Drabas T.数据分析实战[M].刁寿钧,译.北京:机械工业出版社,2018.

[7] Tan P-N,Steinbach M,Kumar V.数据挖掘导论[M].范明,范洪建,等,译.北京:人民邮电出版社.2006.

[8] 廖芹.数据挖掘与数学建模[M].北京:国防工业出版社,2010.

[9] 姜启源,谢金星,叶俊.数学模型[M].北京:高等教育出版社,2019.

[10] 薛毅 陈立萍.统计建模与R软件[M].北京:清华大学出版社,2007.

[11] 周志华.机器学习[M].北京:清华大学出版社,2019.